Evolution – von Akzeptanz und Zweifeln

Anna Beniermann

Evolution – von Akzeptanz und Zweifeln

Empirische Studien über Einstellungen zu Evolution und Bewusstsein

Anna Beniermann
Justus-Liebig-Universität Gießen
Institut für Biologiedidaktik
Gießen, Deutschland

Diese Veröffentlichung ist Teil meiner Promotion zum Doktor der Naturwissenschaften (Dr. rer. nat.) durch den Fachbereich 08 – Biologie und Chemie der Justus-Liebig-Universität Gießen, Deutschland.

Originaltitel der Dissertation: Einstellungen zu Evolution und ihre Bedingungsfaktoren unter besonderer Berücksichtigung des menschlichen Bewusstseins – Empirische Untersuchungen verschiedener Bevölkerungsgruppen in Deutschland.

Diese Dissertation wurde am Institut für Biologiedidaktik der Justus-Liebig-Universität Gießen verfasst. Sie wurde von Prof. Dr. Dittmar Graf (Erster Gutachter) und PD Dr. Rudolf Jörres (Zweiter Gutachter) begutachtet.

Ergänzendes Material zu diesem Buch finden Sie auf http://extras.springer.com.

ISBN 978-3-658-24104-9   ISBN 978-3-658-24105-6 (eBook)
https://doi.org/10.1007/978-3-658-24105-6

Die Deutsche Nationalbibliothek verzeichnet diese Publikation in der Deutschen Nationalbibliografie; detaillierte bibliografische Daten sind im Internet über http://dnb.d-nb.de abrufbar.

Springer Spektrum
© Springer Fachmedien Wiesbaden GmbH, ein Teil von Springer Nature 2019
Das Werk einschließlich aller seiner Teile ist urheberrechtlich geschützt. Jede Verwertung, die nicht ausdrücklich vom Urheberrechtsgesetz zugelassen ist, bedarf der vorherigen Zustimmung des Verlags. Das gilt insbesondere für Vervielfältigungen, Bearbeitungen, Übersetzungen, Mikroverfilmungen und die Einspeicherung und Verarbeitung in elektronischen Systemen.
Die Wiedergabe von Gebrauchsnamen, Handelsnamen, Warenbezeichnungen usw. in diesem Werk berechtigt auch ohne besondere Kennzeichnung nicht zu der Annahme, dass solche Namen im Sinne der Warenzeichen- und Markenschutz-Gesetzgebung als frei zu betrachten wären und daher von jedermann benutzt werden dürften.
Der Verlag, die Autoren und die Herausgeber gehen davon aus, dass die Angaben und Informationen in diesem Werk zum Zeitpunkt der Veröffentlichung vollständig und korrekt sind. Weder der Verlag, noch die Autoren oder die Herausgeber übernehmen, ausdrücklich oder implizit, Gewähr für den Inhalt des Werkes, etwaige Fehler oder Äußerungen. Der Verlag bleibt im Hinblick auf geografische Zuordnungen und Gebietsbezeichnungen in veröffentlichten Karten und Institutionsadressen neutral.

Springer Spektrum ist ein Imprint der eingetragenen Gesellschaft Springer Fachmedien Wiesbaden GmbH und ist ein Teil von Springer Nature
Die Anschrift der Gesellschaft ist: Abraham-Lincoln-Str. 46, 65189 Wiesbaden, Germany

"Earthmen are not proud of their ancestors,

and never invite them round to dinner."

— Douglas Adams[1]

---

[1] Zitat aus *Hitchhiker's Guide to the Galaxy* (TV Serie, BBC Two, Staffel 1, Episode 1), Stimme des Erzählers. © Curtis Brown Group Ltd, London, UK.

Danksagung

Die Menschen sind unterschiedlich.

Diese Arbeit hätte ich aus vielen Gründen nicht alleine anfertigen können. Daher möchte ich an dieser Stelle einigen Menschen für ihre Unterstützung und Mitwirkung danken:

Dittmar Graf, für die für mich sehr gewinnbringende Betreuung, für die Freiheit, die du mir in der Arbeit gelassen hast, für dein offenes Ohr, deine kreativen Ideen und nicht zuletzt ganz allgemein für eine sehr schöne, lustige und lehrreiche Zeit der Zusammenarbeit am Institut für Biologiedidaktik in Gießen.

Rudolf Jörres, für alles, was ich heute über Statistik weiß. Danke für die vielen Stunden, die du mit mir gerätselt und gerechnet hast, den Spaß an Zahlen, mit dem du mich angesteckt hast und die zahlreichen inhaltlichen Anregungen, Bücher sowie die produktiven Treffen bei dir in München.

Der Gießener Doktorandenbande, Jule, Julian, Anne, Tobi, Elvira, Elena und ganz besonders Kirsten, danke ich für sehr viele nützliche Hinweise und neue Ideen, kreatives Brainstorming, blitzschnelle Namensfindungen, das einzigartige Affentheater, unzählige Spielerunden, Glückskekse, Kneipentouren, Dienstreisen und, und, und... Ich hatte eine phantastische Zeit in Gießen und das lag zu einem großen Teil an euch!

Thomas Waschke, dir danke ich für deinen kompetenten fachlichen Rat, für Hunderte korrigierte Seiten, für deine ehrlichen Worte und deinen Zuspruch. Ich bin sehr glücklich, dass so ein kritischer Experte meine Arbeit unter die Lupe genommen hat.

Dem gesamten Institut für Biologiedidaktik der Universität Gießen möchte ich für die tolle Arbeitsatmosphäre und erfrischende Kaffeerunden danken. Es waren 4 ½ ausgezeichnete Jahre!

Eckart Voland, Ihnen danke ich für die vielen spannenden Stunden in der Arbeitsgruppe der Biophilosophie, in denen sich neue Ideen für meine Arbeit ergeben haben und ich mein Vorhaben und erste Ergebnisse in einem ganz anderen fachlichen Kontext diskutieren lassen konnte. In diesem Zusammenhang geht ein weiter Dank an die Doktorierenden und Studierenden der Biophilosophie, die an diesem Prozess beteiligt waren.

Stefan, dir danke ich für deine Unterstützung, deine aufbauenden Worte, deine guten Ideen, deinen Optimismus und vor allem dafür, dass du mich in den letzten Zügen der Promotion ertragen und mir stets den Rücken freigehalten hast.

Meiner tollen Familie! Ihr habt euch mit mir gefreut, dass ich Spaß bei meiner Arbeit habe. Danke für eure immerwährende Unterstützung. Außerdem danke ich meinen Freunden für willkommene Ablenkungen und dafür, dass ich auf diese Weise nie den Spaß aus den Augen verlieren konnte.

Danksagung

Olaf Bininda-Emonds, du hast mir vor 6 Jahren ermöglicht, in der fachwissenschaftlichen Evolutionsbiologie über ein Thema der Wissenschaftsvermittlung meine Masterarbeit zu schreiben. Sonst wäre wohl auch niemals die vorliegende Arbeit entstanden. Danke!

Ich danke den von mir betreuten Examenskandidatinnen und Examenskandidaten, die mir bei der Datenerhebung in der *EWi-Studie* behilflich waren.

Dem HVD Bayern möchte ich für die Finanzierung der *RED-Studie* danken. Nur auf diese Weise konnte erstmals eine umfassende bevölkerungsrepräsentative Studie zu Einstellungen zu Evolution in Deutschland realisiert werden.

Tatjana Schnell danke ich für die gute Zusammenarbeit bei der Studie zu den Konfessionsfreien Identitäten und die Möglichkeit, bei solch einer großangelegten Studie die von mir entwickelten Skalen einzusetzen, sodass daraus die *EKI-Studie* entstehen konnte.

Ich danke all denjenigen Expertinnen und Experten aus verschiedensten Fachgebieten, die ich in den letzten 4-5 Jahren - insbesondere bei interdisziplinären Fragen - um Rat fragte, wenn ich nicht mehr weiterwusste oder einen Blick über den Tellerrand wagen wollte. Dabei möchte ich insbesondere Reinhard Junker und Timo Roller hervorheben. Ihr habt mir das Themenfeld aus einer kreationistischen Perspektive beleuchtet und trotz sehr unterschiedlicher Blickwinkel hatten wir stets sehr guten und respektvollen Kontakt. Das ist nicht selbstverständlich. Danke für eure Hilfe und euer Vertrauen.

Ich sage *danke* an all jene Lehrende der Universität Gießen sowie verschiedener Schulen, die die Befragung in ihrem Unterricht, ihren

Seminaren und Vorlesungen durchführen ließen, sowie die Fachleiterinnen und Fachleiter, die es ermöglicht haben, dass Referendarinnen und Referendare befragt werden konnten.

Und nicht zuletzt danke ich den insgesamt etwa 10.000 Menschen, die an meinen Befragungen teilgenommen haben. Ihr seid die eigentlichen Stars dieser Arbeit. Danke für eure Daten!

Nürnberg, im August 2018
Anna Beniermann

Inhaltsverzeichnis

1 Einleitung 1

2 Theoretischer Hintergrund 7

  2.1 Definition zentraler psychologischer Begriffe 7
    2.1.1 Vorstellungen und Wissen 8
    2.1.2 Einstellungen, Akzeptanz und Ablehnung 10

  2.2 Evolution und Evolutionstheorie 12
    2.2.1 Der wissenschaftliche Theoriebegriff 12
    2.2.2 Die Begriffe Evolution und Evolutionstheorie in der Einstellungsforschung 13

  2.3 Die Entanthropomorphisierung des Weltbildes 15
    2.3.1 Das naturalistische Weltbild 16
    2.3.2 Die evolutionäre Entwicklung des Menschen und seines Bewusstseins 19
    2.3.3 Die Kränkungen der Menschheit 21
    2.3.4 Desillusionierungen durch die Evolutionstheorie ... 23
    2.3.5 Die Evolutionäre Erkenntnistheorie 24

  2.4 Zum Verhältnis von Gehirn und Geist 26
    2.4.1 Körper-Geist-Problem 26
    2.4.2 Evolutionäre Erkenntnistheorie und das Körper-Geist-Problem 28
    2.4.3 Einstellungen von Laien zu Gehirn und Geist 29
    2.4.4 Die Termini Geist, Selbst, Seele und Bewusstsein ... 31

  2.5 Religiöser Glaube und Atheismus 32
    2.5.1 Gründe für religiösen Glauben 34
    2.5.2 Ablehnung übernatürlicher Erklärungen 36

  2.6 Verhältnis von Glaube und Evolution 37
    2.6.1 Die einstige Krone der Schöpfung 38

2.6.2		Verhältnisbestimmungen von Glaube und Evolution	39
2.6.3		Religiös motivierte Positionen zu Evolution	41
	2.6.3.1	Kreationismus	41
	2.6.3.2	Intelligent Design	46
	2.6.3.3	Theistische Evolution	47
	2.6.3.4	Monotheistische Positionen zur Evolution in Deutschland	48
	2.6.3.5	Kreationismus in Schule und Gesellschaft in Deutschland	52

2.7 Vorstellungen zu Evolution _____ 55

- 2.7.1 Fehlvorstellungen zu Evolution _____ 56
  - 2.7.1.1 Finalistische Vorstellungen _____ 56
  - 2.7.1.2 Lamarckistische Vorstellungen _____ 57
  - 2.7.1.3 Typologische Vorstellungen _____ 57
  - 2.7.1.4 Anthropomorphe Vorstellungen _____ 58
  - 2.7.1.5 Weitere Fehlvorstellungen zu evolutionären Aspekten _____ 59
- 2.7.2 Studien zum Wissen über Evolution _____ 60

2.8 Einstellungen zu Evolution _____ 62

- 2.8.1 Operationalisierung von Einstellungen zu Evolution _____ 63
  - 2.8.1.1 Operationalisierung bei Befragungen der allgemeinen Bevölkerung _____ 64
  - 2.8.1.2 Operationalisierung in fachdidaktischen Studien _____ 68
- 2.8.2 Zahlen zur Akzeptanz der Evolution _____ 76
  - 2.8.2.1 Akzeptanz der Evolution in der allgemeinen Bevölkerung _____ 76
  - 2.8.2.2 Akzeptanz von Evolution in Deutschland _____ 80
  - 2.8.2.3 Akzeptanz der Evolution bei Lehrkräften _____ 81
- 2.8.3 Bedingungsfaktoren von Einstellungen zu Evolution _____ 84
  - 2.8.3.1 Einstellungen zu Evolution und Gläubigkeit _____ 84
  - 2.8.3.2 Einstellungen zu Evolution und Wissen zur Evolution _____ 87

	2.8.3.3	Einstellungen zu Evolution und Verständnis von Wissenschaft	90
	2.8.3.4	Einstellungen zu Evolution und kognitiver Stil	91
	2.8.3.5	Akzeptanz evolutionärer Erklärungen für das Bewusstsein	92

3 Forschungsvorhaben _____ 95

3.1 Ableitung der methodisch-konzeptionellen Zielsetzung _____ 95

3.2 Ableitung der inhaltlichen Fragestellungen _____ 98

- 3.2.1 Studienübergreifende Fragestellungen _____ 99
- 3.2.2 Zusätzliche Fragestellungen zur EGl-Studie _____ 102
- 3.2.3 Zusätzliche Fragestellungen zur EWi-Studie _____ 105
- 3.2.4 Zusätzliche Fragestellung zur RED-Studie _____ 108
- 3.2.5 Zusätzliche Fragestellung zur EKI-Studie _____ 109
- 3.2.6 Fragestellungen zur Variablenstruktur _____ 111

4 Material und Methoden _____ 115

4.1 Stichproben & Durchführung _____ 115

- 4.1.1 Einstellungen zu Evolution und religiöser Glaube (EGl-Studie) _____ 115
- 4.1.2 Einstellungen und Wissen zu Evolution (EWi-Studie) _____ 117
- 4.1.3 Repräsentative Befragung zu Einstellungen zu Evolution in Deutschland (RED-Studie) _____ 118
- 4.1.4 Einstellungen zu Evolution bei Konfessionsfreien Identitäten (EKI-Studie) _____ 119

4.2 Vorgehen bei der Entwicklung der zentralen Skalen _____ 120

- 4.2.1 Einstellungen zu Evolution (ATEVO-Skala) _____ 123
  - 4.2.1.1 Konstruktion der Skala ATEVO 1.0 _____ 124
  - 4.2.1.2 Validierung von ATEVO 1.0 in der EGl-Studie _____ 125
  - 4.2.1.3 Validierung von ATEVO 2.0 _____ 127
- 4.2.2 Dualistisches Denken (SD-Skala) _____ 131

4.2.3 Religiöse Gläubigkeit (PERF-Skala) _____ 135

4.3 Inhaltliche Beschreibung der Fragebögen _____ 139

4.3.1 Fragebogen – EGl-Studie _____ 140
4.3.2 Fragebogen der EWi-Studie _____ 146
    4.3.2.1 Wissen zu Evolution (KAEVO-Instrument) _____ 146
    4.3.2.2 Kognitiver Stil (Cognitive Reflection Test) _____ 153
4.3.3 Fragebogen zur RED-Studie _____ 153
4.3.4 Fragebogen zur EKI-Studie _____ 154

4.4 Datenanalyse _____ 160

4.4.1 Digitalisierung der Daten und Vorannahmen _____ 161
4.4.2 Statistische Auswertung _____ 162
4.4.3 Strukturgleichungsmodellierung _____ 167
    4.4.3.1 Auswahl der Schätzverfahren _____ 169
    4.4.3.2 Gütekriterien zur Prüfung des Modell-Fits _____ 171
    4.4.3.3 Vorgehen bei der Modellkonstruktion _____ 173
    4.4.3.4 Interpretation der Strukturgleichungsmodelle _____ 175

5 *Ergebnisse* _____ *177*

5.1 Einstellungen zu Evolution und religiöser Glaube (EGl-Studie) _____ 177

5.1.1 Strukturgleichungsmodellierung _____ 213
    5.1.1.1 Strukturgleichungsmodellierung (ATEVO 8 – 31) _____ 215
    5.1.1.2 Strukturgleichungsmodellierung (ATEVO 32 – 40) _____ 220

5.2 Einstellungen und Wissen zu Evolution (EWi-Studie) _____ 226

5.2.1 Wissen über Evolution _____ 245
    5.2.1.1 KAEVO-A _____ 245
    5.2.1.2 KAEVO-B _____ 263
5.2.2 Strukturgleichungsmodellierung _____ 270

5.3 Repräsentative Befragung (RED-Studie) _____ 281

5.3.1 Strukturgleichungsmodellierung _____ 307

5.4 Einstellungen bei Konfessionsfreien (EKI-Studie) __311
5.4.1 Strukturgleichungsmodellierung __331

6 Diskussion __345

6.1 Ergebniszusammenfassung und inhaltliche Diskussion __345
6.1.1 Studienübergreifende Fragestellungen __345
6.1.2 Zusätzliche Fragestellungen zur EGl-Studie __372
6.1.3 Zusätzliche Fragestellungen zur EWi-Studie __376
6.1.4 Zusätzliche Fragestellung zur RED-Studie __382
6.1.5 Zusätzliche Fragestellung zur EKI-Studie __385
6.1.6 Fragestellungen zur Variablenstruktur __387

6.2 Methodisch-konzeptionelle Diskussion __394
6.2.1 Operationalisierung __394
6.2.1.1 Reliabilität und Dimensionalität: ATVEO-, SD- und PERF-Skala __394
6.2.1.2 Messmethodische Überlegungen zur ATEVO-Skala __397
6.2.2 Strukturgleichungsmodellierung __399

6.3 Didaktische und gesellschaftliche Implikationen __400
6.3.1 Fehlvorstellungen __402
6.3.2 Zum Verhältnis von Wissen, Gläubigkeit und Einstellungen zu Evolution __406
6.3.3 Umgang mit der Wahrnehmung eines Konflikts zwischen Religion und Evolution __412
6.3.4 Früheres Unterrichten von Evolution __414
6.3.5 Chancen bei der Vermittlung von Evolution __416

7 *Zusammenfassung der Kernergebnisse* __419

8 *Fazit und Ausblick* __425

Literaturverzeichnis __429

Abbildungsverzeichnis[2]

Abbildung 1:	Akzeptanz der Evolution in Europa	...79
Abbildung 2:	Grundstruktur für die Strukturgleichungsmodellierung bei Eindimensionalität der Einstellungen zu Evolution.	..112
Abbildung 3:	Grundstruktur für die Strukturgleichungsmodellierung bei Zweidimensionalität der Einstellungen zu Evolution.	113
Abbildung 4:	Exemplarisches Ergebnis einer Strukturgleichungsmodellierung	175
Abbildung 5:	Häufigkeitsverteilung der Kategorien des Spectrum of Theistic Probability in der EGl-Studie	179
Abbildung 6:	Kombinationen häufiger Gottesvorstellungen	182
Abbildung 7:	Häufigkeitsverteilung der PERF-Scores in der EGl-Studie	184
Abbildung 8:	Boxplot für den Vergleich der Gläubigkeit zwischen den Konfessionen in der EGl-Studie.	185
Abbildung 9:	Boxplot für den Vergleich der Gläubigkeit zwischen den Kategorien des Spectrum of Theistic Probability in der EGl-Studie..	186
Abbildung 10:	Häufigkeitsverteilung der SD-Scores in der EGl-Studie	187
Abbildung 11:	Boxplot für den Vergleich des dualistischen Denkens zwischen den Konfessionen in der EGl-Studie	189
Abbildung 12:	Häufigkeitsverteilung der ATEVO-Scores in der EGl-Studie	190
Abbildung 13:	Häufigkeitsverteilungen der ATEVO-Subskalen-Scores in der EGl-Studie	191
Abbildung 14:	Boxplot für den Vergleich der Einstellungen zu Evolution zwischen den Konfessionen in der EGl-Studie.	193

---

[2] Bei den Abbildungen 2 – 102 handelt es sich um eigene Darstellungen der Autorin.

Abbildung 15:	Boxplot für den Vergleich der Einstellungen zu Evolution (allgemein) zwischen den Konfessionen in der EGl-Studie	194
Abbildung 16:	Boxplot für den Vergleich der Einstellungen zu Geistevolution zwischen den Konfessionen in der EGl-Studie	195
Abbildung 17:	Boxplot für den Vergleich der Einstellungen zu Evolution zwischen den Kategorien des Spectrum of Theistic Probability in der EGl-Studie	196
Abbildung 18:	Verhältnis von Einstellungen zu Evolution und religiöser Gläubigkeit in der EGl-Studie.	202
Abbildung 19:	Verhältnis von dualistischem Denken und religiöser Gläubigkeit zu Einstellungen zu Evolution in der EGl-Studie	203
Abbildung 20:	Verhältnis von Einstellungen zu Evolution und Geistevolution zu religiöser Gläubigkeit in der EGl-Studie	204
Abbildung 21:	Häufigkeitsverteilung der Summenscores der Konfliktwahrnehmung in der EGl-Studie	206
Abbildung 22:	Boxplot für den Vergleich der Konfliktwahrnehmung zwischen den Konfessionen in der EGl-Studie	207
Abbildung 23:	Boxplot für den Vergleich der Konfliktwahrnehmung zwischen den Kategorien des Spectrum of Theistic Probability in der EGl-Studie	208
Abbildung 24:	Verhältnis von Konfliktwahrnehmung und Gläubigkeit im Verhältnis zu Einstellungen zu Evolution in der EGl-Studie	210
Abbildung 25:	Mittelwerte der Parameter je Gottesbild in der EGl-Studie	211
Abbildung 26:	Datenverteilung für das Verhältnis von Konfliktwahrnehmung und Einstellung zu Evolution in der EGl-Studie	214
Abbildung 27:	Strukturgleichungsmodell A für negative und neutrale Einstellungen zu Evolution in der EGl-Studie	217

Abbildungsverzeichnis

Abbildung 28: Strukturgleichungsmodell B für negative und neutrale Einstellungen zu Evolution in der EGl-Studie 219

Abbildung 29: Strukturgleichungsmodell C für neutrale und positive Einstellungen zu Evolution in der EGl-Studie 222

Abbildung 30: Strukturgleichungsmodell D für neutrale und positive Einstellungen zu Evolution in der EGl-Studie 224

Abbildung 31: Häufigkeitsverteilung der PERF-Scores in der EWi-Studie 227

Abbildung 32: Boxplot für den Vergleich der Gläubigkeit zwischen den Konfessionen in der EWi-Studie 229

Abbildung 33: Boxplot für den Vergleich der Gläubigkeit zwischen den Probandengruppen in der EWi-Studie 230

Abbildung 34: Häufigkeitsverteilung der SD-Scores in der EWi-Studie 231

Abbildung 35: Boxplot für den Vergleich der dualistischen Denkweisen zwischen den Konfessionen in der EWi-Studie 232

Abbildung 36: Boxplot für den Vergleich der dualistischen Denkweisen zwischen den Probandengruppen in der EWi-Studie 233

Abbildung 37: Häufigkeitsverteilung der ATEVO-Scores in der EWi-Studie 234

Abbildung 38: Boxplot für den Vergleich der Einstellungen zu Evolution zwischen den Konfessionen in der EWi-Studie 236

Abbildung 39: Boxplot für den Vergleich der Einstellungen zu Evolution zwischen den Probandengruppen in der EWi-Studie 238

Abbildung 40: Verhältnis von Einstellungen zu Evolution und religiöser Gläubigkeit in der EWi-Studie 239

Abbildung 41: Verhältnis von dualistischem Denken und religiöser Gläubigkeit zu Einstellungen zu Evolution in der EWi-Studie 242

Abbildung 42: Verhältnis von Einstellungen zu Evolution und Geistevolution zu religiöser Gläubigkeit in der EWi-Studie 244

Abbildung 43:	Häufigkeiten der Testergebnisse zum Wissen zu Evolution (KAEVO-A) in der EWi-Studie.	245
Abbildung 44:	Mittelwerte pro Frage zum Wissen zu Evolution (KAEVO-A) in der EWi-Studie.	246
Abbildung 45:	Boxplot für den Vergleich des Wissens zu Evolution (KAEVO-A) zwischen verschiedenen Subgruppen in der EWi-Studie	247
Abbildung 46:	Boxplot für den Vergleich des Wissens zu Evolution (KAEVO-A) zwischen den Konfessionen in der EWi-Studie.	249
Abbildung 47:	Prozentualer Anteil erreichter Testscores (0 – 5) zur evolutionären Anpassung in der EWi-Studie.	250
Abbildung 48:	Boxplot für den Vergleich des Wissens zu evolutionärer Anpassung zwischen den Subgruppen in der EWi-Studie.	251
Abbildung 49:	Vorstellungen zur evolutionären Anpassung der Venusfliegenfalle (A1).	252
Abbildung 50:	Vorstellungen zur evolutionären Anpassung der Geparde (A3)	253
Abbildung 51:	Vorstellungen zur evolutionären Anpassung der Bänderschnecken (A5)	254
Abbildung 52:	Vorstellungen zur evolutionären Anpassung der Kakteen (A6)	255
Abbildung 53:	Vorstellungen zur evolutionären Anpassung der Enten (A9)	256
Abbildung 54:	Vorstellungen zur biologischen Fitness (A2).	257
Abbildung 55:	Vorstellungen zur Artbildung bei Eidechsen (A4)	259
Abbildung 56:	Vorstellungen zur Weitergabe erworbener Eigenschaften bei Mäusen (A7)	261
Abbildung 57:	Vorstellungen zur Weitergabe erworbener Eigenschaften bei Mäusen (A8)	262
Abbildung 58:	Häufigkeiten der Testergebnisse zum Faktenwissen zu Evolution (KAEVO-B) in der EWi-Studie	263

Abbildungsverzeichnis XXI

Abbildung 59: Mittelwerte pro Frage zum Faktenwissen zu Evolution (KAEVO-B) in der EWi-Studie. 264

Abbildung 60: Boxplot für den Vergleich des Faktenwissens zu Evolution (KAEVO-B) zwischen den Subgruppen in der EWi-Studie 265

Abbildung 61: Boxplot für den Vergleich des Faktenwissens zu Evolution (KAEVO-B) zwischen den Konfessionen in der EWi-Studie. 266

Abbildung 62: Boxplot für den Vergleich des kognitiven Stils zwischen den verschiedenen Probandengruppen in der EWi-Studie 269

Abbildung 63: Strukturgleichungsmodell E in der EWi-Studie. 271

Abbildung 64: Strukturgleichungsmodell F in der EWi-Studie. 272

Abbildung 65: Strukturgleichungsmodell G in der EWi-Studie 274

Abbildung 66: Strukturgleichungsmodell H in der EWi-Studie 277

Abbildung 67: Strukturgleichungsmodell I in der EWi-Studie. 279

Abbildung 68: Häufigkeit der PERF-Scores in der RED-Studie 284

Abbildung 69: Boxplot für den Vergleich der religiösen Gläubigkeit zwischen den Konfessionen in der RED-Studie 286

Abbildung 70: Häufigkeit der SD-Scores in der RED-Studie 287

Abbildung 71: Boxplot für den Vergleich des dualistischen Denkens zwischen den Konfessionen in der RED-Studie 288

Abbildung 72: Häufigkeit der ATEVO-Scores in der RED-Studie 289

Abbildung 73: Boxplot für den Vergleich der Einstellungen zu Evolution zwischen den Konfessionen in der RED-Studie 290

Abbildung 74: Boxplot für den Vergleich der Einstellungen zu Evolution zwischen den Gruppen unterschiedlicher Besuchshäufigkeit religiöser Institutionen in der RED-Studie 292

Abbildung 75: Verhältnis von Einstellungen zu Evolution und religiöser Gläubigkeit in der RED-Studie. 294

Abbildung 76:	Verhältnis von dualistischem Denken und religiöser Gläubigkeit zu Einstellungen zu Evolution in der RED-Studie.	295
Abbildung 77:	Verhältnis von Einstellungen zur Evolution und Geistevolution zu religiöser Gläubigkeit in der RED-Studie.	297
Abbildung 78:	Häufigkeitsverteilung der unterschiedlichen Positionen zu Schöpfung und Evolution.	299
Abbildung 79:	Einstellung zu Evolution in Relation zur Gläubigkeit mit Markierungen für die unterschiedlichen Positionen zur Evolution und Schöpfung in der RED-Studie.	302
Abbildung 80:	Boxplot für den Vergleich der ATEVO- und PERF-Scores zwischen den unterschiedlichen Positionen zu Evolution und Schöpfung in der RED-Studie.	304
Abbildung 81:	Boxplot für den Vergleich der ATEVO-AE- und PERF-Scores zwischen den unterschiedlichen Positionen zu Evolution und Schöpfung in der RED-Studie.	305
Abbildung 82:	Boxplot für den Vergleich der ATEVO-GE- und PERF-Scores zwischen den unterschiedlichen Positionen zu Evolution und Schöpfung in der RED-Studie.	306
Abbildung 83:	Strukturgleichungsmodell J in der RED-Studie	308
Abbildung 84:	Strukturgleichungsmodell K in der RED-Studie	310
Abbildung 85:	Häufigkeitsverteilung der Gläubigkeit in der EKI-Studie.	312
Abbildung 86:	Häufigkeitsverteilung atheistischer Positionen in der EKI-Studie	313
Abbildung 87:	Häufigkeitsverteilung des SD-Scores in der EKI-Studie.	314
Abbildung 88:	Boxplot für den Vergleich der SD-Scores zwischen den weltanschaulichen Gruppen in der EKI-Studie.	316
Abbildung 89:	Boxplot für den Vergleich der SD-Scores je Organisation in der EKI-Studie	317
Abbildung 90:	Häufigkeitsverteilung der ATEVO-Scores in der EKI-Studie.	318

Abbildungsverzeichnis

Abbildung 91: Boxplot für den Vergleich der ATEVO-Scores zwischen den weltanschaulichen Gruppen in der EKI-Studie............320
Abbildung 92: Boxplot für den Vergleich der ATEVO-Scores je Organisation in der EKI-Studie..................................322
Abbildung 93: Verhältnis von Einstellungen zu Evolution und religiöser Gläubigkeit in der EKI-Studie....................324
Abbildung 94: Verhältnis von dualistischem Denken und religiöser Gläubigkeit zu Einstellungen zu Evolution in der EKI-Studie..326
Abbildung 95: Verhältnis von Einstellungen zu Evolution und Geistevolution zu religiöser Gläubigkeit in der EKI-Studie....... 327
Abbildung 96: Strukturgleichungsmodell L in der EKI-Studie................... 332
Abbildung 97: Strukturgleichungsmodell M in der EKI-Studie.................. 335
Abbildung 98: Strukturgleichungsmodell N in der EKI-Studie................... 337
Abbildung 99: Strukturgleichungsmodell O in der EKI-Studie................... 339
Abbildung 100: Strukturgleichungsmodell P in der EKI-Studie...................342
Abbildung 101: Verhältnis von dualistischem Denken und religiöser Gläubigkeit zur Einstellung zu Evolution in allen Studien..368
Abbildung 102: Verhältnis von Einstellungen zu Evolution und Geistevolution zu religiöser Gläubigkeit für alle Studien..........370

Tabellenverzeichnis

Tabelle 1:	Ausgewählte Items der MATE-Skala und deren messtheoretische Probleme	72
Tabelle 2:	Ausgewählte Items der I-SEA-Skala und deren messtheoretische Probleme	74
Tabelle 3:	Studienübersicht zu Einstellungen zu Evolution und Bedingungsfaktoren.	85
Tabelle 4:	Studienübersicht.	96
Tabelle 5:	Darstellung der Kenngrößen der Stichproben-Subgruppen in der EWi-Studie	118
Tabelle 6:	Items der ATEVO-Skala (2.0)	126
Tabelle 7:	Faktorenanalyse zur ATEVO-Skala (2.0) in der EWi-Studie.	127
Tabelle 8:	Faktorenanalyse zur ATEVO-Skala (2.0) in der RED-Studie.	129
Tabelle 9:	Faktorenanalyse zur ATEVO-Skala (2.0) in der EKI-Studie.	130
Tabelle 10:	Interpretation der Scores für die ATEVO-Skala sowie die ATEVO-Subskalen	131
Tabelle 11:	Items der SD-Skala.	132
Tabelle 12:	Faktorenanalyse zur SD-Skala in der EWi-Studie	133
Tabelle 13:	Faktorenanalyse zur SD-Skala in der RED-Studie.	134
Tabelle 14:	Interpretation der Scores für die SD-Skala..	135
Tabelle 15:	Items der PERF 2.0-Skala.	138
Tabelle 16:	Interpretation der Scores für die PERF-Skala	138
Tabelle 17:	Reliabilitäten für die zentralen Skalen in allen Studien.	139
Tabelle 18:	Faktorenanalyse zur Skala *Konfliktwahrnehmung* in der EGl-Studie.	143
Tabelle 19:	Faktorenanalyse zur Skala *Flexibles Denken* in der EGl-Studie	144
Tabelle 20:	Items des KAEVO-A zur Messung des Parameters *Wissen zu Evolution* in der EWi-Studie.	148

Tabelle 21:	Antwortalternativen bei den Wissensfragen zur evolutionären Anpassung in KAEVO-A am Beispiel von Item A3	150
Tabelle 22:	Faktorenanalyse zur Skala KAEVO-B in der EWi-Studie	152
Tabelle 23:	Positionen zu Evolution und Schöpfung in der RED-Studie	154
Tabelle 24:	Mittelwerte der verwendeten Items der Subskala *Gläubigkeit* in der EKI-Studie.	156
Tabelle 25:	Mittelwerte der Items der Subskala *Esoterische Ideologie* in der EKI-Studie.	156
Tabelle 26:	Mittelwerte der Items der Subskala *Außersinnliche Erfahrungen* in der EKI-Studie.	157
Tabelle 27:	Mittelwerte der Items der Subskala *Atheismus* in der EKI-Studie.	158
Tabelle 28:	Mittelwerte der Items der Subskala *Szientismus* in der EKI-Studie.	158
Tabelle 29:	Mittelwerte der Items der Subskala *Naturalismus* in der EKI-Studie.	159
Tabelle 30:	Mittelwerte der Items der Subskala *Skeptizismus* in der EKI-Studie.	160
Tabelle 31:	Richtlinien zur Abschätzung verschiedener Effektgrößen.	165
Tabelle 32:	Cutoff-Werte der Gütekriterien für die Modellschätzung.	173
Tabelle 33:	Glaube an Gott im Verlauf des Lebens in der EGl-Studie	179
Tabelle 34:	Häufigkeit der verschiedenen Gottesvorstellungen in der EGl-Studie.	180
Tabelle 35:	Mittelwerte der Gläubigkeit bei den Gruppen verschiedener Konfessionen in der EGl-Studie.	184
Tabelle 36:	Mittelwerte der Ausprägung einer dualistischen Sichtweise bei den Gruppen verschiedener Konfessionen in der EGl-Studie	188
Tabelle 37:	Mittelwerte der Einstellungen zu Evolution bei den Gruppen verschiedener Konfessionen in der EGl-Studie	192
Tabelle 38:	Positionen zur Entstehung und Entwicklung des Menschen, der anderen Lebewesen, der Erde und des Universums in der EGl-Studie	198

Tabellenverzeichnis

Tabelle 39: Korrelationen zwischen dem ATEVO-Score und den anderen untersuchten Parametern nach Pearson in der EGl-Studie. 199

Tabelle 40: Korrelationen zwischen den ATEVO-Subskalen-Scores und den anderen untersuchten Parametern nach Pearson in der EGl-Studie 200

Tabelle 41: Mittelwerte der Konfliktwahrnehmung bei den Gruppen verschiedener Konfessionen in der EGl-Studie 206

Tabelle 42: Mittelwerte der Parameter je Gottesbild in der EGl-Studie ... 212

Tabelle 43: Regressionsgewichte für Strukturgleichungsmodell A in der EGl-Studie. 218

Tabelle 44: Regressionsgewichte für Strukturgleichungsmodell B in der EGl-Studie. 220

Tabelle 45: Regressionsgewichte für Strukturgleichungsmodell C in der EGl-Studie. 223

Tabelle 46: Regressionsgewichte für Strukturgleichungsmodell D in der EGl-Studie.. 225

Tabelle 47: Mittelwerte der Gläubigkeit bei verschiedenen Konfessionen in der EWi-Studie. 228

Tabelle 48: PERF-Mittelwerte je Probandengruppe in der EWi-Studie. ... 229

Tabelle 49: Mittelwerte des SD-Scores der verschiedenen Konfessionen in der EWi-Studie. 231

Tabelle 50: Mittelwerte der SD-Scores der verschiedenen Probandengruppen in der EWi-Studie. 233

Tabelle 51: Mittelwerte der Einstellungen zu Evolution bei den Gruppen verschiedener Konfessionen in der EWi-Studie. 235

Tabelle 52: Mittelwerte der ATEVO-Scores bei verschiedenen Probandengruppen in der EWi-Studie. 237

Tabelle 53: Korrelationen zwischen Einstellung zur Evolution und Gläubigkeit in der EWi-Studie. 241

Tabelle 54: Korrelationen zwischen Einstellung zur Evolution und dualistischem Denken in der EWi-Studie. 242

Tabelle 55: Mittelwerte der Wissens-Scores (KAEVO-A) in der EWi-Studie 247

Tabelle 56:	Mittelwerte des Wissens zu Evolution (KAEVO-A) je Konfession in der EWi-Studie.	248
Tabelle 57:	Mittelwerte zum Wissens-Score zur evolutionären Anpassung der Probandengruppen in der EWi-Studie.	250
Tabelle 58:	Mittelwerte der des KAEVO-B-Scores in der EWi-Studie.	264
Tabelle 59:	Mittelwerte des Faktenwissens zu Evolution (KAEVO-B) je Konfession in der EWi-Studie.	266
Tabelle 60:	Korrelationen zwischen Einstellung zur Evolution und Wissen (KAEVO-A) zur Evolution in der EWi-Studie.	268
Tabelle 61:	Mittelwerte des Cognitive Reflection Test bei den verschiedenen Probandengruppen in der EWi-Studie.	268
Tabelle 62:	Korrelationen zwischen Einstellung zur Evolution und CRT in der EWi-Studie.	270
Tabelle 63:	Regressionsgewichte für Strukturgleichungsmodell E in der EWi-Studie.	272
Tabelle 64:	Regressionsgewichte für Strukturgleichungsmodell F in der EWi-Studie.	273
Tabelle 65:	Regressionsgewichte für Strukturgleichungsmodell G in der EWi-Studie.	275
Tabelle 66:	Regressionsgewichte für Strukturgleichungsmodell H in der EWi-Studie.	278
Tabelle 67:	Regressionsgewichte für Strukturgleichungsmodell I in der EWi-Studie.	280
Tabelle 68:	Häufigkeit der Ortsgrößen der Wohnorte der Befragten in der RED-Studie.	282
Tabelle 69:	Mittelwerte der Gläubigkeit bei Gruppen verschiedenen Alters in der RED-Studie.	284
Tabelle 70:	Mittelwerte der Gläubigkeit bei Gruppen verschiedener Konfession in der RED-Studie.	285
Tabelle 71:	Mittelwerte des dualistischen Denkens bei Gruppen verschiedener Konfession in der RED-Studie.	287
Tabelle 72:	Mittelwerte der ATEVO-Skala und der ATEVO-Subskalen in der RED-Studie.	290

Tabellenverzeichnis XXIX

Tabelle 73: Mittelwerte der Einstellung zur Evolution bei Probandengruppen unterschiedlicher Besuchshäufigkeit religiöser Institutionen bei der RED-Studie... 291

Tabelle 74: Korrelationen zwischen Parametern in der RED-Studie. ... 295

Tabelle 75: Häufigkeiten der Antworten auf die Frage zu Position zu Evolution und Schöpfung in der RED-Studie... 298

Tabelle 76: Häufigkeiten der Einstellungen zur Entstehung und Entwicklung des Lebens auf der Erde bei den verschiedenen Konfessionen in der RED-Studie. ... 300

Tabelle 77: Regressionsgewichte für Strukturgleichungsmodell J in der RED-Studie. ... 309

Tabelle 78: Regressionsgewichte für Strukturgleichungsmodell K in der RED-Studie ... 309

Tabelle 79: Mittelwerte des SD-Scores für die Gruppen der weltanschaulichen Selbstbezeichnungen in der EKI-Studie... 315

Tabelle 80: Mittelwerte der Befragten verschiedener Organisationen zu dualistischem Denken in der EKI-Studie... 317

Tabelle 81: Mittelwerte verschiedener weltanschaulicher Gruppen zur Einstellung zu Evolution... 319

Tabelle 82: Mittelwerte der ATEVO-Scores bei Probandengruppen verschiedener säkularer Organisationen in der EKI-Studie ... 321

Tabelle 83: Mittelwerte zu den untersuchten Parametern in der EKI-Studie ... 328

Tabelle 84: Korrelationen verschiedener Parameter mit Einstellungen zur Evolution und dualistischem Denken in der EKI-Studie. ... 329

Tabelle 85: Regressionsgewichte für Strukturgleichungsmodell L in der EKI-Studie ... 333

Tabelle 86: Regressionsgewichte für Strukturgleichungsmodell M in der EKI-Studie ... 336

Tabelle 87: Regressionsgewichte für Strukturgleichungsmodell N in der EKI-Studie.. ... 338

Tabelle 88:	Regressionsgewichte für Strukturgleichungsmodell O in der EKI-Studie.	340
Tabelle 89:	Regressionsgewichte für Strukturgleichungsmodell P in der EKI-Studie	343
Tabelle 90:	Anteil an Personen je Kategorie der Gläubigkeit pro Studie	346
Tabelle 91:	Mittelwert der Gläubigkeit je Konfession pro Studie.	347
Tabelle 92:	Anteil an Personen je Kategorie des dualistischen Denkens pro Studie.	349
Tabelle 93:	Mittelwert des dualistischen Denkens je Konfession pro Studie.	351
Tabelle 94:	Anteil an Personen je Kategorie der Akzeptanz der Evolution pro Studie	354
Tabelle 95:	Anteil an Personen je Kategorie der Akzeptanz der Evolution im Allgemeinen pro Studie.	355
Tabelle 96:	Anteil an Personen je Kategorie der Akzeptanz der Geistevolution pro Studie.	355
Tabelle 97:	Mittelwert der Akzeptanz der Evolution je Konfession pro Studie	359
Tabelle 98:	Korrelationen zwischen Einstellungen zu Evolution, dualistischem Denken und religiöser Gläubigkeit je Studie	362

Abkürzungsverzeichnis

Fragebogen-Skalen

ACONRNS	Assessing Contextual Reasoning about Natural Selection
ATEVO	Attitudes towards Evolution
ATEVO-GE	Attitudes towards Evolution – GeistEvolution
ATEVO-AE	Attitudes towards Evolution – Allgemeine Evolution
CANS	Conceptual Assessment of Natural Selection
CINS	Conceptual Inventory of Natural Selection
CRT	Cognitive Reflection Test
DoS	Dimensions of Secularity
EALS (-SF)	Evolutionary Attitudes and Literacy Survey (-Short Form)
GAENE	Generalized Acceptance of EvolutioN Evalutation
I-SEA	Inventory of Student Evolution Acceptance
KAEVO	Knowledge About Evolution
KAEVO-A	Knowledge About Evolution (Teil A)
KAEVO-B	Knowledge About Evolution (Teil B)
MATE	Measure of Acceptance of the Theory of Evolution
MDSI	Multidimensional Spirituality Inventory
PERF	Personal Religious Faith
SD	Short Dualism

Statistische Größen

ADF	Asymptotically Distribution-free (Schätzmethode für SEM)
ANOVA	Analysis of Variance (Einfaktorielle Varianzanalyse)
b	Regressionskoeffizient (multiple lineare Regressionsanalyse)

CFI	Comparative Fit Index (inkrementelles Fitmaß)
$\chi 2$	Chi-Quatrat (inferenzstatistisches Gütekriterium)
CMIN/DF	Quotient aus $\chi 2$-Wert & Freiheitsgraden (deskriptives Gütekriterium)
C.R.	Quotient aus USWR und S.E.
CV	Cutoff-Wert bei Gütekriterien
d.f.	degrees of freedom (Freiheitsgrade)
$\eta 2$	Eta-Quadrat (Maß für Effektstärke bei Varianzanalysen)
d	Cohens *d* – Maß für Effektstärke bei t-Tests)
F	*F*-Wert (Testprüfgröße der ANOVA)
GLS	Generalized Least Squares (Schätzmethode für SEM)
Loess	Locally Weighted Scatterplot Smoothing (Ausgleichungsrechnung)
M	Mittelwert
N	Stichprobengröße
p	*p*-Wert (Signifikanzwert)
PCLOSE	Prüfgröße (Wahrscheinlichkeit für RMSEA-Wert)
r	Pearsons *r* (Korrelationskoeffizient & Maß für Effektstärke)
R^2	Gütemaß der linearen Regression
RMSEA	Root-Mean-Square-Error of Approximation (inferenzstatistisches Gütekriterium)
SD	Standardabweichung
S.E.	Standardfehler
SRW	standardisierte Regressionsgewichte (SEM)
t	*t*-Wert (Testprüfgröße des t-Tests)
USRW	unstandardisierte Regressionsgewichte (SEM)

Studiennamen

EGl	Einstellungen zu Evolution und Gläubigkeit
EWi	Einstellungen und Wissen zu Evolution
RED	Repräsentative Studie zu Einstellungen zu Evolution in Deutschland
EKI	Einstellungen zu Evolution bei konfessionsfreien Identitäten

weitere Abkürzungen

BAMF	Bundesamt für Migration und Flüchtlinge
DEA	Deutsche Evangelische Allianz
DBK	Deutsche Bischofskonferenz
EKD	Evangelische Kirche in Deutschland
fowid	Forschungsgruppe Weltanschauungen in Deutschland
GBS	Giordano-Bruno-Stiftung
GiTax	Gießener Taxonomie
HVD	Humanistischer Verband Deutschlands
IBKA	Internationaler Bund der Konfessionslosen und Atheisten
ID	Intelligent Design
LiV	Lehrkräfte im Vorbereitungsdienst (Referendarinnen & Referendare in Hessen)
NOS	Nature of Science (Natur der Naturwissenschaften)
NSF	National Science Foundation
REMID	Religionswissenschaftlicher Medien- und Informationsdienst
SEM	Structural Equation Modeling (Strukturgleichungsmodell)

Zusammenfassung

Die Evolutionstheorie verknüpft die verschiedenen Forschungsfelder der Biologie miteinander und ist daher eine der bedeutendsten naturwissenschaftlichen Theorien der heutigen Zeit. Trotz ihrer enormen Erklärungskraft, die weit über die Biologie hinaus reicht, und obwohl es innerhalb der wissenschaftlichen Gemeinschaft keinerlei Zweifel an ihrer Validität gibt, wird sie von Teilen der Bevölkerung abgelehnt. Die mitunter als Abwertung wahrgenommene evolutionäre Beschreibung des Menschen ist auch in der heutigen Zeit noch einer der Gründe für eine ablehnende Haltung gegenüber der evolutionären Geschichte der Menschheit, da diese wesentliche Implikationen für das menschliche Selbst- und Weltverständnis hat.

Viele publizierte Fragebogenskalen zur Messung von Einstellungen zu Evolution weisen messtheoretische Probleme auf, die in der vorliegenden Arbeit diskutiert werden und Anlass zur Entwicklung geeigneterer Instrumente gaben. Erstmals wurden Einstellungen zu Evolution im Zusammenhang mit der Sichtweise auf das Verhältnis von Gehirn und Geist (*dualistisches Denken*) und der Einstellung zur Evolution des Bewusstseins untersucht. Zu deren Operationalisierung wurden neue Skalen entwickelt: Die **ATEVO**-Skala (*„Attitudes Towards EVOlution"*) zur Messung von Einstellungen zu Evolution, die **PERF**-Skala (*„PErsonal Religious Faith"*) zur Erhebung religiöser Gläubigkeit sowie die **SD**-Skala (*„Short Dualism"*), mit der die Präferenz für dualistisches Denken gemessen werden soll. Die ATEVO-Skala ermöglicht eine differenzierte Sicht auf Einstellung zu Evolution, vor allem aber mittels der Messung von Einstellungen zur Evolution des Bewusstseins die quantitative Analyse eines Aspektes, der wesentliche zusätzliche Informationen über die Akzeptanz der Evolution beinhaltet.

In der vorliegenden Arbeit wurde die Akzeptanz der Evolution in vier quantitativen Erhebungen (N_{gesamt} = 9311) mittels Fragebögen untersucht. Die erste Studie (*EGl-Studie*) analysierte Einstellungen zu Evolution im Kontext verschiedener Aspekte der religiösen Gläubigkeit. In der zweiten Studie (*EWi-Studie*) wurden vier Probandengruppen mit unterschiedlichem biologischen Vorwissen miteinander verglichen, während in der dritten Studie (*RED-Studie*) die gesamtdeutsche Bevölkerung auf Basis eines differenzierten Messinstruments bezüglich ihrer Einstellungen zu Evolution untersucht wurde. Die vierte Studie (*EKI-Studie*) widmete sich wieder einer speziellen Gruppe, indem konfessionsfreie Menschen befragt wurden; diese Gruppe wurde bislang im Kontext von Einstellungen zu Evolution niemals gezielt untersucht. Der Fokus der Arbeit lag zum einen auf dem deskriptiven Vergleich definierter, unterschiedlicher Gruppen bezüglich ihrer Zustimmung zur Evolution, zum anderen darauf, mithilfe des Vergleichs Faktoren zu identifizieren und quantifizieren, die im Zusammenhang mit der Akzeptanz der Evolution und der Evolution des Bewusstseins stehen. Hierzu wurden Varianz- und Korrelationsanalysen, multiple lineare Regressions- und Faktorenanalysen durchgeführt. Deren Ergebnisse fanden Eingang in eine Serie von Strukturgleichungsmodellen, in denen Unterschiede in den Beziehungen zwischen den Variablen besonders deutlich hervortraten.

In allen Studien nahm die Akzeptanz der Evolution mit zunehmender Gläubigkeit ab. Zudem zeigte sich über das gesamte Gläubigkeitsspektrum, dass der Evolution des menschlichen Bewusstseins weniger Akzeptanz zukam als der Evolution im Allgemeinen. Über alle Studien hinweg zeigten Befragte mit der Ansicht, dass Gehirn und Geist zwei voneinander getrennte Entitäten sind, eher negative Einstellungen gegenüber Evolution als Personen mit einer monistischen Sicht auf Gehirn und Geist.

Zusammenfassung

Ferner wurde in allen untersuchten Stichproben deutlich, dass Unterschiede in der Einstellung zu Evolution bei Befragten mit positiven Einstellungen besser durch Unterschiede im Grad des dualistischen Denkens erklärt werden als durch den Grad der Gläubigkeit, während in Gruppen mit vorwiegend negativen Einstellungen zu Evolution Gläubigkeit der bessere Prädiktor war. Allerdings fungierten in der nicht-religiösen Stichprobe (*EKI-Studie*) auch atheistische und naturalistische Einstellungen als Prädiktor für die Einstellung zu Evolution. Ob Personen die Evolution des menschlichen Bewusstseins akzeptieren, hing in allen untersuchten Stichproben primär von deren allgemeiner Einstellung zu Evolution, aber auch von der Ausprägung des dualistischen Denkens ab.

Die *EGl-Studie* ergab, dass ein Konflikt zwischen religiöser Gläubigkeit und Evolution vor allem von Personen wahrgenommen wurde, die eine sehr negative Einstellung zu Evolution und eine hohe Gläubigkeit oder aber eine sehr hohe Akzeptanz der Evolution und eine sehr niedrige Gläubigkeit aufwiesen. Auch zeigten Personen mit mehr traditionellen Gottesbildern oder mit persönlichen Gottesvorstellungen eher ablehnende Haltungen zu Evolution und nahmen öfter einen Konflikt zwischen Glaube und Evolution wahr.

Beim Wissen zu Evolution zeigte sich in der *EWi-Studie* ein deutlicher Anstieg des Wissens mit steigendem Ausbildungstand. Nichtsdestotrotz fanden sich selbst bei Biologie-Referendarinnen und -Referendaren unhaltbare Vorstellungen, die eine wissenschaftlich angemessene Vermittlung von Evolution gefährden können. Anhand des systematischen Vergleichs unterschiedlicher Subgruppen wurde deutlich, dass der Zusammenhang zwischen Akzeptanz und Wissen zu Evolution mit zunehmendem Bildungsgrad größer wurde. Zudem zeigte sich in dieser Studie kein Zusammenhang zwischen dem kognitiven Stil und der Einstellung zu Evolution.

In der *EKI-Studie* traten positive Zusammenhänge zwischen Einstellungen zu Evolution und naturalistischen, atheistischen und szientistischen Sichtweisen deutlich hervor. Umgekehrt hingen esoterische Weltsichten negativ mit der Einstellung zu Evolution und positiv mit dualistischem Denken zusammen.

In der *RED-Studie* wurden Einstellungen zu Evolution erstmals mit einem umfassenden, auf den Erfahrungen der anderen Studien aufbauenden Fragebogen bevölkerungsrepräsentativ erhoben. Verglichen mit publizierten Bevölkerungsumfragen lag die Akzeptanz der Evolution wesentlich höher, auch für die Evolution des menschlichen Geistes, die häufiger Gegenstand besonderer Skepsis ist.

In summa verdeutlichen die Ergebnisse der Arbeit auf Basis umfangreicher Daten, dass (a) Einstellungen zu Evolution und (b) deren Verhältnis zu religiöser Gläubigkeit und dualistischem Denken vielschichtiger und komplexer sind als oft angenommen und in vorangegangenen Studien dargestellt. Eine Kategorisierung von Personen in lediglich zwei oder drei Gruppen bezogen auf ihre Einstellung zu Evolution mag eingängig wirken, ist jedoch nicht geeignet, die tatsächlichen Verhältnisse möglichst passend abzubilden und zu ihrem Verständnis beizutragen. Insbesondere ist die häufig vorgenommene Kategorisierung in die Ansichten *Kreationismus*, *Theistische Evolution* und *Naturalismus* nicht zureichend; derartige Klassifizierungen können geradezu irreführend sein.

Dennoch müssen sozialwissenschaftliche Instrumente sich bei aller Differenzierung auf den wesentlichen Informationsgehalt beschränken, um handhabbar zu bleiben; derartige Werkzeuge zu entwickeln und empirisch zu überprüfen war Gegenstand dieser Arbeit. Es wäre lohnend, die Fragebögen in künftigen – auch und vor allem internationalen – Studien einzusetzen, da sie eine Vergleichbarkeit von Studien und Populationen bei gleichzeitiger formaler Kürze besser gewährleisten können als bislang möglich.

Abstract

In uniting all the fields of the life sciences, the theory of evolution is one of the most important theories in science today. Despite a broad explanatory power that extends beyond the field of biology research and its general acceptance within the scientific community, the theory of evolution remains rejected by several segments of society. Indeed, the evolutionary description of humans is sometimes perceived as an insult, which in part represents one current reason to still deny the evolutionary history of mankind, especially because our evolutionary origin remains a central issue for our own self-conception and worldview.

Many published scales to measure attitudes toward evolution exhibit several theoretical measurement problems that are discussed in the present work and provided grounds for the development of more convenient instruments. For the first time, attitudes toward evolution were examined in relation to whether a participant prefers dualistic theories of mind (dualistic thinking) as well as with regard to their attitudes toward the evolution of the human mind. For the operationalization of these factors, three scales were developed specifically: the **ATEVO** scale („*Attitudes Towards EVOlution*") to measure attitudes toward evolution, the **PERF** scale („*PErsonal Religious Faith*") to quantify religious faith and the **SD** scale („*Short Dualism*") to measure dualistic thinking. The ATEVO scale enables a differentiated view on attitudes toward evolution as well as, by measuring attitudes toward an evolutionary development of the human mind, the scientific analysis of a completely new aspect that can provide new information regarding the acceptance of evolution.

Using questionnaires, the present work examined the acceptance of evolution through four separate studies (N_{total} = 9311): The first study

(*EGI study*) analysed attitudes toward evolution in the context of different aspects of religious faith. In the second study (*EWi study*) four subgroups with diverse levels of biology education were compared in this regard, whereas in the third study (*RED study*) examined attitudes toward evolution in a representative German sample. The fourth study (*EKI study*) addresses another special group by sampling participants with no religious affiliation; a group that had not been systematically researched with regard to attitudes toward evolution before now. The main focus of the present work as a whole was firstly a descriptive comparison of the different subgroups with respect to their acceptance of evolution as well as to identify and quantify factors that are related to the acceptance of evolution and to the evolution of the human mind. For this purpose, variance and correlation analyses, multiple linear regression and factor analyses were conducted. The results formed a basis for a series of structural equation models that were able to visualize clearly the differences in the relations between the variables and samples.

In all studies, acceptance of evolution decreased with increasing religious faith. Furthermore, the results show that there was less acceptance of an evolutionary origin of one's own personality compared to that of evolution in general. Participants with a dualistic view on the brain and mind showed more negative attitudes toward evolution than those with the opinion that the brain and mind are necessarily connected. Additionally, in all samples, dualistic thinking was a better predictor among participants with positive attitudes toward evolution for their attitude toward evolution than religious faith was. By contrast, in groups with more negative attitudes toward evolution, religious faith was the better predictor. However, atheistic and naturalistic attitudes could also predict the acceptance of evolution in the sample of nonbelievers (*EKI study*). In all studies, acceptance of evolution of the human mind was primarily related to the participant's

Abstract

general attitude toward evolution but also to whether or not they regarded the mind and brain as separated entities.

Results of the *EGl study* showed that a conflict between religious faith and evolution is perceived most strongly by persons with negative attitudes toward evolution and strong religious beliefs or by persons with high acceptance of evolution and little or no religious faith. Moreover, believers with traditional images of God and conceptions of God as a person showed more dismissive positions toward evolution and perceived a conflict more often.

With regard to understanding evolution, the *EWi study* showed a clear increase of knowledge in this area with increasing level of education. Nonetheless, even student teachers possessed non-scientific conceptions of evolution that could potentially hinder a scientific teaching of evolution. By means of a systematic comparison of the different subgroups, it could be shown that the strength of the relation between knowledge about and acceptance of evolution increased with increasing level of education. Furthermore, the investigated sample showed no significant relationship between attitudes toward evolution and the cognitive style of the participants.

The *EKI study* revealed a positive relationship between attitudes toward evolution and naturalistic, atheistic and scientistic positions. By contrast, esoteric worldviews were negatively correlated with attitudes toward evolution and positively to dualistic thinking. Finally, the present work examined attitudes toward evolution within the German population by means of a representative, comprehensive questionnaire study for the first time (*RED study*). Compared to published population surveys, the acceptance of evolution was essentially higher, even in the context of the evolution of the human mind.

The results of the present work are based on comprehensive data. They illustrate that (a) attitudes toward evolution and (b) their relation to religious faith and dualistic thinking are more diverse and complex as generally assumed and reported. Therefore, the categorization of people in only two or three groups in terms of their attitudes toward evolution is inappropriate when trying to display the actual complexity of the attitudes accurately. Indeed, the *RED study* clearly indicated that such a classification can sometimes almost be misleading. As such, the traditional categorization of views into *creationism*, *theistic evolution* and *naturalism* does convey the diversity of actual relationships in this area inadequately. However, despite the necessary differentiation, socio-scientific research instruments have to focus on the most substantial information to be practicable. To develop and empirically test such instruments was one of the main topics of this work. It would be rewarding to use the questionnaires in - especially international - studies in the future, because they are short in handling time and enable for a better comparability between studies and populations than it was possible so far.

„Erst durch die Evolutionstheorie hat die Biologie ein einheitliches Fundament erhalten; erst durch die Evolutionstheorie ist die Biologie zu einer eigenständigen Wissenschaft geworden, in der alles mit allem zusammenhängt; erst die Evolutionstheorie bietet die Möglichkeit, das Gegenwärtige aus dem Vergangenen zu erklären; erst die Evolutionstheorie macht den Rückgriff auf einen Schöpfer, auf Teleologie und Finalität, auf eine Entelechie oder eine vis vitalis überflüssig."
(Vollmer, 2017)

1 Einleitung

Die Reichweite der Evolutionsbiologie ist bei weitem größer als die jedes anderen Forschungsfeldes der Biologie, da alle Organismen mitsamt ihren Eigenschaften Ergebnisse einer Geschichte evolutionären Wandels sind. Die weitreichenden Konsequenzen, die sich aus der von Darwin und Wallace formulierten Theorie ergaben, stellten den biblischen Schöpfungsglauben infrage und lieferten vor etwa 160 Jahren erstmals eine konsistente naturalistische Erklärung für die Entwicklung der Lebewesen. In *Der nackte Affe* schreibt Desmond Morris:

> *„Es gibt einhundertdreiundneunzig Arten heute lebender Affen, Tieraffen (wie Meerkatze und Pavian) und Menschenaffen (wie Gorilla, Schimpanse und Orang-Utan). Bei einhundertzweiundneunzig ist der Körper mit Haar bedeckt; die einzige Ausnahme bildet ein nackter Affe, der sich selbst den Namen Homo sapiens gegeben hat. Dieser ebenso ungewöhnliche wie äußerst erfolgreiche Affe verbringt einen Großteil seiner Zeit damit, sich über seine hohen Zielsetzungen den Kopf zu zerbrechen, und eine gleiche Menge Zeit damit, daß er geflissentlich über seine elementaren Antriebe hinwegsieht"* (Morris, 1968, S. 11).

Diese häufig als Degradierung oder Kränkung wahrgenommene Beschreibung des Menschen ist auch in der heutigen Zeit noch einer der

© Springer Fachmedien Wiesbaden GmbH, ein Teil von Springer Nature 2019
A. Beniermann, *Evolution – von Akzeptanz und Zweifeln*,
https://doi.org/10.1007/978-3-658-24105-6_1

Gründe für eine ablehnende Haltung gegenüber der Evolutionstheorie. Die herausragende Stellung des Menschen als Krone der Schöpfung innerhalb des Selbstverständnisses der großen monotheistischen Religionen wird durch die Schlussfolgerungen aus der Evolutionstheorie infrage gestellt. Die evolutionäre Geschichte der Menschheit ist somit zentral für das menschliche Selbst- und Weltverständnis. Neben der nahen Verwandtschaft zu den anderen Menschenaffen, verdeutlicht die evolutionäre Herkunft, dass Menschen erdgeschichtlich betrachtet lediglich ein Kurzzeitgast auf der Erde sind und somit in dieser Hinsicht keine Sonderstellung unter den Lebewesen einnehmen. Gleichzeitig bedeutet eine konsequente Anwendung des evolutionären Gedankens, dass auch das menschliche Bewusstseins und somit das, was jeden Menschen als Person ausmacht, eine evolutionäre Geschichte hat. Auch das menschliche Erkenntnisvermögen, dass es uns erlaubt, über diese Umstände nachzudenken und sie zu erfassen, ist somit ein Produkt evolutionärer Prozesse.

Bisher fehlen in Deutschland Daten zu Einstellungen zur Evolution des menschlichen Bewusstseins. Dies ist relevant, da vermutet werden kann, dass diese weniger Akzeptanz erfährt als die evolutionäre Entwicklung der biologischen Artenvielfalt. In Deutschland spielt der Kreationismus, d. h. die Ablehnung der Evolution zugunsten eines Schöpfungsglaubens, im Vergleich zu Ländern wie der Türkei oder den USA nur eine kleine Rolle. Daher erscheint es sinnvoll, die Analyse der Akzeptanz der Evolution präziser als bislang zu betreiben und zwischen verschiedenen Formen oder Graden der Ablehnung einer vollständig naturalistisch verstandenen Evolution zu differenzieren.

In diesem Kontext könnte sich die Sichtweise auf Gehirn und Geist als besonders aufschlussreich erweisen, denn die Akzeptanz der Evolution des menschlichen Bewusstseins stellt nicht nur Herausforderungen an religiöse Überzeugungen, sondern auch an verbreitete philosophische Positionen bezüglich des Menschen und seiner Position innerhalb der Welt. In der fachdidaktischen Forschung ist die Einstellung zu Evolution ein intensiv untersuchtes Feld, in dem unterschiedliche Einflussfaktoren für die Akzeptanz der Evolution ermittelt und beschrieben wurden. Trotz der enormen Erklärungskraft und Bedeutung der Evolutionstheorie sowie den zahlreichen Belegen, werden evolutionäre Prinzipien teilweise geleugnet und zudem häufig missverstanden. Diese Fehlvorstellungen betreffen ganz unterschiedliche Bereiche der Evolutionsbiologie und reichen von der Rolle des Zufalls bis hin zu evolutionärer Anpassung und zeitlichen Dimensionen. Bisher gelingt es dem Biologieunterricht in vielen Fällen offenbar nicht, eine angemessene und abrufbare Vorstellung von Evolution bei den Lernenden zu fördern.

Eine besondere Herausforderung, insbesondere vor dem Hintergrund verschiedener Probandengruppen in einer vergleichenden Untersuchung, ist die Operationalisierung der zu prüfenden Faktoren. Zur Messung der Einstellung zu Evolution liegen zwar verschiedene publizierte Fragebogenskalen vor, jedoch beinhalten diese gleich mehrere Probleme. Zum Teil setzen sie Fachwissen zu Evolution und Wissenschaftstheorie voraus oder vermischen Einstellungen zu Evolution mit religiösen Aussagen. Aus diesem Grund soll in der vorliegenden Arbeit unter anderem eine neue Skala entwickelt werden, die deutlich auf die eigene Meinung zur Glaubwürdigkeit der Evolution abzielt und der Heterogenität von Weltbildern besser als bisher Rechnung trägt.

Durch den Einsatz systematisch entwickelter Skalen soll die vorliegende Arbeit zudem einen Beitrag zur Aufklärung der Varianz in der Akzeptanz der Evolution sowie der Akzeptanz der Evolution des Bewusstseins liefern. Zu diesem Zweck wird in vier Studien ein Spektrum von Faktoren untersucht, die als Prädiktoren der individuellen Einstellung zur Evolution in Frage kommen könnten. Einige dieser Faktoren (Verständnis von Evolution, Gläubigkeit, kognitiver Stil, Esoterik und szientistische Positionen) wurden bereits in publizierten Arbeiten beschrieben, jedoch noch nie in Kombination. Andere vermutlich relevante Faktoren, wie das Ausmaß der Wahrnehmung eines Konflikts zwischen Gläubigkeit und Evolution, die Ausprägung einer dualistischen Sichtweise auf Gehirn und Geist, die Eigenschaft, ergebnisoffen an Entscheidungen heranzugehen, sowie atheistische, naturalistische und skeptische Einstellungen, wurden bisher im Kontext von Einstellungen zu Evolution gar nicht oder nur am Rande untersucht.

Ein wesentliches Anliegen der vorliegenden Arbeit ist es, die methodologische Entwicklung und deskriptive Darstellung durch Vergleich verschiedener Probandengruppen zu unterstützen. Diese Differenzierung bietet die Möglichkeit, die Akzeptanz selbst sowie deren Zusammenhang mit anderen Variablen für unterschiedliche Subgruppen getrennt zu betrachten. Denn es ist keineswegs von vornherein klar, dass die Zusammenhangsstruktur der Variablen in Gruppen verschiedener Vorbildung oder Grundeinstellung gleich ist, wenngleich diese Annahme in summarischen Analysen großer Kollektive oft implizit gemacht wird.

So werden in der ersten Studie (*EGl-Studie*) Personen anhand ihrer Konfessionszugehörigkeit unterschieden, während in der zweiten Studie (*EWi-Studie*) vier Probandengruppen mit unterschiedlichem biologischen Vorwissen (gemessen an Jahren der Schul- und Universitätsausbildung) miteinander verglichen werden. In dieser Studie steht vor allem die Beziehung zwischen Einstellungen und Wissen zu Evolution im Fokus. Diese Frage wurde bisher nicht hinreichend systematisch untersucht und kann anhand publizierter Daten bislang nicht in wissenschaftlich zufriedenstellender Weise beantwortet werden.

Neu an der vorliegenden Arbeit ist ebenfalls, dass in der dritten Studie die gesamtdeutsche Bevölkerung auf Basis eines differenzierten Messinstruments bezüglich ihrer Einstellungen zu Evolution untersucht wurde (*RED-Studie*). Zudem wurden in der vierten Studie (*EKI-Studie*) konfessionsfreie Menschen befragt, die im Kontext von Einstellungen zu Evolution bisher nicht gezielt untersucht wurden, vor allem nicht in Bezug auf die Akzeptanz der Evolution des Bewusstseins. Da hier zu erwarten stand, dass religiöse Gläubigkeit keine wesentliche Rolle spielt, waren neuartige Erkenntnisse zu anderen Faktoren und dabei insbesondere dem dualistischen Denken zu erhoffen. Ferner ist diese Gruppe in einer insgesamt wenig religiösen Gesellschaft und vor dem Hintergrund des Wandels der konfessionellen Zugehörigkeiten von besonderem Interesse.

Basierend auf diesen Vorüberlegungen stehen die Variablen *Einstellungen zu Evolution*, *dualistisches Denken* und *religiöse Gläubigkeit* im Fokus der vorliegenden Arbeit und wurden in allen vier Befragungen untersucht. Zur angemessenen Operationalisierung dieser theoretischen Konstrukte wurden eigene Skalen entwickelt: Die **ATEVO**-Skala (*„Attitudes Towards EVOlution"*) zur Messung von Einstellungen zu Evolution, die **PERF**-Skala (*„PErsonal Religious Faith"*) zur Erhebung religiöser Gläubigkeit sowie die **SD**-Skala (*„Short Dualism"*), mit der die Präferenz für eine dualistische Sichtweise auf Gehirn und Geist gemessen werden soll.

Die Arbeit gliedert sich wie folgt: Zunächst werden grundlegende theoretische Annahmen dargestellt, die dem Forschungsbereich dieser Arbeit zugrunde liegen (Kap. 2). Im Zuge dessen werden zentrale Begriffe definiert, wissenschaftstheoretische Grundlagen beschrieben sowie theoretische Überlegungen und empirische Daten zu den untersuchten Konstrukten vorgestellt. Zudem werden verschiedene Möglichkeiten der Operationalisierung von Einstellungen zu Evolution und zugehörige messtheoretische Probleme erläutert.

Auf die Darstellung der Forschungsfragen (Kap. 3) folgt eine detaillierte Beschreibung des methodischen Vorgehens bei der Fragebogenkonstruktion, Datenerhebung und statistischen Analyse (Kap. 4). Die

Darstellung der Ergebnisse (Kap. 5) orientiert sich an den vier Studien sowie den ausformulierten Forschungsfragen. In der Diskussion (Kap. 6) werden neben einer inhaltlichen Betrachtung und einem Vergleich zwischen den vier Studien außerdem die Methodik und die didaktischen Implikationen der Ergebnisse diskutiert. Das Ende der Arbeit bilden eine Zusammenfassung der Kernergebnisse (Kap. 7) sowie ein ausblickendes Resümee (Kap. 8).

2 Theoretischer Hintergrund

In diesem Kapitel werden die theoretischen Grundlagen des Forschungsvorhabens dargestellt. Nach einer Definition der für die Arbeit zentralen Begriffe wird die Bedeutung der Evolution für das menschliche Selbst- und Weltbild betrachtet. Im Anschluss werden verschiedene Sichtweisen auf das Verhältnis von Geist und Gehirn vorgestellt. Nach einer Übersicht über Aspekte religiöser Gläubigkeit und Atheismus werden verschiedene Möglichkeiten der Verhältnisbestimmung von Glaube und Evolution beschrieben. Am Ende dieses Kapitels werden typische Vorstellungen zu evolutionären Prozessen sowie Forschungsergebnisse zum Verständnis von Evolution dargelegt, bevor sich das letzte Unterkapitel Einstellungen zu Evolution widmet. Hierbei wird auf die Anforderungen an eine geeignete Operationalisierung, auf bestehende Instrumente sowie auf Forschungsergebnisse zu Einstellungen in verschiedenen Probandengruppen eingegangen.

In diesem grundlegenden Kapitel soll nicht der vollständige wissenschaftliche Diskussionsstand der einzelnen Disziplinen widergespiegelt werden. Stattdessen werden nur diejenigen Aspekte beleuchtet, die für die Fragestellungen der vorliegenden Arbeit eine Rolle spielen.

2.1 Definition zentraler psychologischer Begriffe

Im Folgenden werden zunächst die Termini *Vorstellung, Wissen, Einstellung, Ablehnung* und *Akzeptanz* für die Verwendung in der vorliegenden Arbeit definiert und voneinander abgegrenzt. Maßgebliche Grundlage für die verwendeten Definitionen bildet die *Gießener Taxonomie* (GiTax; Beniermann et al., 2017a), die am Institut für Biologiedidaktik der Justus-Liebig-Universität Gießen entwickelt wurde.

2.1.1 Vorstellungen und Wissen

Die Erfassung von Vorstellungen Lernender zu verschiedensten Sachverhalten ist ein zentrales Forschungsziel unter anderem der Naturwissenschaftsdidaktiken. Eine *Vorstellung*[3] ist eine *„kognitive Repräsentation von Sachverhalten, die subjektiv als wahr angesehen wird und über die ein Individuum verfügt"* (Beniermann et al., 2017a, S. 6). Aus konstruktivistischer Sicht werden Vorstellungen von Individuen konstruiert und können nicht unverändert übernommen oder direkt weitergegeben werden (Baalmann et al., 2004; Duit, 1995; Krüger, 2007). Im Deutungsrahmen der Theorie des erfahrungsbasierten Verstehens (Gropengießer, 2006) werden die Vorstellungen der Lernenden anhand körperlich-psychischer sowie sozialer Erfahrungen und durch Interaktionen mit der Umwelt generiert (Baalmann et al., 2004; Weitzel, 2006).

Individuelle Vorstellungen können mit den wissenschaftlichen Erkenntnissen übereinstimmen und werden in diesem Fall als *wissenschaftliche Vorstellung* bzw. als *Wissen* klassifiziert. Der Terminus *Wissen*[4] wird im Kontext dieser Arbeit im Einklang mit der Definition zu Vorstellungen als *„kognitive Repräsentationen wissenschaftlich korrekter Sachverhalte, über die ein Individuum verfügt"* (Beniermann et al., 2017a, S. 7) verwendet.

Weichen die Vorstellungen einer Person hingegen von wissenschaftlichen Erkenntnissen ab, wird im Rahmen dieser Arbeit von

---

[3] Vorstellungen können auf den unterschiedlichen Ebenen *Reproduktion*, *Verstehen* und *Anwenden* vorhanden sein. Vorstellungen auf den verschiedenen Ebenen unterscheiden sich in ihrer Komplexität (Beniermann et al., 2017a).

[4] Der Terminus *Wissen* birgt eine große Anzahl möglicher Verständnisprobleme und Missverständnisse, die Gegenstand umfangreicher philosophischer Diskussionen sind (siehe z. B. Brendel, 2013). Der Begriff ist also nicht unproblematisch, soll in diesem Kontext jedoch aufgrund seiner intuitiven Zugänglichkeit in der beschriebenen Definition verwendet werden.

Definition zentraler psychologischer Begriffe

Fehlvorstellungen gesprochen. Diese nicht-wissenschaftlichen Vorstellungen können sich jedoch im Alltag als tragfähige Konstrukte erwiesen haben (Berck und Graf, 2010; Weitzel, 2006). Demnach können die Vorstellungen zu wissenschaftlichen Konzepten richtig (Wissen) oder falsch (Fehlvorstellung) sein. Darüber hinaus ist es möglich, dass eine Person keine Vorstellung zu einem Sachverhalt hat.
Im Gegensatz zum Wissen ist ein *Verständnis* eines Gegenstandsbereiches weitreichender. Wissen wird dann als *verstanden* bezeichnet, wenn es kognitiv mit anderem Wissen wissenschaftlich korrekt in Beziehung gesetzt werden kann (Beniermann et al., 2017a).
(Fehl-)Vorstellungen beeinflussen das Erlernen neuer Sachverhalte maßgeblich. Aus diesem Grund sind sie besonders für Lehrkräfte und damit auch für die fachdidaktische Forschung von großer Bedeutung. Gleichzeitig gelten bewährte Vorstellungen als schwer veränderbar (siehe *Conceptual-Change-Theorie;* Krüger, 2007). Im Rahmen des Unterrichts werden vorunterrichtliche Fehlvorstellungen aus der Lebenswelt der Lernenden mit wissenschaftlichen Erkenntnissen konfrontiert und können sich in der Folge wandeln oder neben den wissenschaftlichen Vorstellungen bestehen bleiben und je nach Kontext abgerufen werden. Verändern sich die vorunterrichtlichen Vorstellungen, können weitere Fehlvorstellungen, wissenschaftliche Vorstellungen oder auch korrekte Teilvorstellungen entstehen (Baalmann et al., 2004; Brennecke, 2015).
Verschiedene Forschungsergebnisse haben zudem gezeigt, dass Vorstellungen selten konsistent sind (Brennecke, 2015; Brumby, 1984; Kampourakis und Zogza, 2008).

2.1.2 Einstellungen, Akzeptanz und Ablehnung

In vielen Studien, die sich mit der Erforschung der Akzeptanz von Evolution[5] beschäftigt haben, fehlt eine klare Definition dessen, was mit Akzeptanz, Einstellung, Glaube[6] oder Überzeugung gemeint ist. Dieser Umstand legt die Vermutung nahe, dass diese unscharfe Verwendung der Begriffe und unterschiedliche Anwendung der Messinstrumente einer der Gründe für teilweise widersprüchliche Ergebnisse innerhalb des Forschungsbereichs sein könnten (Konnemann et al., 2012; Smith et al., 2016; Smith und Siegel, 2016). Aus diesem Grund sind eine genaue Definition des Zielkonstrukts und die Auswahl bzw. Konstruktion geeigneter Messinstrumente die wichtigste Grundlage für weiterführende und belastbare Erkenntnisse.

Konnemann et al. (2012) verdeutlichen, dass bei der Erforschung der Akzeptanz der Evolution keine einheitlichen psychologischen Konstrukte verwendet werden. Akzeptanz wird als affektive Ein-

---

[5] Im Kontext der Erforschung der Akzeptanz von Evolution wird häufig von der Akzeptanz der *Evolutionstheorie* gesprochen. In der vorliegenden Arbeit wird anstatt Evolutionstheorie durchgängig der Terminus *Evolution* verwendet, auch wenn in der Veröffentlichung, auf die Bezug genommen wird, *Evolutionstheorie* oder *Evolution und Evolutionstheorie* verwendet wurde. Zur Begründung dieses Vorgehens siehe Kapitel 2.2.2.

[6] Im englischsprachigen Diskurs um die Akzeptanz der Evolution wird zunehmend über die Verwendung der Termini *belief* und *acceptance* diskutiert (Pobiner, 2016). Dabei wird *belief* in der Regel als eher intuitiv und affektiv betrachtet, während *acceptance* als kognitiv begründete Zustimmung gesehen wird (z. B. Allmon, 2011; Nadelson und Southerland, 2012; Smith et al., 2016; Smith und Siegel, 2016). Im Deutschen ist der Begriff *Glaube* aufgrund der religiösen Konnotation unpassend (Waschke und Lammers, 2011) und führt im Kontext von Einstellungen zu Evolution vermutlich leicht zu Missverständnissen. Aus diesem Grund wird in der vorliegenden Arbeit auf die Differenzierung zwischen diesen beiden Termini verzichtet. Eine ausführliche Übersicht zum Terminus *belief* sowie dem Unterschied zwischen *belief in* und *belief that* im Kontext der Einstellungsforschung findet sich bei Kampourakis und McCain (2016) sowie bei McCain (2016).

stellung (Ingram und Nelson, 2006), als Überzeugung (Nadelson und Southerland, 2010) oder als rein kognitives Konstrukt (Rutledge und Warden, 1999) beschrieben. Konnemann et al. (2012) bezeichnen im Ergebnis Akzeptanz als kein rein kognitives Konstrukt, sondern unter Bezugnahme auf das Modell der drei Komponenten von Eagly und Chaiken (1993) als *„eine subjektiv-bewertende Einstellung mit kognitiven, affektiven und verhaltensbezogenen Komponenten"* (Konnemann et al., 2012, S. 55). Einstellungen sind nach diesem Drei-Komponenten-Modell die geistigen Vorgänge bei der Bewertung eines Gegenstands, auf den sich die Einstellungen beziehen (Eagly und Chaiken, 1993).

Einige Autorinnen und Autoren beschreiben die Akzeptanz der Evolution als Konstrukt, das von kognitiven und affektiven Domänen beeinflusst wird (z. B. Deniz et al., 2008; Southerland und Sinatra, 2003). Eine andere Sichtweise beschreibt die Akzeptanz von Evolution als Ergebnis aus zwei verschiedenen Arten zu denken *(„Thinking Styles"):* einem bewussten und reflektierten Nachdenken sowie einem unbewussten und passiven intuitiven Gefühl der Sicherheit (Ha et al., 2012). Romine et al. (2017) kombinieren diese beiden Modelle, um die Akzeptanz von Evolution zu beschreiben (Romine et al., 2017).

Für die vorliegende Arbeit wird der Terminus *Einstellung* als eine persönliche Meinung oder Bewertung (Aronson et al., 2010) einer Person zu einem bestimmten Gegenstand bezeichnet: Eine Einstellung ist demnach die *„Assoziation zwischen einem Begriff, Sachverhalt oder individuellem Gegenstand (Einstellungsobjekt) und dessen subjektiver Bewertung. Sie kann unterschiedliche Valenz und Stärke haben"* (Beniermann et al., 2017a, S. 4). Dabei bleibt unbeachtet, ob die persönliche Begründung rational, emotional, informiert, naiv oder nicht existent ist. Eine Einstellung zu Evolution beschreibt demnach vereinfacht, ob die persönliche Meinung einer Person zur Frage, ob Evolution stattfindet, positiv, neutral oder negativ ist.

Eine positive Einstellung zu Evolution wird im Rahmen dieser Arbeit als *Akzeptanz* bezeichnet, eine negative Einstellung als *Ablehnung* (Beniermann et al., 2017a). Es bleibt dabei unbekannt, ob eine Person die meisten Items zur Evolution negativ beantwortet, weil sie ein schlechtes Gefühl hat, wenn sie an Evolution denkt oder weil sie durch Nachdenken zu dem Schluss gekommen ist, dass sie Evolution für nicht plausibel hält.

2.2 Evolution und Evolutionstheorie

2.2.1 Der wissenschaftliche Theoriebegriff

Die Naturwissenschaften arbeiten mit Termini, die zum Teil in der Alltagssprache eine grundlegend andere Bedeutung haben. So bezeichnet der Terminus *Theorie* im alltäglichen Sprachgebrauch eine vage Vermutung oder Idee. Formuliert eine Person eine Theorie zu einer Beobachtung, deutet dies an, dass sie über die Gründe für diese Beobachtung spekuliert (Gregory, 2008).

Wissenschaftliche Theorien hingegen sind gut unterstützte Erklärungen für empirische Befunde, die in der Lage sind, diese Befunde in einen größeren Kontext zu setzen und zu ihrem Verständnis beizutragen. In den Naturwissenschaften wird unter Theorie eine *„gut belegte Erklärung einer Erscheinung der natürlichen Welt, die Fakten, Gesetze, Folgerungen und getestete Hypothesen enthalten kann"*[7] (National Academy of Science of the USA, 1998) oder ein *„Netzwerk sämtlicher Tatsachen und bestätigten bzw. bewährten und sich gegenseitig stützenden Hypothesen zu einem Inhaltsbereich"* (Beniermann et al., 2017a, S. 5) verstanden.

---

[7] Englisches Originalzitat: *"a well-substantiated explanation of some aspect of the natural world that can incorporate facts, laws, inferences, and tested hypotheses"*

Daher ist die Formulierung von Theorien das oberste Ziel der Naturwissenschaften und vom alltäglichen Verständnis von Theorie als Spekulation abzugrenzen (Gregory, 2008). Ein wissenschaftlicher Fakt als Gegenstand einer Theorie wird als *„Beobachtung, die wiederholt bestätigt wurde, und für sämtlichen praktischen Gebrauch, als ‚wahr' akzeptiert wird"*[8] (National Academy of Science of the USA, 1998) bzw. als *„Sachverhalt (Phänomen), dessen Existenz so gut belegt ist, dass er als nachgewiesen gelten kann"* (Beniermann et al., 2017a, S. 5) definiert.

2.2.2 Die Begriffe Evolution und Evolutionstheorie in der Einstellungsforschung

Im Rahmen der vorliegenden Arbeit wird auf Grundlage dieser Definitionen *Evolution* als naturwissenschaftlicher Fakt betrachtet und somit als das, *„was wirklich geschieht"*[9] (Paz-y-Miño C. und Espinosa, 2011) bzw. erdgeschichtlich geschehen ist und in Zukunft geschehen wird.

Zur inhaltlichen Beschreibung des Terminus *Evolution* soll für die vorliegende Arbeit eine möglichst einfache Definition verwendet werden, um auch Akzeptanz und Ablehnung dieses Phänomens möglichst genau erheben zu können, ohne viel Vorwissen vorauszusetzen. In Anlehnung an verschiedene Kurzdefinitionen (z. B. bei Graf und Hamdorf, 2011; Kampourakis, 2014) wird *Evolution* in dieser Arbeit definiert als der natürliche Prozess, durch den innerhalb langer Zeiträume neue Varianten und Arten als modifizierte Nachkommen aus gemeinsamen Vorfahren entstehen.

---

[8] Englisches Originalzitat: *"an observation that has been repeatedly confirmed, and for all practical purposes, is accepted as ‚true' "*
[9] Englisches Originalzitat: *"what really happens"*

Die *Evolutionstheorie*[10] hingegen ist die Erklärung des natürlichen Phänomens Evolution. Viele der empirischen Studien, die sich mit Einstellungen zu bzw. Akzeptanz von Evolution beschäftigen, erklären, dass sie Einstellungen zur oder die Akzeptanz der Evolutionstheorie messen (z. B. Deniz et al., 2008; Großschedl et al., 2014; Romine et al., 2017; Rutledge und Warden, 1999). Nicht selten werden die Termini *Evolution* und *Evolutionstheorie* inkonsistent oder synonym verwendet (z. B. Abrie, 2010; Arthur, 2013; Athanasiou et al., 2016; Lombrozo et al., 2008).

Die konsequente Trennung zwischen diesen beiden Begriffen (*Evolutionstheorie* und *Evolution*) ist von großer Bedeutung für die naturwissenschaftliche Bildung im Allgemeinen wie auch im Speziellen für die Erhebung von Einstellungen zu Evolution im Rahmen fachdidaktischer Forschung, wie im Folgenden erläutert wird.

Menschen mit kreationistischen Vorstellungen (siehe Kap. 2.6.3.1) lehnen die Tatsache ab, dass Evolution stattfindet (Graf und Lammers, 2010) und denken dementsprechend auch nicht, dass das Phänomen Evolution – durch eine wissenschaftliche Theorie – erklärt werden muss. Darüber hinaus gibt es Menschen ohne kreationistische Positionen mit Zweifeln an der Faktizität der Evolution (Yasri, 2014). Für eine Ablehnung des Phänomens Evolution muss die Evolutionstheorie nicht einmal bekannt sein, sodass hier nicht die Evolutionstheorie, sondern die Evolution abgelehnt wird.

---

[10] Trotz der Existenz unterschiedlicher Evolutionstheorien (siehe z.B. Waschke und Lammers, 2011) wird in dieser Arbeit der Terminus *Evolutionstheorie* im Singular verwendet, da diese Verwendungsweise zum einen im Kontext der fachdidaktischen Forschung sowie in der schulischen und universitären Biologie-Ausbildung üblich ist. Zum anderen liegt der Fokus dieser Arbeit nicht auf fachwissenschaftlichen Details, sondern Einstellungen zu dem Phänomen Evolution aus der Sicht von (größtenteils) Laien.

Gleichzeitig gehen Menschen, die Evolution akzeptieren, davon aus, dass Evolution stattfindet. Sie müssen jedoch nicht notwendigerweise die gängigen Erklärungen für das Phänomen Evolution als korrekt ansehen. Weiterhin kennen viele Menschen die Inhalte der Evolutionstheorie gar nicht oder nur in Teilen und wären daher auch nicht in der Lage, informiert zu entscheiden, ob sie Aussagen über die Evolutionstheorie zustimmen oder nicht. Im Gegensatz dazu kann davon ausgegangen werden, dass das Konzept des Faktums Evolution in seinen Grundzügen allgemein bekannt ist (Pfirrmann, 2015), sodass Menschen hier höchstwahrscheinlich eher in der Lage sind, ein Statement auf Basis ihrer Vorstellungen abzugeben.

Aufgrund dieser theoretischen Überlegungen wird in dieser Arbeit der Terminus *Einstellung zu Evolution* zur Bezeichnung des Zielkonstruktes verwendet. Dementsprechend ist das Ziel bei der Messung von Einstellungen zu Evolution, zu erheben, ob und inwieweit Menschen der Faktizität des Phänomens Evolution und der damit einhergehenden gemeinsamen Abstammung aller Lebewesen sowie einem Wandel der Arten über die Zeit zustimmen.

2.3   Die Entanthropomorphisierung des Weltbildes

In diesem Kapitel sollen die metaphysischen und philosophischen Annahmen beschrieben werden, die dieser Arbeit zugrunde liegen. Die Konzeptionen der verwendeten Fragebögen zur Einstellung zu Evolution und zur Evolution des menschlichen Bewusstseins (vgl. Kap. 4.2.1) basieren auf der Annahme eines *philosophischen Naturalismus* und der *Evolutionären Erkenntnistheorie*.

Vollmer (1994b) beschreibt, dass sich der Platz des Menschen in der Welt im Laufe der Geschichte wissenschaftlicher Weltbilder immer mehr vom Zentrum an den Rand verlagert hat. Der wissenschaftliche

Fortschritt führte daher - und führt auch weiterhin - zu einer Entanthropomorphisierung des Weltbildes (Vollmer, 1994b). Aus diesem Grund soll im Folgenden kurz auf diese Entwicklung in der Historie der wissenschaftlichen Weltbilder eingegangen werden, indem die mit der Entanthropomorphisierung von vielen empfundenen Kränkungen sowie die Evolution des menschlichen Bewusstseins thematisiert werden.

2.3.1 Das naturalistische Weltbild

Der Naturalismus als philosophische Position ist eine der zentralen Annahmen der Realwissenschaften. Der *philosophische Naturalismus*[11] (Rusch, 2014), also die Annahme, dass es *„in unserer Welt mit rechten Dingen zugeht"* (Vollmer, 2017, S. 402), bedarf wie jede andere philosophische Position einer Metaphysik. Im Falle des Naturalismus wird mit derartigen Grundannahmen jedoch sparsam umgegangen und der Leitspruch *nur so viel Metaphysik wie nötig* gilt als Orientierung (Rusch, 2014; Vollmer, 2003). Diese *Minimalmetaphysik* des Naturalismus beinhaltet die Annahme einer bewusstseinsunabhängigen Welt, die, obschon nicht direkt empirisch prüfbar, als Grundlage empirischer Forschung dient (Vollmer, 1995). Diese als *hypothetischer Realismus* bezeichnete Position ermöglicht es erst, aufgrund von Erfahrungen Aussagen über Phänomene der Welt zu machen, die jedoch auf wissenschaftlichen, möglichst objektiven Beobachtungen beruhen müssen. Die wissenschaftlichen Beschreibungen der Welt können sich nicht auf lediglich subjektive Erfahrungen stützen, da diese *„sich dem Zugriff einer auf Objektivität angewiesenen intersubjektiven Wissenschaft"* entziehen (Rusch, 2014, S. 107).

---

[11] Verschiedene Typen des Naturalismus werden bei Sukopp (2006) ausführlich diskutiert.

Die Entanthropomorphisierung des Weltbildes 17

Die erfahrungswissenschaftliche Methode geht bei der Erkenntnisgewinnung von einem stets vorläufigen Wissen aus. Die Formulierung von Theorien auf Grundlage von Erfahrungen basiert daher auf dem Prinzip von *„Versuch und Irrtumsbeseitigung"* (Vollmer, 1995, S. 29). So können auch die ontologischen Grundannahmen des Naturalismus durch neue Erkenntnisse, die diesen widersprechen, unter Umständen abgewandelt werden (Vollmer, 1995).

Vollmer (1995) beschreibt weiterhin als eine Kernthese des Naturalismus die Ablehnung erfahrungstranszendenter Instanzen, von Wunder und außersinnlicher Wahrnehmung. Dieser Ablehnung liegt das Sparsamkeitsprinzip[12] der Naturwissenschaften zugrunde, welches besagt, dass bei Theorien mit gleichem Erklärungswert jeweils diejenige zu bevorzugen ist, die mit den einfacheren Vorannahmen auskommt (Rusch, 2014; Vollmer, 1995).

Eine weitere Kernannahme des Naturalismus ist diejenige einer materiell-energetischen Natur, die im Kontext der vorliegenden Arbeit von besonderer Bedeutung ist. Denn diese Annahme impliziert, dass der menschliche Geist notwendig vom Gehirn konstituiert wird. Somit folgt aus der Annahme eines Naturalismus eine monistische[13] Sicht auf den menschlichen Geist und die Ablehnung eines Gehirn-Geist-Dualismus (Vollmer, 1995; vgl. Kap. 2.4.2). Dabei sind es vor allem die geistigen Eigenschaften des Menschen, die naturalistische Positionen besonders herausfordern (Honnefelder, 2007). Denn laut Honnefelder

---

[12] Das Sparsamkeitsprinzip ist auch unter den Termini *Parsimonie-Prinzip* und *Ockhams Rasiermesser (Occam's Razor)* bekannt und wurde nach dem Philosophen Wilhelm von Ockham (1288–1347) benannt, der dieses Prinzip anwendete. Anwendung findet das Prinzip auch bei der in der vorliegenden Arbeit verwendeten Strukturgleichungsmodellierung (vgl. Kap. 4.4.3.3).

[13] In Bezug auf das Verhältnis von Gehirn und Geist wird zwischen dualistischen und monistischen Positionen unterschieden (vgl. Kap. 2.4). Während dualistische Positionen von zwei Entitäten ausgehen (physische und psychische Prozesse), führt der Monismus psychische vollständig auf physische Prozesse zurück (Pauen und Roth, 2000).

(2007) konkurriert der Naturalismus gerade bei der Beschreibung des Erkenntnisvermögens des Menschen nicht mit einem obsoleten oder supranaturalistischen Wunderglauben, sondern mit verbreiteten philosophischen Ideen und Theorien (vgl. Kap. 2.3.5). Wenn der Gegensatz zum Naturalismus lediglich in Wunderglaube und Obskurantismus bestünde, wäre der Naturalismus in der westlichen, von Wissenschaft geprägten Kultur heutzutage nahezu konkurrenzlos (Honnefelder, 2007).

Die metaphysischen Annahmen des Naturalismus widersprechen allen Formen transzendenter Ideen und überempirischer Akteure und stehen daher in direktem Konflikt mit Religionen und Parawissenschaften. Rusch (2014) bezeichnet diesen Umstand als *naturalistische Zumutungen*, die fest verankerte Überzeugungen der Individuen angreifen. Diese Positionen müssen nicht einmal religiös oder parawissenschaftlich begründet sein. Rusch (2014) beschreibt Formen der starken Ablehnung von naturalistischen Positionen als *„antinaturalistischen Reflex"* (Rusch, 2014, S. 104), der auch bei verschiedenen Vertreterinnen und Vertretern der Geisteswissenschaften anzufinden sei. Die Wahrnehmung einer naturalistischen Position als Zumutung ist dabei natürlich in erster Linie von dem Selbst- und Weltbild der betroffenen Personen abhängig (Rusch, 2014).

Gelegentlich sehen sich Vertreterinnen und Vertreter naturalistischer Positionen dem Vorwurf eines Szientismus ausgesetzt. Der Terminus *Szientismus* beschreibt einen blinden Glauben an die Wissenschaft und ist stets negativ konnotiert (Schöttler, 2012). Konnemann et al. (2016) beschreiben, dass empirische Studien zu szientistischen Einstellungen im Gegensatz zu Kreationismus bisher noch sehr selten sind.

2.3.2 Die evolutionäre Entwicklung des Menschen und seines Bewusstseins

Menschen haben sich lange Zeit als grundsätzlich verschieden von allen anderen Lebewesen betrachtet und diese Unterscheidung ist auch heute noch weit verbreitet. Evolutionär betrachtet sind Menschen jedoch eines von vielen Lebewesen – natürlich mit besonderen kognitiven Fähigkeiten. Suddendorf (2013) verdeutlicht, dass die großen Menschenaffen nur deshalb unsere nächsten Verwandten sind, weil die vielen Verbindungsglieder ausgestorben sind. *Homo sapiens* ist der letzte Überlebende einer ganzen Reihe verschiedener Menschenarten (Suddendorf, 2013). Suddendorf (2013) entwickelt die These, dass die Fähigkeit, komplexe mentale Szenarien zu erdenken und diese zu reflektieren sowie das große Bedürfnis, sich über diese Szenarien auszutauschen, den Unterschied zwischen *Homo sapiens* und den großen Menschenaffen ausmache, mit denen wir ansonsten überwältigend große Gemeinsamkeiten teilen. Dieser Unterschied hatte maßgeblichen Einfluss auf die Ausbildung von Kommunikation, Kooperation und Kultur, den Zugang zu Vergangenheit und Zukunft, sowie die Entwicklung von Denkvermögen, Moral und Empathie (Suddendorf, 2013).
Neben der Naturgeschichte des Menschen gibt es eine menschliche Kulturgeschichte. In welchem Verhältnis Kultur und Natur stehen, war und ist immer wieder Ausgangpunkt interdisziplinärer Streitfragen. Tomasello (2014) beschreibt die Kulturgeschichte des Menschen als Teil der menschlichen Naturgeschichte. Das vom Autoren beschriebene Verhältnis ist dialektisch und vermutet auch einen Einfluss der kulturellen Lebensweise des Menschen auf seine biologische Evolution. Aus dieser Perspektive stellen menschliche Gesellschaften die Umwelt dar, in der sich die menschliche Kognition stammesgeschichtlich entwickelte (Tomasello, 2014).

Im Kontext eines evolutionären Naturalismus werden alle geistigen Fähigkeiten des Menschen als Produkte des Evolutionsprozesses angesehen. Diese Annahme erklärt zwar nicht, wie diese Fähigkeiten im Einzelnen entstanden und in welchem Verhältnis Gehirn und Geist zueinanderstehen, aber sie stellt eine metaphysische Grundlage dar, auf der man wissenschaftliche Forschung betreiben und philosophische Diskussionen führen kann (Vollmer, 2017).

Problematisch bei der Erklärung der phylogenetischen Entwicklung des menschlichen Bewusstseins bzw. mentaler Fähigkeiten im Laufe der Evolution ist die plausible und evidenzbasierte Beschreibung von Vor- und Zwischenstufen des Ist-Zustandes (Honnefelder, 2007). Zwar können wir die ontogenetische Entwicklung der Menschen betrachten oder das Bewusstsein bei kognitiv leistungsfähigen Tieren untersuchen, jedoch bleibt uns die Evolution des Bewusstseins direkt unzugänglich. Als indirekte erfahrungswissenschaftliche Möglichkeit der Erforschung der Entwicklung des Denkens gilt die *kognitive Archäologie*, in der anhand von steinzeitlichen Kulturgegenständen, Werkzeugen, Höhlenmalereien und Bestattungsriten Rückschlüsse auf die Ursprünge kognitiver Leistungen des Menschen gezogen werden sollen (Vollmer, 2017).

Eine der Grundannahmen der vorliegenden Arbeit ist die evolutionäre Entwicklung des menschlichen Geistes und damit auch des menschlichen Bewusstseins, Denkvermögens sowie Moralempfindens. Auf die Theorien zur evolutionären Entstehung dieser mentalen Entitäten kann an dieser Stelle nicht im Detail eingegangen werden. In der Literatur wurden unterschiedliche Ansätze zur Erklärung des menschlichen Denkens und der kognitiven Einzigartigkeit des Menschen beschrieben (Boyd und Richerson, 2006; Lorenz und Wuketits, 1989; Tomasello, 2014; Tooby und Cosmides, 1989). Zudem finden sich mögliche Szenarien zur evolutionären Entwicklung von Moral (Alexander, 1987; Boehm, 2012; De Waal, 2008; Sober und Wilson,

1999; Tomasello, 2016; Wilson, 2016) und menschlichem Gewissen (Voland und Voland, 2014).

2.3.3 Die Kränkungen der Menschheit

Das lange Zeit überwiegend anthropozentrische Weltbild wurde durch wissenschaftliche Errungenschaften wiederholt schwer getroffen. In *„Eine Schwierigkeit der Psychoanalyse"* formulierte Sigmund Freud die drei Kränkungen der Menschheit. Demnach habe mit der Anerkennung des heliozentrischen Weltbildes die menschliche Selbstliebe ihre erste Kränkung erlebt (Freud, 1917). Schließlich wurde damit deutlich, dass die Erde, anders als angenommen, im Universum keinen besonderen Platz einnimmt.

Im Anschluss an diese kosmologische folgte durch die Erkenntnisse Charles Darwins die biologische Kränkung, da der Mensch auch unter den Lebewesen keine Sonderstellung mehr einnimmt. Die Abstammungslehre sorgte für eine häufig als Degradierung wahrgenommene Einordnung des Menschen als Teil einer kontinuierlichen Entwicklungsgeschichte der Lebewesen. Seitdem ist der Mensch biologisch betrachtet ein Tier unter anderen, sodass der Mythos vom Menschen als Krone der Schöpfung nicht mehr ohne Weiteres aufrechterhalten werden konnte.

Die Aufzählung Freuds schließt mit der psychologischen Kränkung ab, für die er sich mit der von ihm formulierten Psychoanalyse selbst verantwortlich sah: Dass *„das Ich nicht Herr sei in seinem eigenen Haus"*, klassifizierte Freud als schwerwiegendste der drei Kränkungen (Freud, 1917).

Es ist fraglich, inwiefern der Terminus *Kränkung* eine angemessene Beschreibung dieser Sachverhalte darstellt, da es kein Subjekt gibt, das aktiv die Kränkung hervorruft. Aus diesem Grund kann bei den beschriebenen Phänomenen und deren gesellschaftlicher Bedeutung nur von einer passiven Kränkung gesprochen werden, die einzig in der Wahrnehmung derjenigen existiert, die sich gekränkt fühlen. Sind Erkenntnisse einer Naturwissenschaft in der Lage, das Selbstbild eines Menschen oder einer Gruppe von Menschen zu verletzen, ist zu vermuten, dass es sich bei den Grundlagen des Selbstbildes, die diese Kränkung trifft, um *„Fehlinterpretationen der Realität"*[14] (Frey, 2010, S. 263) oder Illusionen handelt. Auf diesen Illusionen basieren nicht selten zentrale Überzeugungen von Menschengruppen (Frey, 2010). Daher werden Kränkungen auch als die Auflösung einer in der entsprechenden Zeit vorherrschenden Illusion, bzw. als Desillusionierungen durch die Erfahrungswissenschaften definiert (Frey, 2010; Vollmer, 1994a). Derartige Glaubenssätze sind bspw. die überlegene Stellung des Menschen gegenüber den Tieren, der freie Wille oder die Unabhängigkeit von unseren biologischen Wurzeln (Frey, 2010). Mittlerweile ist die Zahl der potentiell als Kränkung bzw. Desillusionierung empfundenen wissenschaftlichen Errungenschaften angewachsen. So wurden bspw. ethologische, epistemologische (vgl. Kap. 2.3.5) und soziobiologische Kränkungen ins Feld geführt, die allesamt eng mit der Evolution verknüpft sind (Vollmer, 1994a, 1994b). Als nah bevorstehende Desillusionierungen prognostizierte Vollmer (1994a) zudem Computermodelle des menschlichen Geistes sowie eine neurobiologische und ökologische Kränkung. Der Charakter der Kränkungen durch künstliche Intelligenz sowie neurobiologische Erkenntnisse bestünde darin, dass diese eine dualistische Sicht auf Geist und Gehirn sowie eine für das menschliche Selbstbewusstsein häufig so essentielle Willensfreiheit in Frage stellen (Vollmer, 1994a).

All diese einzelwissenschaftlichen Erkenntnisse eint, dass sie die herausgehobene Stellung des Menschen in der Welt einschränkten und

---

14   Englisches Originalzitat: *„misinterpretations of reality"*

dies auch weiterhin tun. In der Summe kann man „*den Fortschritt der Wissenschaft als einen Wandel der Perspektive auffassen, bei dem der Mensch immer weiter vom Zentrum wegrückt*" (Vollmer, 1994b, S. 167). In der Folge stießen und stoßen diese Einschränkungen bei manchen Menschen immer wieder auf Ablehnung, da sie aus psychologischen Gründen anscheinend nur schwer zu akzeptieren sind (Rusch, 2014; Voland, 2010).

2.3.4 Desillusionierungen durch die Evolutionstheorie

Wie im vorherigen Kapitel beschrieben, waren die Erkenntnisse Darwins nicht nur für die Wissenschaft, sondern auch für das Menschenbild revolutionär. Schon Darwin war sich der Brisanz der Implikationen bewusst, die sich aus seinen Entdeckungen ergeben:

> *„Viele Jahre hindurch habe ich Notizen über den Ursprung oder die Abstammung des Menschen gesammelt, ohne die Absicht, etwas darüber zu veröffentlichen; ich war im Gegenteil entschlossen, nichts davon in die Öffentlichkeit zu bringen, weil ich fürchtete, damit nur die Vorurteile gegen meine Ansichten zu vermehren. In der ersten Ausgabe meiner ‚Entstehung der Arten' ließ ich es bei der Andeutung bewenden, daß durch dieses Werk Licht verbreitet würde über den Ursprung des Menschen und seine Geschichte. Darin lag eingeschlossen, daß der Mensch hinsichtlich seines Erscheinens auf der Erde denselben allgemeinen Schlußfolgerungen unterworfen sei wie jedes andere Lebewesen*" (Darwin, 2009, S. 9).

Die Änderung des menschlichen Selbstverständnisses war keine Intention Darwins, vielmehr ergab sich diese als logische Konsequenz aus der Allgemeingültigkeit der von ihm postulierten Prinzipien: „*Aus biologischer Sicht ist der Mensch nichts anderes als ein schimpansenartiger Menschenaffe, oder anders formuliert, ein vom Baum gestiegener Affe*" (Waschke und Lammers, 2011, S. 511). Der Mensch kann keine irdische Sonderstellung einnehmen, da er als Naturwesen den gleichen physikalischen und biologischen Gesetzmäßigkeiten unterstellt ist wie alle anderen Lebewesen. Auch wenn sich Merkmale erkennen lassen, die unsere Spezies von anderen Tieren unterscheiden (vgl. Kap. 2.3.2), findet man im Tierreich in immer größerem Maße Vorstufen von für spezifisch menschlich gehaltenen Charakteristika, die die gemeinsame Abstammung und eine kontinuierliche stammesgeschichtliche Entwicklung verdeutlichen (Rusch, 2014).

Der ungerichtete Mechanismus der Evolution impliziert des Weiteren, dass der Mensch weder das Ziel der Evolution darstellt noch in irgendeiner Weise geplant wurde. Wie alle anderen Lebewesen sind Menschen das Ergebnis ateleologischer Prozesse aus Mutation, Rekombination und natürlicher Selektion. Diese stammesgeschichtliche Herkunft schlägt sich auch in der Kognition nieder. So gibt es systematische Fehler und Grenzen im Denken und unbewusste Vorgänge der Psyche, die darauf hinweisen, dass der Mensch weit weniger rational handelt, als häufig angenommen wird (Rusch, 2014).

2.3.5 Die Evolutionäre Erkenntnistheorie

Während die naturwissenschaftlichen Disziplinen mit ihren Forschungsergebnissen also eine Objektivierung des menschlichen Weltbildes vorantreiben, ist die *„Erkenntnistheorie [...] fast immer anthropozentrisch. Da sie das Denken und den Menschen zu ihren Hauptobjekten macht, sieht sie beide zu leicht als Hauptobjekte der Natur an"* (Vollmer, 1994b, S. 172). Die Evolutionäre Erkenntnistheorie dreht dieses Verhältnis gewissermaßen um und deutet die Harmonie zwischen Mensch und Welt als Anpassung des menschlichen Erkenntnisvermögens an seine Umwelt, die sich evolutionär und damit naturalistisch erklären lässt (vgl. Kap. 2.3.2). Sowohl die stammesgeschichtliche Entwicklung des Erkenntnisvermögens als auch der individuelle Erkenntnisprozess sind demgemäß natürliche Vorgänge (Vollmer, 2017). Damit ist die Evolutionäre Erkenntnistheorie ein revolutionärer Ansatz innerhalb der Philosophie, da sie im Gegensatz zu anderen Positionen der Erkenntnistheorie den Fokus nicht auf den Menschen und die menschlichen Voraussetzungen der Erkenntnisfähigkeit legt, sondern die Frage in den Blick nimmt, inwieweit Erkenntnis und Realität übereinstimmen (Vollmer, 1994b). Informationen über die Realität kann dabei vor allem die Beschaffenheit des menschlichen Erkenntnisapparates liefern, der ein Produkt der evolutionären Anpassung an die Lebensumwelt ist. Die evolutionäre Passung unseres Erkenntnisapparates bringt Licht in viele erkenntnistheoretische Fragestellungen, bspw. die Schwierigkeit, unsere kognitiv erfahrbare Lebenswelt zu verlassen: *„Das Gehirn entwickelte sich primär als Überlebensorgan. Es wurde durch die natürliche Auslese nicht auf möglichst perfektes Erkennen der Welt hin optimiert"* (Rusch, 2014, S. 111).

Lange Zeit galt Kants Idealismus innerhalb der Erkenntnistheorie als Maß aller Dinge. In diesem Kontext werden Anschauungsformen und Verstandeskategorien wie Raum und Zeit *a priori* postuliert (Irrgang, 2001). In der Evolutionären Erkenntnistheorie hingegen wird das Denken in Raum, Zeit und Kausalität zwar ebenfalls als *a priori* verstanden, jedoch auf ontogenetischer Basis. Gleichzeitig lässt es sich über die stammesgeschichtliche Entwicklung des Menschen *a posteriori* erklären. Somit werden die - in der Regel anthropozentrischen - Positionen traditioneller Erkenntnistheorien zurückgewiesen. Die Evolutionäre Erkenntnistheorie weist dem Menschen nur eine Nebenrolle zu, liegt doch der Fokus auf einer objektiven Sicht auf die Realität. Vollmer (1994b) befindet daher, dass die Evolutionäre Erkenntnistheorie eine *„echte kopernikanische Wende"* für die Philosophie sei (Vollmer, 1994b, S. 172).

Der Evolutionären Erkenntnistheorie wird aus diesem Grunde eine epistemologische Kränkung zugeschrieben, da aus ihr die Möglichkeit resultiert, zu erklären, wie menschliche Erkenntnisfähigkeit und Denken entstanden sind und sie damit theologische sowie viele philosophische Positionen zerrüttet (Rusch, 2014).

2.4 Zum Verhältnis von Gehirn und Geist

Wie im vorherigen Abschnitt beschrieben, ist eine der Konsequenzen aus der Evolutionären Erkenntnistheorie und einem evolutionären Weltbild die monistische Sicht auf Gehirn und Geist (Kap. 2.3.1). Die Verhältnisbestimmung von Körper und Geist stellt eine der zentralen philosophischen Fragestellungen dar. Im Folgenden sollen verschiedene Positionen bzgl. dieses Verhältnisses dargestellt, zentrale Begriffe betrachtet sowie Forschungsergebnisse zu Einstellungen zum Körper-Geist-Problem vorgestellt werden.

2.4.1 Körper-Geist-Problem

Das Leib-Seele- oder auch Körper-Geist-Problem ist eine der ältesten wissenschaftlichen und philosophischen Fragen. Die Verhältnisbestimmung von menschlicher Seele bzw. Geist oder (Ich-)Bewusstsein und Leib bzw. Körper oder (in jüngerer Vergangenheit insbesondere) Gehirn hat bis heute viele unterschiedliche Positionen hervorgebracht. Innerhalb der Philosophie des Geistes gibt es seit Jahrzehnten eine laufende Diskussion über die Beziehung zwischen psychischen und physischen Prozessen (Beckermann, 2011; Kutschera, 2009; Pauen und Roth, 2000). Grob gefasst kann bei unterschiedlichen Perspektiven auf Gehirn und Geist zwischen *Monismus* und *Dualismus* unterschieden werden.

Eine dualistische Perspektive beschreibt eine Sicht auf Geist und Körper, welche die beiden als zwei separate Entitäten sieht, geistige Phänomene also von physikalischer Materie trennt (Pauen und Roth, 2000). Platon beschrieb im *Phaidon* die klassische dualistische Position mit der Vorstellung einer immateriellen und unsterblichen Seele, die getrennt vom physischen Körper überleben kann. Aristoteles sah ebenfalls die immaterielle Seele als getrennt vom Körper an, ging jedoch nicht davon aus, dass Seelen unabhängig von Körpern existieren können (Anglin, 2014). Eine spätere dualistische Sichtweise stammt aus Descartes *Meditationen*, in denen er einen Substanzdualismus beschreibt (Descartes, 2009). Diese Position geht davon aus, dass mentale Zustände eine gesonderte mentale Substanz beherbergen, die bspw. als Geist oder Seele bezeichnet wird und nicht physikalischer Natur ist. Zudem nimmt sie eine Interaktion zwischen diesen beiden Substanzen an und wird daher auch als interaktionistischer Dualismus bezeichnet (Chalmers, 1997; Churchland, 1989; Pauen und Roth, 2000).

Die Trennung von Körper bzw. Gehirn und Geist scheint intuitiv und war lange Zeit die vorherrschende Ansicht innerhalb der Philosophie des Geistes. Mit dem Fortschreiten der Neurowissenschaften verschob sich jedoch die Perspektive, da immer mehr empirische Ergebnisse darauf hindeuteten, dass der Substanzdualismus nicht mit diesen wissenschaftlichen Erkenntnissen vereinbar ist. Die skizzierte klassische dualistische Sicht wird daher aktuell in der Philosophie praktisch nicht mehr vertreten (Dennett, 1993a; Pauen und Roth, 2000).

Während also der Substanzdualismus heutzutage kaum mehr eine Rolle spielt, wird nicht selten ein Eigenschaftsdualismus postuliert, wobei die Ansicht vertreten wird, dass mentale Zustände nichtphysikalische Eigenschaften physikalischer Gehirne sind (Churchland, 1989). Ein prominenter Vertreter des Eigenschaftsdualismus ist David J. Chalmers, der von einer Existenz nichtmaterieller Eigenschaften ausgeht, wie dem subjektiven Erlebnisgehalt von Erfahrungen („*Qualia*"). Die Debatte um die Qualia wurde durch den Aufsatz „*What is it like to be a bat?*" ausgelöst, in dem der Philosoph Thomas Nagel einer reduktionistischen Sichtweise auf das Körper-Geist-Problem widerspricht und darüber hinaus eine grundlegende Grenze der Erkenntnis von Naturwissenschaften postuliert (Nagel, 1974). Während Chalmers und Nagel das Vorhandensein der Qualia als Beleg für die Existenz immaterieller Eigenschaften verstehen, diagnostiziert Daniel Dennett die Qualiadebatte als Scheinproblem und erklärt die Qualia für nicht existent (Dennett, 1993b).

In Bezug auf die Philosophie des Geistes vertritt Dennett einen Funktionalismus, d. h. mentale Zustände werden als funktionale Zustände des Gehirns verstanden (Dennett, 1993a). Der Funktionalismus ist eine von mehreren monistischen Antworten auf die Frage nach dem Verhältnis von Körper und Geist, in denen eine Dualität abgelehnt wird (Anglin, 2014). Eine weitere dieser monistischen Positionen ist der eliminative Materialismus, der z.B. von Patricia Churchland vertreten wird und der die Existenz mentaler Zustände vollständig ablehnt und sie für Artefakte einer alltagspsychologischen Sprache erklärt (Churchland, 1989; Pauen und Roth, 2000).

Pauen und Roth (2000) schlussfolgern auf Grundlage neurowissenschaftlicher Forschungsergebnisse, dass *„im Rahmen einer neurobiologischen bzw. physikalistischen Theorie von Geist und Bewußtsein [...] geistige Prozesse besondere physische Zustände sind, die eigene, nichtreduzierbare Gesetzmäßigkeiten zeigen können"* (Pauen und Roth, 2000).

2.4.2 Evolutionäre Erkenntnistheorie und das Körper-Geist-Problem

Die Perspektive der Evolutionären Erkenntnistheorie auf das Verhältnis von Gehirn und Geist ist die eines psychophysischen Monismus

(Irrgang, 2001). Damit werden aus dieser Sicht mentale Prozesse als identisch mit neuronalen Prozessen gesehen. Geist bzw. Bewusstsein sind demnach eine Funktion des zentralen Nervensystems. Da die Eigenschaften des Gehirns sich jedoch nicht vollständig durch die Bestandteile des Gehirns erklären lassen, kann der Geist (zumindest vorerst) als emergente[15] Funktion des Gehirns angesehen werden (Eidemüller, 2016).

Es wäre theoretisch auch denkbar, dass das Bewusstsein als Epiphänomen, also als überflüssige Nebenerscheinung ohne eigene Funktion, entstanden ist (Pauen und Roth, 2000). Die evolutionäre Entstehung des Bewusstseins legt jedoch nahe, dass es von evolutionärem Vorteil ist, ein Bewusstsein zu haben, was gegen das Bewusstsein als Epiphänomen spricht (Pauen und Roth, 2000; Vollmer, 2017). Als möglicher Vorteil eines Bewusstseins lässt sich z. B. das episodische Gedächtnis denken (Eidemüller, 2016). Während es unter Vertretern und Vertreterinnen der Evolutionären Erkenntnistheorie unstrittig ist, dass das Bewusstsein evolutionärer Herkunft ist, wird dieser Zusammenhang aus anderen Perspektiven der Philosophie des Geistes kritischer betrachtet (vgl. Kap. 2.3.1).

2.4.3 Einstellungen von Laien zu Gehirn und Geist

Die Art und Weise, wie Menschen das Verhältnis mentaler und körperlicher Zustände sehen, hängt stark davon ab, in welchen Glaubenszusammenhängen sie sich bewegen. So ist das, was als passende oder unpassende Beschreibung angesehen wird, sehr abhängig davon, welche empirischen Überzeugungen und theoretischen Vorstellungen Personen haben (Churchland, 1989).

---

[15] Emergenz beschreibt Eigenschaften, die ein System als Ganzes besitzt, jedoch keiner der Bestandteile des Systems (Pauen und Roth, 2000).

Während wissenschaftliche Positionen sich, wie beschrieben, mittlerweile von klassischen dualistischen Standpunkten weitgehend entfernt haben, gibt es relativ wenige Daten dazu, inwiefern Laien dualistische Konzepte favorisieren (Fernandez-Duque, 2017). Empirische Studien deuten darauf hin, dass gesellschaftliche Ansichten weiterhin dem Substanzdualismus nach Descartes nahestehen. Stanovich (1989) zeigte, dass fast die Hälfte der von ihm befragten Studierenden der Psychologie annahm, dass Denkprozesse keine Gehirnprozesse sind. Unter Studierenden verschiedener Fachgebiete konnten wiederholt dualistische Positionen als häufigste Sichtweise auf das Verhältnis von Geist und Gehirn identifiziert werden (Demertzi et al., 2009; Fahrenberg und Cheetham, 2000). Auch bei Angestellten im Gesundheitswesen wurden zu einem Drittel dualistische Positionen gefunden (Demertzi et al., 2009).

In einer aktuelleren Studie fanden Riekki et al. (2013) in einer finnischen Stichprobe, dass dualistische Sichtweisen zwar häufiger vorkamen als monistische Positionen, am beliebtesten jedoch emergenzphilosophische (vgl. Kap. 2.4.2) Ansichten waren, bei denen Gehirn und Geist zwar qualitativ unterschiedlich, jedoch voneinander abhängig sind (Riekki et al., 2013).

Studien zu Perspektiven auf die menschliche Seele verdeutlichen, dass viele Personen davon ausgehen, dass die Seele dasjenige darstellt, was Menschen von Tieren unterscheidet (Templer et al., 2006). Die meisten Menschen glauben zudem an moralische Verantwortlichkeit und einen freien Willen, zwei eng mit einer dualistischen Sichtweise verknüpfte Konzepte (Monroe und Malle, 2010; Nahmias et al., 2005).

Forschungsergebnisse legen nahe, dass die dualistische Sicht auf Gehirn und Geist die Grundannahme darstellt, die Menschen in der Kindheit pflegen (Bloom, 2007). Erwachsene behalten diese Position entweder bei oder sie legen sie im Laufe des Erwachsenwerdens ab und werden zu Monisten (Anglin, 2014; Stanovich, 1989). Es wird

vermutet, dass die allgegenwärtige Darstellung von Ergebnissen der Neurowissenschaften einen Einfluss auf die intuitiven dualistischen cartesianischen Ansichten von Laien haben könnte (Fernandez-Duque, 2017).
Viele weltweit verbreitete religiöse Glaubensinhalte, wie der Glaube an ein Leben nach dem Tod und der Glaube an die Existenz einer unsterblichen Seele, setzen ein dualistisches Konzept von Gehirn und Geist voraus (Bering und Bjorklund, 2004; Riekki et al., 2013). Der Zusammenhang zwischen dualistischen Gehirn-Geist-Konzepten und dem Glauben an ein Leben nach dem Tod konnte auch empirisch gezeigt werden (Demertzi et al., 2009; Riekki et al., 2013; Thalbourne, 1996). Willard und Norenzayan (2013) fanden zudem, dass der positive Zusammenhang von dualistischem Denken und religiösem Glauben sehr stabil und für verschiedene Probandengruppen signifikant war (Willard und Norenzayan, 2013).

2.4.4 Die Termini Geist, Selbst, Seele und Bewusstsein

Die Einstellungen von Personen zum individuellen Selbst, zu Geist, Bewusstsein und Seele sind häufig intuitiv (Bloom, 2007) und die unterschiedlichen Termini werden zum Teil synonym verwendet (Anglin, 2014).
Anglin (2014) stellt fest, dass die meisten Menschen das Selbst bzw. das Ich, die Seele und den Geist an bestimmten Stellen im menschlichen Körper verorten. Die Befragten tendierten dazu, das Selbst und den Geist im Kopf und die Seele in der Brust zu lokalisieren. Zudem gab es einige Probandinnen und Probanden, die das Selbst nirgends im Körper verorteten. In offenen Definitionen wurden Geist und Selbst häufig als mentale Termini und die Seele als die Essenz des Menschen beschrieben. Die Ergebnisse legen nahe, dass Personen häufig, jedoch nicht immer, Geist und Seele als zwei voneinander getrennte Entitäten

betrachten und das Selbst eher mit dem Geist als mit der Seele in Verbindung bringen (Anglin, 2014).

Die Untersuchung von Anglin (2014) verdeutlicht, dass es unterschiedliche Verständnisse der Termini Geist, Seele und Selbst gibt. Hinzu kommt die Tatsache, dass in der Literatur zum Leib-Seele-Problem die Begriffe Seele, Geist und Bewusstsein von unterschiedlichen Autorinnen und Autoren für das gleiche zugrundeliegende philosophische Problem verwendet werden. Schon die alternativen Bezeichnungen *Leib-Seele-* und *Körper-Geist-Problem* zeigen eine begriffliche Unschärfe, die auch im Kontext der vorliegenden Arbeit von Bedeutung ist.

Der Terminus *Bewusstsein* findet in den Naturwissenschaften Verwendung, während der Terminus *Geist* eine theologische und metaphysische Vorgeschichte hat und insgesamt unschärfer wirkt. Da diese Begriffe letztlich nicht scharf gegeneinander abzusetzen sind, werden die Termini *Geist* und *Bewusstsein* im Rahmen der vorliegenden Arbeit synonym verwendet. Bewusstsein bzw. Geist wird als *„ein innerer Zustand unseres Empfindens, Fühlens und Denkens"* (Vollmer, 2017, S. 402) definiert. In englischen Arbeiten werden in der Regel die Termini *mind* bzw. *mind-body-problem* verwendet, bei denen dieses terminologische Problem nicht auftritt.

2.5 Religiöser Glaube und Atheismus

Der Glaube an immaterielle Wesenheiten und überempirische Akteure findet sich in allen menschlichen Kulturen. Ungefähr 90 % der Weltpopulation glauben an irgendeine Form von göttlichem oder höherem Wesen (Pennycook et al., 2012; Zuckerman, 2007). Auch der Glaube an paranormale Phänomene ist weit verbreitet. So glauben bspw.

mehr als 40 % der amerikanischen Bevölkerung an spirituelle Heilung, übersinnliche Wahrnehmung oder Geister (Lindeman und Aarnio, 2010; Pennycook et al., 2012; Rice, 2003). Die fortschreitende Erschließung der Welt durch die Naturwissenschaften lässt immer weniger Raum für höhere Mächte, die aktiv ins Weltgeschehen eingreifen (vgl. Kap. 2.3.1). Gleichzeitig zeigt sich eine Vervielfachung unterschiedlicher religiöser und spiritueller Positionen und damit ein verstärkter religiöser Pluralismus (Chaves und Gorski, 2001; Graf, 2014; Jörns, 1999; Kotthaus, 2003). Gerade in Europa hat die religiöse Vielfalt in den letzten Jahren und Jahrzehnten stark zugenommen. Hierfür sind zum einen innerreligiöse Prozesse der Differenzierung, z. B. im Christentum, und die Zuwanderung von Menschen mit anderen religiösen Identitäten ursächlich, zum anderen lässt sich ein steigendes Interesse an Formen alternativer New-Age-Spiritualität erkennen (Pollack et al., 2012; Stolz et al., 2014).

Auch unter religiös nicht-gläubigen Personen können holistische und esoterische Positionen beobachtet werden (Stolz et al., 2014). So wird in westlichen Kulturen vermehrt der Terminus *spirituell* genutzt, um die eigene Weltsicht zu beschreiben (Schnell, 2012). *„Glauben ist eine Entscheidungsfrage geworden, weniger die Fortführung familiärer oder anderer soziokultureller Überlieferungen als vielmehr die Akzeptanz oder der Bruch mit diesen Traditionen"* (Kotthaus, 2003, S. 15).

Ein solcher religiöser und spiritueller Pluralismus oder Eklektizismus kann bei Menschen den Wunsch nach Stabilität und Orientierung fördern, sodass zugleich fundamentalistische Sichtweisen, die eine Religion zur einzig wahren erklären, zurückkehren (Kotthaus, 2003). Seine Ursprünge hat der Terminus *Fundamentalismus* in der amerikanischen Schriftenreihe *„The Fundamentals – A Testimony to the Truth"*. In Millionenauflage wurden diese Schriften zu Beginn des 20. Jahrhunderts als Protest gegen theologischen Liberalismus, historische Bibelkritik und Wissenschaftsglauben verbreitet (Hemminger, 2009a; Scott, 2009). Religiöser Fundamentalismus lässt sich anhand von drei Schlüsselelementen erkennen: Die Gläubigen sollen zu den absoluten und unveränderlichen Regeln zurückkehren, die in der Vergangenheit festgelegt wurden. Diese Regeln erlauben ferner nur eine einzige Interpretation und sind bindend für Gläubige. Weiterhin stehen diese religiösen Regeln über den weltlichen Gesetzen (Altemeyer und Hunsberger, 1992). Im Kontext der Einstellungsforschung zu Evolution spielt der Fundamentalismus in Form des Kreationismus eine besondere Rolle (Kap. 2.6.3.1).

2.5.1 Gründe für religiösen Glauben

Menschen haben ein natürliches Sinn- und Kohärenzbedürfnis (Voland, 2013). In der Existenzphilosophie Camus' nimmt die Widersprüchlichkeit zwischen dem menschlichen Wunsch nach Sinnhaftigkeit und der Sinnlosigkeit der Welt eine zentrale Rolle ein, die Camus als *das Absurde* bezeichnet:

> *„Auf der Ebene des Verstandes kann ich also sagen, das Absurde liegt weder im Menschen (wenn eine solche Metapher einen Sinn hätte) noch in der Welt, sondern in ihrer gemeinsamen Präsenz"* (Camus, 2000, S. 44).

Das Absurde entsteht somit durch die Gegenüberstellung der menschlichen Hoffnung und der weltlichen Realität. Religiöse Vorstellungen können dieser Widersprüchlichkeit gewissermaßen aus dem Weg gehen bzw. sie mit Sinn versehen. Ein religiöser Mensch würde demnach im Falle einer Konfrontation mit einer aus den Erfahrungswissenschaften resultierenden essentiellen Desillusionierung (vgl. Kap. 2.3.3) entweder die Augen vor dieser für ihn ernüchternden Erkenntnis schließen oder nach begrifflichen oder ontologischen

Unterscheidungen suchen, um sein Weltbild gemäß seinen Hoffnungen und Überzeugungen bestehen zu lassen. Denn die Vorstellungen, die Menschen von der Welt und sich selbst haben, werden in der Regel entschieden von Kritik abgeschirmt, da sie ein konsistentes und positives Selbstbild schützen (Frey, 2010; Goplen und Plant, 2015). Das Wissen um die irdische Endlichkeit und die damit verbundene Suche nach Hoffnung und Trost prädestinieren den Menschen für einen Glauben an transzendente Wesenheiten, der in einer sinnlos erscheinenden Welt ein emotionales und existenzielles Krisenmanagement ermöglicht. Eine führende Sichtweise innerhalb der evolutionären Religionsforschung besagt, dass es sich bei Religiosität, also einer *„Religionsfähigkeit"* (Voland, 2013, S. 226) der Menschen, um ein Zusammenspiel diverser Adaptionen handelt, die sich im Laufe der Evolution entwickelt haben und daher Nutzen für ihre Trägerinnen und Träger erfüllen sollten (Voland, 2010).

Neben den hohen Kosten, die eine religiöse Lebenspraxis mit sich bringt, bietet sie gleichzeitig immense Vorteile für die Lebensbewältigung und damit aus evolutionärer Perspektive Überlebensvorteile. So kann die Ausübung eines Glaubens zum einen innerhalb von Gruppen die Solidarität stärken sowie die Konkurrenzfähigkeit nach außen verbessern und zum anderen die persönliche Fähigkeit zur Kontingenzbewältigung, wie bereits dargestellt, erheblich steigern (Voland, 2010).

Menschen verfügen außerdem über kognitive Dispositionen, die passende Strukturen zur Ausbildung einer religiösen Metaphysik darstellen: Kleine Kinder haben eine dualistische (vgl. Kap. 2.4.3) sowie finalistische Denkweise und verfügen zunächst nicht über eine *Theory of Mind* - unterscheiden also nicht zwischen dem eigenen Wissen und dem Wissen anderer (Voland, 2010). Zudem haben Menschen im Allgemeinen eine Neigung zu zwanghaftem Verhalten sowie zur

Aufnahme von Beziehungen zu fiktiven Entitäten (Boyer, 2009; Vollmer, 2017). Die Annahme religiöser, spiritueller und esoterischer Glaubenspositionen kann daher vermutlich spontan und ohne große Anstrengung geschehen (Voland, 2010; Vollmer, 2017), während die Abwendung von religiösem Glauben bzw. eine Rekonstruktion des eigenen Weltbildes aus evolutionärer Sicht große Anstrengung erfordert, da intuitive Vorstellungen überwunden werden müssen (Frey, 2010; Gervais und Norenzayan, 2012; Norenzayan und Gervais, 2013; Vollmer, 2017).

Entsprechend nahmen Eder et al. (2011) an, dass Menschen vor allem in jungen Jahren durch eine sinnlos und chaotisch wirkende Welt verängstigt werden können. Sowohl der Glaube an Übersinnliches als auch ein traditioneller religiöser Glaube können im Gegensatz zu einer rein atheistischen Position eher einen Trost in solchen Situationen bieten (Eder et al., 2011; Emmons und Paloutzian, 2003; Frey, 2010; Gorsuch, 1988).

2.5.2 Ablehnung übernatürlicher Erklärungen

Empirische Daten zeigen über viele Länder hinweg, dass der Glaube an Gott abnimmt und sich mehr Menschen als Atheistinnen und Atheisten verstehen (Smith, 2012). Zwischen den Jahren 1991 und 2008 konnte Smith (2012) zeigen, dass der Glaube – wenn auch nur leicht - abnahm. Der Trend ist z.B. in Irland, Italien, Österreich und Australien deutlich zu erkennen, während die USA verglichen mit anderen westlichen Ländern nur eine sehr schwache Tendenz zur Säkularisierung zeigt (Smith, 2012).

Der sogenannte *kognitive Stil* beschreibt, ob Personen intuitiven, unbewussten und assoziativen Gedankengängen folgen oder stattdessen eine zeitintensivere, abwägende, zielorientierte und analytische Herangehensweise bevorzugen. Ein analytischer kognitiver Stil zeigt die

Neigung an, Intuitionen bei der Lösung von Problemen zu unterdrücken (Epstein, 1994; Evans und Stanovich, 2013; Frederick, 2005; Kahneman, 2003; Sloman, 1996) und steht in einem Zusammenhang mit der Ablehnung übernatürlicher Erklärungen sowie religiöser Aktivitäten (Gervais, 2015; Gervais und Norenzayan, 2012; Pennycook et al., 2012).

Atheistische Einstellungen wurden hingegen häufig als statistisch gesehen mit der Fähigkeit und Bereitschaft zu analytischem und rationalem Denken zusammenhängend beschrieben (Lindeman und Lipsanen, 2016; Pennycook, 2014; Stanovich und West, 2007). Gläubige Personen, die einen analytischen kognitiven Stil aufweisen, zeigen weniger traditionelle Gottesvorstellungen, sondern bevorzugen abstraktere Gottesbilder und deistische sowie pantheistische Vorstellungen (siehe Kap. 2.6.1 und Kap. 2.6.3.4; Pennycook et al., 2012).

2.6 Verhältnis von Glaube und Evolution

Die Existenz von Wesenheiten, auf die sich religiöse Glaubensvorstellungen beziehen, lässt sich wissenschaftlich weder bestätigen noch widerlegen und befindet sich daher auf einer anderen erkenntnistheoretischen Ebene als empirische Forschung. Nichtsdestotrotz gibt es unterschiedliche Möglichkeiten, das Verhältnis von religiösem Glauben und Naturwissenschaft näher zu bestimmen.

Neben der Neuro-wissenschaft und Medizin sind es insbesondere die Erkenntnisse der Evolutionsbiologie, die ein Spannungsfeld zu religiösen Überzeugungen entstehen lassen, da hier die Herkunft der Menschheit und die Kernelemente des Menschseins im Fokus stehen (vgl. Kap. 2.3).

2.6.1 Die einstige Krone der Schöpfung

Es liegt im Wesen aller monotheistischen Religionen, den Menschen außerhalb der Natur, als Herrscher über die Natur, zu verorten. Die Evolution hingegen impliziert eine naturalistische Erklärung für Ursprung, Veränderung und geographische Verteilung des Lebens auf der Erde. Die Tatsache, dass diese Erklärung auch vor dem Menschen nicht haltmacht, sondern im Gegenteil seit über 150 Jahren im Zuge fortwährender Forschung immer näher an den Kern des menschlichen Selbstbildes rückt, führt zu verschieden stark ausgeprägten Formen der Ablehnung (Vollmer, 1994b; vgl. Kap. 2.3.3).

So gibt es auch heutzutage Strömungen, die die Evolution ablehnen und an deren Stelle einen Schöpfergott oder einen nicht näher beschriebenen *intelligenten Designer* setzen. Neben dieser starken Form der Ablehnung in Gestalt von *Kreationismus* (Kap. 2.6.3.1) oder *Intelligent Design* (ID; Kap. 2.6.3.2) gibt es auch unter denen, die die evolutionäre Herkunft des Menschen zwar vordergründig akzeptieren, vermutlich nicht wenige religiöse Menschen, die eine streng naturalistische Form der Evolutionstheorie mit all ihren Konsequenzen ablehnen und stattdessen von einer *Theistischen Evolution* (Kap. 2.6.3.3) ausgehen oder ein deistisches[16] Weltbild haben.

Denn die aus der Evolutionstheorie resultierende monistische Weltsicht (vgl. Kap. 2.3.1) ist selbst für nicht-religiöse Menschen mitunter schwer vorzustellen, da sie der *„weit verbreiteten philosophischen Intuition [widerspricht], dem menschlichen Geist einen irgendwie gearteten Sonderstatus zuzuweisen"* (Voland, 2010, S. 30). Den meisten Menschen fällt es, wie in Kapitel 2.5.1 beschrieben, schwer, Erklärungslücken zuzulassen und Unsicherheiten in ihrem

---

[16] Der *Deismus* sieht Gott als erste Ursache, der jedoch im Anschluss nicht mehr in Naturabläufe eingreift und somit lediglich den Anstoß zur Entwicklung des Universums und der Lebewesen gab (Jeßberger, 1990).

Weltbild zu akzeptieren (Voland, 2010). Da dies jedoch ein essentieller Bestandteil der erfahrungs-wissenschaftlichen Methode ist, entsteht an dieser Stelle beinah zwangsläufig ein Konflikt zwischen intuitivem Denken und naturwissenschaftlicher Erkenntnishaltung.

2.6.2 Verhältnisbestimmungen von Glaube und Evolution

Unterschiedliche Ansätze, das Verhältnis von Naturwissenschaft und Religion im Allgemeinen (z. B. Barbour, 1990; Haught, 1995) sowie von Evolution und Schöpfung im Speziellen (Brem et al., 2003; Hokayem und BouJaoude, 2008; Scott, 2009) zu betrachten, wurden und werden in verschiedenen wissenschaftlichen Disziplinen diskutiert. Auch das Wissen über das Verhältnis von Naturwissenschaft und Religion bei Lernenden wurde bereits mehrfach untersucht (Hokayem und BouJaoude, 2008; Shipman et al., 2002; Taber et al., 2011; Yasri und Mancy, 2014).

Bei den zahlreichen Verhältnisbestimmungen kann grob zwischen jenen unterschieden werden, die einen unauflösbaren Konflikt zwischen religiösen Positionen und wissenschaftlichen Weltbeschreibungen erkennen und denjenigen, die keinen Widerspruch zwischen beiden Bereichen sehen. Barbour (1990) klassifizierte vier Sichtweisen auf das Verhältnis, die er als *Konflikt, Unabhängigkeit, Dialog* und *Integration* beschrieb. Die letzten drei Positionen beschreiben jeweils konfliktarme Verhältnisbestimmungen (Barbour, 1990).

Bei einer Befragung von Schülerinnen und Schülern stellten Konnemann et al. (2016) Unterschiede in der Wahrnehmung eines Konflikts zwischen Naturwissenschaft und religiösen Ansichten fest. Lernende, die positive Einstellungen gegenüber der Evolution sowie zu Schöpfungserzählungen hatten, zeigten eine geringe Konfliktwahrnehmung, während Schülerinnen und Schüler mit sehr positiven Einstellungen zu Evolution, aber negativen Einstellungen zu Schöpfungserzählungen, öfter zur Wahrnehmung eines Konfliktes neigten. Ebenso zeigten Lernende mit negativen Einstellungen zu Evolution und positiven Einstellungen zur Schöpfung eine hohe Konfliktwahrnehmung (Konnemann et al., 2016). Woods und Scharmann (2001) konnten zudem zeigen, dass Lernende ihren religiösen Glauben als Hauptgrund für den Konflikt angeben, den sie empfinden, wenn sie evolutionäre Inhalte lernen (Woods und Scharmann, 2001). Das Thema Evolution im Unterricht kann speziell für gläubige Schülerinnen und Schüler, Studierende und auch Lehrende eine emotionale Herausforderung darstellen, die schmerzhaft sein und im schlimmsten Falle existenzielle Ängste und Krisen auslösen kann (Evans, 2008; Meadows et al., 2000).

In einer Interventionsstudie mit christlichen und buddhistischen Schülerinnen und Schülern in Thailand wurden die Einstellungen zu Evolution und Schöpfung vor und nach einem Kurs zu Evolution erhoben (Yasri und Mancy, 2016). Ein großer Anteil der Lernenden änderte seine Position hin zu einer höheren Akzeptanz der Evolution. Die Lernenden begründeten diese Änderungen mit einem Zuwachs an Kenntnis über einerseits Belege für die Evolution sowie andererseits Möglichkeiten, Evolution und religiöse Ansichten in Einklang zu bringen, jedoch nicht aufgrund einer Änderung ihres religiösen Glaubens (Yasri und Mancy, 2016). Das gleiche Forschungsteam (Yasri und Mancy, 2014) stellte in Interviewstudien mit thailändischen Schülerinnen und Schülern an einer christlichen High-School bereits zuvor fest, dass auch jene Befragten, die angaben, kreationistische Positionen zu vertreten, einige Aspekte von Evolution akzeptierten.

2.6.3 Religiös motivierte Positionen zu Evolution

Wie in Kapitel 2.6.2 beschrieben, gibt es mehrere Möglichkeiten einer Verhältnisbestimmung von Religion und Naturwissenschaften bzw. Evolution. In diesem Abschnitt sollen verschiedene Positionen dargestellt werden, die aus religiöser Sicht die Evolution beurteilen und sie ganz oder teilweise nicht als wissenschaftliches Faktum anerkennen. Zudem werden im Speziellen gesellschaftlich relevante Aspekte ablehnender Haltungen vorgestellt.

2.6.3.1 Kreationismus

Die Ansicht, alle Lebewesen sowie das gesamte Universum seien in ihrer heutigen Form im Wesentlichen durch Eingriffe eines Schöpfergottes entstanden, wird als *Kreationismus* bezeichnet. Das Phänomen Evolution wird dementsprechend abgelehnt, wobei die wörtliche Auslegung der Heiligen Schriften der abrahamitischen Religionen (in westlichen Ländern insbesondere der Bibel) als Grundlage dieser Weltsicht dient. Hierbei kann grob zwischen zwei Arten des Kreationismus unterschieden werden: Junge-Erde- und Alte-Erde-Kreationismus. Sie unterscheiden sich in der Auslegung der Dauer des Schöpfungsaktes (Hemminger, 2009a; Kotthaus, 2003; Waschke, 2008).

Der Junge-Erde-Kreationismus wird auch als Kurzzeit-Kreationismus bezeichnet. Die Anhängerinnen und Anhänger gehen von der Prämisse aus, dass die Erde weniger als 10.000 Jahre alt ist und innerhalb von sechs Tagen á 24 Stunden geschaffen wurde. Der Alte-Erde- oder auch Langzeit-Kreationismus geht zwar mit der wissenschaftlichen Position zum Alter der Erde konform, seine Anhängerinnen und Anhänger bezweifeln jedoch gleichzeitig, dass sich die Arten über die Zeit entwickelt haben.

Beide Ansichten haben in ihrer Konsequenz eine Ablehnung zumindest weiter Teile der Evolution zur Folge. So wird die Existenz

heutiger Lebewesen nicht naturalistisch anhand einer gemeinsamen Naturgeschichte, sondern durch göttliches Wirken erklärt (Graf, 2009a; Hemminger, 2009a; Kotthaus, 2003; Mahner, 2005; Waschke, 2002).
Viele Kreationistinnen und Kreationisten gehen davon aus, dass die Lebewesen als distinkte Einheiten (*Grundtypen*) geschaffen wurden. Diese Ursprungseinheiten besitzen ein vom Schöpfer erschaffenes Variationspotential (*genetische Polyvalenz*), welches eine gewisse Transformation der Grundtypen über die Zeit erlaubt, sodass schließlich die rezenten Arten entstanden sind. Während es innerhalb eines Grundtyps also einen gewissen Variationsspielraum gibt, sollen zwischen den verschiedenen Schöpfungseinheiten klare Grenzen bestehen. Das Grundtypenmodell entspricht demzufolge der historischen Idee von konstanten Arten, während die Abstammung aller Lebewesen von einem gemeinsamen Vorfahren negiert wird (Junker und Scherer, 2013; Junker, 2009). Die Möglichkeit der Variation der Ursprungseinheiten wird als *Mikroevolution* bezeichnet und ist dadurch definiert, dass lediglich Variationen bereits vorhandener Strukturen auftreten. Davon abzugrenzen ist die *Makroevolution*, die die Entstehung qualitativ neuartiger Funktionen oder Strukturen bezeichnet (Junker und Scherer, 2013; Junker, 2009; Neukamm, 2009a). Evolutionskritikerinnen und -kritiker gehen davon aus, dass Makroevolution nicht möglich ist und lediglich einen unzulässigen Analogieschluss zur Mikroevolution darstellt. Innerhalb der biologischen Fachwelt ist die Unterteilung in Mikro- und Makroevolution als zwei kategorisch unterschiedliche Bereiche der Evolution jedoch umstritten (Neukamm, 2009a).
Der Kreationismus in seiner gegenwärtigen Form kann als Widerstandsbewegung in Reaktion auf die Erkenntnisse der modernen Evolutionsbiologie verstanden werden (Hemminger, 2009b, 2016; Scott, 2009). In der Regel konzentriert sich die öffentliche Diskussion

zu diesem Thema auf Kreationismus im Rahmen der evangelikalen Bewegung in Amerika[17], in der zum einen die Evolution abgelehnt und zum anderen die Bibel als unfehlbares Gotteswort angesehen wird. In den Vereinigten Staaten sind Kirche und Staat strikt getrennt, sodass es an staatlichen Schulen keinen Religionsunterricht geben darf. Daher kommt dem Konflikt zwischen Evolution und Schöpfung in den USA bei der Kontroverse um den Schulunterricht seit jeher eine besondere Bedeutung zu. Der Versuch, über den Biologieunterricht religiöse Inhalte in die Schulen zu bringen, hat eine lange Tradition. Ausgehend vom zunehmenden Fundamentalismus zu Beginn des 20. Jahrhunderts (vgl. Kap. 2.5) wurde in einigen Bundesstaaten das Unterrichten von Evolution untersagt. Es folgten zahlreiche Gerichtsverfahren, in denen um das Unterrichten von Evolution und kreationistischen Inhalten gestritten wurde (Scott, 2009). In den 1980er Jahren versuchten Kreationistinnen und Kreationisten unter dem Motto *equal time* dafür zu streiten, dass Evolutionstheorie und Schöpfungslehre als zwei gleichwertige Erklärungsansätze unterrichtet werden (Scott, 2009).

In Deutschland spielt der Kreationismus in der Gesamtbevölkerung hingegen eine vergleichsweise wenig bedeutende Rolle (aber siehe Kapitel 2.6.3.5) und trat erst in den 1970er Jahren erkennbar in Erscheinung (Hemminger, 2016). Es gibt im deutschen Sprachraum jedoch Gruppen, für die eine kreationistische Weltsicht zentral ist. Unter diesen ist die Studiengemeinschaft Wort und Wissen e.V. heute die einflussreichste und bekannteste Organisation. Sie übt einerseits Evolutionskritik und erhebt anderseits für ihr Weltbild den Anspruch auf Wissenschaftlichkeit (Hemminger, 2009a, 2016; Junker und Scherer, 2013; Neukamm, 2009b).

---

[17] Eine ausführliche Auseinandersetzung mit der Geschichte des amerikanischen Fundamentalismus und Kreationismus findet sich bei Scott (2009).

Das Besondere im Vergleich zu den meisten anderen kreationistisch geprägten Gruppen ist der Versuch einer akademischen Auseinandersetzung mit dem Thema Evolution und Evolutionskritik, die ein vergleichsweise hohes wissenschaftliches Niveau erreicht. Gleichzeitig erfolgt eine bewusste Abgrenzung von weiten Teilen des amerikanischen Kreationismus (Waschke, 2002).
Empirische Daten können nach Ansicht der Studiengemeinschaft Wort und Wissen e.V. nicht nur zugunsten von Evolution, sondern auch unter der Prämisse einer Schöpfung interpretiert werden. Vor diesem Hintergrund ist auch das evolutionskritische Lehrbuch von Reinhard Junker (Geschäftsführer der Studiengemeinschaft Wort und Wissen e.V.) und Siegfried Scherer entstanden. Die Autoren gehen davon aus, dass die Suche nach Antworten zum Ursprung und zur Geschichte des Lebens nicht ohne weltanschauliche Grenzüberschreitungen möglich ist. Aus diesem Grund werden Schöpfungslehre und die analog bezeichnete Evolutionslehre als gleichberechtigte Interpretationsrahmen betrachtet, wobei keine wissenschaftlicher sei als die andere (Hemminger, 2009a; Junker und Scherer, 2013).
Die Anzahl der Menschen, die sich der evangelikalen Bewegung zuordnen lassen, wird in Deutschland etwa auf 2,0[18] – 3,5 %[19] der Bevölkerung geschätzt[20]. Die Deutsche Evangelische Allianz (DEA) ist

---

[18] Ca. 1,7 Millionen Mitglieder der freikirchlichen und pfingstlichen Gemeinen auf Basis der Angaben des *Religionswissenschaftlichen Medien- und Informationsdienstes* (REMID e.V.) vom 01.02.2016 (Elwert und Radermacher, 2017). Auch Hemminger (2016) geht von etwa 2 % Bevölkerungsanteil Evangelikaler in Deutschland aus.

[19] Schätzung auf 2,9 Millionen (Johnstone und Schirrmacher, 2003).

[20] Genaue Angaben zur Anzahl der Evangelikalen in Deutschland gibt es nicht. Das liegt zum einen an der lokalen und niederschwelligen Struktur evangelikaler Gemeinden, zum anderen daran, dass das evangelikale Spektrum nicht nur kirchlich organisiert ist und eine evangelikale Lebensführung nicht von einer Mitgliedschaft abhängt (Elwert und Radermacher, 2017).

die bedeutendste Institution der evangelikalen Bewegung in Deutschland. Die DEA vertritt ein Netzwerk aus Einzelpersonen, die unterschiedliche Konfessionen und religiös-kulturelle Hintergründe haben. Nach eigenen Angaben vertritt die DEA etwa 1,3 Millionen Christinnen und Christen in Deutschland (DEA, 2016). In über 1000 örtlichen Arbeitskreisen treffen sich diese Menschen, die zum Teil Landes- und Freikirchen angehören (DEA, 2016). Elwert und Radermacher (2017) vermuten, dass ein Großteil der Evangelikalen in Deutschland offiziell einer der Landeskirchen angehört, jedoch zusätzlich Verbindungen zu evangelikalen Organisationen hat (Elwert und Radermacher, 2017). Insgesamt fühlen sich 3,8 % der Bevölkerung dem Christentum zugehörig, obwohl sie nicht Teil öffentlich-rechtlicher Religionsgemeinschaften sind (REMID, 2017a). Die Schnittmenge zwischen der evangelikalen Bewegung und freikirchlichen Gemeinden ist groß (Elwert und Radermacher, 2017; Hemminger, 2016). Die Zahl der Mitglieder von Freikirchen liegt bei etwa 1,1 - 2,2 %[21] der Bevölkerung (fowid, 2016; REMID, 2017a). Etwa 0,3 – 0,4 % der deutschen Bevölkerung sind zudem über ihre Zugehörigkeit zu einer Gemeinde in der Vereinigung Evangelischer Freikirchen (VEF) organisiert (Hemminger, 2016; REMID, 2017a).

Neben dem Kreationismus der evangelikalen Bewegung und anderer sehr konservativer christlicher Kreise spielt in Deutschland zudem der islamische Kreationismus zunehmend eine Rolle (siehe Kap. 2.6.3.4).

---

[21] Der REMID (2017a) fasst *Freikirchen und Sondergemeinschaften* zusammen (2,2 %), während sich die Angabe der fowid (2016) auf *sonstige christliche Gemeinschaften* bezieht, in denen z. B. Mitglieder von Freikirchen, der Neuapostolischen Kirche und Zeugen Jehovas zusammengefasst werden (1,1 %).

2.6.3.2 Intelligent Design

In der in Kapitel 2.6.3.1 beschriebenen Kontroverse um den Biologieunterricht hat die Bewegung des *Intelligent Design* (ID) ihren Ursprung[22]. 1987 urteilte der Oberste Gerichtshof der Vereinigten Staaten im Gerichtsverfahren „Edwards vs. Aguillard", dass das Unterrichten von Kreationismus die Religionsfreiheit verletze und somit untersagt werden müsse. Infolge dessen wurde anstelle eines Schöpfers von einem intelligenten Designer gesprochen, um zumindest formal von einer religiösen Konnotation abrücken zu können (Scott, 2009).

Die ID-Bewegung ist der Versuch einer scheinbar wissenschaftlichen Herangehensweise an die Kontroverse zwischen Evolution und Schöpfung. Der Fokus liegt hierbei auf der Aufdeckung von Erklärungslücken der Evolutionstheorie sowie Kosmologie. Anhängerinnen und Anhänger des IDs vertreten die Auffassung, das Leben ließe sich am plausibelsten durch einen Designer erklären, dessen Identität allerdings im Unklaren gelassen wird. In der Regel wird jedoch davon ausgegangen, dass es sich bei diesem Designer um den christlichen Gott handelt (Berck und Graf, 2010; Waschke, 2002). Daher sollte ID als eine pseudowissenschaftliche Form des Kreationismus bezeichnet werden (Pennock, 2003). Hemminger (2007) analysiert, dass die ID-Bewegung oftmals *„politisch richtig, wenn auch inhaltlich vereinfachend, dem Kreationismus zugerechnet"* wird (Hemminger, 2007, S. 40).

---

[22] Eine ausführliche Auseinandersetzung mit der amerikanischen Entstehungsgeschichte des Intelligent Design findet sich in Scott (2009).

2.6.3.3 Theistische Evolution

Teleologische Sichtweisen auf das Leben haben eine lange Tradition, wobei der Terminus *Teleologie* erst 1728 von Christian Wolff geprägt wurde. Schon Aristoteles erklärte, dass jeder Gegenstand einem bestimmten Zweck diene, der in den jeweiligen Dingen selbst liege. William Paley formulierte auf Grundlage dieser postulierten Zweckmäßigkeit der Lebewesen sogar einen teleologischen Gottesbeweis (*„argument from design"*) und folgte damit der Tradition all jener, die im zweckmäßigen Aufbau der Lebewesen den besten Beweis für das Wirken eines intelligenten Schöpfers sahen (Mahner, 2007; Vollmer, 2005).

Kreationistische Ansichten sowie Positionen des IDs weisen eine teleologische Struktur auf, wobei teleologische Sichtweisen nicht notwendig Kreationismus nach sich ziehen müssen. Mit dem Terminus *Teleologie* wird eine Position beschrieben, gemäß der natürlichen Prozessen eine Zielgerichtetheit innewohnt. Das Naturgeschehen wird somit von einer teleologischen Sichtweise aus betrachtet von Zwecken geleitet und ist auf ein Ziel gerichtet, wobei das planende Subjekt häufig unbekannt bleibt. Wird ein intelligenter Schöpfer als absolutes und zwecksetzendes Subjekt angenommen, wird aus Teleologie Theologie (Jeßberger, 1990; Vollmer, 2005).

Bei der Frage nach Teleologie sind verschiedene Positionierungen möglich, die sich hinsichtlich physikalischer und metaphysischer Erkenntnissphären systematisieren lassen (Heilig und Kany, 2011). Heilig und Kany (2011) unterscheiden auf der ersten Ebene zwischen einer ateleologischen und damit naturalistischen Position und einer teleologischen Position. Teleologische Positionen können sich dahingehend unterscheiden, ob die Teleologie prinzipiell naturwissenschaftlich erkennbar (Sichtweise von Kreationismus und ID) oder nur auf einer Meta-Ebene vorhanden ist. Eine solche Meta-Teleologie geht davon aus, dass sich das zwecksetzende Subjekt (z. B.

Gott) Prozessen der Evolution bedient hat, die den Menschen ateleologisch erscheinen, um seine zugrundeliegenden Pläne zu verwirklichen.

Diese überempirische Planung als Grundlage der Evolution entspricht der Position einer *Theistischen Evolution*. Der Geologe und Jesuit Pierre Teilhard de Chardin (1881 - 1955) formulierte diese Sichtweise folgendermaßen: *„Gott macht, dass die Dinge sich machen"* (z. n. Waschke und Lammers, 2011, S. 516) Auf der Ebene mit wissenschaftlichen Methoden erforschbarer Phänomene und Zusammenhänge besteht kein für die Forschungspraxis relevanter Unterschied zwischen naturalistischer und Theistischer Evolution (Heilig und Kany, 2011). Die Theistische Evolution gewann in den letzten 20 Jahren zunehmend Einfluss auf die christliche Theologie und stellt einen modernen Versuch dar, auf abstrakter Ebene Wissenschaft und Glauben zu vereinbaren (Waschke und Lammers, 2011).

2.6.3.4 Monotheistische Positionen zur Evolution in Deutschland

Anhängerinnen und Anhänger der beiden großen Kirchen in Deutschland vertreten in der Regel nicht-kreationistische Positionen, streiten jedoch nicht unbedingt Teleologie innerhalb der Natur ab (Berck und Graf, 2010; Jeßberger, 1990; Ohly, 2011; Waschke und Lammers, 2011).

Im Folgenden sollen die Positionen der Evangelischen Kirche in Deutschland, der römisch-katholischen Kirche sowie – etwas weniger spezifisch - islamische Positionen zur Evolution vorgestellt werden, da diese Gruppen die meisten konfessionell gebundenen Menschen in Deutschland vertreten.

Evangelische Kirche in Deutschland

Die Evangelische Kirche in Deutschland (EKD) beurteilt ID als pseudowissenschaftlich. Auch Kreationismus sowie einen wissenschaftlich begründeten Atheismus bezeichnet die EKD als *„Irrwege"* (EKD, 2008). Die EKD vertritt die Auffassung, *dass „Glaube und Naturwissenschaften nicht zwei Pole auf einer Ebene [bilden] und [...] auch nicht als vergleichbare Strategien des Zugangs zur Wirklichkeit, die zwangsweise alternieren müssten, betrachtet werden [können]"* (EKD, 2008).
Hemminger (2009a) macht jedoch darauf aufmerksam, dass die evangelische Kirche maßgeblich durch eine Vielfalt von Meinungen geprägt ist. So gibt es aufgrund der vielförmigen evangelikalen Bewegung, die eng mit dem Kreationismus verknüpft ist, auch innerhalb der evangelischen Landeskirchen kreationistische Positionen (Hemminger, 2009a), die dort jedoch in der Regel nur von Privatpersonen vertreten werden (Elwert und Radermacher, 2017).

Römisch-katholische Kirche

Die letzten expliziten Verlautbarungen der katholischen Kirche zur Evolutionstheorie wurden 1996 von Papst Johannes Paul II. verkündet. Demnach werden die Evolution und deren Konsequenzen auf einer physiologischen Ebene akzeptiert. Gleichzeitig verdeutlichte das Kirchenoberhaupt, dass die Entstehung der menschlichen Seele nicht evolutionsbiologisch erklärt werden könne und dass eine solche naturwissenschaftliche Erklärung nicht mit der Wahrheit vereinbar sei (Johannes Paul II., 1997).
Die katholische Kirche vertritt den Glauben an eine „Geistseele", die nach der Befruchtung von Gott in den Menschen eingesetzt wird und unsterblich ist. Diese ist für die menschlichen mentalen Fähigkeiten zuständig (Vollmer, 2017). Zwar ist aufgrund der unscharfen Terminologie die Bedeutung dieses Wortes nicht eindeutig, doch lässt sich

vermuten, dass die Geistseele gewissermaßen dem entspricht, was in Kapitel 2.4.4 als Geist bzw. Bewusstsein definiert wurde. Demnach wären laut Lehre der katholischen Kirche die Fähigkeiten, die dem menschlichen Geist zugeschrieben werden, nicht evolutionär entstanden (Vollmer, 2017). Die Entwicklung der Arten, inklusive des Menschen, wird demnach anerkannt, nicht jedoch eine konsequente, durchgängig naturalistische Erklärung (Junker, 2007).

Obwohl der Kreationismus eher ein protestantisches Phänomen darstellt, gibt es auch innerhalb der katholischen Kirche konservative Kreise, die Teilaspekte der Evolution ablehnen. So argumentiere Kardinal Christoph Schönborn (2005) in einem Gastkommentar in der *New York Times* gegen die Evolution und schrieb:

> *„Die Evolution im Sinn einer gemeinsamen Abstammung ist möglicherweise wahr, aber die Evolution im neodarwinistischen Sinn – ein zielloser, ungeplanter Vorgang zufälliger Veränderung und natürlicher Selektion – ist es nicht. Jedes Denksystem, das die überwältigende Evidenz für einen Plan in der Biologie leugnet oder wegzuerklären versucht, ist Ideologie, nicht Wissenschaft"* (Schönborn, 2005; Übersetzung von Graf, 2009a).

Es liegt nahe, dass es sich bei dieser Äußerung eines prominenten Vertreters der katholischen Kirche nicht nur um eine Einzelmeinung handelt (Graf, 2009a). Die beiden großen Amtskirchen in Deutschland akzeptieren demnach offiziell Evolution als wissenschaftliches Faktum, das jedoch mit der eigenen religiösen Lehre in Einklang gebracht werden soll. Es ist zu vermuten, dass eine Großzahl der Mitglieder der beiden Amtskirchen Positionen vertreten, die sich am passendsten als *Theistische Evolution, Deismus* oder *Pantheismus*[23] bezeichnen lassen.

---

[23] Der *Pantheismus* ist die Sichtweise, nach der Gott gleichbedeutend mit dem Kosmos ist. Demnach gibt es nichts außerhalb von Gott, sodass gleichzeitig die Vorstellung abgelehnt wird, Gott wäre ein vom Universum getrenntes Wesen (Mander, 2012).

Islam

Im Koran wird Gott zwar als der Schöpfer des Himmels und der Erde beschrieben, jedoch gibt es keine detaillierte Schöpfungsgeschichte, wie sie in der Bibel zu finden ist (Edis, 2007). Muslimische Personen sind in der Regel weniger kritisch gegenüber dem wissenschaftlich beschriebenen Alter der Erde als jene Christinnen und Christen, die die Bibel wörtlich nehmen. Das liegt vermutlich daran, dass die Schöpfung im Koran zwar als sechs Tage andauernd, jedoch nur äußerst vage beschrieben wird, sodass diese „Tage" auch als sechs Abschnitte einer langen Zeitspanne interpretiert werden können (Edis, 2007).
Die biologische Evolution hingegen bereitet muslimischen Gläubigen eher ein Problem. Zwar wird eine Verwandtschaft der Arten häufig akzeptiert, der Mensch hingegen wird als Resultat einer Schöpfung angesehen, bei der er aus Lehm geformt wurde und folglich von Adam und Eva abstammt (Edis, 2007). Neben den zahlreichen Evolutionskritikern in der muslimischen Welt gibt es jedoch auch unterschiedliche Ansätze, die Evolution im Einklang mit dem Koran zu betrachten (Ohly, 2011).
Die Tendenz zu einer ablehnenden Haltung gegenüber Evolution ist in vielen Staaten mit einer muslimischen Bevölkerungsmehrheit zu finden und konnte neben anderen in Ägypten, Malaysia, Pakistan, Indonesien, Saudi-Arabien und der Türkei auch empirisch belegt werden (BouJaoude et al., 2011; Graf und Soran, 2010; Hameed, 2008; Ipsos Global @dvisory, 2011). Hameed (2008) beschreibt, dass die Mehrheit der Bevölkerung in muslimischen Ländern Evolution mit Atheismus gleichsetzt. Auf diese Weise wird Evolution als antireligiös angesehen und ohne genauere Betrachtung abgelehnt (Hameed, 2008).
Der in Europa und den USA bekannteste muslimische Evolutionskritiker ist Adnan Oktar, der unter seinem Pseudonym Harun Yahya den *Atlas der Schöpfung* in verschiedenen Sprachen herausgibt und diesen

2007 ungefragt an zahllose Universitäten, Wissenschaftlerinnen und Wissenschaftler und Schulen in den USA und Europa verschickte (Graf, 2009a; Hameed, 2008). Der etwa 850 Seiten starke, farbig gedruckte Atlas enthält angebliche Belege, die gegen einen Wandel der Arten über die Zeit sprechen und einen Langzeit-Kreationismus propagieren. Auch 10 Jahre später werden in Deutschland durch Postwurfsendungen entsprechende Broschüren verbreitet[24].

Zudem unterhält Oktar eine umfangreiche Internetpräsenz[25], auf der der Atlas der Schöpfung sowie zahlreiche weitere Bücher aus vielen verschiedenen Themenbereichen (z. B. „Der Niedergang der Evolutionstheorie", „Geschichte, Politik und Strategie" oder „Für Kinder") zum Download angeboten werden. Darüber hinaus wird von Oktar die Videoreihe *Gespräche über Schöpfung* produziert, in denen die Evolution für alle Katastrophen der Menschheit verantwortlich gemacht wird und angebliche wissenschaftliche Belege gegen die Evolutionstheorie vorgetragen werden[26].

2.6.3.5 Kreationismus in Schule und Gesellschaft in Deutschland

Auch in Deutschland gibt es Schulen, in denen ein Schöpfungsglaube als Alternative zur Evolutionstheorie dargestellt wird. Das ist vor allem in christlichen Privatschulen der Fall, die in Deutschland z. B. im Verband Evangelischer Bekenntnisschulen[27] organisiert sind. Das Leitbild der hier organisierten Schulen fordert eine *„ganzheitliche Orientierung der Unterrichtsinhalte am Deutungsrahmen der Bibel"*[28].

---

[24] Persönliche Mitteilung des Empfängers.
[25] harunyahya.de/ [09.10.2017]
[26] z. B. *Die Gefahr des Darwinismus*: youtube.com/watch?v=YpmDHwQi8wk [09.10.2017]
[27] vebs.de/ [12.11.2017]
[28] vebs-online.com/home/christliche-schulen/profil-und-ziele.html [12.11.2017]

Allgemeinbildende Schulen in nichtstaatlicher Trägerschaft, wie die Bekenntnisschulen, sind inhaltlich an die Kerncurricula der jeweiligen Bundesländer gebunden. Ihnen ist es jedoch erlaubt, Zusatzstoff in den Unterricht aufzunehmen. Die Kontrolle der Lehrinhalte liegt beim privaten Träger der Schulen (Hemminger, 2009a).

Auch wenn die genauen Lehrinhalte der Bekenntnisschulen häufig im Dunkeln bleiben, gibt es Hinweise darauf, dass hier nicht nur eine wissenschaftliche Gleichwertigkeit von Evolutionstheorie und Schöpfungsglaube vermittelt wird, sondern letzterer sogar als plausibleres Erklärungsmodell dargestellt wird. So wurde in der ARTE-Reportage *„Von Göttern und Designern – Ein Glaubenskrieg erreicht Europa"* 2006 der Kreationismus an deutschen Schulen thematisiert (Hemminger, 2009a). In dem Bericht wurde die August-Hermann-Francke-Schule in Gießen[29] portraitiert, in der die Schöpfungsgeschichte Inhalt des Biologieunterrichts ist. Hier findet auch das evolutionskritische Lehrbuch der Studiengemeinschaft Wort und Wissen e.V. (Junker und Scherer, 2013) Verwendung (Graf, 2009a; Hemminger, 2009a).

In der gleichen Sendung wurde auch über einen Fall berichtet, bei dem kreationistische Inhalte an einer staatlichen Schule, der Liebig-Schule in Gießen, im Biologieunterricht vermittelt wurden (Hemminger, 2009a). Im Anschluss an diesen Fall sprach sich die damalige Kultusministerin Karin Wolff dafür aus, die christliche Schöpfungslehre auch im Biologieunterricht thematisiert werden sollte, wenn sie sich auch vom Kreationismus distanzierte (Graf, 2009a).

Ein Jahr später wurde eine Resolution des Europarates verabschiedet, in der die Regierungen aller Mitgliedsstaaten dazu aufgefordert werden, die gleichberechtigte Vermittlung von Kreationismus und Evolutionstheorie im Unterricht zu unterbinden. Im Vorfeld wurde der Entwurf auf Antrag der europäischen Volkspartei zurückgewiesen

---

[29] ahfsgi.de/de/ [12.11.2017]

und auch der Vatikan sprach sich gegen diese Resolution aus (Brasseur, 2010; Graf, 2009a). Kreationistische Inhalte werden heutzutage in Deutschland vor allem niederschwellig über evangelikale Gemeinschaften sowie über das Internet verbreitet. Neben der Studiengemeinschaft Wort und Wissen e.V. sind dies auch evangelikale Organisationen, die sich speziell an Jugendliche richten. Das evangelikale und überkonfessionelle Projekt *Soulsaver*[30] ist in München ansässig und online über die Domain *gott.de* zu erreichen. Auf dieser Internetpräsenz werden täglich mehrere Artikel veröffentlicht, die gesellschaftliche Themen aus evangelikaler Perspektive betrachten. Der Stil der Website und die Themen sind auf Jugendliche abgestimmt. Gleiches gilt für Bücher und Broschüren, die kostenlos an Infoständen verteilt werden. Auf der Website werden auch regelmäßig wissenschaftliche Themen, vor allem zum Thema Evolution, behandelt[31]. Das ist insofern bedenklich, da bekannt ist, dass ein intensiver Kontakt zu religiösen Subkulturen mit kreationistischen Ansichten in der Jugendzeit mit einer wahrscheinlicheren Übernahme derartiger Positionen zusammenhängt (Hill, 2014).

Insgesamt spielen das Internet und im Speziellen die sozialen Medien bei der Verbreitung kreationistischer Inhalte mittlerweile eine zentrale Rolle. Aber auch über andere Kanäle werden kreationistische Narrative transportiert. So ging bspw. 2014 der Naturfilmer Henry Stober mit seinem Film *Die Schöpfung* auf Europa-Tournee und machte dabei auch in deutschen Veranstaltungsräumen und Theatern Halt[32]. Stober ist Mitglied der Siebenten-Tags-Adventisten und versteht seine Naturaufnahmen als Beleg für eine göttliche Schöpfung. Bei

---

[30] soulsaver.de [12.11.2017]
[31] soulsaver.de/category/wissenschaft/ [12.02.2018]
[32] dieschoepfung.eu/ [12.02.2018]

einigen der Aufführungstermine war zudem der Ex-Zoologie-Professor Walter Veith[33] zu Gast, der als Rahmenprogramm zum Film einen evolutionskritischen Vortrag mit dem Titel „Kreation versus Evolution" hielt.[34]

2.7 Vorstellungen zu Evolution

Alltagsvorstellungen können den Erkenntnisprozess sowohl erleichtern als auch erschweren. Im Kontext des Themas Evolution spielen zum Beispiel die immensen zeitlichen Dimensionen, die Vorstellung, dass Evolution nicht zielgerichtet verläuft oder die schwer zugänglichen Mechanismen der Evolution eine entscheidende Rolle für Verständnisprobleme. In jedem Fall haben die vorunterrichtlichen Vorstellungen der Schülerinnen und Schüler Auswirkungen auf das Lernen, sodass sie als Grundlage des naturwissenschaftlichen Unterrichts gesehen werden sollten (Bishop und Anderson, 1990; Wandersee et al., 1995). Es wird davon ausgegangen, dass *„Lernakte Konstruktionsleistungen der Gehirne von Lernenden sind, die neue Informationen auf der Basis ihres Vorwissens interpretieren, damit harmonisieren und entsprechend in ihre vorhandene Wissensstruktur einbauen"* (Graf und Hamdorf, 2011, S. 25).

Das Erfassen von Vorstellungen ist ein typischer Ansatz innerhalb der Naturwissenschaftsdidaktik, in deren Rahmen darunter alle für das Thema relevanten Lernbedingungen der Lernenden fallen. Dazu gehören unter anderem auch soziale, situative, emotionale und motivationale Aspekte (Gropengießer, 2008).

---

[33] walterveith.com/ [12.02.2018]
[34] Beobachtung bei Veranstaltungsteilnahme durch die Verfasserin dieser Arbeit.

2.7.1 Fehlvorstellungen zu Evolution

Vorstellungen zu bestimmten Aspekten der Evolution unterscheiden sich in den meisten Fällen zwischen Individuen nicht arbiträr, sondern bilden typische und wiederkehrende Muster. Diese ermöglichen eine systematische Einordnung und Beschreibung gängiger Fehlvorstellungen zu verschiedenen evolutionären Konzepten. Bekannte und häufig vorkommende Fehlvorstellungen werden im Folgenden dargestellt. Die Charakterisierung der Fehlvorstellungen bezieht sich dabei in erster Linie auf die Zusammenstellungen von Graf (2008), Graf und Hamdorf (2011) Gregory (2009) sowie Lammert (2012).

2.7.1.1 Finalistische Vorstellungen

Finalistische bzw. teleologische Vorstellungen zum Evolutionsprozess entsprechen der Auffassung, dass Anpassung zielgerichtet stattfindet und dabei von einer höheren Instanz oder durch das Lebewesen selbst gesteuert wird. Die höhere Instanz kann dabei zum Beispiel ein göttliches Wesen (*Theismus*), eine immaterielle Lebenskraft (*Vitalismus*) oder auch die Natur bzw. der ganze Kosmos (*Pantheismus*) sein. Personen mit finalistischen Vorstellungen gehen demnach davon aus, dass Organismen ihnen innewohnende, selbstgesetzte oder durch Umweltbedingungen vorgegebene Ziele verfolgen. In der Regel spielt dabei eine Notwendigkeit zur Veränderung eine Rolle.

Während Anpassungen aus wissenschaftlicher Sicht nicht auf einen Zweck hin, sondern durch zufällige Variation und anschließende Selektion entstanden sind, können diese durchaus *zweckmäßig* sein. Das bedeutet, dass sie unter herrschenden Umweltbedingungen sinnvoll sind und eine für das Lebewesen nützliche Funktion erfüllen. Durch finalistische Vorstellungen wird zum einen die maßgebliche Rolle des

Zufalls innerhalb des Prozesses der Evolution vernachlässigt, zum anderen wird dadurch ein – im Allgemeinen retrospektiv konstruierter - Zielpunkt der Evolution suggeriert.

2.7.1.2 Lamarckistische Vorstellungen

Lamarckistische Vorstellungen beruhen auf der von Jean-Baptiste de Lamarck (1744 - 1829) formulierten Evolutionstheorie und gehen dementsprechend von einer Vererbung morphologischer Merkmale bzw. Eigenschaften aus, die von der Elterngeneration zeitlebens erworben bzw. modifiziert wurden. Die Modifikation von Körperpartien und Fähigkeiten durch Gebrauch und Nicht-Gebrauch wird nach dieser Vorstellung also an die eigenen Nachkommen weitergegeben, die demzufolge ebenfalls diese modifizierten Merkmale aufweisen. Graf und Hamdorf (2011) beschreiben zudem den *Kryptolamarckismus* als besondere Form der lamarckistischen Vorstellungen. Diese Position besteht in der Auffassung, dass erworbene Merkmale und Eigenschaften zwar nicht von einer Generation auf die nächste vererbt werden, derartige Veränderungen über viele Generationen jedoch möglich sind.
Lamarckistische Erklärungsansätze können das wissenschaftliche Verständnis von der Vererbung fixierter genetischer Merkmale sowie ein Verständnis des zufälligen Selektionsvorteils von einigen Individuen innerhalb einer Population hemmen.

2.7.1.3 Typologische Vorstellungen

Typologische Vorstellungen beschreiben die Auffassung, dass die Individuen einer Art in allen wesentlichen Merkmalen übereinstimmen und somit nur geringfügig eine Variation innerhalb von Populationen vorliegt. Diese Erklärungsstrukturen beruhen auf einem typologischen Artbegriff, der eine Art als eine Einheit ansieht, innerhalb derer

Unterschiede als lediglich zufällig und nebensächlich betrachtet werden. Typologische Vorstellungen bedeuten, dass Variation innerhalb von Arten nicht erkannt bzw. deren hohe Bedeutung nicht erfasst wird. Eine adäquate Vorstellung von Variation ist einer der wichtigsten Aspekte bei der Vermittlung von Evolution (Brennecke, 2015). Ausgehend von einer typologischen Vorstellung unterlägen alle Individuen dem gleichen Selektionsdruck - eine Sicht, die ein wissenschaftliches Verständnis des natürlichen Selektionsprozesses verhindert. Im Gegensatz zum evolutionären Konzept der natürlichen Selektion werden Anpassungen nicht als Anstieg der Anzahl an Individuen mit dem einem Selektionsdruck entsprechenden Merkmal gesehen, sondern als gleichzeitige und -mäßige oder sprunghafte Änderung des Merkmals bei allen Individuen einer Population.

Zudem werden auch Anpassungsprozesse teilweise in der Weise missverstanden, dass eine Anpassung an die Umwelt für die Population einen Variabilitätsverlust bedeute. Nach dieser Vorstellung steht am Ende des Selektionsprozesses eine angepasste, uniforme Population (Fenner, 2013).

2.7.1.4 Anthropomorphe Vorstellungen

Erklärungen werden dann als anthropomorph bezeichnet, wenn menschliche Eigenschaften auf Tiere, Pflanzen oder unbelebte Dinge übertragen werden. In der Konsequenz wird den Lebewesen ein bewusstes Handeln und eine Intentionalität zugeschrieben. Zudem wird den Lebewesen im Kontext anthropomorpher Vorstellungen ein Bewusstsein über ihre nicht optimale Anpassung an die Umwelt beigemessen (Fenner, 2013). Das Verständnis des naturwissenschaftlichen Konzepts der natürlichen Selektion kann durch dieses

Erklärungsmuster behindert werden, da Anpassung darin als ein bewusster und selbstgesteuerter Prozess verstanden wird. Dabei wird den Organismen also die Fähigkeit zur Zukunftsplanung unterstellt.

2.7.1.5 Weitere Fehlvorstellungen zu evolutionären Aspekten

Brennecke (2015) zeigte im Rahmen ihrer Interviewstudie, dass die in den vorangegangenen Unterkapiteln dargestellten Kategorien der Fehlvorstellungen zur evolutionären Anpassung zwar bei einzelnen Schülerinnen und Schülern wiederzufinden sind, jedoch weder konstant verwendet noch exklusiv für einzelne Beispiele genutzt werden. Vielmehr konnte sie zeigen, dass bei einzelnen Aufgabenstellungen verschiedene Vorstellungen gleichzeitig auftauchen und darunter neben Fehlvorstellungen auch wissenschaftliche Teilvorstellungen zu finden sind (Brennecke, 2015). Über die dargestellten Fehlvorstellungen zur evolutionären Anpassung hinaus zeigten sich in ihrer Studie weitere Kategorien, wie z. B. die *automatische Anpassung* (Brennecke, 2015). Nicht nur bzgl. evolutionärer Anpassung zeigen Lernende Fehlvorstellungen. Auch andere Aspekte biologischer Evolution sind zum Teil nicht intuitiv zugänglich und verursachen daher Verständnisprobleme.

So haben Lernende z. B. Schwierigkeiten, die Rolle von Zufall und Wahrscheinlichkeit im Evolutionsprozess richtig einzuschätzen (Fiedler et al., 2017; Greene, 1990), Stammbäume zu lesen und zu interpretieren (Phillips et al., 2012), den Terminus *biologische Fitness* richtig zu interpretieren und zu beschreiben (Bishop und Anderson, 1986; Graf und Soran, 2010) sowie die Dimensionen der Tiefenzeit nachzuvollziehen und Ereignisse in die Erdgeschichte einzuordnen (Catley und Novick, 2009; Graf und Hamdorf, 2011; Libarkin et al., 2007).

2.7.2 Studien zum Wissen über Evolution

In einer Vielzahl von Studien wurden Fehlvorstellungen zur natürlichen Selektion und evolutionären Anpassung untersucht und aufgedeckt. Die im Folgenden beschriebenen Studien stammen aus verschiedenen Ländern und damit unterschiedlichen kulturellen Hintergründen. Zudem ist die Methodik der Datenerhebung in den meisten Fällen nicht vergleichbar und auch die befragten Probandengruppen unterscheiden sich bzgl. ihres Vorwissens. Aus diesem Grund wird ein lediglich qualitativer Einblick in den Forschungsstand gegeben.

Anpassung stellt für Lernende einen zentralen oder sogar den wichtigsten Evolutionsfaktor dar (Weitzel, 2006) und eignet sich aus diesem Grund auch besonders für die Erfassung von Vorstellungen zu Evolution. Um das Wissen zu Evolution zu messen, werden häufig Instrumente verwendet, die lediglich Fragen zur natürlichen Selektion bzw. evolutionären Anpassung beinhalten. Das *Conceptual Inventory of Natural Selection* (CINS) soll verschiedene Konzepte zur natürlichen Selektion messen (Anderson et al., 2002). Kalinowski et al. (2016) entwickelten das *Conceptual Assessment of Natural Selection* (CANS) Instrument, das messen soll, wie gut zentrale Prinzipien der natürlichen Selektion verstanden werden. Und der Fragebogen *Assessing Contextual Reasoning about Natural Selection* (ACONRNS) nutzt offene Fragen zur Erhebung des Wissens zu natürlicher Selektion (Nehm et al., 2012). Weitzel (2006) führt die Bedeutung des Terminus der Anpassung für die Vorstellungen der Lernenden darauf zurück, dass mit diesem Begriff bestimmte lebensweltliche Erfahrungen und Vorstellungen verknüpft sind (Weitzel, 2006).

Eine Untersuchung von Vorstellungen bei Schülerinnen und Schülern der Klassenstufen 10-12 in Deutschland ergab gravierende Fehlvorstellungen zur natürlichen Selektion sowie ein Auftreten von finalistischen, lamarckistischen und anthropomorphen Vorstellungen (Johannsen und Krüger, 2005). Ein starker Hang zu finalistischen Vorstellungen zeigte sich in Bezug auf Anpassungsprozesse auch bei schwedischen Schülerinnen und Schülern. Die Lernenden gaben dabei entweder eine Anpassungsabsicht der Organismen oder die Natur als eine treibende Kraft an (Halldén, 1988).

In Interviewstudien untersuchten Baalmann et al. (2004) sowie Weitzel und Gropengießer (2009) Vorstellungen von Schülerinnen und Schülern zur stammesgeschichtlichen Anpassung. Sie fanden, dass bei den Lernenden Überschneidungen mit den alltäglichen Vorstellungen des Terminus Anpassung vorlagen. Zudem wurden Arten häufig nicht als in sich variable Gruppe betrachtet, sondern als einheitlich aufgefasst, sodass sich ein typologischer Artbegriff zeigte (Baalmann et al., 2004).

In einer quantitativen Erhebung befragte Lammert (2012) Lernende der Sekundarstufe I zu deren Vorstellungen zu evolutionären Prozessen. Lernende, die bereits Evolutionsunterricht erhalten hatten, zeigten geringfügig weniger lamarckistische Vorstellungen als Schülerinnen und Schüler ohne Evolutionsunterricht, während der Anteil finalistischer Antworten in beiden Gruppen nahezu gleich war. Lammert (2012) schließt daraus im Einklang mit den Ergebnissen von Johannsen und Krüger (2005), dass lamarckistische Vorstellungen durch Evolutionsunterricht verringert werden können, während finalistische Erklärungsmuster auch darüber hinaus bestehen bleiben.

Greene (1990) erkannte auch bei Studierenden lamarckistische sowie finalistische Vorstellungen und zeigte zudem, dass viele der Befragten typologische Vorstellungen von Arten haben und daher Bedeutung von Unterschieden zwischen Individuen innerhalb von Populationen für den Evolutionsprozess nicht erkannten. Bishop und Anderson (1990) zeigten, dass College-Studierende finalistische sowie lamarckistische Vorstellungen haben, denen zum Teil ein typologischer

Artbegriff zugrunde liegt. Lamarckistische Positionen konnten auch Paz-y-Miño-C und Espinosa (2012) bei Universitätsmitarbeitern und Studierenden nachweisen (Paz-y-Miño-C und Espinosa, 2012). Graf und Soran (2010) befragten Lehramtsstudierende in der Türkei und in Deutschland und fanden in beiden Subgruppen vor allem finalistische Vorstellungen zur evolutionären Anpassung. Bei den Lehramtsstudierenden aus Deutschland kamen lamarckistische Vorstellungen im Vergleich zur türkischen Vergleichsgruppe nur sehr selten vor.
Nehm und Schonfeld (2007) zeigten, dass Biologie-Lehrkräfte von einem zweiwöchigen Evolutionskurs profitierten, indem die Zahl der Fehlvorstellungen zurückging. Gleichzeitig änderte sich durch den Kurs jedoch nichts an der Präferenz auch evolutionskritische Inhalte in der Schule lehren zu wollen (Nehm und Schonfeld, 2007). Insgesamt erwiesen sich Fehlvorstellungen in den meisten Studien als stabil und ließen sich durch unterrichtliche Interventionen nur geringfügig langfristig ändern (z. B, Bishop und Anderson, 1990; Demastes et al., 1996).
Baalmann et al. (2004) beschreiben, dass am Anfang vieler Erklärungen von evolutionären Anpassungen der befragten Lernenden jeweils ein ähnliches Konzept stehe: Evolution durch die Fähigkeit von Individuen, Erkenntnisse über die eigene Situation in einer bestimmten Umgebung zu erlangen und daraus abzuleiten, dass eine Änderung notwendig ist. Diese Erkenntnis kann in der Vorstellung der Lernenden von den Individuen bewusst oder unbewusst gewonnen werden und wird von den Befragten häufig mit dem Begriff *merken* umschrieben (Baalmann et al., 2004; Brennecke, 2015).

2.8 Einstellungen zu Evolution

In den letzten Jahren ist das Interesse an der Erhebung von Einstellungen zu Evolution und Vorstellungen zu evolutionären Prozessen stetig gewachsen. Befragungen zur Akzeptanz der Evolution konzentrieren sich seit jeher am stärksten auf die USA. Hier finden auch Studien statt, die wiederholt anhand der gleichen Fragen die Einstellungen zu Evolution in der Bevölkerung erheben (z. B. durch die *Gallup Organization* seit 1982).

Auch in der fachdidaktischen Forschung ist die Einstellung zu Evolution ein intensiv untersuchtes Feld, in dem unterschiedliche Einflussfaktoren für die Akzeptanz der Evolution gesucht und beschrieben werden.

Im Folgenden werden zunächst verschiedene Möglichkeiten der Operationalisierung von Einstellungen zu Evolution sowie messtheoretische Probleme beschrieben (Kap. 2.8.1). Bei dieser Betrachtung wird zwischen Meinungsbefragungen der breiten Öffentlichkeit (Kap. 2.8.1.1) und fachdidaktischen bzw. sozialwissenschaftlichen Studien einzelner Gruppen (Kap. 2.8.1.2) unterschieden.

Im Anschluss werden Forschungsergebnisse zu Einstellungen zu Evolution genauer betrachtet (Kap. 2.8.2). Dabei wird wiederum zunächst ein Blick auf die allgemeine Bevölkerung in verschiedenen Ländern (Kap. 2.8.2.1) sowie Deutschland im Speziellen (Kap. 2.8.2.2) und die Gruppe der Lehrkräfte im internationalen Vergleich (Kap. 2.8.2.3) geworfen. In Kapitel 2.8.3 werden verschiedene Bedingungsfaktoren der Akzeptanz von Evolution dargestellt.

2.8.1 Operationalisierung von Einstellungen zu Evolution

Persönliche Einstellungen lassen sich im Gegensatz zu Körpergröße oder Lebensalter nicht direkt messen. Zur indirekten Messung von Einstellungen ist daher eine *Operationalisierung* bzw. Messbarmachung der latenten Variable *Einstellung* über direkt messbare Indikatoren notwendig (Eid et al., 2013). Unter Operationalisierung wird also die Überführung von latenten Konstrukten in messbare

Merkmale verstanden. Ziel ist es dabei, z. B. bei schwer zugänglichen Persönlichkeitsmerkmalen eine empirische Überprüfung zu ermöglichen (Abel et al., 1998).
Es gibt verschiedene Möglichkeiten, Einstellungen zu Evolution zu messen. Einige Studien konzentrieren sich auf Interviews als qualitative Erhebungsmethoden oder Mixed-Methods-Designs (z. B. Athanasiou et al., 2016; Donnelly et al., 2009; Illner, 2000). In den meisten Fällen wird die Akzeptanz der Evolution jedoch quantitativ entweder mit Hilfe einzelner Single-Choice-Fragen oder anhand von Skalen aus mehreren Items gemessen.

2.8.1.1 Operationalisierung bei Befragungen der allgemeinen Bevölkerung

Die meisten Befragungen, in denen die Akzeptanz der Evolution gemessen werden soll, werden anhand einer einzelnen Frage in Form eines Single-Choice-Items durchgeführt (z. B. European Commission, 2005; fowid, 2005; Gallup, 2017; Hameed, 2008; Ipsos Global @dvisory, 2011; Miller et al., 2006; Pew Research Center, 2015; WiD, 2017). Dieses Vorgehen ist zum einen aus Gründen der Reliabilität problematisch (Smith und Siegel, 2016). Des Weiteren wird bei dieser Form der Operationalisierung angenommen, dass sich so etwas Komplexes wie Einstellungen anhand einer einzigen Frage angemessen erheben lässt.

Der häufig zitierte Artikel von Miller et al. (2006) im renommierten Journal *Science* lieferte wichtige neue Erkenntnisse über die Unterschiede in der Akzeptanz der Evolution in verschiedenen Ländern. Gleichzeitig ergeben sich jedoch bei der Interpretation der Ergebnisse einige Schwierigkeiten, die auf die Methodik zurückzuführen sind. Zum einen werden in dieser Meta-Analyse Daten aus Studien vorgestellt, bei denen unklar ist, ob die gleiche Fragestellung zugrunde liegt, bei denen sich die Antwortformate unterscheiden und die aus unterschiedlichen Jahren stammen. Darüber hinaus wurde zumindest in einer der zugrundeliegenden Quellen (European Commission, 2005) nicht nach der Akzeptanz gefragt, sondern innerhalb eines Quiz zur Messung des Wissens zu naturwissenschaftlichen Themen gefragt, ob eine Aussage zur Evolution des Menschen richtig oder falsch sei.

Ferner zielten die in den Erhebungen gestellten Fragen auf die Evolution des Menschen ab, während in der Meta-Analyse einmal von der *Akzeptanz der Evolution* und ein andermal von der *Akzeptanz der Evolution des Menschen* gesprochen wird. Dies impliziert, dass zwischen der Akzeptanz der Humanevolution und der Evolution im Allgemeinen kein Unterschied besteht. Gegen diese Annahme sprechen jedoch einige Punkte. So empfinden viele Befragte die Konzentration auf die Evolution des Menschen wahrscheinlich als unangenehmer und fühlen sich eher in ihrem Selbstbild angegriffen (Rughiniş, 2011). Aus diesem Grund ist die Vermutung berechtigt, dass eine Verwendung von Fragen, die auf die Evolution des Menschen abzielen, zu anderen Ergebnissen führen kann als die Nutzung von Fragen, die den Menschen nicht direkt erwähnen. Denn einige religiöse Menschen mögen Evolution zwar akzeptieren, nicht jedoch die Evolution des Menschen (Kampourakis und Strasser, 2015; McCain und Kampourakis, 2016). Dennoch fragen die meisten der Bevölkerungsbefragungen (European Commission, 2005; Gallup, 2017; Ipsos Global @dvisory, 2011; Pew Research Center, 2015; WiD, 2017) die Menschen nach ihrer Sicht auf die Humanevolution.

Über diesen möglicherweise irreführenden Fokus auf die Humanevolution hinaus werden in einigen dieser Befragungen der breiten Öffentlichkeit (fowid, 2005; Gallup, 2017; Ipsos Global @dvisory, 2011) zudem Aussagen über die persönliche Einstellung zu Evolution und Aussagen zum religiösen Glauben der Befragten vermischt. Dieses Vorgehen ist aus mehreren Gründen problematisch: Elsdon-Baker

(2015) wies darauf hin, dass das *framing* bei Befragungen zur Akzeptanz der Evolution von entscheidender Bedeutung ist. Sie erörterte, dass die Art und Weise, wie die Beziehung zwischen Evolution, Glaube und Kreationismus dargestellt wird, deutlichen Einfluss auf die Ergebnisse der Befragung hat (Elsdon-Baker, 2015).

Weiterhin mangelt es einigen Studien (fowid, 2005; Gallup, 2017) an einer Trennung zwischen Entstehung und Entwicklung des Lebens, sodass vermutet werden kann, dass gläubige Probandinnen und Probanden besonders in diesen Befragungen die wissenschaftliche Antwortalternative meiden, da darin Gott explizit auch für die Entstehung des Lebens ausgeschlossen wird.

Die vorgestellten Befragungen bieten zudem nur eine sehr begrenzte Anzahl an Antwortoptionen. Bei der Ipsos-Befragung (2011) können sich Befragte zwischen einer evolutionären oder kreationistischen Sichtweise auf die Entstehung der Menschen entscheiden oder angeben, dass sie sich diesbezüglich unsicher sind (Ipsos Global @dvisory, 2011). Die Befragung zum Wissenschaftsbarometer 2017 ermöglicht es nur, eine Zustimmung bzw. Ablehnung zur Evolution des Menschen auf einer Ratingskala von *stimme voll zu* bis *stimme nicht zu* abzugeben (WiD, 2017). In der Regel sind nur zwei (European Commission, 2005; Hameed, 2008) oder drei (fowid, 2005; Gallup, 2017; Pew Research Center, 2015[35]) Antwortoptionen vorgesehen. Während die Befragungen mit zwei Antwortalternativen Zustimmung und Ablehnung zu Evolution als Reaktion ermöglichen, sind bei Fragen mit drei Optionen in der Regel *göttliche Schöpfung, gottgelenkte Evolution*[36] und *naturalistisch verstandene Evolution* die vorgegebenen

---

[35] Bei der Befragung des Pew Research Centers (2015) wird zunächst gefragt, ob Menschen sich über die Zeit entwickelt haben oder nicht. In einem zweiten Schritt wird gefragt, ob es sich dabei um rein natürliche Prozesse handelt oder ob ein höheres Wesen den Prozess leitete.

[36] Diese Option wird in den Ergebnissen meist als *Intelligent Design* bezeichnet, obwohl sie eher einer *Theistischen Evolution* (siehe Kap. 2.6.3) entspricht.

Antwortoptionen. Es gibt jedoch wesentlich mehr mögliche Positionen zur Evolution (Pobiner, 2016; vgl. Kap. 2.6).
Bei der letzten dieser drei genannten Optionen, der naturalistisch verstandenen Evolution, wird zudem in einigen Befragungen explizit ein Wirken Gottes oder einer höheren Macht ausgeschlossen (fowid, 2005; Gallup, 2017). Diese Formulierungen der Antworten könnten religiöse Probandinnen und Probanden dazu zwingen, eine der ersten beiden Antwortmöglichkeiten zu wählen, auch wenn sie nicht glauben, dass etwas Übernatürliches am Prozess der Evolution beteiligt ist (das ist bspw. dann der Fall, wenn die Person eine deistische Position vertritt). So kann davon ausgegangen werden, dass diese Art der Fragestellung künstlich Evolutionsgegnerinnen und -gegner erzeugt und die Zusammenführung der Frage nach Gott und der Frage nach der Einstellung zu Evolution zu irreführenden Ergebnissen führt (Elsdon-Baker, 2015; McCain und Kampourakis, 2016; Smith und Siegel, 2016).
Anhand des Vergleiches der Ergebnisse der Befragungen vom Pew Research Center (2015) und Gallup (2014) zeigten McCain und Kampourakis (2016), dass mehr Befragte die Antwortmöglichkeit wählen, die eine natürliche Evolution beschreibt, wenn Gott in den Antwortoptionen nicht erwähnt wird. Die Autoren schließen, dass die Erwähnung von Gott in den Gallup-Befragungen zu verzerrten Ergebnissen im Vergleich zu den Ergebnissen des Pew Research Centers geführt haben könnte (McCain und Kampourakis, 2016). Hinzu kommt, dass es möglich ist, die Evolution abzulehnen, ohne an Gott zu glauben (Yasri, 2014). Personen, die diese Position vertreten, könnten also keine der drei Antwortmöglichkeiten wählen.
Vor dem Hintergrund dieses Vergleichs scheint es kein Zufall zu sein, dass in der Ipsos-Studie (2011) viele gläubige Personen angaben, sich unsicher bei der Entscheidung zwischen evolutionärer und kreationistischer Position zu sein (Kampourakis und Strasser, 2015).

In Anbetracht all dieser methodischen Begrenzungen ist es umso problematischer, dass die meisten der vorgestellten Befragungen (European Commission, 2005; fowid, 2005; Gallup, 2017; Pew Research Center, 2015; WiD, 2017) den Probandinnen und Probanden keine angemessene Option bieten, ihre Unsicherheit auszudrücken. Diese Befragungen geben den Befragten nur die Möglichkeit, durch die Auswahl von Optionen wie *weiß nicht* oder *keine Angabe* der Beantwortung auszuweichen. Diese Ergebnisse werden in der Regel, wenn überhaupt, nur am Rande berichtet. Dabei zeigt die Ipsos-Befragung (2011), die den unentschiedenen Probandinnen und Probanden eine eigene inhaltliche Option anbietet, dass ungefähr jeder Dritte der Befragten in den meisten Ländern unsicher bzgl. der eigenen Position zu Evolution ist (Kampourakis und Strasser, 2015).

Anhand der in diesem Kapitel dargestellten Gründe wird deutlich, dass die Ergebnisse, die sich mit Hilfe der beschriebenen Single-Choice-Items generieren lassen, einer sehr umsichtigen und differenzierten Interpretation bedürfen. Diese Art der Befragung beherbergt prinzipielle und schwerwiegende messtheoretische Probleme, die sich jedoch zu großen Teilen durch die Verwendung von Messinstrumenten beheben lassen, die einerseits umfangreicherer nach Einstellungen fragen und andererseits präzise zwischen unterschiedlichen Konstrukten wie religiösem Glauben und Akzeptanz der Evolution differenzieren.

2.8.1.2 Operationalisierung in fachdidaktischen Studien

In fachdidaktischen Arbeiten zur quantitativen Erhebung von Einstellungen zu Evolution wird in der Regel auf die Verwendung von den in Kapitel 2.8.1.1 dargestellten Single-Choice-Items verzichtet. Stattdessen werden Skalen verwendet, die aus mehreren Items bestehen, die gemeinsam als Maß für die Akzeptanz der Evolution dienen sollen (vgl. Kap. 2.8.1).

Hierzu wurde eine Bandbreite an verschiedenen und statistisch reliablen Instrumenten entwickelt und eingesetzt, um die Level der Akzeptanz zur Evolution zu messen (Yasri, 2014). Bekannte Instrumente sind die MATE-Skala von Rutledge und Warden (1999: verwendet z. B. von Graf und Soran, 2010; Grossman und Fleet, 2016; Großschedl et al., 2014; Konnemann et al., 2016; Lammert, 2012; Romine et al., 2017; Romine und Todd, 2017), die I-SEA-Skala von Nadelson und Southerland (2012; verwendet von Nadelson und Hardy, 2015), die EALS-Skala von Hawley et al. (2011; z. B. verwendet von Infanti und Wiles, 2014; Short und Hawley, 2015) und die erst kürzlich publizierte GAENE-Skala von Smith et al. (2016; verwendet von Fouad, 2016).

Die bereits beschriebene unterschiedliche Verwendung des Terminus *Akzeptanz* (Kap. 2.1.2) ist einer der Punkte, welche die Vergleichbarkeit zwischen den Ergebnissen, die anhand unterschiedlicher Instrumente erhoben wurden, erschweren. Denn den zugrundeliegenden Akzeptanz-Definitionen entsprechend wurden die verwendeten Messinstrumente unterschiedlich gestaltet (Ha et al., 2012; Konnemann et al., 2012; McCain und Kampourakis, 2016).

Die MATE-Skala (Rutlegde und Warden, 1999)

Das im Kontext der Einstellungsforschung zu Evolution am häufigsten verwendete Instrument ist die MATE-Skala (*Measure of Acceptance of the Theory of Evolution*; Rutledge und Warden, 1999), die für über 10 Jahre die einzige Skala dieser Art war (Romine et al., 2017). Die MATE-Skala besteht aus 20 Items, die die Themengebiete *Prozess der Evolution, wissenschaftliche Validität der Evolutionstheorie, Humanevolution, Belege für Evolution, Sicht der wissenschaftlichen Gemeinschaft auf Evolution* und *Alter der Erde* abdecken (Rutledge und Warden, 1999).

Eine Übersicht über die Studien, in denen die MATE-Skala verwendete wurde, findet sich bei Romine et al. (2017). Hier werden 24 Untersuchungen vorgestellt, in denen sie in verschiedenen Kontexten und für verschiedene Probandengruppen eingesetzt wurde (Romine et al., 2017). Obwohl Rutledge und Warden (1999) sowie Rutledge und Sadler (2007) für die MATE-Skala bei Veröffentlichung und wiederholter Validierung eine gute interne Konsistenz sowie Test-Retest-Reliabilität der Skala zeigten, wird die Skala mittlerweile aus diversen Gründen kritisiert, die im Folgenden dargestellt werden.

Die MATE-Skala wurde für die Erhebung der Akzeptanz der Evolution bei Biologie-Lehrkräften entwickelt (Rutledge und Warden, 1999) und anschließend zusätzlich anhand einer Stichprobe amerikanischer Studierender validiert (Rutledge und Sadler, 2007). Die Skala ist jedoch vermutlich nicht für alle Alters- und Bildungs-Gruppen das passende Instrument zur Erhebung von Einstellungen zu Evolution (Wagler und Wagler, 2013).

Es ist ferner fraglich, ob mit Hilfe der Skala Einstellungen zu Evolution oder nicht vielmehr Wissen über Evolution gemessen wird (Konnemann et al., 2012; McCain und Kampourakis, 2016; Smith, 2010). So enthält die MATE-Skala bspw. Items, in denen nach dem Alter der Erde gefragt wird (z. B. Item Nr. 8, Tab. 1). Hier könnte bei fehlerhafter Beantwortung des Items ein mangelndes Wissen über das Alter der Erde als kreationistische Position fehlinterpretiert werden. Die Trennung zwischen Einstellungen und Wissen zur Evolution ist jedoch von großer Bedeutung, da Personen wissenschaftlich korrekte Vorstellungen zur Evolution haben können und dennoch die Evolution nicht für wahr halten (McCain und Kampourakis, 2016).

Andersherum ist es auch möglich, dass Personen die Evolution für ein wissenschaftliches Faktum halten, ohne evolutionäre Prinzipien zu verstehen (Bishop und Anderson, 1990; Kahan, 2015a; Sinatra et al., 2003). Das Verhältnis von Einstellungen und Wissen zu Evolution ist

sehr komplex und wurde bisher noch nicht hinreichend erforscht (Allmon, 2011; Lawson und Worsnop, 1992; Nehm und Schonfeld, 2007; Smith und Siegel, 2004; vgl. Kap. 2.8.3.2).
Kahan (2015a, 2017) erörterte hierzu, dass die Ablehnung wissenschaftlicher Fakten, wie Evolution oder Klimawandel, wenig mit den hierfür relevanten Aspekten naturwissenschaftlicher Bildung zu tun hat. Der Autor stellt dar, dass diese Themen sehr emotional aufgeladen und politisch relevant sind. Aus diesem Grund sind Einstellungen zu Evolution, zum Klimawandel und ähnlichen Themen laut Kahan (2015a, 2017) oft stark verknüpft mit der sozialen und politischen Identität einer Person und seltener mit naturwissenschaftlichem Wissen (Kahan, 2015a, 2017).
Roos (2014) zeigte zudem, dass Fragen zur Evolution und zum Urknall im Fragebogen zur naturwissenschaftlichen Bildung der *National Science Foundation* (NSF) eher weltanschauliche Positionen als naturwissenschaftliches Fachwissen messen. Dieser Fragebogen ist der am weitesten verbreitete zur Messung wissenschaftlicher Bildung in den USA. Anhand von Strukturgleichungsmodellen konnte mit unterschiedlichen Datensätzen, die anhand dieses Instrumentes erhoben wurden, gezeigt werden, dass die beschriebenen Items die Position eines Junge-Erde-Kreationismus abbilden und nicht geeignet sind, naturwissenschaftliche Bildung zu messen – zumindest nicht in den USA (Roos, 2014).
Neben dieser Verbindung von Wissen und Einstellungen zu Evolution vermischt die MATE-Skala zudem die Akzeptanz der Evolution und religiösen Glauben (Item Nr. 6, Tab. 1). Die MATE-Skala beinhaltet weiterhin ein Item (Item Nr. 13, Tab. 1), welches die Anerkennung der Evolutionstheorie in der wissenschaftlichen Community thematisiert,

die auch Personen mit kreationistischen Positionen in der Regel nicht leugnen[37].

Tabelle 1: Ausgewählte Items der MATE-Skala und deren messtheoretische Probleme. Übersetzung nach Lammert (2012).

Item der MATE-Skala	Messtheoretische Probleme
2.) Evolution ist eine wissenschaftlich gültige Theorie.	• Fehlende Unterscheidung zwischen Theorie und Fakt (vgl. Kap. 2.2.1) • Fehlende Unterscheidbarkeit zwischen Einstellung und Wissen (vgl. Kap. 2.1)
6.) Die Evolutionstheorie kann nicht korrekt sein, da sie der Schilderung der Schöpfung in den religiösen Schriften (z.B. Bibel, Koran...) widerspricht.	• Vermischung bzw. Kollinearität mit dem Faktor *religiöse Gläubigkeit* (künstlich erhöhte Korrelation und Herstellung eines Gegensatzes; vgl. Kap. 2.8.1.1)
8.) Das Alter der Erde beträgt weniger als 20.000 Jahre.	• Fehlende Unterscheidbarkeit zwischen Einstellung und Wissen (vgl. Kap. 2.1)
13.) Ein Großteil der Wissenschaftler/innen bezweifelt, dass Evolution auftritt.	• Akzeptanz der Anerkennung in wissenschaftlicher Community ≠ persönliche Akzeptanz der Evolution

In der MATE-Skala werden außerdem wissenschaftstheoretische Grundlagen vorausgesetzt, indem bspw. erfragt wird, ob es sich bei der Evolution um eine wissenschaftlich gültige Theorie handelt (Item Nr. 2, Tab. 1). Abgesehen davon, dass hier eine Unterscheidung zwischen dem Fakt Evolution und der Evolutionstheorie als wissen-

---

[37] Bestätigt wurde diese Annahme in einem persönlichen Gespräch mit Reinhard Junker, Geschäftsführer der Studiengemeinschaft Wort und Wissen e.V. (siehe Kap. 2.6.3.1).

schaftliche Erklärung fehlt (vgl. Kap. 2.2.2), müssten Befragte zur Beantwortung eigentlich die Kriterien kennen, bei deren Erfüllung man von wissenschaftlich gültigen Theorien spricht (wie z. B. in Vollmer (1994b) dargestellt; vgl. Kap. 2.3.1). Davon kann man jedoch im Allgemeinen nicht ausgehen. Daher gibt es einerseits Bedenken bezüglich der psychometrischen Stabilität der MATE-Skala und auf der anderen Seite ergeben sich Probleme bei der Interpretation der Daten, die durch diese Skala generiert werden.

Die EALS-Skala (Hawley et al., 2011)

Die EALS-Skala (*Evolutionary Attitudes and Literacy Survey*; Hawley et al., 2011) ist ein sehr umfangreiches Messinstrument mit 104 Items, das nicht direkt Einstellungen zu Evolution messen soll. Das Testinstrument besteht aus 16 verschiedenen Subskalen, die Aspekte erheben, die möglicherweise mit der Akzeptanz der Evolution zusammenhängen, wie politisches und religiöses Engagement, moralische und soziale Wertvorstellungen, Einstellungen zu *Intelligent Design* und *Kreationismus*, Wissen zur Evolution und Genetik sowie Wissen über und Vertrauen in Naturwissenschaft. Aus diesem Grund sind die EALS-Skala sowie die dazugehörige Kurzform EALS-SF (Short und Hawley, 2012) sehr informative Messinstrumente, die jedoch nicht direkt vergleichbar mit anderen Skalen sind, in denen Einstellungen zu Evolution direkt operationalisiert werden sollen. Schließlich sollen hier mit Wissen, Einstellungen und weiteren Variablen mehrere Konstrukte gemessen werden.

Die I-SEA-Skala (Nadelson und Southerland, 2012)

Die I-SEA-Skala (*Inventory of Student Evolution Acceptance*; Nadelson und Southerland, 2012) beinhaltet Items zu drei verschiedenen inhaltlichen Bereichen: Mikro-, Makro- und Humanevolution. Die 24 Items laden bei Faktorenanalysen auf drei verschiedenen Faktoren, die die drei Subskalen abbilden (Nadelson und Southerland, 2012). In Anbetracht der Tatsache, dass Personen, die die Evolution ablehnen, häufig zwischen Mikro- und Makroevolution unterscheiden (Junker und Scherer, 2013; Neukamm, 2009a) und vor dem Hintergrund, dass gerade die Evolution des Menschen für einige Gruppen ein emotional problematisches Thema darstellt (Rughiniş, 2011), scheint diese Fokussierung auf drei verschiedene Teilbereiche sehr fruchtbar zu sein.

Tabelle 2: Ausgewählte Items der I-SEA-Skala und deren messtheoretische Probleme. Eigene Übersetzung.

Item der I-SEA-Skala	Messtheoretische Probleme
Makro: 1) Ich denke, dass die physischen Strukturen einiger Pflanzen und Tiere so komplex sind, dass ein intelligenter Schöpfer involviert sein muss.	• Vermischung bzw. Kollinearität mit dem Faktor *religiöse Gläubigkeit* (künstlich erhöhte Korrelation)
Makro: 10) Ich denke, dass Populationen evolvieren und nicht einzelne Organismen.	• Fehlende Unterscheidbarkeit zwischen Einstellung und Wissen (vgl. Kap. 2.1)
Mikro: 7) Es gibt eine große Anzahl an Beispielen von Organismen, die evolutionäre Entwicklungen durchgemacht haben (z. B. Antibiotika-Resistenzen, Entstehung neuer Stämme von Grippeviren).	• Fehlende Unterscheidbarkeit zwischen Einstellung und Wissen (vgl. Kap. 2.1)
Human: 3) Gott schuf Adam und Eva als moderne Menschen.	• Vermischung bzw. Kollinearität mit dem Faktor *religiöse Gläubigkeit* (künstlich erhöhte Korrelation)

Auch diese Skala enthält jedoch Items, die Schöpfungsvorstellungen bzw. ID-Positionen beinhalten (Makroevolution-Item Nr. 1, Humanevolution-Item Nr. 3, Tab. 2) und damit Einstellungen zu Evolution und religiösen Glauben gemeinsam operationalisieren. Zudem finden sich auch in der I-SEA-Skala, wie in der MATE-Skala, Items, die Wissen zu Evolution voraussetzen (Mikroevolution-Item Nr. 7, Tab. 2) oder klassische Fehlvorstellungen zur Evolution beinhalten (Makroevolution-Item Nr. 10, Tab. 2) und daher ebenfalls eher zur Messung von Fachwissen zur Evolution geeignet erscheinen.

Gleichzeitig werden einige der Items der I-SEA mit dem Präfix „*I think that ...*" eingeleitet, sodass hier im Gegensatz zur MATE-Skala deutlich gemacht wird, dass es sich um persönliche Ansichten und nicht wissenschaftliche Positionen handelt. Allerdings wird dieser Zusatz nicht für alle Items verwendet.

Die GAENE-Skala (Smith et al. 2016)

Das zum Zeitpunkt der Fertigstellung der vorliegenden Arbeit aktuellste Messinstrument zur Erhebung der Akzeptanz von Evolution trägt den meisten der dargestellten Kritikpunkte an anderen Skalen Rechnung. Die GAENE-Skala (*Generalized Acceptance of EvolutioN Evalutation*; Smith et al., 2016) wurde entwickelt, um allein die Akzeptanz der Evolution zu messen, ohne gleichzeitig Wissen über Evolution oder religiösen Glauben zu erheben (Smith et al. 2016). Gemeinsam mit der Publikation des GAENE-Instruments präsentierten Smith et al. (2016) eine Übersicht über die Qualitäts-kriterien, die bei der Entwicklung der EALS-, I-SEA-, MATE- und GAENE-Skalen eingehalten wurden.

Die GAENE-Skala thematisiert neben klassischen Aussagen zur Akzeptanz der Evolution auch Einstellungen und Bereitschaft zur öffentlichen Verteidigung von Evolution und die Bedeutung der Evolution zum Verständnis von Biologie. Zudem sind in der Skala Items enthalten, die normative Aussagen zum Verständnis von Evolution machen (z. B. Item Nr. 2: *„Jeder sollte Evolution verstehen"*[38]). Derartige Aussagen sind nicht in der Einstellungs-Definition enthalten, die der vorliegenden Arbeit zugrunde liegt (vgl. Kap. 2.1.2 und Kap. 2.2.2) und messen eher die Bedeutung, die die Befragten der Evolution zuweisen.

2.8.2 Zahlen zur Akzeptanz der Evolution

Im Folgenden sollen verschiedene Forschungsergebnisse bzgl. Einstellungen zu Evolution dargestellt werden. Dabei werden die messtheoretischen Schwierigkeiten der Fragebögen und Fragestellungen aus dem vorangegangenen Kapitel aus Gründen der Übersichtlichkeit der Ergebnisdarstellung nicht erneut thematisiert. Bei der Betrachtung der Ergebnisse sollte jedoch bedacht werden, dass die vorgestellten Studien mit Blick auf die zugrundeliegende Forschungsmethode nur bedingt miteinander vergleichbar und vermutlich unterschiedlich zuverlässig sind.

2.8.2.1 Akzeptanz der Evolution in der allgemeinen Bevölkerung

Die *Gallup Organization* befragt seit 1982 die amerikanische Bevölkerung zu ihrer Position zu Evolution und Schöpfung in Bezug auf den Menschen (vgl. Kap. 2.8.1.1). Von der naturwissenschaftlichen Sicht auf die Entwicklung der Menschheit sind laut dieser Befragung in den USA nur wenige Menschen überzeugt. Über den gesamten Zeitraum bis 2017 sind die Menschen, die von einer naturalistischen Evolution des Menschen ausgehen, deutlich in der Unterzahl, auch wenn ihr Anteil in 30 Jahren von 9 auf 19 % anstieg (Gallup, 2017). Eine kreationistische Position wird durchgängig von etwa 40 bis knapp

---

[38] Englisches Originalzitat: *„Everyone should understand evolution"*

Einstellungen zu Evolution

50 % der amerikanischen Bevölkerung vertreten. Im Jahr 2017 erreichte die Anzahl der Personen mit kreationistischen Ansichten mit 38 % jedoch einen neuen Tiefpunkt. Damit glauben laut der aktuellsten Umfrage genauso viele US-Amerikanerinnen und Amerikaner an den genauen Wortlaut der Bibel wie an eine von Gott gelenkte Evolution (Gallup, 2017).

In Deutschland hat die *Forschungsgruppe Weltanschauungen in Deutschland (fowid)* mit der gleichen Frage im Jahr 2005 die deutsche Bevölkerung befragt, wobei anstatt nach der Humanevolution nach der Evolution des Lebens gefragt wurde (vgl. Kap. 2.8.1.1). Die Ergebnisse zeigen, dass die Ablehnung der Evolution und der Glaube an die biblische Schöpfungsgeschichte nicht nur ein amerikanisches Phänomen sind, auch wenn die Ablehnung der Evolution in der deutschen Stichprobe wesentlich seltener vorkommt als bei den von der *Gallup Organization* Befragten. So zeigte die Erhebung, dass in Deutschland 62 % einer naturalistisch verstandenen Evolution zustimmten, während ein Viertel der Bevölkerung sich für einen von Gott gelenkten Evolutionsprozess entschied und knapp 13 % eine kreationistische Position einnahmen.

Zwischen Vertreterinnen und Vertretern der beiden großen christlichen Konfessionen gab es hierbei kaum Unterschiede, während unter Konfessionsfreien der Anteil derjenigen, die einer naturalistisch verstandenen Evolution zustimmten, deutlich höher lag. Gleichzeitig sank mit zunehmender Häufigkeit des Besuchs einer Kirche die Akzeptanz einer naturalistischen Evolution. Zudem wurde in dieser Befragung ein Unterschied zwischen Befragten aus den alten und neuen Bundesländern gefunden. Der Anteil der Zustimmung zu kreationistischen Positionen oder einer von Gott gelenkten Evolution war in den westdeutschen Bundesländern höher.

Stichproben aus vielen unterschiedlichen Ländern wurden vom französischen Meinungsforschungsinstitut Ipsos im Jahr 2011 bzgl. ihrer

Position zur Evolution der Menschen miteinander verglichen (Ipsos Global @dvisory, 2011). Bei der Fragestellung wurde anders als bei den Befragungen von Gallup (2017) oder fowid (2005) einerseits auf einer Meta-Ebene erhoben, ob die Probandinnen und Probanden sich eher mit den kreationistischen oder evolutionären Sichtweisen in Bezug auf die Entstehung des Menschen identifizieren können. Andererseits wurde hier die Option einer gottgelenkten Evolution nicht angeboten (vgl. Kap. 2.8.1.1). Bei der Frage nach dem Ursprung der Menschen sind sich im Mittel aller Länder 31 % unsicher, in Deutschland 21 %. Die unsicheren Probandinnen und Probanden waren in etwa gleich verteilt über die stark religiösen und weniger religiösen Länder (Kampourakis und Strasser, 2015).

Die Ablehnung einer evolutionären Entstehung des Menschen war unter den befragten Ländern in Saudi-Arabien (75 %), der Türkei (60 %), Indonesien (57 %) und Südafrika (56 %) am verbreitetsten und in Belgien (8 %), Frankreich (9 %), Schweden (10 %) und Japan (10 %) am seltensten. In Deutschland fand diese kreationistische Position 12 % Zustimmung und eine evolutionäre Perspektive auf den Menschen wurde von 65 % eingenommen. Nur in Schweden erhielt diese Position mit 68 % noch mehr Zustimmung.

In der wohl bekanntesten Publikation mit einem Länder-Vergleich zur Akzeptanz der Evolution (Miller et al., 2006; vgl. Kap. 2.8.1.1) wurden die Ansichten von Befragten aus mehreren europäischen Staaten, den USA sowie Japan verglichen. Mit unter 30 % Zustimmung zur Evolution des Menschen ist die Akzeptanz in der Türkei noch deutlich geringer als in den USA und allen untersuchten europäischen Staaten. In Japan liegt die Zustimmung bei knapp 80 %.

Auch zwischen den europäischen Staaten werden Unterschiede deutlich. In den meisten skandinavischen Ländern ist die Akzeptanz der Evolution des Menschen die Meinung der überwiegenden Bevölkerung, während in Zypern und insbesondere in der Türkei viele

Menschen die Evolution des Menschen nicht akzeptieren. In Deutschland liegt die Akzeptanz laut dieser Erhebung bei 69 %, wobei die Akzeptanz in Westdeutschland geringer (66 %) als in Ostdeutschland (85 %) war (European Commission, 2005).

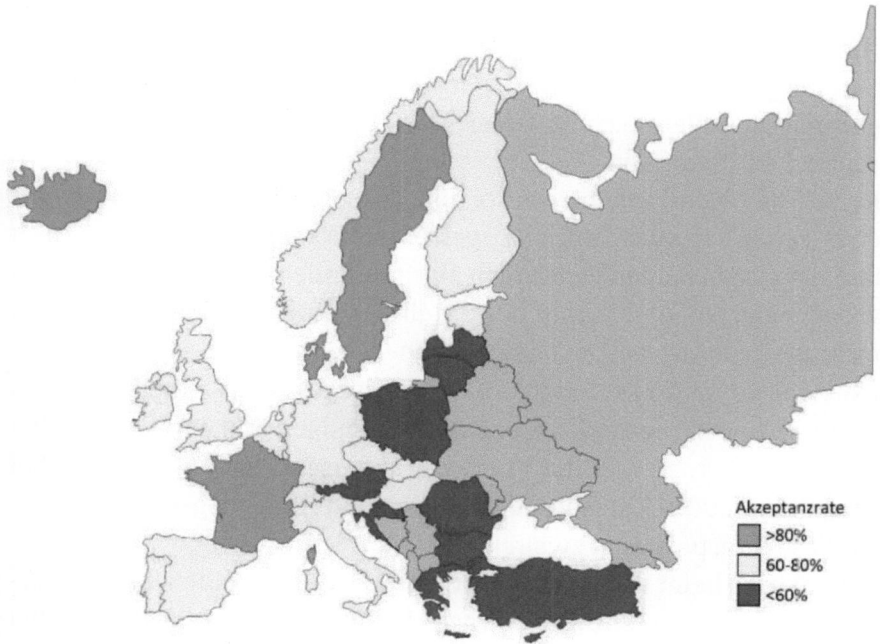

Abbildung 1: Akzeptanz der Evolution in Europa. Akzeptanz-Raten in Prozent der befragten Bevölkerung. Akzeptanz. Kategorisierung auf Grundlage der Daten des Eurobarometers (2005). Abbildung zur Verfügung gestellt von Dittmar Graf.

Die Ergebnisse der vorgestellten Befragungen ergeben in ihrer Gesamtheit einen intra-europäischen Akzeptanz-Gradienten zwischen dem Nord-Westen und dem Süd-Osten Europas (Abb. 1). Akzeptanz-Probleme finden sich vor allem in Ländern mit großen orthodoxen und muslimischen Bevölkerungsanteilen.

2.8.2.2 Akzeptanz von Evolution in Deutschland

Für Deutschland ergeben sich aus diesen vergleichenden Studien somit Zustimmungswerte von 62 % (fowid, 2005) bis 69 % (Miller et al., 2006) zu einer naturalistisch verstandenen Evolution. Zwischen 12 % (Ipsos Global @dvisory, 2011) und etwa 20 % (Miller et al., 2006) stimmen laut diesen Umfragen einer kreationistischen Position zu. Damit liegt Deutschland bzgl. der Einstellung zu Evolution im europäischen Vergleich im Bereich der Länder mit der höchsten Akzeptanz der Evolution.

Kutschera (2008) argumentierte mit Bezug auf den Artikel von Miller et al. (2006), dass die darin vorgestellten Ergebnisse zu optimistisch und die realen Zahlen wesentlich alarmierender seien. Anhand der im vorangegangenen Abschnitt dargestellten Befragung der fowid (2005) formulierte er, dass Deutschland ein Kreationismus-Problem habe (Kutschera, 2008). Aufgrund der dargestellten methodischen Schwächen der zugrundeliegenden Befragungen und vor allem, da bei der fowid-Befragung (2005) in der Ergebnisdarstellung wie auch bei Kutschera (2008) Theistische Evolution und ID gleichgesetzt werden, ist diese Interpretation zweifelhaft.

Zudem wird beim Vergleich der Ergebnisse dieser beiden Studien vernachlässigt, dass die fowid-Befragung (2005) im Unterschied zu den im Übersichtsbeitrag von Miller et al. (2006) zusammengefassten Studien drei Antwortoptionen anbot. Miller et al. (2006) hingegen stellen Studien vor, in denen sich die Befragten zwischen falsch und richtig in Bezug auf die Evolution des Menschen entscheiden sollten (vgl. Kap. 2.8.1.1). Durch die unterschiedliche Anzahl an Antwortmöglichkeiten und die fehlende Option einer gottgelenkten Evolution bei Miller et al. (2006) sind diese beiden Studien ohnehin nicht direkt miteinander vergleichbar.

Des Weiteren gibt es Hinweise darauf, dass die Akzeptanz der Evolution in Deutschland in den letzten 40 – 50 Jahren zugenommen hat. Zwischen 1970 und 2009 befragte das Institut für Demoskopie Allensbach die deutsche Bevölkerung, ob Menschen und Affen einen gemeinsamen Vorfahren haben. Während 1970 noch 40 % der Befragten diese Frage verneinten, sank diese Anzahl kontinuierlich, sodass 2009 nur noch 18 % die gemeinsame Abstammung von Menschen und Affen ablehnten (Institut für Demoskopie Allensbach, 2009). In einer aktuelleren Studie wurde untersucht, wie sehr die deutsche Bevölkerung einem gemeinsamen Ursprung von Menschen und Tieren sowie einer evolutionären Entwicklung aus gemeinsamen Vorfahren zustimmt (WiD, 2017). Hier stimmten 73 % der Aussage voll und ganz oder eher zu. 10 % der Befragten lehnten hingegen diese gemeinsame Abstammung und evolutionäre Entwicklung voll und ganz oder eher ab. Unentschieden zeigten sich 12 % der Bevölkerung und 4 % machten keine Angabe. In dieser Befragung wurden zudem Einstellungen zum anthropogenen Klimawandel und zur Nützlichkeit von Impfungen erhoben. Im Vergleich erfährt die Evolution in Deutschland mehr Ablehnung als der menschgemachte Klimawandel, den 8 % ablehnten. Impfgegnerinnen und -gegner sind laut dieser Befragung mit 13 % in der deutschen Bevölkerung häufiger vertreten als Evolutionskritikerinnen und -kritiker.

2.8.2.3 Akzeptanz der Evolution bei Lehrkräften

Die im Kontext von Einstellungen zu Evolution besonders bedeutungsvolle Untersuchungsgruppe der Lehrkräfte wurde für einen Ländervergleich zur Akzeptanz der Evolution des Menschen von Clément et al. (2008) befragt. Es wurden vier Antwortmöglichkeiten angeboten, die einer kreationistischen Position, Theistischer Evolution, der Annahme eines Evolutionsprozesses ohne göttlichen Einfluss sowie der

Aussage, dass es sicher sei, dass die Menschheit durch einen Evolutionsprozess entstanden ist, entsprachen. Das Land in Europa, in dem am häufigsten Kreationismus und eine Theistische Evolution vertreten wurde, war Rumänien mit ca. 75 % bei Biologie-Lehrkräften und etwa 85 % bei Lehrkräften anderer Fächer. In Frankreich und Estland zeigten auf der anderen Seite jeweils weniger als 2 % aller Lehrkräfte eine ablehnende Einstellung gegenüber Evolution, während in den Ländern Algerien, Libanon, Marokko, Senegal und Tunesien zwischen etwa 50 und 90 % aller Lehrkräfte sowie auch im Speziellen der Biologie-Lehrkräfte eine kreationistische Position vertrat. In diesen Ländern gaben zudem über 60 % aller Lehrkräfte an, dass die Evolution ihrem eigenen Glauben widerspräche (Clément et al., 2008).

In einer weiteren Veröffentlichung verglich Clément (2015) erneut Lehrkräfte aus unterschiedlichen Ländern. In dieser Publikation wurde nach Positionen zur Entstehung des Lebens gefragt und es konnte in fast allen Ländern kein oder nur ein sehr geringer Unterschied zwischen Biologie- und anderen Lehrkräften festgestellt werden. In Deutschland waren in etwa 5 % aller befragen Lehrkräfte der Meinung, dass Gott das Leben geschaffen hat. Etwa 20 % der Biologie-Lehrkräfte und 40 % der anderen Lehrkräfte gingen davon aus, dass das sich die Entstehung des Lebens über eine von Gott gelenkte Evolution erklären lässt (Clément, 2015).

Graf und Soran (2010) zeigen, dass 16 % der Lehramtsstudierenden in Dortmund die Evolution ablehnen. Bei den zukünftigen Biologie-Lehrkräften waren 7 % negativ gegenüber der Evolution eingestellt. Bei der gleichen Befragung von Studierenden in Ankara waren sogar 91 % Lehramtsstudierenden der Evolution gegenüber ablehnend eingestellt (Graf und Soran, 2010). Auch Clément (2015) fand in Ländern mit muslimischer Bevölkerungsmehrheit häufiger ablehnende Haltungen gegenüber Evolution: Über 70 % der Lehrkräfte mit der Ansicht, dass Gott das Leben geschaffen hat, fanden sich in Algerien,

Marokko, Senegal, Libanon und Tunesien, wo die überwiegende Mehrheit der Lehrenden muslimischen Glaubens waren (mit einigen christlichen Lehrkräften im Senegal und Libanon). Um die 50 % unter den Lehrkräften aus Kamerun, Gabun, Georgien, Südafrika, Burkina Faso und Rumänien vertraten die Auffassung, dass das Leben von Gott erschaffen wurde. Hier waren bis auf einige muslimische Lehrkräfte in Burkina Faso alle Lehrkräfte christlich (Clément, 2015). All diese Länder haben eine vergleichsweise schwache Ökonomie und zeigen hohe Zustimmungen zu religiösen Positionen. Clément (2015) verglich Lehrkräfte verschiedener Konfessionen zwischen den einzelnen Ländern und konnte dabei bei allen Glaubensrichtungen deutliche Unterschiede zwischen den Ländern feststellen. So unterschieden sich bezüglich ihrer Zustimmung zu einer göttlichen Schöpfung des irdischen Lebens die katholischen Lehrkräfte zwischen 0 % in Estland sowie Südkorea und 62 % im Libanon, die protestantischen Lehrkräfte zwischen 2 % (Dänemark) und 78 % (Brasilien), die orthodoxen Lehrkräfte zwischen 9 % in Schweden bis 68 % im Libanon und die muslimischen Lehrkräfte zwischen 35 % in Frankreich sowie Burkina-Faso und > 80 % im Libanon, in Marokko und Algerien (Clément, 2015).

Anhand dieser Daten konnte Clément (2015) zeigen, dass die Unterschiede zwischen den Positionen der Lehrkräfte größtenteils in den Herkunftsländern und nicht in den Konfessionen begründet liegen. Der Autor schließt daraus, dass es schwierig ist, die Einstellungen der Lehrkräfte zu ändern, da diese tief in den soziokulturellen und historischen Kontexten ihres Landes verwurzelt sind. Darüber hinaus gibt es jedoch in allen betrachteten Ländern einen Anteil an Lehrkräften, die ihre Religion praktizieren, jedoch keine kreationistischen Ansichten haben und für eine Trennung von Naturwissenschaft und Religion plädieren (Clément, 2015).

2.8.3 Bedingungsfaktoren von Einstellungen zu Evolution

In zahlreichen Studien wurden Faktoren untersucht, bei denen ein Zusammenhang mit Einstellungen zu Evolution vermutet wurde. Bei derartigen Vorhaben wird versucht, einen möglichst großen Anteil der Varianz der Akzeptanz der Evolution durch die unabhängigen Variablen zu erklären.

Die einzelnen untersuchten Faktoren stammen aus verschiedenen Bereichen, die Deniz et al. (2008) als kognitive (z. B. *Wissen zu Evolution* und *Verständnis der Natur der Naturwissenschaften* (NOS)), affektive (z. B. *Einstellung zu Naturwissenschaft*) und kontextuale (z. B. *Semester, Alter, Bildung der Eltern*) Domänen bezeichnet. In Tabelle 3 werden einige Studien dargestellt, in denen Bedingungsfaktoren untersucht und Varianzaufklärungen berichtet wurden.

Es ist davon auszugehen, dass auch bei Einsatz gleicher Fragebögen und einer Untersuchung derselben Faktoren unterschiedliche Varianzanteile aufgeklärt werden. So konnte Lammert (2012) zeigen, dass die Zusammenhänge zwischen den einzelnen Variablen in verschiedenen Probandengruppen ihrer Stichprobe aus Schülerinnen und Schülern variierten.

2.8.3.1 Einstellungen zu Evolution und Gläubigkeit

Der Zusammenhang zwischen Glaubensüberzeugungen und Akzeptanz der Evolution wurde bereits in zahlreichen Studien beschrieben (Athanasiou et al., 2016, 2012; Beniermann, 2013; Coyne, 2012; Downie und Barron, 2000; Graf, 2008; Graf und Soran, 2010; Lammert, 2012; Lombrozo et al., 2008; Sinclair et al., 2007; Southcott und Downie, 2012; Trani, 2004; Woods und Scharmann, 2001) und weist in allen Fällen ein negatives Verhältnis zwischen diesen beiden Parametern auf. Sehr gläubige Probandinnen und Probanden zeigen also im Durchschnitt eine wesentlich geringere Akzeptanz der Evolution.

Tabelle 3: Studienübersicht zu Einstellungen zu Evolution und Bedingungsfaktoren. SV: Statistisches Verfahren; AV: Aufgeklärte Varianz; SEM: Strukturgleichungsmodellierung; Regr.: Regressionsanalyse; SuS: Schülerinnen und Schüler; NW: Naturwissenschaft; NOS: Natur der Naturwissenschaften; DE: Deutschland; GR: Griechenland; KR: Südkorea; US: USA; TR: Türkei; MATE*: MATE gekürzt; MATE**: MATE mit siebenstufigen Antwortformat. Werte in Klammern bei signifikanten Bedingungsfaktoren: Bei Regressionsanalysen standardisierter Regressionskoeffizient Beta, sofern vorhanden. Ansonsten Anteil der Varianzerklärung in %; Bei SEM Regressionsgewichte. Die Tabelle wird auf der nächsten Seite fortgesetzt.

Studie	Instrument	SV	N	Land	Stichprobe	Sign. Bedingungsfaktoren	AV
Lammert (2012)	MATE	SEM	3969	DE	SuS, Sek I	Einstellung zu NW (0,52) Gläubigkeit (-0,40) Wissen Evolution (0,13)	58 %
Großschedl et al. (2014)	MATE	Regr.	178	DE	Lehramtsstudierende	Kreationismus (-0,39) Einstellung zu NW (0,29) Wissen Evolution (0,17) Fachsemester (0,16) Geschlecht (0,13)	47 %
Athanasiou et al. (2012)	MATE	Regr.	320	GR	Lehramtsstudierende	Wissen Evolution (29 %) Gläubigkeit (11 %) Wissen NOS (5 %)	44 %
Beniermann (2013)	MATE*	Regr.	811	DE	Studierende	Gläubigkeit (-0,46) Wissen NW (0,29) Wissen Evolution (0,12)	42 %
Graf & Soran (2010)	MATE; Ingram & Nelson (2006)	Regr.	1228	DE	Lehramtsstudierende	Wissen NW (0,17) Gläubigkeit (-0,21) Wissen Evolution (0,21) Vertrauen in NW (0,40)	40 %
Ha et al. (2012)	MATE**	Regr. (SEM)	124	KR	Lehramtsstudierende Biologie	Wissen Evolution (0,19) Gefühl der Sicherheit (0,37) Bildungslevel (-0,12) Konfession (-0,39)	33 %
Dunk et al. (2017)	MATE	ANCOVA	284	US	Studierende	Wissen NOS (13 %) Bedeutung Religion (10 %) Offenheit f. Erfahrung (5 %) Konfession (3 %) N Biologie-Kurse (2 %) Kenntnis evolutionärer Termini (1 %)	33 %

Fortsetzung von Tabelle 3

Studie	Instrument	SV	N	Land	Stich-probe	Sign. Bedingungsfaktoren	AV
Graf & Soran (2010)	MATE; Ingram & Nelson (2006)	Regr.	520	TR	Lehramts-studie-rende	Gläubigkeit (-0,34) Vertrauen in NW (0,35)	20 %
Akyol et al. (2012)	MATE	SEM	415	TR	Lehramts-studie-rende (NW)	Wissen NOS (0,32) Wissen Evolution (0,18)	17 %
Deniz et al. (2008)	MATE	Regr.	132	TR	Lehramts-studie-rende Biologie	Wissen Evolution (0,17) Offenes Denken (0,22) Bildung der Eltern (0,17)	11 %

Großschedl et al. (2014) zeigten im Gegensatz dazu, dass bei den von ihnen untersuchten Biologie-Lehramtsstudierenden die Akzeptanz der Evolution signifikant mit kreationistischen Positionen, der Einstellung zu Wissenschaft, dem Wissen über Evolution, dem Fachsemester und dem Geschlecht zusammenhängt, während der religiöse Glaube nicht signifikant zur Aufklärung der Akzeptanz der Evolution beitrug. Nichtsdestotrotz ist das Verhältnis zwischen Einstellungen zu Evolution und Gläubigkeit über die gesamten vorliegenden Studien dasjenige, was als am gesichertsten angesehen werden kann. Auch in der Gallup-Befragung aus dem Jahr 2007 zeigte sich, dass Personen, die die Evolution ablehnten, als Begründung mit überwiegender Mehrheit religiöse Gründe anführten (Newport, 2007). Sinclair et al. (2007) fand, dass lediglich knapp 20 % der befragten Studierenden keinerlei Konflikt zwischen Evolution und ihren Glaubensansichten wahrnahmen.

Neben religiöser Gläubigkeit trugen auch szientistische Ansichten (vgl. Kap. 2.3.1) in der Untersuchung von Großschedl et al. (2014) nicht zur Aufklärung der Varianz bei Lehramtsstudierenden bei. Konnemann et al. (2016) hingegen zeigten, dass bei deutschen Schülerinnen und Schülern kreationistische Positionen verhältnismäßig selten sind, während szientistische Positionen häufiger vorkommen.

Auch zwischen den verschiedenen Konfessionen gibt es im Durchschnitt Unterschiede in der Einstellung zu Evolution. In einer Interviewstudie befragte Illner (2000) Schülerinnen und Schüler mit christlichem sowie muslimischem Hintergrund zu Konfliktbereichen von Religion und Wissenschaft. Während die muslimischen Lernenden für die Entstehung des Lebens ein Schöpfungsmodell bevorzugten, zeigten die Schülerinnen und Schüler, die christlich sozialisiert wurden, naturalistische Vorstellungen (Illner, 2000). Auch Beniermann (2013), Fenner (2013) und Lammert (2012) zeigten, dass sich die Einstellung zu Evolution zwischen Befragten unterschiedlicher Konfessionen unterscheidet. Die Akzeptanz der Evolution war jeweils bei konfessionsfreien Probandinnen und Probanden am höchsten und bei muslimischen bzw. evangelisch-freikirchlichen[39] Befragten am geringsten. Katholische und evangelische Personen unterschieden sich in diesen Studien hinsichtlich ihrer Akzeptanz der Evolution nur minimal (Beniermann, 2013; Fenner, 2013; Lammert, 2012).

Athanasiou et al. (2012) konnten zudem anhand einer Interventionsstudie mit Biologie-Lehramtsstudierenden in Griechenland zeigen, dass die negative Korrelation zwischen der Akzeptanz der Evolution und der Religiosität der Befragten trotz eines Evolutions-Kurses stabil blieb (Athanasiou et al., 2012).

2.8.3.2 Einstellungen zu Evolution und Wissen zur Evolution

Der Zusammenhang zwischen Einstellungen zu Evolution und dem Verstehen von evolutionären Mechanismen ist noch nicht ausreichend

---

[39] Diese Probandengruppe wird nur in wenigen Studien separat betrachtet, da sie lediglich einen kleinen Teil der Bevölkerung ausmacht (vgl. Kap. 2.6.3.1) und häufig in zu kleiner Zahl vertreten ist. Bei Beniermann (2013) zeigten die freikirchlichen Befragten jedoch die geringste Akzeptanz aller Probandengruppen.

geklärt. Der derzeitige Forschungsstand bezüglich des Verhältnisses dieser beiden Parameter ist nicht eindeutig. So fanden Bishop und Anderson (1990) sowie Sinatra et al. (2003) bei der Befragung von Studierenden und Cavallo und McCall (2008) sowie Fenner (2013) bei der Untersuchung von Schülerinnen und Schülern keinen Zusammenhang zwischen dem Wissen über Evolution und der Akzeptanz. Sinatra et al. (2003) vermuten, dass das Wissen zur Evolution ein gewisses Niveau übersteigen muss, um einen Einfluss auf die Akzeptanz ausüben zu können.

Gegenteilige Ergebnisse ergaben sich in den Untersuchungen von Johnson und Peeples (1987), Ingram und Nelson (2006), Graf und Soran (2010) sowie Beniermann (2013) in Studien mit Studierenden sowie von Lammert (2012) in einer Studie mit Schülerinnen und Schülern, in denen jeweils ein, wenn auch schwacher, Zusammenhang zwischen der Akzeptanz der Evolution und dem Verstehen von Evolution vorlag. Fenner (2013) konnte anhand einer Interventionsstudie mit Schülerinnen und Schülern zeigen, dass nach einem Evolutionsunterricht ein Zusammenhang zwischen Einstellungen und Wissen vorlag, der zuvor nicht erkennbar war. Stärkere Zusammenhänge wurden in einigen Studien diagnostiziert, in denen pädagogische Fachkräfte untersucht wurden (Deniz und Sahin, 2016; Großschedl et al., 2014; Nadelson und Sinatra, 2009; Rutledge und Warden, 2000), was die bereits erwähnte Vermutung von Sinatra et al. (2003) stützt.

Gerade der Zusammenhang zwischen Wissen über und Akzeptanz von Evolution birgt potentiell nützliche Erkenntnisse für die Bereitstellung optimaler Lernbedingungen. So wird vermutet, dass Lernende, die Evolution ablehnen, weniger motiviert sein könnten, etwas über Evolution zu lernen oder sogar aufgrund ihrer Weltanschauung bewusst eine Entscheidung gegen das Lernen evolutionärer Konzepte treffen (Deniz et al., 2008; McKeachie et al., 2002; Meadows et al., 2000).

Es ist bekannt, dass ein zusätzlicher Unterricht zum Thema Evolution nicht unbedingt zu erhöhter Akzeptanz führt. In Prä-Post-Test-Designs wurden bei Biologie-Studierenden zum Teil leichte Steigerungen der Akzeptanz (Ingram und Nelson, 2006; Lawson und Worsnop, 1992; Rice et al., 2011) oder auch keine Änderungen (Bishop und Anderson, 1990) im Anschluss an einen derartigen Unterricht festgestellt. Diese Studien verdeutlichen, dass ein fehlendes Wissen über Evolution vermutlich nicht der Hauptgrund für die Ablehnung der Evolution ist. Auch Shtulman (2006) zeigte, dass die Fähigkeit, evolutionäre Konzepte zu beschreiben und zu verstehen nicht mit der Akzeptanz dieser Konzepte als wissenschaftliche Fakten verknüpft sind.

In einer weiteren Interventionsstudie nahmen Biologie-Lehramts-Studierende in Griechenland an einem Evolutions-Kurs teil, in dem die Evolution als verbindendes Glied der Biologie dargestellt wurde und eine Einführung in die Wissenschaftstheorie stattfand (Athanasiou et al., 2012). Es wurde deutlich, dass die negative Korrelation zwischen der Akzeptanz der Evolution und der Religiosität der Befragten zwar stabil blieb, sich jedoch die Korrelationsstärke zwischen Wissen und Einstellungen zu Evolution nach dem Kurs von einer schwachen zu einer starken positiven Korrelation erhöhte (Athanasiou et al., 2012).

Hill (2014) beschreibt, dass trotz dieser schwachen und unklaren Belege für den Zusammenhang zwischen Wissen zu Evolution und Akzeptanz der Evolution häufig behauptet wird, schlechte naturwissenschaftliche Bildung und mangelhafter Unterricht seien der primäre Grund für die weit verbreiteten kreationistischen Positionen in den USA. Der Autor vermutet, dass diese Aussagen auf eine unausgesprochene Gleichsetzung von Wissen zu Evolution und Akzeptanz zu Evolution zurückgehen (Hill, 2014). Mittlerweile ist jedoch bekannt, dass bei der Ausbildung von Einstellungen in vielen Fällen nicht nur kognitive Aspekte eine Rolle spielen, sondern bspw. auch affektive und unbewusste Prozesse, wie ein „Gefühl der Sicherheit"[40] (Ha et al., 2012). Auch Bishop und Anderson (1990) führen den geringen Zusammenhang zwischen der Akzeptanz der Evolution und dem Wissen zu Evolution darauf zurück, dass die Akzeptanz der Evolution eher von sozialen Faktoren und religiösen Einstellungen abhängt als von einer Analyse der wissenschaftlichen Belege für Evolution.

2.8.3.3 Einstellungen zu Evolution und Verständnis von Wissenschaft

Das Verständnis der wissenschaftlichen Methode hat eine wichtige Bedeutung bei der Bewertung von Erklärungsversuchen, die sich auf alternative, paranormale oder religiöse Argumente stützen. In verschiedenen Untersuchungen wurde das Verhältnis zwischen dem Verständnis der Naturwissenschaften und der Akzeptanz der Evolution betrachtet. Für Biologie-Lehrkräfte (Kim und Nehm, 2011; Rutledge und Warden, 2000; Trani, 2004), Studierende (Akyol et al., 2012, 2010; Beniermann, 2013; Dunk et al., 2017; Graf und Soran, 2010; Johnson und Peeples, 1987; Lombrozo et al., 2008; Sinatra et al., 2003) sowie für Schülerinnen und Schüler (Cavallo und McCall, 2008) konnte ein derartiger Zusammenhang gezeigt werden. Bei einer Interventionsstudie mit Schülerinnen und Schülern konnte gezeigt werden, dass die Einbindung von Inhalten zur Natur der Naturwissenschaften in den Evolutionsunterricht zwar die Akzeptanz der Lernenden, nicht jedoch deren Wissen zu Evolution erhöhte (Cofré et al., 2017).

Zudem wurde für Studierende und Lehrkräfte festgestellt, dass die Akzeptanz der Evolution mit der Tendenz der Probandinnen und Probanden zu aufgeschlossenem Denken zusammenhängt

---

[40] Englisches Originalzitat: „Feeling of Certainty"

(Athanasiou et al., 2012, 2016; Sinatra et al., 2003). Auch bestand ein deutlicher Zusammenhang der Einstellung zu bzw. des Vertrauens in Naturwissenschaft mit der Akzeptanz der Evolution bei Studierenden (Graf und Soran, 2010; Großschedl et al., 2014) sowie Schülerinnen und Schülern (Lammert, 2012).

2.8.3.4 Einstellungen zu Evolution und kognitiver Stil

Gervais (2015) zeigte, dass eine positive Einstellung zu Evolution mit einem besseren Abschneiden beim *Cognitive Reflection Test* (CRT[41]; Frederick, 2005; vgl. Kap. 2.5.2) zusammenhängt (Gervais, 2015). Basierend auf der Annahme, dass es zwei prinzipiell unterschiedliche Arten zu denken gibt (Evans und Stanovich, 2013; Kahneman, 2012), misst dieser Test, ob Menschen eher ihren intuitiven Ideen vertrauen oder diese zugunsten von bewussten, überlegteren Antworten verwerfen.

Kahan und Stanovich (2016) beschreiben, dass dieser Befund die These unterstütze, dass die Ablehnung der Evolution mit einer *„beschränkten Rationalität"* (*Bounded Rationality Theory*) zusammenhängt. Sie formulieren daraufhin die Gegenhypothese, dass CRT-Scores die Einstellungen zu Evolution nur in Abhängigkeit von der Religiosität der Befragten, nicht aber direkt vorhersagen können. So gehen die Autoren davon aus, dass hohe CRT-Scores bei relativ ungläubigen Probandinnen und Probanden eine größere Akzeptanz der Evolution vorhersagen, während die Ablehnung der Evolution bei religiösen Befragten auch bei sehr hohen CRT-Scores bestehen bleibe.

Dieser dargestellte Zusammenhang steht im Widerspruch zur dargestellten *Bounded Rationality Theorie* und geht konform mit der von Kahan und Stanovich (2016) formulierten und durch eine Re-

---

[41] Eine kritische methodische Betrachtung des CRT findet sich bei Kahan und Stanovich (2016) sowie Toplak et al. (2011, 2014).

analyse gestützten Gegenhypothese einer *Expressive Rationality Theory*, laut der die Ablehnung der Evolution eine identitätsstiftende Funktion hat und daher unabhängig von der Fähigkeit ist, intuitive Antworten zu verwerfen. Vielmehr verstärken die Fähigkeiten zum kritischen Denken in diesem Fall Ansichten, welche die soziale Identität der Befragten ausmachen und festigen (Kahan, 2015a; Kahan und Stanovich, 2016; Roos, 2014). Kahan et al. (2011) zeigten zudem, dass die *Bounded Rationality Theory* auch im Falle der Risikowahrnehmung bzgl. der Folgen des Klimawandels nicht empirisch haltbar ist.

2.8.3.5 Akzeptanz evolutionärer Erklärungen für das Bewusstsein

Nur wenige Studien befassten sich bisher mit Einstellungen zur Evolution des menschlichen Bewusstseins. Da Silva Porto et al. (2015) zeigten bei ihrer Untersuchung mit brasilianischen Studierenden, dass diese unabhängig von ihrer Religiosität und der Einstellung zu Evolution bei der Erklärung menschlicher Verhaltensmerkmale Argumente befürworten, die beinhalten, dass dieses Verhalten anerzogen (*nurture-based*) ist. Insbesondere Verhaltensweisen, die als typisch menschlich angesehen werden, wie Liebe und Altruismus, wurden durch Umwelt und Erziehung erklärt. Die Forschungsgruppe schlussfolgerte, dass trotz des enormen Einflusses der Evolutionsbiologie auf moderne Denkweisen die Bedeutung der Evolution und genetischer Erklärungen für das Sozialverhalten der Menschen häufig nicht anerkannt wird. Interessanterweise bestand in dieser Stichprobe kein Zusammenhang zwischen der Akzeptanz der Evolution im Allgemeinen und der Zustimmung zur evolutionären Herkunft des menschlichen Sozialverhaltens (da Silva Porto et al., 2015).

In einer anderen Studie konnten zwischen der Akzeptanz der Evolution und der Akzeptanz der Evolution des menschlichen Geistes bzw.

Bewusstseins deutliche quantitative Unterschiede festgestellt werden (Paz-y-Miño-C und Espinosa, 2012). Bei der Befragung amerikanischer Universitätsmitarbeiter und -mitarbeiterinnen, Lehramts-Dozentinnen und -Dozenten und Studierender akzeptierten nahezu 90 % aller befragten Personen die Evolution. Dennoch waren 15 % der Universitätsmitarbeiterinnen und -mitarbeiter, 32 % der Lehrenden für zukünftige Lehrkräfte und 35 % der Studierenden der Ansicht, dass die Herkunft des menschlichen Bewusstseins nicht mithilfe von Evolution erklärt werden kann (Paz-y-Miño-C und Espinosa, 2012).

Diese Ergebnisse zeigen, dass die Akzeptanz der Evolution nicht zwangsläufig auch die Akzeptanz der Evolution des menschlichen Geistes und der evolutionären Herkunft menschlichen Verhaltens umfasst und stehen im Einklang mit den Vermutungen von Rughiniş (2011) bzgl. ablehnender Haltungen zur Humanevolution (vgl. Kap. 2.8.1.1). Auch werden hierdurch die in Kapitel 2.6.1 dargestellten Überlegungen untermauert, in denen Vorbehalte gegenüber der Evolution des Bewusstseins vermutet wurden.

3 Forschungsvorhaben

Die vorliegende Arbeit soll einen Beitrag sowohl zur methodischen Frage der geeigneten Operationalisierung als auch zur inhaltlichen Forschung über Einstellungen zu Evolution liefern. Hierzu werden vier Studien (Tab. 4) durchgeführt, denen unterschiedliche Untersuchungsschwerpunkte zugrunde liegen.

Die Zielsetzung der Arbeit lässt sich somit in einen methodisch-konzeptionellen und einen inhaltlichen Teil gliedern. Auf Grundlage der in Kapitel 2.8.1 dargestellten Probleme bei der Erhebung von Einstellungen mit unterschiedlichen Messinstrumenten wird im methodisch-konzeptionellen Teil dieser Arbeit (siehe Kap. 4.2) unter anderem eine Skala zur Messung von Einstellungen zu Evolution entwickelt.

3.1 Ableitung der methodisch-konzeptionellen Zielsetzung

In Kapitel 2.8.1 wurden die methodischen Probleme der gängigen Messinstrumente zur Messung von Einstellungen zu Evolution dargestellt. Gerade vor dem Hintergrund, dass in der vorliegenden Arbeit neben Einstellungen auch Vorstellungen zu Evolution (Kap. 2.7) und Gläubigkeit bzw. atheistische Positionen (Kap. 2.5) erhoben werden sollen, ist die strikte Trennung zwischen Fragen zu Wissen, Einstellungen und Glauben von besonderer Bedeutung. Daher, sowie aus dem Grund, dass bisher kein Instrument zur Messung von Einstellungen zur Evolution des menschlichen Bewusstseins existiert, soll ein möglichst unmissverständliches und präzises Testinstrument zur Messung von Einstellungen zu Evolution ausgearbeitet werden.

Tabelle 4: Studienübersicht. Titel, Fokus und Kennzahlen der in der vorliegenden Arbeit durchgeführten Studien.

Studie	EGL-Studie	EWi-Studie	RED-Studie	EKI-Studie
Studientitel	„Einstellungen zu Evolution und religiöser Glaube"	„Einstellungen und Wissen zu Evolution"	„Repräsentative Befragung zu Einstellungen zu Evolution in Deutschland"	„Einstellungen zu Evolution bei Konfessionsfreien Identitäten"
Fokus der Studie	Explorative Studie zu Einstellungen zu Evolution und religiöser Gläubigkeit	Einstellungen zu Evolution und zur Evolution im Vergleich zwischen verschiedenen Gruppen	Einstellungen zu Evolution und zur Evolution und Bewusstseins sowie dualistisches Denken in der deutschen Bevölkerung	Einstellungen zu Evolution, zur Evolution des Bewusstseins und dualistisches Denken bei Atheistinnen und Atheisten
Stichprobe	Freiwillige Teilnehmerinnen und Teilnehmer über online-Verbreitung	Schülerinnen und Schüler der 7.–11. Klasse, Studierende und Biologie-Referendarinnen und -Referendare aus Hessen	Bevölkerungs-repräsentative Befragung (Deutschland)	Konfessionsfreie Personen
Zeitraum	April – Mai 2014	Juni 2015 – Januar 2016	April – Mai 2017	Oktober – Dezember 2016
Instrumente	• ATEVO 1.0 • SD • PERF 1.0 • Gottesvorstellungen • Spectrum of Theistic Probability • Position zu Evolution • Schöpfung • Konfliktwahrnehmung • Flexibles Denken • weitere Fragen zum rel. Glauben	• ATEVO 2.0 • SD • PERF 2.0 • KAEVO-A • KAEVO-B • CRT	• ATEVO 2.0 • SD • PERF 2.0 • Position zu Evolution und Schöpfung	• ATEVO 2.0 • SD • MDSI (Gläubigkeit, Esoterische Ideologie, Außersinnliche Erfahrungen) • DoS (Atheismus, Szientismus, Naturalismus, Skeptizismus) • Dogmatism Scale
N	5349	1129	1000	1833
Alter (Jahre)	37 (12 – 89)	19,3 (11 – 59)	42,7 (16 – 69)	42,5 (16 – 100)
Forschungsfragen	1, 2, 3, 4, 5, 6, 7, 8, 9, 17	1, 2, 3, 4, 5, 10, 11, 12, 13, 14, 17	1, 2, 3, 4, 5, 15, 17	1, 2, 3, 4, 5, 16, 17
Befragungsart	online	Papier	online	online
weiblich %	41,4	62,6	50,6	37,2
männlich %	58,6	37,3	49,4	61,5
Land	DE und weitere	DE	DE	DE, AT, CH

Ableitung der methodisch-konzeptionellen Zielsetzung

Die zu entwickelnde Skala soll eine Unterscheidung zwischen Einstellungen zu allgemeinen Aspekten von Evolution und Einstellungen zur Evolution des menschlichen Bewusstseins ermöglichen, sofern Unterschiede in diesen Einstellungsbereichen tatsächlich vorliegen (vgl. Kap. 2.8.3.5). Wenn solche Unterschiede zutage treten, wird das dazu führen, dass z. B. Faktorenanalysen eine zweidimensionale Struktur hervorbringen.

Aufgrund der bekannten Probleme vieler vorliegender Items und Skalen zur Erhebung der Akzeptanz der Evolution (Kap. 2.8.1) soll ferner eine Skala aus mehreren Items entwickelt werden, die feinere, kleinschrittigere Differenzierungen ermöglicht. Gleichzeitig soll die Skala keinerlei Aussagen über Aspekte des religiösen Glaubens beinhalten oder implizieren, um eine Kollinearität mit der ebenfalls zu messenden Gläubigkeit zu vermeiden sowie keine Wissensaspekte zur Evolutionsbiologie beinhalten, um Gruppen möglichst unabhängig von deren Wissensstand befragen zu können (Kap. 4.2.1). So merkte Lammert (2012) an, dass bisher Instrumente fehlen, die für Schülerinnen und Schüler der Sekundarstufe I geeignet sind und die eine Vergleichbarkeit zwischen verschiedenen Studien ermöglichen.

Es gibt unterschiedliche Möglichkeiten, das Verhältnis von Gehirn und Geist zu betrachten (vgl. Kap. 2.4). Zur Untersuchung monistischer bzw. dualistischer Sichtweisen der Probandinnen und Probanden soll ebenfalls eine Skala entwickelt werden, da keine für den Kontext dieser Arbeit bezüglich Inhalt, sprachlicher Formulierung und Bearbeitungsaufwand geeignete Skala existiert (Kap. 4.2.2).

Des Weiteren soll eine Skala zur Messung religiöser Gläubigkeit entwickelt werden, die für monotheistische Kontexte verwendet werden kann, ohne bei einzelnen Items durch Bezug auf eine bestimmte Religion Teilnehmende auszuschließen und so die Ergebnisse zu verzerren (Kap. 4.2.3).

Die Validierung dieser drei Skalen soll im Verlaufe der Durchführung der vier Studien (Tab. 4) erfolgen, nachdem die Items durch Befragungen von Fachleuten sowie Vortests ausgewählt und formuliert werden. In der *EGl-Studie* soll die erste Version der Skalen getestet werden. Anschließend sollen diese auf der Grundlage von Faktoren- und Reliabilitätsanalysen sowie eventuellen inhaltlichen Überlegungen bewertet und gegebenenfalls für den Einsatz in der *EWi-Studie* überarbeitet werden. Alle zu entwickelnden Skalen sollen möglichst kurz sein, um Ermüdungseffekte bei der Bearbeitung nach Möglichkeit zu verhindern.

3.2 Ableitung der inhaltlichen Fragestellungen

Im Folgenden sollen diejenigen inhaltlichen Fragestellungen formuliert und begründet werden, die im Rahmen der vorliegenden Arbeit anhand der quantitativen Befragungsdaten beantwortet werden sollen.
Zunächst werden dabei die Fragestellungen dargestellt und legitimiert, denen in allen vier Untersuchungen nachgegangen werden soll (*Fragestellungen 1* bis *5*). Anschließend werden für die vier einzelnen Studien weitere spezielle Fragestellungen formuliert und begründet (*Fragestellungen 6* bis *16*). Die *Fragestellung 17* widmet sich als abschließende Forschungsaufgabe wieder allen vier Studien und thematisiert die Zusammenhänge zwischen den in den einzelnen Studien untersuchten Variablen im Kontext von Strukturgleichungsmodellierungen (Kap. 3.2.6).
Alle Fragestellungen leiten sich aus den in Kapitel 2 dargestellten Überlegungen, Untersuchungsergebnissen und Analysen ab.

Ableitung der inhaltlichen Fragestellungen 99

3.2.1 Studienübergreifende Fragestellungen

1) Wie ausgeprägt ist die religiöse Gläubigkeit in den einzelnen Stichproben sowie in unterschiedlichen Probandengruppen innerhalb der einzelnen Studien?

Da die religiöse Gläubigkeit ein Faktor ist, der sowohl aufgrund theoretischer Überlegungen (Kap. 2.6) als auch aufgrund empirischer Forschungen (Kap. 2.8.3.1) als eng mit der Einstellung zu Evolution verknüpft gilt, wird die Gläubigkeit der Probandinnen und Probanden innerhalb der einzelnen Studien erhoben und zwischen verschiedenen Probandengruppen (z. B. Konfession, Alter, Geschlecht) verglichen.

2) Wie ausgeprägt sind dualistische Sichtweisen auf das Verhältnis von Gehirn und Geist in den einzelnen Stichproben sowie in unterschiedlichen Probandengruppen innerhalb der einzelnen Studien?

Aus Sicht der *Evolutionären Erkenntnistheorie* ist das menschliche Bewusstsein ebenso Produkt des Evolutionsprozesses wie der menschliche Körper (Kap. 2.3.2 und 2.3.5). Diese Weltsicht, die sich aus Evolution und Evolutionstheorie ergibt, steht im Gegensatz zu einem intuitiven Dualismus (Kap. 2.4.2).

Die unterschiedlichen Positionen, die Personen zum Verhältnis von Gehirn und Geist haben können (Kap. 2.4.3), könnten somit auch Auskunft darüber geben, wie diese zur Evolution im Allgemeinen sowie im Speziellen zur Evolution des menschlichen Bewusstseins stehen. Daher wird die Sichtweise auf das Verhältnis von Gehirn und Geist (*dualistisches Denken*) innerhalb der einzelnen Studien erhoben und zwischen den verschiedenen Probandengruppen (z. B. Kon-fession, Alter, Geschlecht) verglichen.

3) Welche Einstellungen zu Evolution im Allgemeinen und zur Evolution des Bewusstseins im Speziellen treten in den einzelnen Stichproben sowie in unterschiedlichen Probandengruppen innerhalb der einzelnen Studien auf?

Evolution ist nicht nur ein aussichtsreiches und bedeutsames Forschungsfeld in den Erfahrungswissenschaften, sondern essentiell für das Verständnis biologischer Zusammenhänge sowie fundamental für das menschliche Selbstverständnis und Weltbild. Die Möglichkeit, die Entstehung der Menschheit sowie das menschliche Bewusstsein anhand natürlicher Evolutionsprozesse zu erklären (Kap. 2.3.2) führte und führt zu Abwehrreaktionen gegenüber evolutionären Erklärungen (Kap. 2.6.1 und 2.6.3). In Kap. 2.3.4 wurde dargestellt, dass die Evolutionstheorie wie keine andere wissenschaftliche Theorie den Platz, den Menschen in der Welt einnehmen, verändert hat und aus diesem Grund auch für mehrere sogenannte *Kränkungen der Menschheit* verantwortlich gemacht wird (Kap. 2.3.3). Aufgrund dieser immensen gesellschaftlichen und wissenschaftlichen Bedeutung der Evolution sind Einstellungen zu Evolution Forschungsgegenstand zahlreicher Studien (Kap. 2.8.2 und 2.8.3).

Die Erhebung von Einstellungen zu Evolution und zur Evolution des menschlichen Bewusstseins verschiedener Bevölkerungsgruppen steht im Zentrum der vorliegenden Arbeit. Aus diesem Grund werden in allen vier Studien die Einstellungen zu Evolution und zur Evolution des Bewusstseins gemessen und zwischen verschiedenen Gruppen (z. B. Konfession, Alter, Geschlecht) sowie im Rahmen einer zusammenfassenden Diskussion zwischen den Studien verglichen. Auf Grundlage der Überlegungen zur angemessenen Operationalisierung von Einstellungen zu Evolution sollen die Spannbreite von Akzeptanz und Ablehnung sowie deren mittlerer Wert dargestellt werden.

4) Wie hängen Einstellungen zu Evolution, religiöse Gläubigkeit und dualistisches Denken in den Stichproben zusammen?

Gläubigkeit ist wie beschrieben ein bekannter und intensiv untersuchter Faktor, der mit der Einstellung zu Evolution zusammenhängt. Menschen mit religiösem Glauben lehnen wesentlich häufiger Evolution als Ursache für die Vielfalt der Lebewesen ab (Kap. 2.8.3.1). Unklar ist jedoch weiterhin, wie dieser Zusammenhang am besten beschrieben werden kann. Das liegt zum einen daran, dass es unterschiedliche Positionen zum Verhältnis von Evolution und Religion gibt, in denen auch eine starke religiöse Gläubigkeit nicht notwendig in einem Konflikt mit der Akzeptanz der Evolution stehen muss (Kap. 2.6.2). Zum anderen wurden in Studien zur Akzeptanz der Evolution häufig Messinstrumente verwendet, die bereits einen Konflikt zwischen religiöser Position und Evolution voraussetzen (Kap. 2.8.1).

Neben der differenzierten Darstellung des Zusammenhangs von Einstellungen zu Evolution und Gläubigkeit soll zudem das Verhältnis von Einstellungen zu Evolution und dualistischem Denken untersucht werden. Da eine evolutionäre Perspektive auf das menschliche Bewusstsein eine monistische Einstellung impliziert (Kap. 2.3.1), wird vermutet, dass Menschen, die ein dualistisches Verhältnis von Gehirn und Geist annehmen, eher dazu neigen, naturalistische Erklärungen für die Entwicklung des Lebens auf der Erde inklusive der Evolution des Bewusstseins abzulehnen. Die Einstellung zur Evolution des menschlichen Bewusstseins ist also aus theoretischer Perspektive eng mit der Sichtweise auf das Verhältnis von Gehirn und Geist verknüpft, doch wurde dieser Zusammenhang bisher noch nicht empirisch untersucht.

Weiterhin soll auch der Zusammenhang zwischen dualistischem Denken und Gläubigkeit, zu dem es bereits einzelne Forschungsergebnisse gibt (Kap. 2.4.3), in den verschiedenen Probandengruppen untersucht und beschrieben werden.

5) Wie unterscheiden sich die Einstellungen zu Evolution im Allgemeinen und zur Evolution des menschlichen Bewusstseins in den Stichproben?

In Kapitel 2.6.1 wurde die Überlegung dargestellt, dass viele Menschen die Tendenz haben, dem menschlichen Geist einen Sonderstatus zuzuweisen. Neben diesen philosophischen Annahmen gibt es zudem empirische Hinweise auf die These, dass die evolutionäre Herkunft des menschlichen Bewusstseins seltener akzeptiert wird als die Evolution im Allgemeinen (Kap. 2.8.3.5). Der Unterschied zwischen der Akzeptanz der Evolution und derjenigen der Evolution des menschlichen Bewusstseins wurde bisher jedoch noch nicht systematisch für unterschiedliche Probandengruppen empirisch untersucht.

In den vier Studien, die im Rahmen der vorliegenden Arbeit durchgeführt werden, stellt der Vergleich zwischen diesen beiden Einstellungen einen zentralen Forschungsaspekt dar.

3.2.2   Zusätzliche Fragestellungen zur EGl-Studie

Der Schwerpunkt der *EGl-Studie* liegt im Verhältnis von Einstellung zu Evolution und Gläubigkeit (Tab. 4). So werden zur Erhebung religiöser Gläubigkeit mehrere Ansätze gewählt und bspw. auch religiöse Sozialisation, Häufigkeit des Betens oder die Gottesbilder der Befragten erhoben.

Ableitung der inhaltlichen Fragestellungen 103

6) Welche Positionen zur Entstehung und Entwicklung des Universums, der Erde, der Lebewesen und des Menschen werden vertreten?

Neben einer naturalistischen Sicht auf den Evolutionsprozess (Kap. 2.3) gibt es unterschiedliche religiös motivierte Positionen zu Evolution (Kap. 2.6.3). Zusätzlich zu der Einstellung zu Evolution wird in der *EGI-Studie* daher erfragt, ob die Probandinnen und Probanden entweder eine kreationistische Einstellung (Kap. 2.6.3.1), die Position einer gelenkten, Theistischen Evolution (Kap. 2.6.3.3), eine deistische oder eine naturalistische Sichtweise vertreten. Dabei wird hinsichtlich der Entstehung und Entwicklung des Universums, der Erde, der Lebewesen sowie des Menschen unterschieden, da vorliegende Studien darauf hinweisen, dass Personen bspw. zur Humanevolution und zur Evolution der anderen Lebewesen unterschiedliche Positionen aufweisen könnten (Kap. 2.8.1.1).

7) Wie hängen die untersuchten Variablen mit der Einstellung zu Evolution und miteinander zusammen?

In der Einstellungsforschung zu Evolution wurden bereits viele Faktoren aufgedeckt, die einen Beitrag zur Aufklärung der Varianz in der Akzeptanz der Evolution liefern können (Kap. 2.8.3). In der *EGI-Studie* sollen bekannte Bedingungsfaktoren wie religiöse Gläubigkeit und die Konfliktwahrnehmung zwischen Evolution und religiösem Glauben mit weiterentwickeltem Instrumentarium genauer untersucht werden.
Gleichzeitig werden Variablen in die Analysen aufgenommen, die bisher in der Einstellungsforschung zur Evolution weitgehend unbeachtet blieben (*dualistisches Denken, Einstellung zur Evolution des Bewusstseins, flexibles Denken*). Die Zusammenhänge der in der *EGI-Studie* untersuchten Faktoren mit der Einstellung zu Evolution sowie untereinander sollen dargestellt werden.

8) Wie lässt sich der Zusammenhang zwischen Einstellungen zu Evolution und der Wahrnehmung eines Konflikts zwischen religiösem Glauben und Evolution darstellen und wie groß ist die Konfliktwahrnehmung in einzelnen Probandengruppen?

In Kapitel 2.6.2 wurde das Verhältnis von Religion und Naturwissenschaft bzw. im Speziellen Evolution thematisiert. Die Wahrnehmung eines Konflikts zwischen naturwissenschaftlichen Konzepten und religiösen Glaubensüberzeugungen kann vermutlich das Lernen naturwissenschaftlicher Inhalte negativ beeinflussen (Kap. 2.8.3.2) und ist aus diesem Grund ein wichtiger Faktor auch im Kontext von Einstellungen zu Evolution. Daher wird in der *EGl-Studie* untersucht, inwiefern die Einstellung zu Evolution mit der Wahrnehmung eines Konfliktes zwischen religiösem Glauben und einer evolutionären Erklärung der Lebensentwicklung zusammenhängt. Gleichzeitig sollen unterschiedliche Probandengruppen innerhalb dieser Studie bezüglich dieser Konfliktwahrnehmung verglichen werden.

9) Wie unterscheiden sich Menschen mit unterschiedlichen Gottesbildern hinsichtlich ihrer Einstellung zu Evolution, ihrer Gläubigkeit und in ihrer Tendenz zu dualistischem Denken?

In der *EGl-Studie* soll der Zusammenhang zwischen Einstellungen zu Evolution und Gläubigkeit anhand weiterer Variablen genauer beleuchtet werden. Hierzu werden unter anderem die Vorstellungen erhoben, die die Probandinnen und Probanden von Gott bzw. einer höheren Macht haben. In Kapitel 2.5.2 wurde beschrieben, dass religiöse Personen mit analytischem Denkstil weniger traditionelle Gottesvorstellungen haben, sodass denkbar ist, dass sich auch Personen mit unterschiedlicher Einstellung zu Evolution hinsichtlich ihrer Gottesbilder unterscheiden. Dazu werden Personengruppen mit unterschiedlichen Vorstellungen von Gott bzgl. ihrer Einstellung zu Evolution, ihrer Gläubigkeit und ihrem dualistischen Denken miteinander verglichen.

3.2.3 Zusätzliche Fragestellungen zur EWi-Studie

Bei der *EWi-Studie* handelt es sich um eine Pseudo-Längsschnittstudie, bei der vier Probandengruppen untersucht und verglichen werden sollen, die sich in ihrem Alter und Ausbildungsstand (und damit auch in den Jahren der Teilnahme an Biologieunterricht) unterscheiden (Tab. 4). Im Unterschied zur *EGl-Studie* liegt der Fokus auf dem Konzept- und Prozesswissen zu Evolution, das für verschiedene einzelne Probandengruppen bereits in zahlreichen qualitativen und quantitativen Studien untersucht wurde (Kap. 2.7).

10) Wie verändert sich die Einstellung zu Evolution mit dem Bildungsstand von Schülerinnen und Schülern der Sekundarstufe I bis zu Biologie-Referendarinnen und –Referendaren?

Obwohl Einstellungen zu Evolution breit erforscht wurden (Kap. 2.8), ist wenig darüber bekannt, inwiefern sich diese Einstellungen mit zunehmendem Lebensalter wandeln. Auch der Ausbildungsstand im Bereich Biologie wurde bisher nicht vergleichend als Prädiktor für die Einstellung zu Evolution untersucht. In der *EWi-Studie* sollen vier hinsichtlich dieser Parameter unterschiedliche Probandengruppen systematisch anhand des gleichen Instrumentariums untersucht und miteinander verglichen werden.

11) Welches Wissen haben Personen verschiedener Probandengruppen zu evolutionären Konzepten und Prozessen?

Zahlreiche Studien beschäftigen sich mit Vorstellungen und Fehlvorstellungen zu verschiedenen Bereichen des Themas Evolution

(Kap. 2.7.2). Dabei wurden verschiedene Kategorien von Fehlvorstellungen definiert und nachgewiesen (Kap. 2.7.1).

Wissen zu verschiedenen Aspekten des Themas Evolution soll in der vorliegenden Arbeit für alle Probandengruppen mit Hilfe des gleichen Instrumentes erhoben werden, sodass eine direkte Vergleichbarkeit der Gruppen ermöglicht wird. Bisher liegen keine Studien vor, in denen Personengruppen mit unterschiedlichem Ausbildungsstand und Alter in diesem Umfang anhand des gleichen Instrumentes verglichen wurden.

Der Vergleich zwischen vier verschiedenen Gruppen von Lernenden unterschiedlichen Alters und Ausbildungsstandes ist daher von besonderer Relevanz für die biologiedidaktische Forschung sowie für einen Blick auf das Bildungssystem. Dieses Vorgehen kann Hinweise auf den Verlauf des Wissenszuwachses zum Thema Evolution sowie auf gruppentypische Fehlvorstellungen geben.

Durch das Studiendesign eines Pseudo-Längsschnitts kann sich der Frage angenähert werden, ob der Biologieunterricht in der Lage ist, wissenschaftliche Vorstellungen zu fördern. Die Gruppe der Biologie-Referendarinnen und –Referendare ist dabei von besonderer Relevanz, da diese Gruppe die wissenschaftliche Perspektive auf Evolution schulisch vermitteln muss und zudem ein einschlägiges Studium durchlaufen hat. So soll im Rahmen dieser Arbeit auch im Speziellen der Wissensstand zum Thema Evolution der Biologie-*Lehrkräfte im Vorbereitungsdienst* (LiV[42]) in Hessen erhoben werden.

---

[42] *Lehrkräfte im Vorbereitungsdienst* (LiV) ist die Bezeichnung für Studienreferendarinnen und –referendare in Hessen und wird in der vorliegenden Arbeit als Bezeichnung für diese Gruppe verwendet.

12) Wie hängen Einstellungen und Wissen zu Evolution miteinander zusammen und wie unterscheidet sich dieser Zusammenhang zwischen den verschiedenen Probandengruppen?

Das Wissen zu Evolution und Einstellungen zu Evolution wurden innerhalb zahlreicher quantitativer Studien zueinander in ein Verhältnis gesetzt. Hierbei wurde in einigen Studien gar kein Zusammenhang, in anderen eine positive, allerdings häufig schwache Korrelation zwischen diesen beiden Variablen gefunden (Kap. 2.8.3.2). Basierend auf der im genannten Kapitel dargestellten Vermutung, dass das Wissen zu Evolution ein gewisses Level übersteigen muss, damit es einen Einfluss auf die Akzeptanz geben kann, werden in der *EWi-Studie* die verschiedenen Probandengruppen der Pseudo-Längsschnitt-Studie untersucht und hinsichtlich dieses Zusammenhangs miteinander verglichen.

13) Wie unterscheidet sich der kognitive Stil zwischen Personen verschiedener Probandengruppen?

Neben dem Wissen zu Evolution wird in der *EWi-Studie* der kognitive Stil der Probandinnen und Probanden, also der Grad, zu dem sie eine reflektierte Denkweise intuitiven Entscheidungen vorziehen, anhand des *Cognitive Reflection Tests* (CRT) untersucht (Kap. 2.8.3.4). Auch hier sollen die Ergebnisse zwischen den Probandengruppen verglichen werden.

14) Wie hängen Einstellungen zu Evolution und kognitiver Stil zusammen?

Die Bedeutung von Denkdispositionen und dem Verständnis von Naturwissenschaften wurde bereits in mehreren Studien zu Einstellungen zu Evolution untersucht (Kap. 2.8.3). Gerade bzgl. des kognitiven Stils ist die Beziehung zur Einstellung zu Evolution nicht eindeutig und umstritten (Kap. 2.8.3.4). Daher soll der Zusammenhang von Einstellungen zu Evolution und dem kognitiven Stil der Befragten in der *EWi-Studie* erneut untersucht werden.

3.2.4 Zusätzliche Fragestellung zur RED-Studie

Daten zur Akzeptanz der Evolution in der allgemeinen Bevölkerung wurden in Deutschland bisher nur anhand einzelner Single-Choice-Items erhoben (Kap. 2.8.2.2). Zur Akzeptanz der Evolution des menschlichen Bewusstseins liegen für die deutsche Bevölkerung noch keine Daten vor. Um ein angemessenes Bild der Einstellungen zu Evolution und zur Evolution des Bewusstseins von der allgemeinen Bevölkerung zu erlangen, wird in der *RED-Studie* daher mit Hilfe der in der *EGI-* und *EWi-Studie* validierten Skalen eine für Deutschland bevölkerungsrepräsentative Studie durchgeführt.

15) Wie passend lassen sich Ergebnisse zur Einstellung zu Evolution anhand einer einzigen häufig verwendeten Frage zu Schöpfung und Evolution darstellen?

Im Rahmen dieser bevölkerungsrepräsentativen Erhebung kommt ergänzend eines der gängigen Single-Choice-Items zum Einsatz, welches in dieser oder ähnlicher Form die einzige Grundlage vieler Erhebungen zur Akzeptanz der Evolution weltweit ist (Kap. 2.8.2.1). In Kapitel 2.8.1.1 wurden messtheoretische Probleme derartiger Ein-Fragen-Erhebungen beschrieben. Anhand der Ergebnisse zu diesem Item soll geprüft werden, ob Einstellungen zu einem komplexen Bereich, wie der Evolution, auf diese Weise sinnvoll ermittelt werden können. Dazu werden diese Resultate mit den Ergebnissen der hier entwickelten Skalen zu Einstellungen zu Evolution und religiöser Gläubigkeit verglichen.

Ableitung der inhaltlichen Fragestellungen 109

3.2.5 Zusätzliche Fragestellung zur EKI-Studie

Da der negative Zusammenhang von religiöser Gläubigkeit und Einstellungen zu Evolution empirisch wiederholt untermauert wurde (Kap. 2.8.3.1), steht zu vermuten, dass auch die Evolution des menschlichen Bewusstseins von religiöseren Menschen weniger akzeptiert wird. Diese These wird durch die Ausführungen in Kapitel 2.6.3.4 gestützt, in denen die verschiedenen Positionen der Religionen zu Evolution dargestellt wurden.

Da nicht-religiöse Menschen im Durchschnitt eine höhere Akzeptanz der Evolution zeigen (Kap. 2.8.3.1) und empirische Daten andeuten, dass dualistische Positionen positiv mit religiösen Ansichten verknüpft sind (Kap. 2.4.3), ist die Probandengruppe der Konfessionsfreien für die Untersuchung von Einstellungen zu Evolution des menschlichen Bewusstseins besonders interessant. Für diese Gruppe ist weitestgehend unklar, inwieweit die Evolution des menschlichen Bewusstseins akzeptiert wird. Das Ergebnis könnte deshalb besonders interessant sein, weil hier der Einfluss (traditioneller) Religiosität von vornherein auszuschließen ist.

In der *EKI-Studie* sollen daher gezielt konfessionsfreie Menschen befragt werden, zu denen es bisher im Gegensatz zu verschiedenen religiösen Gruppen keinerlei spezielle Erhebungen im Bereich von Einstellungen zu Evolution und der Evolution des menschlichen Bewusstseins gibt.

16) Wie hängt die Einstellung zu Evolution mit übersinnlichen Weltsichten sowie mit szientistischen, dogmatischen, atheistischen, naturalistischen und skeptischen Positionen zusammen?

Paranormale Überzeugungen, außersinnliche Erfahrungen und esoterische Weltsichten gehen von übersinnlichen Kräften, Ereignissen oder Wesen aus, die naturwissenschaftlichen Erkenntnissen direkt widersprechen oder außerhalb ihres Gegenstandsbereiches liegen (Kap. 2.3.1). Sie weisen somit gewisse Parallelen zu religiöser Gläubigkeit auf (Kap. 2.5.2) Aber auch unter religiös nicht-gläubigen Personen lassen sich zum Teil esoterische Positionen beobachten (Kap. 2.5) (Stolz et al., 2014).

Aus diesen Gründen soll in dieser Arbeit auch der Zusammenhang zwischen Einstellungen zu Evolution und derartigen übersinnlichen Weltsichten untersucht werden. Bisher gibt es zu diesem Verhältnis nur wenige Daten. Eder et al. (2011) konnte bei Schülerinnen und Schülern keinen, Beniermann (2013) bei Studierenden nur einen schwachen Zusammenhang zwischen Einstellungen zu Evolution und paranormalen Überzeugungen zeigen. Bei den dort befragten Probandinnen und Probanden handelte es sich allerdings nicht um dezidiert nicht-religiöse Personen.

Kreationismus wird in der Regel als Problem für eine unverstellte wissenschaftliche Sicht auf das Thema Evolution betrachtet (Kap. 2.6.3.1). Als noch problematischer, da in deutschen Klassenzimmern häufiger anzutreffen, beurteilten Konnemann et al. (2016) den sogenannten Szientismus, also eine dogmatische Überhöhung der Naturwissenschaften (Kap. 2.3.1). Ihre Daten zeigen, dass szientistische Positionen vor allem bei Personen zu finden sind, die eine hohe Akzeptanz der Evolution und eine negative Einstellung zu Schöpfungsgeschichten haben.

In der *EKI-Studie* soll aus diesem Grund auch untersucht werden, wie szientistische und dogmatische Positionen und die Einstellung zu Evolution in einer Stichprobe nicht-religiöser Personen zusammenhängen. Zudem werden weitere epistemische Variablen untersucht, die vermutlich bei nicht-gläubigen Personen ausgeprägter sind als bei religiösen Probandinnen und Probanden, wie bspw. naturalistische Ansichten, die die Grundlage für eine evolutionäre Weltsicht darstellen (Kap. 2.3.1).

3.2.6 Fragestellungen zur Variablenstruktur

Im Zusammenhang mit Einstellungen zu Evolution sind mittlerweile zahlreiche Bedingungsfaktoren bekannt (Kap. 2.8.3). Mithilfe von Korrelations- oder multiplen Regressionsanalysen sowie Strukturgleichungsmodellen wird dabei nach möglichst aussagekräftigen Prädiktoren für Einstellungen zu Evolution gesucht (vgl. Tab. 3).

17) Wie hängen die untersuchten Variablen in den einzelnen Studien zusammen und wie viel Varianz der Einstellung zu Evolution und zur Evolution des menschlichen Bewusstseins kann mit Hilfe dieser Beziehungsstrukturen erklärt werden?

Für alle vier in der vorliegenden Arbeit durchgeführten Studien sollen Strukturgleichungsmodellierungen (vgl. Kap. 4.4.3) zur Beschreibung der Beziehungen zwischen den Variablen durchgeführt werden. Im Kontext der Forschung zu Einstellung zu Evolution wurden bisher selten Pfad- oder Strukturgleichungsmodelle angewendet (siehe aber Akyol et al., 2012; Ha et al., 2012; Lammert, 2012).

Die Variablen *Einstellung zu Evolution*, *dualistisches Denken* und *Gläubigkeit* werden in allen Studien untersucht, sodass eine Grundstruktur der Beziehungen zwischen diesen Variablen über alle Studien getestet und die Ergebnisse in der anschließenden zusammenfassenden Diskussion miteinander verglichen werden können. Diese auf Hypothesen basierenden Grundannahmen der Beziehungsstruktur werden im Folgenden beschrieben, da ein effizienter, interpretierbarer Einsatz von Struktur-gleichungsmodellen hypothesengeleitet erfolgen sollte.

Basierend auf der Annahme, dass die Einstellung zu Evolution durch die Gläubigkeit (Kap. 2.8.3.1) sowie die Annahme einer dualistischen Beziehung von Gehirn und Geist und einer daraus resultierenden Ablehnung einer naturalistischen Sicht auf den Menschen (Kap 2.3.1) beeinflusst wird, stellt die Einstellung zu Evolution eine abhängige Variable dieser beiden Parameter dar (Abb. 2). Gleichzeitig wird angenommen, dass die Gläubigkeit einen Einfluss auf eine dualistische Sichtweise hat (Kap. 2.4.3).

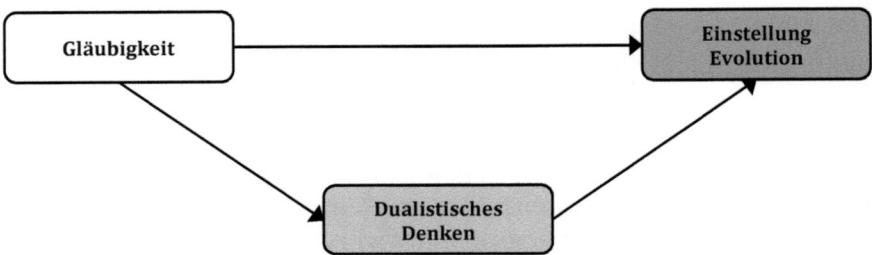

Abbildung 2: Grundstruktur für die Strukturgleichungsmodellierung bei Eindimensionalität der Einstellungen zu Evolution.

Bei Vorliegen einer zweidimensionalen Struktur[43] der Einstellungen zu Evolution wird ferner ein Einfluss der Einstellung zu Evolution im Allgemeinen auf die Einstellung zur Evolution des Bewusstseins (*Geistevolution*[44]) angenommen (Abb. 3). Dies findet seinen Grund in der Überlegung, dass eine Ablehnung der Evolution im Allgemeinen vermutlich auch eine Ablehnung der Evolution des menschlichen Geistes nach sich ziehen wird, während die Ablehnung der Geistevolution in vielen Fällen nicht zu einer Ablehnung der gesamten Evolution führen

---

43 Eine zweidimensionale Struktur lag dann vor, wenn eine Faktorenanalyse der Einstellungen zu Evolution zwei Faktoren ergab. Diese beiden Faktoren entsprechen dann der Einstellung zu Evolution im Allgemeinen und der Einstellung zur Evolution des menschlichen Bewusstseins. In diesem Fall wurde die Variable Einstellungen zu Evolution auf zwei Variablen aufgeteilt (vgl. Kap. 3.1).

44 Der Terminus *Geistevolution* wird aufgrund der formalen Kürze im Folgenden in Abbildungen dem Ausdruck *Evolution des Bewusstseins* vorgezogen. Die beiden Begriffe werden in dieser Arbeit synonym verwendet (vgl. Kap. 2.4.4).

Ableitung der inhaltlichen Fragestellungen 113

wird. Ein empirisches Beispiel, das für die Plausibilität dieser Annahme spricht, ist die offizielle Position der römisch-katholischen Kirche (Kap. 2.6.3.4).

Zudem wird die Annahme eingeführt, dass die Gläubigkeit primär auf die Einstellung zu Evolution im Allgemeinen wirkt, da dieser Zusammenhang bereits hinlänglich bekannt ist (Kap. 2.8.3.1). Gleichzeitig wird angenommen, dass das dualistische Denken vorrangig einen Effekt auf die Einstellung zur Evolution des Bewusstseins hat, da hier auch eine enge theoretische Verknüpfung besteht (Kap. 2.4.2).

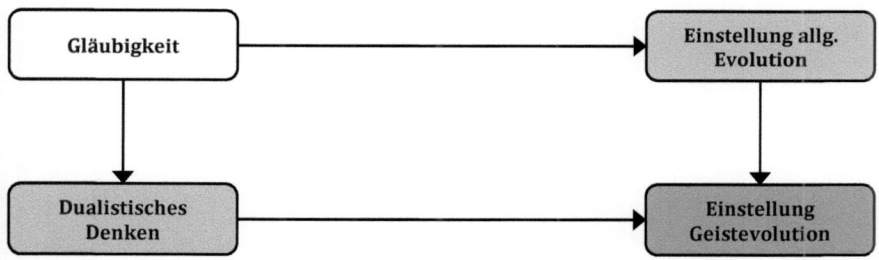

Abbildung 3: Grundstruktur für die Strukturgleichungsmodellierung bei Zweidimensionalität der Einstellungen zu Evolution.

Die weiteren in den einzelnen Studien untersuchten Variablen werden nach der Untersuchung dieser Grundstrukturen[45] sukzessive hinzugefügt. Außerdem werden gegebenenfalls begründete Änderungen an

---

[45] Die Grundstruktur wurde nur bei Vorliegen einer Zweidimensionalität in der in diesem Kapitel dargestellten Form getestet. Die Grundstruktur bei Eindimensionalität ist ein Modell, in dem alle möglichen Beziehungen enthalten sind, wodurch sich ein statistisch unerwünschter bzw. kontraproduktiver Overfit ergibt (vgl. Kap. 4.4.3.3). Die Grundstruktur aus Abbildung 2 liegt jedoch in allen eindimensionalen Modellen dieser Arbeit zugrunde und die Ausgangs- sowie Eingangsvariablen fließen außer in begründeten Ausnahmefällen wie hier beschriebenen in die Modelle ein.

der Grundstruktur vorgenommen. Die Begründungen für etwaige Änderungen sowie für die Positionen weiterer Variablen im Beziehungsnetzwerk finden sich in den entsprechenden Kapiteln im Ergebnisteil (Kap. 5).

4 Material und Methoden

Zur Beantwortung der dargestellten Forschungsfragen wurden quantitative Erhebungsmethoden entwickelt und verwendet. Entsprechend wurden mit Hilfe von Fragebögen in vier Studien anhand unterschiedlicher Stichproben (siehe Tab. 4) Daten erfasst.
Im Folgenden werden zunächst die befragten Probandengruppen und die Art der Datenerhebung je Studie beschrieben. Anschließend wird die Entwicklung der drei zentralen Fragebogenskalen (*Einstellungen zu Evolution, dualistisches Denken* und *religiöse Gläubigkeit*) dargestellt, die in allen Studien verwendet wurden. Außerdem werden die in den vier Studien verwendeten Fragebögen einzeln beschrieben, da in jeder einzelnen Studie zusätzliche Fragebogenkomponenten zum Einsatz kamen, die sich zwischen den Studien unterschieden. Am Ende des Kapitels wird das Vorgehen bei der Datenanalyse erläutert.

4.1 Stichproben & Durchführung

Insgesamt wurden im Rahmen der vorliegenden Arbeit 10.018 Personen in insgesamt vier Studien mittels Fragebögen befragt. 9311 der Fragebögen konnten vollständig oder teilweise ausgewertet werden. Die Befragungen fanden in unterschiedlich langen Zeitfenstern von einer Woche (*RED-Studie*) bis zu sieben Monaten (*EWi-Studie*) zwischen April 2014 und Mai 2017 statt.

4.1.1 *Einstellungen zu Evolution und religiöser Glaube (EGl-Studie)*

Die Daten zur *EGl-Studie* wurden im April und Mai 2014 mit Hilfe einer explorativen Online-Befragung gesammelt. 6056 deutschsprachige Probandinnen und Probanden nahmen an der Befragung teil. Zur

Überprüfung von Verständnis und Aufmerksamkeit bei der Bearbeitung wurden drei Kontrollfragen gestellt. Nach Ausschluss der Bögen, bei denen diese Fragen fehlerhaft beantwortet wurden, blieben 5349 Bögen zur Auswertung übrig, von denen 4562 vollständig ausgefüllt vorlagen. Wenn nicht anders angegeben, stellt im Folgenden sowie in der statistischen Auswertung die Summe aus vollständigen und unvollständigen Fragebögen (N = 5349) die Grundgesamtheit der Fälle dar. Die Mehrheit der Befragten war männlich (58,6 %), und das Durchschnittsalter betrug 37 Jahre (Spanne: 12 – 89 Jahre)[46]. Die befragten Personen lebten zu 92,7 % in Deutschland, zu 3,0 % in Österreich, zu 2,5 % in der Schweiz und zu 1,8 % in anderen Ländern[47]. Der Online-Fragebogen wurde breit über das Internet gestreut[48], um eine möglichst umfassende Datengrundlage zur Validierung der Skalen zu erreichen. Aus diesem Grund waren die Teil-

---

[46] In der *EGl-Studie* wurde das Alter der Befragten über deren Geburtsjahr erhoben. Das durchschnittliche Geburtsjahr war 1976. Da die Befragung in der ersten Jahreshälfte 2014 erfolgte, wurden jeweils die jüngeren möglichen Lebensalter angenommen. Aus diesem Grund werden die Angaben hier nicht genauer beziffert.

[47] Unter diesen Ländern waren Frankreich, Großbritannien, Italien, die Niederlande, Spanien, die Türkei und die USA am häufigsten vertreten.

[48] Der Link zur Online-Befragung wurde über den Verteiler der *Justus-Liebig-Universität* (JLU) Gießen, der *Deutschen Sportjugend* und der *Muslimischen Jugend in Deutschland* (MJD) sowie über die Newsletter der *Evangelischen Studierendengemeinden* (ESG) und des christlichen Medienmagazins *pro* (samt Interview zur Studie) versendet. Die Befragung wurde zudem über die internetbasierte Arbeitsumgebung Stud.IP (der Universitäten Gießen und Oldenburg) und in etwa 40 verschiedenen weltanschaulichen, politischen und wissenschaftlich ausgerichteten Facebook-Gruppen geteilt. Weitere Verbreitung erlangte die Befragung durch E-Mails an verschiedene Vereine und Verbände (z. B. religiöse und politische Gruppen, Bildungseinrichtungen, Schülervertretungen, Einrichtungen für Jugendarbeit), an Lehrende und Studierende mehrerer Universitäten, Lehrkräfte verschiedener Schulformen und an die kirchlichen Schulämter der *Evangelischen Kirche in Hessen und Nassau* (EKHN). Der Link zur Umfrage wurde außerdem auf den Internetpräsenzen *richarddawkins.net* und *jesus.de* beworben, sowie auf dem Blog der *Gesellschaft zur wissenschaftlichen Untersuchung von Parawissenschaften*

nehmenden weder repräsentativ noch speziell ausgewählt. 56,9 % der Probandinnen und Probanden gaben ihre E-Mail-Adresse an, um über die Ergebnisse informiert zu werden. 28,3 % hinterließen außerdem am Ende der Befragung Anmerkungen.

4.1.2 Einstellungen und Wissen zu Evolution (EWi-Studie)

1129 deutschsprachige Probandinnen und Probanden mit einem durchschnittlichen Alter von 19,3 Jahren (Spanne: 11 – 59 Jahre) nahmen an der *EWi-Studie*[49] teil. Etwa die Hälfte der Befragten waren Studierende verschiedener Fachgebiete (49,6 %). 20,3 % der Probandinnen und Probanden waren Lernende der 7. Jahrgangsstufe, 11,9 % der 9. Jahrgangsstufe, 8,3 % der 10. und 1,3 % der 11. Jahrgangsstufe. Aufgrund der geringen Fallzahl in den einzelnen Untergruppen werden die Schülerinnen und Schüler der 9. – 11. Klasse für die statistischen Analysen zu einer gemeinsamen Gruppe zusammengefasst, sodass sie 21,5 % der Stichprobe entsprechen. Die restlichen 97 Befragten waren Biologie-Lehrkräfte im Vorbereitungsdienst (LiV). Der Großteil aller Teilnehmenden war weiblich (62,6 %). Tabelle 5 gibt einen detaillierten Einblick in die einzelnen Probandengruppen. Die Befragung wurde bei den Schülerinnen und Schülern während der Unterrichtsstunden, bei den Studierenden während der Vorlesungs-

---

(GWUP), in verschiedenen weltanschaulichen Foren sowie über die Facebook-Präsenzen des *HVD Hessen*, der *AG Evolutionsbiologie*, des *Forums Naturwissenschaft und Theologie*, und des *Liberal-Islamischen Bundes* (LIB) gepostet.

[49] Die Konzeption sowie die Datenerhebung der *EWi-Studie* erfolgten seitens Julia Solveig Brennecke und der Autorin der vorliegenden Arbeit am Institut für Biologiedidaktik der JLU Gießen gemeinsam, da die Auswertung hier nicht dargestellter Teile des Fragebogens Grundlage eines separaten Forschungsprojekts (*Vorstellungen zur Tiefenzeit*) ist. Im Rahmen der *EWi-Studie* wurden zudem mehrere Staatsexamensarbeiten angefertigt siehe Appendix IV).

bzw. Seminarzeiten und bei den angehenden Lehrkräften während der Studienseminare durchgeführt. Die *EWi-Studie* erfolgte mithilfe von Papierfragebögen, die handschriftlich ausgefüllt wurden. Die Befragung fand zwischen Juni 2015 und Januar 2016 statt.

Tabelle 5: Darstellung der Kenngrößen der Stichproben-Subgruppen in der EWi-Studie. Schüler und Schülerinnen der a) 7. und b) 9.-11. Klasse; c) Studierende und d) LiV (Biologie).

Subgruppen	N	Alter [Jahre]		Geschlecht [%]	
		Ø	Spanne	weiblich	männlich
(a)	229	12,5	11-15	51,3	48,7
(b)	243	15,6	14-18	52,1	47,9
(c)	560	22,1	18-59	68,8	31,2
(d)	97	28,0	24-47	79,4	19,6
gesamt	1129	19,3	11-59	62,6	37,3

4.1.3 Repräsentative Befragung zu Einstellungen zu Evolution in Deutschland (RED-Studie)

Mit einem Online-Fragebogen wurden in der *RED-Studie*[50] 1000 deutschsprachige Probandinnen und Probanden mit Wohnsitz in Deutschland befragt. Die Stichprobe war bevölkerungsrepräsentativ für Alter, Geschlecht und Region (Bundesländer)[51]. Das Verhältnis der Geschlechter war praktisch ausgeglichen (50,6 % weiblich) und das Durchschnittsalter betrug 42,7 Jahre (Spanne: 16 – 69 Jahre). 99,1 % der Befragten besaßen allein die deutsche Staatsangehörigkeit, 0,9 % (auch) eine andere.

---

[50] Die Finanzierung dieser Studie wurde durch den *Humanistischen Verband Deutschlands, Landesverband Bayern* (HVD Bayern) realisiert: hvd-bayern.de
[51] Grundlagen für die Quotierung: 1) Mikrozensus, Stand 20.04.2016: Alter und Geschlecht; 2) Statistisches Jahrbuch 2013, Stand 07.04.2014: Bundesländer (DESTATIS, 2016, 2013).

Die Befragung erfolgte im April und Mai 2017 durch das in der Durchführung von Befragungen dieser Art erfahrene Meinungsforschungsinstitut *EARSANDEYES*[52].

4.1.4 Einstellungen zu Evolution bei Konfessionsfreien Identitäten (EKI-Studie)

1833 deutschsprachige Probandinnen und Probanden aus Deutschland, Österreich und der Schweiz nahmen an der *EKI-Studie* teil. Diese Datenerhebung stand im Kontext einer größeren Studie mit dem Titel *Konfessionsfreie Identitäten*, die von einem internationalen Forschungsteam um die Psychologin und Sinnforscherin Tatjana Schnell in mehreren europäischen Ländern durchgeführt wurde. Zwei der in der vorliegenden Arbeit entwickelten Skalen wurden im Rahmen des Forschungsprojekts *Konfessionsfreie Identitäten* verwendet. Die Daten wurden von Oktober bis Dezember 2016 mithilfe eines Online-Fragebogens gesammelt. Bei dieser Befragung wurden explizit säkulare und konfessionsfreie Menschen angesprochen.

Zum Zweck der Verbreitung des Fragebogens wurden säkulare Organisationen und Verbände in den entsprechenden Ländern durch Mitglieder des Forschungsteams angeschrieben. Die Mehrheit der Probandinnen und Probanden war männlich (61,5 %), und das Durchschnittsalter betrug 42,5 Jahre (Spanne: 16 - 100 Jahre). Die befragten Personen lebten zu 82,6 % in Deutschland, zu 14,7 % in Österreich und zu 2,6 % in der Schweiz.

---

[52] EARSANDEYES GmbH: earsandeyes.com

4.2 Vorgehen bei der Entwicklung der zentralen Skalen

Die Variablen *Einstellungen zu Evolution, dualistisches Denken* und *religiöse Gläubigkeit* stehen im Fokus der vorliegenden Arbeit und wurden in allen vier durchgeführten Befragungen untersucht. Zur angemessenen Operationalisierung dieser theoretischen Konstrukte wurden Skalen entwickelt: Die **ATEVO**-Skala (*Attitudes Towards EVOlution*) zur Messung von Einstellungen zu Evolution, die **PERF**-Skala (*PErsonal Religious Faith*) zur Erhebung religiöser Gläubigkeit sowie die **SD**-Skala (*Short Dualism*), mit der die Präferenz für eine dualistische Sichtweise auf Gehirn und Geist gemessen werden soll.

Diese Skalen bestehen aus mehreren Items, die das jeweilige latente Konstrukt (vgl. Kap. 4.4.3) über mehrere Messwerte der Zustimmung und Ablehnung erfassen sollen (vgl. Kap. 2.8.1). Das Heranziehen mehrerer Items ist geboten, da andernfalls keine komplexen Überzeugungen abgebildet werden können (Bühner, 2006; Graf, 2008) und die Inhaltsvalidität des Testinstruments entscheidend verbessert werden kann, wenn eine repräsentative Item-Anzahl in Bezug auf jedes zu erfassende Merkmal verwendet wird (Bühner, 2006). Gleichzeitig wurde bereits in Kapitel 2.8.1.1 beschrieben, weshalb die Verwendung einer einzelnen Frage gerade im Kontext von Einstellungen zu Evolution problematisch ist. Anhand einer integrierenden Skala können Persönlichkeitsfaktoren zuverlässiger gemessen und anschließend in individuelle Skalenwerte umgewandelt werden.

Bei der Entwicklung der Skalen zu Einstellungen zu Evolution, dualistischem Denken und religiöser Gläubigkeit lag der Fokus sowohl auf der inhaltlichen Relevanz der Items als auch auf der formalen Kürze des Instruments, da mit möglichst wenigen Items aussagekräftige Ergebnisse generiert werden sollten. Zu diesem Zweck wurden zunächst aus bestehenden Instrumenten (z. B. Astley und Francis, 2010; Berggren und Bjørnskov, 2011; Ingram und Nelson,

2006; Johnson und Peeples, 1987; Lombrozo et al., 2008; Rutledge und Warden, 1999; Stanovich, 1989; Taber et al., 2011; Willard und Norenzayan, 2013) sowie theoretischen Überlegungen Item-Pools für die einzelnen zu operationalisierenden Variablen erstellt. Diese Item-Sammlungen wurden anschließend über den Austausch mit Expertinnen und Experten selektiert, ergänzt und weiterentwickelt. Weitere leitende Kriterien bei der Operationalisierung der drei latenten Konstrukte waren die sprachliche und inhaltliche Angemessenheit der Instruktionen sowie Aussagen der einzelnen Items auch für jüngere Lernende, die über evaluierende Vortests mit Schülerinnen und Schülern erprobt wurden[53]. Dabei wurden die Lernenden gebeten, den Fragebogen[54] auszufüllen, eine Rückmeldung bezüglich der Verständlichkeit zu geben und evtl. weitere Anmerkungen zu machen (Bühner, 2006). Im Anschluss an diese Vortests wurden die Skalen in einigen Fällen angepasst. So wurden beispielsweise Items aufgrund von missverständlicher Formulierung oder unbekannten Wörtern umformuliert oder entfernt. Gleiches war der Fall, wenn einzelne Skalen von den Befragten als zu lang empfunden wurden oder zu viele ähnliche Items enthielten. Die Verständlichkeit des Fragebogens sowie der Erhalt der Motivation der Probandinnen und Probanden hatten dabei die höchste Priorität.

Als Antwortformat für diese drei Skalen wurden fünfstufige, unipolare Likert-Skalen (Likert, 1932) verwendet. Diese Ratingskalen beinhalten ein Spektrum von *ich stimme zu* bis *ich stimme nicht zu*. Die

---

[53] In den Vortests wurden insgesamt 142 Schülerinnen und Schüler im Alter von 13 bis 20 Jahren befragt. Um die Verständlichkeit der Instruktionen und Items für verschiedene Altersgruppen zu gewährleisten wurden verschiedene Klassenstufen einer Gesamtschule und mehrerer Gymnasien untersucht: eine 7. Klasse, zwei 8. Klassen, eine 9. Klasse, eine 11. Klasse und zwei 12. Klassen.

[54] Gemeint ist hier ein Prototyp des Fragebogens aus der *EGI-Studie*, da hier die drei Skalen zum ersten Mal eingesetzt wurden.

mittlere Antwortkategorie *unentschieden* wurde verwendet, um einen Zwang zu einem gerichteten Antworten zu vermeiden. Eine solche neutrale Antwortmöglichkeit vermindert die Verzerrung der Ergebnisse durch Teilnehmende, die sich aus mangelnder Alternative für eine positive oder negative Beantwortung entscheiden (Döring und Bortz, 2016; vgl. auch Kap. 2.8.1.1).

Im Anschluss an den quantitativen Einsatz der Testinstrumente innerhalb der vier Studien wurde jeweils die Güte der Skalen geprüft. Dabei wurden die interne Reliabilität der Skalen und deren Dimensionalität getestet. Die Items einer Skala sollten idealiter ein gemeinsames Konstrukt (bspw. *dualistische Position* oder *religiöse Gläubigkeit*) abbilden. Die Reliabilitätsanalyse testet, wie stark die einzelnen Items mit der gesamten Skala korrelieren und somit, wie gut die Items der Skala ein gemeinsames inhaltliches Konstrukt abbilden. Diese Eigenschaft wird auch als interne Konsistenz bezeichnet, deren Maß der Reliabilitätskoeffizient Cronbachs α (Cronbach, 1951) ist. Der Schwellenwert für eine angemessene interne Konsistenz liegt nach gängiger Meinung bei $\alpha \geq 0{,}7$ (Field, 2013; Schmitt, 1996). Neben einer inhaltlich heterogenen Struktur von Skalen wirkt sich auch eine geringe Item-Anzahl deutlich negativ auf Cronbachs α aus, da der Wert für die interne Konsistenz mit der Anzahl an Items in der Skala steigt (Cortina, 1993). Das führt dazu, dass bei inhaltlich unscharfen oder durch nur wenige Items repräsentierten Skalen geringere Werte für die interne Konsistenz erwartet werden können. In solchen Fällen können jedoch auch geringfügig niedrigere Werte von Cronbachs α zu aufschlussreichen Ergebnissen führen (Field, 2013).

Zur Überprüfung der Konstruktvalidität und Dimensionalität der einzelnen Skalen wurden Faktorenanalysen durchgeführt. Mit ihrer Hilfe kann ermittelt werden, welche der verwendeten Items einen gemeinsamen latenten Faktor abbilden. Dies kann Aufschluss darüber geben, ob die Operationalisierung eines latenten Konstrukts angemessen ist.

Zudem kann über die Faktorenanalyse die durch den oder die extrahierten Faktor(en) erklärte Gesamtvarianz aller Variablen ermittelt werden. Für die Faktorenanalysen der vorliegenden Arbeit wurden eine ausreichende Stichprobengröße sowie ein signifikantes Ergebnis des Bartlett-Tests auf Sphärizität und ein Kaiser-Mayer-Olkin-Wert > 0,6 vorausgesetzt (Field, 2013). Als Extraktionsmethode der Faktorenanalyse wurde, gängigen Standards folgend, eine Hauptkomponenten-Analyse mit Extraktion bei Eigenwert > 1 und als Rotationsmethode die Varimax-Rotation verwendet (Bühner, 2006; Field, 2013). Als Richtwert für die Zuordnung zu einem Faktor wurde eine Faktorladung von mindestens 0,4 festgelegt (Field, 2013).

Die Skalen und die darin enthaltenen Items wurden in einem schrittweisen Prozess während des Studienverlaufs validiert. Aus diesem Grund wurden in *der EGl-Studie* längere Versionen der Skalen zur Messung von Einstellungen zu Evolution (ATEVO) und religiöser Gläubigkeit (PERF) verwendet, die im Anschluss anhand inhaltlicher Kriterien gekürzt wurden (siehe Kap. 4.2.1 und 4.2.3). Nach der *EWi-Studie* wurden die Skalen nicht weiter abgewandelt. Die Skala zur Messung von dualistischem Denken (SD) erwies sich bereits nach dem ersten Durchlauf als vom Umfang sowie inhaltlich angemessen und reliabel (Kap. 4.2.2).

Im Folgenden wird das Vorgehen bei der Erstellung der drei einzelnen Skalen jeweils detailliert in Hinblick auf inhaltliche und methodische Aspekte beschrieben.

4.2.1 Einstellungen zu Evolution (ATEVO-Skala)

Ein Ziel der vorliegenden Arbeit war die Konstruktion eines möglichst unmissverständlichen Testinstruments zur Messung von Einstellungen zu Evolution. Die resultierende Skala sollte in der Lage sein, zwischen Einstellungen zu allgemeinen Aspekten von Evolution und

Einstellungen zur Evolution des menschlichen Geistes[55] zu differenzieren. Gleichzeitig sollte die Skala direkt oder indirekt keinerlei Aussagen über Aspekte des religiösen Glaubens beinhalten und lediglich sehr grundständiges Wissen zum Thema Evolution voraussetzen, um Probandengruppen verschiedenen Wissensstandes befragen zu können (vgl. Kap. 3.1).

4.2.1.1 Konstruktion der Skala ATEVO 1.0

In einem ersten Schritt wurden Skalen und Items gesammelt sowie teilweise modifiziert, die in der Literatur zur Messung von Einstellungen zu Evolution verwendet wurden oder werden (vgl. Kap. 2.8.1.2 und Kap. 4.2). Außerdem wurden neue Items formuliert, die gemeinsam mit den gesammelten Items einen Item-Pool bildeten. Für die Messung der Einstellung zur Evolution des Bewusstseins wurden eigene Items anhand der in den Kapiteln 2.3.1 bis 2.3.4 und 2.6.1 dargestellten Überlegungen entwickelt.

Zur Sicherung der inhaltlichen Validität und sprachlichen Klarheit wurden Expertinnen und Experten relevanter Fachgebiete gebeten, alle Items zu begutachten, zu bewerten und gegebenenfalls Modifizierungen vorzuschlagen. Befragt wurden Wissenschaftlerinnen und Wissenschaftler aus den Bereichen Biologie, Biophilosophie und Biologiedidaktik, Biologie-Lehrkräfte sowie Menschen mit einem naturalistischen oder kreationistischen Weltbild. Auf diese Weise sollte sichergestellt werden, dass Menschen mit unterschiedlichen Weltanschauungen sowie unterschiedlichem Hintergrundwissen zur Evolution ihre Zustimmung oder Ablehnung der Aussagen in den

---

[55] Wie in Kapitel 2.4.4 beschrieben, werden die Begriffe *Geist* und *Bewusstsein* in dieser Arbeit synonym verwendet (siehe auch Kap. 3.2.6).

Items adäquat ausdrücken können. Besonderer Wert wurde daraufgelegt, dass Kreationistinnen und Kreationisten bei Bearbeitung des Fragebogens geringe Skalenwerte erreichten und umgekehrt naturalistisch eingestellte Menschen hohe Skalenwerte (vgl. Kap. 4.2.1.3).

Neben den Items, die nach der Prüfung durch Expertinnen und Experten oder aufgrund der Vortests durch die Schülerinnen und Schüler herausfielen (Kap. 4.2), wurden Items ausgeschlossen, die zu viel Wissen zu Evolution voraussetzten oder einen Bezug zu religiösen Positionen herstellten. Dadurch sollte zum einen eine Kollinearität zu anderen Parametern vermieden werden (vgl. Kap. 2.8.1.2), zum anderen sollte so verhindert werden, einen Konflikt zwischen Gläubigkeit und der Zustimmung zu Evolution innerhalb einer Skala herzustellen, den die Befragten unter Umständen gar nicht explizit wahrnehmen, der aber ihr Antwortverhalten beeinflussen kann (siehe Kap. 2.8.1.1). Die ATEVO-Skala sollte möglichst unmissverständlich nach der persönlichen Position zu Evolution fragen (vgl. Kap. 3.1). Jedes Item wurde daher mit der Einleitung „*Ich persönlich* bin der Meinung, dass..." versehen. Auf diese Weise sollte den Befragten deutlich gemacht werden, dass nach persönlichen Meinungen und nicht nach wissenschaftlichen Positionen gefragt wurde. Nach dieser inhaltlichen und sprachlichen Validierung wurde die ATEVO-Skala quantitativ validiert.

4.2.1.2 Validierung von ATEVO 1.0 in der EGl-Studie

Die erste Version der ATEVO-Skala (ATEVO 1.0) beinhaltete 16 Items (siehe Appendix I) und wurde in der *EGl-Studie* verwendet. Im nachfolgenden Validierungs-Prozess wurde die Skala auf interne Konsistenz und mithilfe einer explorativen Faktorenanalyse auf Dimensionalität getestet. ATEVO 1.0 erwies sich als reliabel ($\alpha = 0{,}975$;

$N = 4745$) und zeigte eine eindimensionale Struktur. Der extrahierte Faktor mit einem Eigenwert von 11,78 erklärte 73,6 % der Varianz. Die Skala zur Messung von Einstellungen zu Evolution sollte nicht nur unmissverständlich, sondern auch möglichst kurz sein. Daher wurde ATEVO 1.0 in Anschluss an die *EGI-Studie* gekürzt.

Tabelle 6: Items der ATEVO-Skala (2.0). Die Items werden mit dem Satz *„Ich persönlich bin der Meinung, dass..."* eingeleitet, und die Instruktion lautet: *„Bitte geben Sie an, inwieweit Sie den folgenden Aussagen zur Evolution zustimmen."* **AE**: Items aus der Subskala *Allgemeine Evolution* (ATEVO-AE); **GE**: Items aus der Subskala *GeistEvolution* (ATEVO-GE). **R**: In Relation zum gemessenen Faktor *Akzeptanz von Evolution* negativ formulierte Items.

Item	Item Aussage
AE1	... sich die ganze Welt der Lebewesen im Laufe von Milliarden Jahren entwickelt hat.
GE1	... unser Bewusstsein ein Produkt natürlicher Evolutionsprozesse ist.
AE2	... die Anpassungen der Lebewesen an ihre Lebensräume mit der Evolutionstheorie erklärt werden können.
GE2R	... unser Denkvermögen sich NICHT über natürliche Evolutionsprozesse entwickelt hat.
AE3	... die Tiere und Pflanzen, die wir heute kennen, sich aus früheren Arten entwickelt haben.
GE3	... unser Moralempfinden zum Teil das Ergebnis natürlicher Evolution ist.
AE4	... die heutigen Lebewesen das Ergebnis evolutionärer Prozesse sind, die über Milliarden von Jahren stattgefunden haben.
GE4R	... so etwas Komplexes wie unser Bewusstsein NICHT durch Evolution entstehen kann.

Ausgeschlossen wurden Items, die uneindeutig formuliert erschienen (*„... wir Menschen zu komplex sind, um nur durch natürliche Prozesse entstanden zu sein"*), die auf die Verlässlichkeit der Evolutionstheorie abzielen (*„... es sich bei der Evolutionstheorie eher um eine Spekulation handelt als um sicheres Wissen"*), die sich nicht eindeutig auf die Einstellung zu Evolution beziehen (*„... wir Menschen biologisch betrachtet ein Tier wie jedes andere sind"*), die mögliche Fehlvorstellungen bedienen (*„... wir Menschen uns aus affenartigen Vorfahren entwickelt* *haben")* sowie Items, die bereits durch andere Aussagen in der Skala in ähnlicher Form abgedeckt werden *("... sich die Lebewesen über die Zeit NICHT verändert haben")*.

Acht Items verblieben in der verkürzten Skala (ATEVO 2.0), die sich wie in Tabelle 6 dargestellt in die zwei Subskalen **ATEVO-AE** *(Allgemeine Evolution)* und **ATEVO-GE** *(GeistEvolution)* aufteilten. Cronbachs α für diese acht Items betrug in der *EGl-Studie* 0,956 ($N = 4745$). Auch die beiden Subskalen ATEVO-AE (α = 0,932; $N = 4745$) sowie ATEVO-GE (α = 0,934; $N = 4745$) waren auf Basis der in der *EGl-Studie* erhobenen Daten reliabel. Eine explorative Faktorenanalyse zeigte bei einem Eigenwert von 6,15 eine eindimensionale Struktur der Skala aus acht Items. Dieser Faktor erklärte 76,8 % der Varianz.

4.2.1.3 Validierung von ATEVO 2.0

Die verkürzte Skala ATEVO 2.0 wurde in der *EWi-Studie* eingesetzt. Die Ergebnisse der Faktorenanalyse zeigen eine zweidimensionale Struktur, die die beiden Subskalen abbildet (Tab. 7).

Tabelle 7: Faktorenanalyse zur ATEVO-Skala (2.0) in der EWi-Studie. $N = 1049$. Extraktionsmethode Hauptkomponentenanalyse (Eigenwert > 1). Faktor 1 = 3,52 (43,9 % Varianz); Faktor 2 = 1,18 (14,7 % Varianz). KMO = 0,85. Rotationsmethode: Varimax.

Item Nr.	M	SD	Faktor 1	Faktor 2
ATEVO - AE1	4,50	0,96	0,183	**0,745**
ATEVO - GE1	3,69	1,14	**0,693**	0,324
ATEVO - AE2	4,20	1,01	0,278	**0,684**
ATEVO - GE2R	3,44	1,27	**0,795**	0,075
ATEVO - AE3	4,52	0,86	0,046	**0,750**
ATEVO - GE3	3,25	1,17	**0,604**	0,215
ATEVO - AE4	4,26	1,04	0,331	**0,748**
ATEVO - GE4R	3,36	1,29	**0,812**	0,181

Auf dem ersten Faktor (Eigenwert = 3,52) luden die Items der ATEVO-GE-Skala. Dieser Faktor erklärte eine Varianz von 43,9 %, während der zweite Faktor (Eigenwert = 1,18), auf dem die Items der ATEVO-AE-Skala luden, 14,7 % der Varianz erklärte. Die theoretisch abgeleitete zweidimensionale Struktur (siehe Kap. 3.1) konnte in der *EWi-Studie* demnach auch empirisch belegt werden.

Auch innerhalb der in dieser Studie befragten Subgruppen war diese zweidimensionale Struktur zu finden, außer bei den jüngsten der befragten Schülerinnen und Schülern. Hier ergaben sich zwar zwei Faktoren, jedoch bildeten diese nicht die beiden ATEVO-Subskalen ab, sondern trennten positiv und negativ formulierte Items und verwiesen damit eher auf Verständnisprobleme. Je älter die Probandinnen und Probanden waren, desto deutlicher war die Trennung der beiden Faktoren[56].

Die interne Konsistenz der ATEVO-Skala für die gesamte Stichprobe (α = 0,813; N = 1049) sowie für die meisten Subgruppen war hoch (Tab. 17). Gleiches galt für die ATEVO-AE-Subskala (α = 0,761; N = 1066), während die ATEVO-GE-Subskala zwar für den gesamten Datensatz eine gute interne Konsistenz zeigte (α = 0,752; N = 1061), jedoch bei der jüngsten Probandengruppe eine fragwürdige Reliabilität aufwies (Tab. 17).

Der Prozess der Validierung war nach der *EWi-Studie* abgeschlossen und die ATEVO-Skala wurde anschließend nicht weiter modifiziert. Zur abschließenden inhaltlichen Validierung wurde die ATEVO-Skala erneut Personen vorgelegt, die sich selbst als Kreationisten oder Naturalisten in Bezug auf die Evolution bezeichneten[57]. Auch in der *RED-*

---

[56] Eine Ausnahme bildete Item AE2 (bei den LiV), welches etwa gleich stark auf beide Faktoren lud. Die restlichen Items teilten sich gemäß den theoretischen Annahmen auf beide Faktoren auf.

[57] Reinhard Junker von der Studiengemeinschaft Wort und Wissen e.V. (vgl. Kap. 2.6.3.1) und der christliche Buchautor Timo Roller bestätigten die inhaltliche Validität der Skala aus kreationistischer Sichtweise, indem sie bei

Studie und der *EKI-Studie* waren die Reliabilitätswerte für die ATEVO-Skala sowie für beide Subskalen gut (Tab. 17). Eine Faktorenanalyse der ATEVO-Skala ergab in der *RED-Studie* eine zweidimensionale Struktur[58], die 65,3 % der Varianz erklärte (Tab. 8).

Tabelle 8: Faktorenanalyse zur ATEVO-Skala (2.0) in der RED-Studie. $N = 921$.
Extraktionsmethode Hauptkomponentenanalyse (Eigenwert > 1). Faktor 1 = 4,03 (50,4 % Varianz); Faktor 2 = 1,20 (15,0 % Varianz). KMO = 0,84. Rotationsmethode: Varimax.

Item Nr.	M	SD	Faktor 1	Faktor 2
ATEVO - AE1	4,54	0,82	**0,844**	0,192
ATEVO - GE1	3,89	1,03	**0,453**	**0,620**
ATEVO - AE2	4,33	0,88	**0,744**	0,291
ATEVO - GE2R	3,78	1,20	0,153	**0,820**
ATEVO - AE3	4,55	0,77	**0,843**	0,146
ATEVO - GE3	3,42	1,17	0,303	**0,433**
ATEVO - AE4	4,43	0,91	**0,817**	0,270
ATEVO - GE4R	3,71	1,23	0,121	**0,888**

Eine Faktorenanalyse der ATEVO-Skala resultierte auch in der *EKI-Studie* in einer zweidimensionalen Struktur (Tab. 9). Die beiden Faktoren erklärten dabei 68,0 % der Varianz[59].

[ ] allen Items den Wert 1 erreichten. Eine Ausnahme bildete Item AE2, bei dem einmal der Wert 2 erreicht wurde. Begründet wurde diese Abweichung mit einer Akzeptanz von mikroevolutionären Prozessen (vgl. Kap. 2.6.31). Der Kreationismus-Experte Thomas Waschke und der Wissenschaftstheoretiker Martin Mahner bestätigten mit voller Zustimmung zu allen Items die Skala aus naturalistischer Perspektive.

[58] Die Items GE1 und GE3 zeigen jedoch keine sehr deutliche Trennung zwischen den beiden extrahierten Faktoren.

[59] Die Items GE1 und AE2 zeigen jedoch keine sehr deutliche Trennung zwischen den beiden extrahierten Faktoren.

Tabelle 9: Faktorenanalyse zur ATEVO-Skala (2.0) in der EKI-Studie. $N = 1833$.
Extraktionsmethode Hauptkomponentenanalyse (Eigenwert > 1). Faktor 1 = 4,34 (54,3 % Varianz); Faktor 2 = 1,10 (13,8 % Varianz). KMO = 0,88. Rotationsmethode: Varimax.

Item Nr.	M	SD	Faktor 1	Faktor 2
ATEVO - AE1	4,94	0,36	**0,866**	0,203
ATEVO - GE1	4,71	0,67	0,436	**0,734**
ATEVO - AE2	4,82	0,50	**0,622**	0,478
ATEVO - GE2R	4,64	0,86	0,110	**0,762**
ATEVO - AE3	4,90	0,41	**0,846**	0,217
ATEVO - GE3	4,30	1,02	0,235	**0,608**
ATEVO - AE4	4,89	0,45	**0,846**	0,254
ATEVO - GE4R	4,63	0,86	0,230	**0,832**

Die Aufspaltung in die Variablen *Einstellung zu Evolution im Allgemeinen* und *Einstellungen zur Geistevolution* kann inhaltlich begründet werden und bestätigt, dass die beiden Subskalen zumindest in einigen Stichproben (hier in der *EWi-*, *RED-* und *EKI-Studie*) zwei verschiedene inhaltliche Konstrukte abbilden, (vgl. Kap. 3.1). Für die statistischen Analysen wurde die ATEVO-Skala abhängig von Faktorenanalysen sowohl als eine Variable mit der Bezeichnung *Einstellung zu Evolution* verwendet als auch in einer auf beide Subskalen aufgeteilten Version (vgl. auch Kap. 3.2.6).

Die ATEVO-Skala besteht in der Endversion aus acht Items mit Ausprägungen von 1 (*stimme nicht zu*) bis 5 (*stimme zu*). Daher können Werte (Scores) zwischen 8 (vollständige Ablehnung der Evolution) und 40 (vollständige Akzeptanz der Evolution) erreicht werden. Analog ist für die beiden Subskalen, die aus je vier Items bestehen, eine Spanne von 4 (vollständige Ablehnung der Geistevolution bzw. allg. Evolution) bis 20 (vollständige Akzeptanz der Geistevolution bzw. allg. Evolution) möglich.

Vorgehen bei der Entwicklung der zentralen Skalen 131

Tabelle 10: Interpretation der Scores für die ATEVO-Skala sowie die ATEVO-Subskalen. Zur Vermeidung von Dezimalstellen wurde die mittlere Kategorie um zwei Punktwerte größer gewählt als die anderen Kategorien. Auf diese Weise konnte dennoch eine symmetrische Aufteilung ermöglicht werden.

ATEVO-Score (ges. Skala)	ATEVO-Score (Subskalen)	Interpretation
8 – 13	4 – 6	Ablehnung
14 – 19	7 – 9	eher Ablehnung
20 – 28	10 – 14	indifferente Position
29 – 34	15 – 17	eher Akzeptanz
35 - 40	18 - 20	Akzeptanz

Zur Interpretation der Ergebnisse der Erhebung anhand der ATEVO-Skala und den zugehörigen Subskalen werden die in Tabelle 10 dargestellten Wertebereiche festgelegt.

4.2.2 Dualistisches Denken (SD-Skala)

Um herauszufinden, inwiefern Menschen einer dualistischen oder monistischen Sicht auf das Verhältnis von Gehirn und Geist anhängen (Kap. 2.4), wurde eine deutlich gekürzte und abgewandelte Version der *Dualism Scale* (Stanovich, 1989) verwendet. Die ursprüngliche Skala von Stanovich (1989) besteht aus 27 Items, die verschiedene Aspekte des Verhältnisses von Gehirn und Geist beinhalten. Zum einen werden Ursache-Wirkungs-Beziehungen zwischen Gehirn und Geist beschrieben, zum anderen thematisieren die Items die Art der Verbindung von Gehirn und Geist. Weiterhin beinhaltet die Skala Items, die Begründungen für menschliches Verhalten liefern oder Zukunftsvisionen beschreiben.

Die Dualismus-Skala in der vorliegenden Arbeit sollte als Maß für eine Verhältnis-Bestimmung von Gehirn und Geist dienen. Daher wurde auf Grundlage jener Items aus der *Dualism Scale*, die sich mit der Verbindung von Gehirn und Geist beschäftigten, die SD-Skala (***Short***

Dualism) entwickelt. Diese wurden nach einer Diskussion mit Expertinnen und Experten aus der Biophilosophie und Biologiedidaktik in den bereits beschriebenen Vortests mit Schülerinnen und Schülern (Kap. 4.2) auf Reliabilität und Verständnis getestet.
Die resultierende SD-Skala beinhaltet fünf Items (Tab. 11). Drei der Items beschreiben eine monistische, die anderen beiden eine dualistische Sicht auf das Verhältnis von Gehirn und Geist. Wie bereits in Kapitel 2.4.4 beschrieben, zeigte sich auch in den Expertengesprächen sowie auf Basis der Vortests, dass der Begriff *Geist*[60] von verschiedenen Personen unterschiedlich gedeutet wird und Befragte teilweise andere Termini bevorzugten.

Tabelle 11: Items der SD-Skala. Die Instruktion lautet: *„Geben Sie bitte an, inwiefern Sie den folgenden Aussagen zu Geist und Gehirn zustimmen."* **D**: Items mit **d**ualistischen Aussagen; **M**: Items mit **m**onistischen Aussagen. **R**: In Relation zum gemessenen Faktor *dualistisches Denken* negativ formulierte Items (alle Items zu Monismus).

Item	Item Aussage
D1	Der Geist ist im Prinzip unabhängig vom Körper; er ist nur für eine Zeit lang an diesen gebunden.
M1R	Der Geist lässt sich prinzipiell allein auf natürliche Prozesse im Gehirn zurückführen.
D2	Mein Geist wird den Tod meines Körpers überleben.
M2R	Geistige Prozesse sind NICHT mehr als das Ergebnis von Aktivitäten des Ge-
M3R	Wenn ich das Wort „Geist" benutze, ist das nur eine Vereinfachung für die komplizierten Dinge, die mein Gehirn macht.

Aus diesem Grund wurde die SD-Skala mit einem Erklärungstext ausgestattet, der dieses Problem adressiert: *„Das Wort ‚Geist' steht hier im*

---

[60] In der englischsprachigen *Dualism Scale* wird der Terminus *mind* verwendet, was sich mit *Geist, Seele, Verstand* oder *Psyche* übersetzen lässt. Vor allem der Terminus *Seele* ist stark religiös konnotiert, sodass aus Gründen der weltanschaulichen Neutralität der Begriff *Geist* verwendet wurde.

Vorgehen bei der Entwicklung der zentralen Skalen 133

Folgenden stellvertretend für das, was Sie als Person ausmacht und häufig auch als ‚Seele', ‚Persönlichkeit' oder das ‚Ich' bezeichnet wird.
Die SD-Skala zeigte bereits in der *EGI-Studie* eine hohe Reliabilität (α = 0,929; N = 4621) und eine eindimensionale Struktur (Eigenwert = 3,85), die 77,9 % der Varianz erklärte. Sie wurde daher nicht weiter modifiziert. Trotz etwas geringerem Cronbachs α konnte eine gute interne Konsistenz (α = 0,743; N = 1009) auch in der *EWi-Studie* bestätigt werden.
Innerhalb der einzelnen Subgruppen traten jedoch, ähnlich wie bei der ATEVO-Subskala zur Geistevolution, vereinzelt bei den jüngeren Probandengruppen geringere Reliabilitätswerte auf (Tab. 17). Eine Faktorenanalyse attestierte der Stichprobe in der *EWi-Studie* eine zweidimensionale Struktur, bei der die Items mit monistischen Aussagen auf dem einen Faktor und die Aussagen zu dualistischen Positionen auf dem anderen Faktor luden (Tab. 12).

Tabelle 12: Faktorenanalyse zur SD-Skala in der EWi-Studie. N = 1009. Extraktionsmethode Hauptkomponentenanalyse (Eigenwert > 1). Faktor 1 = 2,48 (49,6 % Varianz); Faktor 2 = 1,04 (20,4 % Varianz). KMO = 0,73. Rotationsmethode: Varimax.

Item Nr.	M	SD	Faktor 1	Faktor 2
SD - D1	3,00	1,40	0,136	**0,880**
SD - M1R	2,79	1,24	**0,809**	0,076
SD - D2	2,87	1,44	0,217	**0,855**
SD - M2R	2,77	1,25	**0,739**	0,283
SD - M3R	2,92	1,33	**0,799**	0,161

Die Reliabilität der monistischen (α = 0,719; N = 1017) sowie dualistischen Items (α = 0,732; N = 1032) war gut. Diese zweifaktorielle Struktur fand sich auch in der Subgruppe der Lernenden aus der 7. sowie 9. – 11. Klasse, jedoch waren hier die Reliabilitätswerte der einzeln betrachteten Dualismus- und Monismus-Items nicht akzeptabel bzw. grenzwertig.

Die Ergebnisse der Faktorenanalyse für die Gruppe der Studierenden sowie der Biologie-Referendarinnen und -Referendare deuteten hingegen auf eine einfaktorielle Struktur der SD-Skala hin.
In der *RED-Studie* ergab sich wie in der *EWi-Studie* eine zweidimensionale Struktur der SD-Skala (Tab. 13), die eine Trennung der monistischen und dualistischen Aussagen abbildete. Reliabilitätsanalysen der dualistischen sowie monistischen Items resultierten für beide Subskalen in der *RED-Studie* eine hohe interne Konsistenz ($\alpha_{Monismus} = 0{,}764$[61]; $\alpha_{Dualismus} = 0{,}829$). Auch die Reliabilität der gesamten SD-Skala war in der *RED-Studie* gut ($\alpha = 0{,}782$; $N = 900$).

Tabelle 13: Faktorenanalyse zur SD-Skala in der RED-Studie. $N = 900$. Extraktionsmethode Hauptkomponentenanalyse (Eigenwert > 1). Faktor 1 = 2,68 (53,7 % Varianz); Faktor 2 = 1,09 (21,7 % Varianz). KMO = 0,70. Rotationsmethode: Varimax.

Item Nr.	M	SD	Faktor 1	Faktor 2
SD - D1	2,81	1,32	0,139	**0,918**
SD - M1R	2,66	1,21	**0,830**	0,228
SD - D2	2,68	1,37	0,243	**0,890**
SD - M2R	2,70	1,24	**0,791**	0,272
SD - M3R	2,44	1,19	**0,782**	0,053

Die SD-Skala zeigte für die Stichprobe in der *EKI-Studie* wie bereits in der *EGI-Studie* eine eindimensionale Struktur, bei der der extrahierte Faktor (Eigenwert = 3,25) 64,9 % der Varianz erklärte. Mit $\alpha = 0{,}861$ ($N = 1833$) war die interne Konsistenz in *EKI-Studie* sehr gut.
Für die statistischen Analysen wurde die SD-Skala trotz der zum Teil zweidimensionalen Struktur stets als eine einzelne Variable verwendet und nicht in beide Subskalen aufgeteilt (wie bei der ATEVO-Skala praktiziert). Während bei den Subskalen der ATEVO-Skala auch hypothesengeleitet davon ausgegangen werden kann, dass die beiden

---

[61] Die Reliabilität würde sich durch Weglassen des Items M3R auf 0,777 erhöhen.

Subskalen zwei verschiedene inhaltliche Konstrukte abbilden, handelt es sich bei den beiden Subskalen der SD-Skala um ein Gegensatzpaar, für dessen Trennung in zwei Variablen kein inhaltlicher Grund besteht.

Die SD-Skala besteht aus fünf Items mit Ausprägungen von 1 (*stimme nicht zu*) bis 5 (*stimme zu*). Daher können Scores zwischen 5 (monistische Position) und 25 (dualistische Position) erreicht werden. Zur Interpretation der Ergebnisse der Erhebung anhand der SD-Skala werden die in Tabelle 14 dargestellten Wertebereiche festgelegt.

Tabelle 14: Interpretation der Scores für die SD-Skala. Zur Vermeidung von Dezimalstellen wurde die mittlere Kategorie um einen Punktwert größer gewählt als die anderen Kategorien. Auf diese Weise konnte dennoch eine symmetrische Aufteilung ermöglicht werden.

SD-Score	Interpretation
5 - 8	starker Monismus
9 - 12	Monismus
13 - 17	indifferente Position
18 - 21	Dualismus
22 - 25	starker Dualismus

4.2.3 Religiöse Gläubigkeit (PERF-Skala)

Innerhalb des Forschungsgebiets zu Einstellungen zu Evolution wird regelmäßig die Variable *religiöse Gläubigkeit* erhoben (vgl. Kap. 2.8.3.1). Zur Messung dieses Parameters liegt in diesem Forschungsbereich jedoch keine etablierte, häufig verwendete Skala vor. In vielen Fällen dienen lediglich einzelne Items zur Erhebung dieser Variablen. Auf der Suche nach einfachen, geeigneten und etablierten Skalen in der Literatur wurde deutlich, dass die meisten Skalen zur Messung religiöser Gläubigkeit sich nur auf eine religiöse Zugehörigkeit konzentrieren. In der Mehrzahl der Fälle handelt es sich dabei um das Christentum (z. B. Berggren und Bjørnskov, 2011; Hilty und Morgan, 1985; Maltby und Lewis, 1996). Derartige Skalen sind ungeeignet für den Einsatz bei erwartungsgemäß heterogenen und multikulturellen Stichproben. Aus diesem Grund musste für die vorliegende Arbeit ein neues, breiter einsetzbares Messinstrument zur Erhebung der religiösen Gläubigkeit entwickelt werden, das möglicherwiese auch für künftige Studien von Interesse sein könnte.

Zunächst wurde der Frage nachgegangen, auf welche Weise sich die Variable *religiöse Gläubigkeit* am geeignetsten operationalisieren lässt, um zu ermöglichen, zumindest ein Spektrum monotheistischer Glaubenssysteme angemessen abbilden zu können. Dazu wurden in der *EGl-Studie* verschiedene Skalen und einzelne Items getestet, die unterschiedliche Aspekte religiösen Glaubens abfragten. Dementsprechend lag ein starker Fokus der *EGl-Studie* auf der Operationalisierung von Gläubigkeit (vgl. Kap. 3.2.2).

Zur Erstellung der verschiedenen Skalen und Items zu diesem Themengebiet wurden aus vorliegenden Skalen passend erscheinende Items zusammengestellt (vgl. Kap. 4.2). Mit Hilfe von Expertinnen und Experten aus den Bereichen Philosophie, Theologie, Religionspädagogik, Religionswissenschaft, Psychologie und Soziologie, von Gläubigen verschiedener Konfessionen sowie Atheistinnen und Atheisten wurde der Item-Pool bewertet, gekürzt, teilweise modifiziert sowie erweitert.

Bei der Konzeption stand die Frage im Mittelpunkt, wie sich die Kernaspekte von Gläubigkeit unabhängig von der Konfession operationalisieren lassen. Auf Items mit explizitem Bezug zum Christentum oder zu anderen Religionen (bspw. durch Termini wie *Jesus, Bibel, Koran, 10 Gebote*) wurde daher verzichtet. Weiterhin wurde kritisch geprüft, ob die Fragen für Probandinnen und Probanden jeden Glaubens bzw. ohne religiösen Glauben sinnvoll zu beantworten sind und zugleich genügend gemeinsame Elemente abbilden. Als Ergebnis dieser Entwicklungsarbeit ergaben sich mehrere Skalen und weitere Frageformate. Nach dem in Kapitel 4.2 bereits beschriebenen Vortest mit Schülerinnen und Schülern folgten noch einige wenige sprachliche und inhaltliche Anpassungen.

Unter den weiterentwickelten Instrumenten befand sich unter anderen die **PE**rsonal **R**eligious **F**aith (PERF)-Skala, mit der in den anschließenden Studien gearbeitet wurde und die aus diesem Grund hier näher betrachtet werden soll[62]. In der ursprünglichen Version, die in der *EGl-Studie* verwendet wurde, beinhaltete die PERF-Skala 24 Items (PERF 1.0; Appendix I), die anschließend auf zehn Items reduziert wurden (PERF 2.0), um den Bearbeitungsaufwand zu reduzieren. Es wurden Items ausgeschlossen, die eine mögliche Kollinearität mit anderen Parametern verursachen könnten (*„Ich glaube an die Existenz Gottes, der das Universum geschaffen hat"*), die speziellere Glaubensfragen beinhalten (*„Ich glaube, dass es Engel gibt"*), die eher eine Außensicht auf den Glauben abfragen (*„Ich halte Religion für gefährlich"*) und solche, die weitgehend redundant zu anderen Items sind (*„Ich glaube an eine Art von Leben nach dem Tod"*).

Wichtig ist, dass die sehr hohe Reliabilität aus der *EGl-Studie* ($\alpha_{EGl(24)}$ = 0,989; N = 4985) durch die Verkürzung auf zehn Items auch innerhalb des Datensatzes der *EGl-Studie* nicht beeinträchtigt wurde ($\alpha_{EGl(10)}$ = 0,986; N = 4990). Diese sehr hohe interne Konsistenz wurde in der *EWi-Studie* bestätigt (α_{EWi} = 0,960; N = 992).

Die Kurzform der PERF-Skala (PERF 2.0; Tab. 15) zeigte in beiden Studien und in allen Stichproben eine deutlich eindimensionale Struktur. Der Prozess der Validierung war nach der *EWi-Studie* abgeschlossen.

---

[62] Eine Beschreibung anderer in der *EGl-Studie* verwendeter Instrumente findet sich in Kapitel 4.3.1 bei der Vorstellung des Fragebogens der *EGl-Studie*. Zudem ist der gesamte Fragebogen in Appendix I einsehbar.

Tabelle 15: Items der PERF 2.0-Skala. Die Instruktion lautet: „*Bitte geben Sie an, inwieweit die folgenden Aussagen zum Thema Glaube/Religion auf Sie zutreffen.*"

Item	Item Aussage
P1	Ich glaube an Gott.
P2	Ich spüre, dass Gott existiert.
P3	Ich denke, es gibt gute Argumente dafür, dass Gott existiert.
P4	Ich würde mich als gläubige Person bezeichnen.
P5	Ohne Glauben ist/wäre mein Leben sinnlos.
P6	Ich glaube, dass es einen Himmel gibt.
P7	Ich bete und glaube, dass meine Gebete verändern können, was (in Zukunft) geschieht.
P8	Ich fühle mich am meisten erfüllt, wenn ich in enger Verbindung mit Gott
P9	Durch meinen Glauben habe ich Hoffnung auf ein Leben nach dem Tod.
P10	Mein Leben ist bedeutungsvoll, weil ich von Gott gewollt bin.

Die PERF-Skala wurde anschließend nicht weiter modifiziert. Auch in der *RED-Studie* war die Reliabilität für die PERF-Skala mit $\alpha = 0{,}972$ ($N = 884$) sehr gut.[63]

Tabelle 16: Interpretation der Scores für die PERF-Skala. Zur Vermeidung von Dezimalstellen wurde die mittlere Kategorie um einen Punktwert größer gewählt als die anderen Kategorien. Auf diese Weise konnte dennoch eine symmetrische Aufteilung ermöglicht werden.

PERF-Score	Interpretation
10 – 17	gar nicht gläubig
18 – 25	nicht gläubig
26 – 34	indifferente Position
35 – 42	gläubig
43 – 50	sehr gläubig

Für die statistischen Analysen wurde die PERF-Skala aufgrund der deutlich eindimensionalen Struktur und inhaltlich begründet stets als

---

[63] In der *EKI-Studie* wurde die PERF-Skala nicht verwendet (siehe Kap. 4.3.4).

eine einzelne Variable verwendet. Die PERF-Skala besteht aus zehn Items mit Ausprägungen von 1 (*stimme nicht zu*) bis 5 (*stimme zu*). Der Summenscore für die Gläubigkeit der Probandinnen und Probanden auf Basis der PERF-Skala konnte daher zwischen 10 (nicht gläubig) und 50 (sehr gläubig) liegen (Tab. 16).

Tabelle 17: Reliabilitäten für die zentralen Skalen in allen Studien. (1) 7. Klasse; (2) 9. – 11. Klasse; (3) Studierende; (4) LiV. Die Reliabilitätswerte lassen sich durch Ausschließen einzelner Items nicht um mehr als 0,03 erhöhen.

	EGl	EWi	EWi (1)	EWi (2)	EWi (3)	EWi (4)	RED	EKI
Ø Alter	37,0	19,3	12,5	15,6	22,1	28,0	42,7	42,5
N	4745	1049	208	222	527	92	921	1833
α_{ATEVO}	0,956	0,813	0,725	0,812	0,835	0,804	0,841	0,835
N	4745	1061	211	226	530	94	925	1833
$\alpha_{ATEVO\text{-}GE}$	0,933	0,752	0,539	0,727	0,811	0,781	0,739	0,767
N	4745	1066	215	226	532	93	973	1833
$\alpha_{ATEVO\text{-}AE}$	0,932	0,761	0,759	0,747	0,763	0,749	0,868	0,862
N	4990	992	197	210	497	88	884	-
α_{PERF}	0,986	0,960	0,949	0,958	0,964	0,960	0,972	-
N	4621	1009	205	213	505	86	900	1833
α_{SD}	0,928	0,743	0,367	0,645	0,826	0,872	0,782	0,861

4.3 Inhaltliche Beschreibung der Fragebögen

Neben den beschriebenen ATEVO-, SD- und PERF-Skalen kamen in den einzelnen Studien weitere Instrumente zum Einsatz[64]. Im Folgenden werden diese zusätzlichen Bestandteile der Fragebögen beschrieben, sofern sie in der Auswertung im Rahmen dieser Arbeit

---

[64] Die Fragebögen der *EGl-, EWi-* und *RED-Studie* einschließlich der einführenden Texte befinden sich vollständig im Appendix I-III. Für die *EKI-Studie* werden die relevanten Teile des Fragebogens in Kapitel 4.3.4 vorgestellt.

beachtet wurden. Für die aus mehreren Items bestehenden Skalen werden jeweils die Ergebnisse von Faktoren- und Reliabilitätsanalysen dargestellt. Die Motivation der befragten Personen hängt in großem Maße vom Umfang und der sprachlichen Angemessenheit eines Fragebogens ab. Aus diesem Grund wurde bei den selbst konzipierten Fragebögen für die *EGl-, EWi-* und *RED-Studien* darauf geachtet, den Fragebogen entsprechend dem sprachlichen Niveau der Testgruppen angemessen zu gestalten, sowie bei Beachtung aller relevanten Inhalte eine kurze Bearbeitungszeit (etwa 5 – 20 Minuten) zu gewährleisten.

4.3.1 Fragebogen – EGl-Studie

Der Online-Fragebogen in der *EGl-Studie* fokussierte den Themenbereich *Einstellungen zu Evolution und religiöse Gläubigkeit*. Nach einer kurzen Vorstellung des Forschungs-Kontextes der Befragung und einer Zeitangabe für die voraussichtliche Bearbeitungsdauer (20 Minuten) wurden zunächst Instruktionen für die Beantwortung sowie ein Hinweis auf die Anonymität der Befragung gegeben. Durch diese Informationen sollten die Befragten motiviert werden, wahrheitsgemäß und aufmerksam ihre Antworten zu geben. Als Kontroll-Items für den Ausschluss von Fragebögen wurde an zwei Stellen gefragt, ob die Testanweisungen gelesen und verstanden wurden. Außerdem wurde eine Kontrollfrage eingebaut, bei der eine bestimmte Zahl in einer Skala ausgewählt werden sollte, um zufälliges Antworten auszuschließen (A1[65]).

---

[65] Die Buchstaben in Klammern stehen in diesem Abschnitt jeweils für den Abschnitt des Fragebogens zur *EGl-Studie* (Appendix I). Die PERF-Skala (1.0) entspricht Teil E1 und E2, die ATEVO-Skala (1.0) findet sich in Teil L1, und die SD-Skala wird in Teil O1 dargestellt.

Die Teilnehmenden wurden zunächst gefragt, ob sie an Gott, eine höhere Macht oder nichts derartig Übernatürliches glauben (B). Diejenigen, die an Gott oder eine höhere Macht glaubten, wurden im Anschluss aufgefordert, ihre persönliche Vorstellung eines Gottes anzugeben (D1). Hierzu gab es eine Auswahl an vorgegebenen Gottesvorstellungen, die aus den Gesprächen mit den Expertinnen und Experten extrahiert worden waren. Außerdem gab es die Möglichkeit, eine eigene Vorstellung auszuformulieren. Mehrfachauswahlen waren möglich. Der Fragebogen beinhaltete zudem einen Hinweis darauf, dass im gesamten folgenden Fragebogen der Begriff *Gott* verwendet wird und Befragte bei Abneigung gegen diesen Terminus an diese Stelle jenen Begriff einsetzen können, der ihrer persönlichen Vorstellung von Gott/etwas Göttlichem/einer höheren Macht entspricht.

Im anschließenden Abschnitt wurden die Teilnehmenden gebeten, sich auf einem siebenstufigen Spektrum zwischen den Aussagen *„Ich weiß, dass es einen Gott gibt"* und *„Ich weiß, dass es keinen Gott gibt"* einzuordnen (F1). Diese Aufstellung von Positionen ist eine Übersetzung des *Spectrum of Theistic Probability*, das durch Richard Dawkins bekannt gemacht wurde. Der Autor verwendet dieses Spektrum zur Kategorisierung theistischer, agnostischer[66] und atheistischer Positionen (Dawkins, 2008).

Ausgehend von der Annahme, dass sich die Gläubigkeit im Laufe eines Lebens ändern kann, wurde zusätzlich erhoben, ob die Probandinnen und Probanden schon immer an Gott glaubten bzw. nicht glaubten, oder ob sich daran im Laufe ihres Lebens etwas verändert hat (G1).

Mit Hilfe eines weiteren Messinstruments sollten Einstellungen zu Ursprung und Entwicklung des Menschen, der übrigen Lebewesen,

---

[66] Der Terminus *Agnostizismus* bezeichnet die philosophische Position, dass Annahmen zur Existenz oder Nichtexistenz Gottes bzw. einer höheren Macht prinzipiell nicht verifizierbar sind. Menschen, die sich als agnostisch bezeichnen, stellen diese Begrenztheit menschlicher Erkenntnis in den Fokus der Selbstbeschreibung.

der Erde und des Universums ermittelt werden (J1). Hierbei konnte zwischen Positionen gewählt werden, die dem Kreationismus, Theistischer Evolution, Deismus und Naturalismus entsprachen.

Ob Menschen einen Konflikt zwischen (ihrer) Religion oder Weltanschauung und der Evolution wahrnehmen, wurde mit Hilfe einer Skala aus 11 Items erfragt (M1) Die Skala wurde nach dem in Kapitel 4.2 vorstellten Vorgehen entwickelt und ist zum Teil an den bei Taber et al. (2011) verwendeten Fragebogen angelehnt. Das Antwortformat war eine fünfstufige Ratingskala von *ich stimme zu* bis *ich stimme nicht zu*. Diese Skala zur *Konfliktwahrnehmung* zeigte eine gute Reliabilität, die sich durch Ausschluss des letzten Items[67], das im Gegensatz zu den anderen Items der Skala eine indifferente Position abbildete, noch erhöhen ließ ($\alpha_{(11)}$ = 0,842; $\alpha_{(10)}$ = 0,860; N = 4682).

Zur Bildung eines Konflikt-Scores, der in der Auswertung als Maß für die Stärke des wahrgenommenen Konflikts verwendet wurde, wurden die 10 Items genutzt. Der Summenscore für die Konfliktwahrnehmung der Probandinnen und Probanden konnte daher zwischen 10 (keine Konfliktwahrnehmung) und 50 (hohe Konfliktwahrnehmung) liegen. Eine explorative Faktorenanalyse zeigte eine zweidimensionale Struktur dieser Skala.

Items, die eine Meta-Perspektive auf das Verhältnis von Evolution und Religion bzw. Weltanschauungen abbildeten, fanden sich auf dem einen Faktor, während der andere Faktor die Items beinhaltete, die explizit auf die persönliche Weltanschauung der Befragten abzielten. Eine Ausnahme bildete Item K8, das auf dem zweiten Faktor lud und die (vermutete) Intention von Evolutionsbiologen betrachtete (Tab. 18).

---

[67] Wortlaut dieses Items: „*In der Religion und in der Evolutionsbiologie gibt es verschiedene Berichte darüber, wie die Vielfalt des Lebens entstanden ist. Ich weiß nicht, was ich glauben soll.*"

Inhaltliche Beschreibung der Fragebögen 143

Tabelle 18: Faktorenanalyse zur Skala *Konfliktwahrnehmung* in der EGl-Studie.
$N = 4682$. Extraktionsmethode Hauptkomponentenanalyse (Eigenwert > 1). Faktor 1 = 4,52 (45,2 % Varianz); Faktor 2 = 2,29 (22,9 % Varianz); Faktor 3 < 1. KMO = 0,87. Rotationsmethode: Varimax. **R**: In Relation zum gemessenen Faktor *Konfliktwahrnehmung* negativ formulierte Items (= Harmonie zwischen Evolution und Religion bzw. Weltanschauung).

Item Nr.	Item Aussage	M	SD	Faktor 1	Faktor 2
K1	Die Evolutionstheorie und die Religion widersprechen sich in so vielen Dingen, dass ich NICHT beides glauben kann.	3,39	1,59	**0,861**	0,135
K2R	Meiner Meinung nach sind Schöpfungsglaube und Evolutionstheorie zwei Seiten der Geschichte, die beide wahr sein können.	3,60	1,56	**0,851**	0,058
K3R	Die Evolutionstheorie harmoniert mit meiner Weltanschauung.	2,38	1,63	0,035	**0,914**
K4	Ich persönlich erkenne einen Konflikt zwischen Evolutionstheorie und Religion.	3,81	1,42	**0,710**	0,145
K5	Meiner Meinung nach können die wissenschaftliche und die religiöse Version der Entstehung des Universums NICHT beide wahr sein.	3,49	1,63	**0,849**	-0,010
K6R	Weil Evolutionstheorie und Glaube unterschiedliche Bereiche der Wirklichkeit behandeln, wider-sprechen sie sich für mich nicht.	3,48	1,57	**0,815**	0,193
K7	Für mich persönlich schließt die Evolutionstheorie Gott aus.	2,99	1,70	**0,748**	0,202
K8	Die Evolutionsbiologen wollen die Menschen vom Glauben abbringen.	2,15	1,31	0,086	**0,766**
K9	Mir fällt es schwer, die Evolutionstheorie mit meiner Weltanschauung in Einklang zu bringen.	2,17	1,57	0,107	**0,910**
K10R	Ich habe keine Probleme mit der Evolutionstheorie, weil Religion nichts über Naturwissenschaft aussagt.	2,92	1,57	0,264	**0,660**

Mit Hilfe der Skala *Flexibles Denken* sollte die Selbsteinschätzung der Probandinnen und Probanden untersucht werden, inwiefern sie bereit sind, andere Meinungen zu akzeptiere, eigene Positionen zu überdenken und Mehrdeutigkeiten zu dulden (P1).

Tabelle 19: Faktorenanalyse zur Skala *Flexibles Denken* in der EGl-Studie.
N = 4588. Extraktionsmethode Hauptkomponentenanalyse (Eigenwert > 1). Faktor 1 = 2,19 (21,9 % Varianz); Faktor 2 = 1,26 (12,6 % Varianz); Faktor 3 = 1,19 (11,9 % Varianz); Faktor 4 < 1. KMO = 0,70. Rotationsmethode: Varimax. **R**: In Relation zum gemessenen Faktor *Flexibles Denken* negativ formulierte Items (= feste Überzeugungen, Verschlossenheit für andere Positionen).

Item Nr.	Item Aussage	M	SD	Faktor 1	Faktor 2	Faktor 3
F1R	Seine Meinung zu ändern, ist ein Zeichen von Schwäche.	4,52	0,71	**0,612**	0,050	0,179
F2	Man sollte immer neue Möglichkeiten berücksichtigen.	4,49	0,77	0,193	0,239	**0,600**
F3R	Man sollte sich beim Treffen von Entscheidungen auf seine Intuition verlassen.	2,85	0,98	**0,448**	0,284	-0,581
F4	Wenn ich länger über ein Problem nachdenke, ist es wahrscheinlicher, dass ich es löse.	3,97	0,89	0,044	**0,781**	-0,048
F5R	Im Prinzip weiß ich über die wichtigen Dinge des Lebens alles, was ich wissen muss.	3,07	1,17	**0,504**	-0,271	0,306
F6R	Wenn man zu viele verschiedene Meinungen berücksichtigt, führt das oft zu schlechten Entscheidungen.	3,34	1,15	**0,484**	0,270	0,130
F7	Man sollte immer Hinweise berücksichtigen, die den eigenen Überzeugungen widersprechen.	3,84	1,01	0,186	**0,437**	0,433
F8	Probleme können normalerweise eher durch Nachdenken als durch das Warten auf eine glückliche Fügung gelöst werden.	4,14	0,94	0,039	**0,706**	0,173
F9	Es ist nichts falsch daran, in Bezug auf viele Themen unentschieden zu sein.	3,56	1,13	0,132	0,054	**0,597**
F10R	Schnell Entscheidungen zu treffen, ist ein Zeichen von Weisheit.	4,01	0,85	**0,680**	0,051	-0,058

Inhaltliche Beschreibung der Fragebögen

Die Skala ist eine Übersetzung einer abgewandelten Form (Kokis et al., 2002) der *Flexible Thinking Scale* (Stanovich und West, 1997). Die Skala besteht aus 10 Items und zeigte eine mäßige Reliabilität ($\alpha = 0{,}571$; $N = 4588$), die auch durch Ausschluss von Items nicht maßgeblich verbessert werden konnte.

Aufgrund der beschriebenen unterschiedlichen Eigenschaften, die die Skala messen soll, war jedoch eine eher geringe Reliabilität zu erwarten. Eine explorative Faktorenanalyse zeigte eine dreidimensionale Struktur (Tab. 19), bei der der erste Faktor die Items beinhaltete, die intuitive Entscheidungen und feste Positionen als positiv beschreiben. Der zweite Faktor fasste die Items zusammen, bei denen es um Problemlösen durch Nachdenken geht, und auf dem dritten Faktor luden die Items am höchsten, die wandelbare und unstete Meinungen als positiv ansehen. Daher wies die Skala bei geringerer Reliabilität eine durchaus plausible interne Struktur auf, sodass zur Bildung des Summenscores zum *Flexiblen Denken* somit alle 10 Items verwendet wurden.

Am Ende des Fragebogens wurde zur Angabe einiger soziodemographischer Daten, wie z. B. Geburtsjahr, Geschlecht und Religionszugehörigkeit, aufgefordert (Q1 – Q12). Im letzten Fragenblock des Fragebogens wurde nach der religiösen Sozialisation der Teilnehmenden gefragt (Q14). Die 13 Items waren mit den Antwortkategorien *ja*, *eher ja*, *teilweise*, *eher nein* und *nein* versehen. Diese Items zur religiösen Sozialisation können in verschiedene Kategorien eingeteilt werden. So fragten zwei Items gezielt nach dem Glauben in der Familie, in der die oder der Befragte als Kind lebte. Diese beiden Items zeigten eine hohe Reliabilität ($\alpha = 0{,}905$; $N = 4562$) und wurden zu einem Score als Maß der religiösen Sozialisation in der Kindheit zusammengefasst. Weiterhin waren diese beiden Fragen analog auch in Bezug auf die aktuelle Situation der Befragten in ihrem jetzigen Alter gestellt worden. Auch hier ergab sich eine hohe Reliabilität

(α = 0,927; N = 4562), und diese beiden Items wurden zu einem Score zusammengefasst, der die aktuelle Bedeutung des Glaubens im Leben der Befragten abbilden sollte. Weiterhin wurden fünf Items zu einem Score gebündelt, der die Bedeutung des Glaubens für das soziale Umfeld der Befragten darstellen sollte. Die Items beinhalteten Aussagen über die Partizipation in religiösen Gruppen zur Pflege von Freundschaften sowie über die Bedeutung des Glaubens für Freundschaften und Partnerschaft. Die Items zeigten annehmbare Reliabilität (α = 0,785; N = 4562) und eine eindimensionale Struktur (Eigenwert = 2,76).

4.3.2 Fragebogen der EWi-Studie

Zu Beginn des Fragebogens der *EWi-Studie* wurden die soziodemographischen Daten erhoben. Hierbei wurden Alter und Geschlecht sowie für die einzelnen Probandengruppen jeweils weitere gruppenspezifische Daten abgefragt (siehe Appendix II). Alle untersuchten Probandengruppen wurden zudem aufgefordert, anzugeben, welcher Glaubensgemeinschaft sie offiziell angehören.

4.3.2.1 Wissen zu Evolution (KAEVO-Instrument)

Auf den soziodemographischen Teil folgten drei Abschnitte mit Wissensfragen zu Evolution, die gemeinsam das Testinstrument **KAEVO**[68] (***Knowledge About EVOlution***) bilden[69]. Das Instrument besteht aus einem Teil zu evolutionären Prozessen und Konzepten (KAEVO-A),

---

[68] Die Items zur evolutionären Anpassung des KAEVO-Instruments sowie die Fragen aus KAEVO-B und -C wurden am Institut für Biologiedidaktik der JLU Gießen entwickelt.

[69] Wie in Kapitel 2.7.2 dargestellt, bestehen die meisten publizierten Instrumente ausschließlich aus Fragen zur natürlichen Selektion bzw.

einem Abschnitt zu Faktenwissen zur Evolution (KAEVO-B) sowie aus einem Aufgabenformat zu Einschätzungen zur Tiefenzeit (KAEVO-C)[70]. Bei allen Wissensfragen aus den Teilen A und B wurde jeweils eine Antwortalternative *ich weiß nicht* angeboten, um willkürliche Entscheidungen der Probandinnen und Probanden zu minimieren.

Wissen zu evolutionären Prozessen und Konzepten (KAEVO-A)

Der KAEVO-A besteht aus Single-Choice-Aufgaben zu den Themen *evolutionäre Anpassung, biologische Fitness, Artbildung* und *Vererbung* (Tab. 20). Bei der Entwicklung konnte zum Teil auf bereits etablierte Items zurückgegriffen werden. Diese wurden teilweise umformuliert und mit neu gestalteten Antwortalternativen versehen. Ziel war es dabei, für die Items zu einem Themenkomplex eine gleichmäßige sprachliche Gestaltung zu erreichen (Döring und Bortz, 2016) und zu gewährleisten, dass die Antwortalternativen von uninformierten Probandinnen und Probanden mit möglichst gleicher Wahrscheinlichkeit für richtig gehalten werden (Bühner, 2006; Döring und Bortz, 2016). Die fachlich korrekte Antwort wurde bei allen Items aus Teil A an unterschiedlichen Positionen zwischen den wissenschaftlich nicht korrekten Antwortalternativen platziert (Bühner, 2006).

---

evolutionären Anpassung. Eine Ausnahme bildet ein ursprünglich von Johnson (1985) entwickeltes Instrument, das von Rutledge und Warden (2000) modifiziert wurde und bei der Befragung von Lehrkräften zum Einsatz kam. Der Test enthält unter anderem Fragen aus den Themengebieten *natürliche Selektion, homologe* und *analoge Strukturen, Koevolution, adaptive Radiation, Artbildung, fossile Belege, Biogeografie, genetische Variabilität* und *reproduktiver Erfolg*. Für die in der *EWi-Studie* zu untersuchenden Stichproben wurde der Schwierigkeitsgrad dieses Tests jedoch als zu hoch eingeschätzt.

[70] Die Auswertung dieses Themenkomplexes zur Tiefenzeit (KAEVO-C) ist nicht Gegenstand dieser Arbeit, sondern wird in einem anderen Forschungsprojekt (*Vorstellungen zur Tiefenzeit*) bearbeitet.

Tabelle 20: Items des KAEVO-A zur Messung des Parameters *Wissen zu Evolution* in der EWi-Studie. Im Rahmen des Fragebogens verwendete Fragen mit Angaben zu den ursprünglichen Quellen sowie Kategorisierung in verschiedene evolutionsbiologische Bereiche.

Item	Inhalt	Kategorie	ursprüngliche Quelle	Abwandlung
A1	Entwicklung von Fangblättern bei Venusfliegenfallen	Anpassung	Eigene Entwicklung basierend auf Brennecke (2015)	
A2	Biologische Fitness bei Löwen	Biologische Fitness	Bishop & Anderson (1986)	nach Graf (2008)
A3	Entwicklung schnellerer Laufgeschwindigkeit bei Geparden	Anpassung	Bishop & Anderson (1986)	nach Lammert (2012), basierend auf Brennecke (2015)
A4	Trennung und Wiedervereinigung einer Eidechsen-population	Artbildung	Beniermann (2013)	
A5	Unterschiedliche Häuserfarben bei Bänderschnecken	Anpassung	Eigene Entwicklung basierend auf Brennecke (2015)	
A6	Entwicklung von Dornen bei Kakteen	Anpassung	Eigene Entwicklung basierend auf Brennecke (2015)	
A7	Mäuseexperiment von Weismann Teil I	Vererbung	Jiménez-Aleixandre (1992)	nach Beniermann (2013)
A8	Mäuseexperiment von Weismann Teil II	Vererbung	Jiménez-Aleixandre (1992)	nach Beniermann (2013)
A9	Entstehung von Schwimmhäuten bei Enten	Anpassung	Eigene Entwicklung basierend auf Bishop & Anderson (1986) sowie Brennecke (2015)	

Die Wissensfragen A1, A3, A5, A6 und A9 des KAEVO-A-Instruments behandeln den Prozess der evolutionären Anpassung. Ähnliche Items finden sich in verschiedenster Form in der Literatur (z. B. Anderson et al., 2002; Baalmann et al., 2004; Beniermann, 2013; Bishop und Anderson, 1986; Brennecke, 2015; Fenner, 2013; Graf und Soran,

2010; Jiménez-Aleixandre, 1992; Johannsen und Krüger, 2005; Lammert, 2012; Roth, 2017). Für die hier beschriebene Studie wurden basierend auf einer qualitativen Interviewstudie zu Schülervorstellungen zum Prozess der Anpassung (Brennecke, 2015) aufeinander abgestimmte Items entwickelt. Brennecke (2015) identifizierte und kategorisierte von den Schülerinnen und Schülern formulierte Vorstellungen. Auf dieser Grundlage wurden die Distraktoren zu den Items zur evolutionären Anpassung generiert, sodass diese tatsächlich vorkommende Fehlvorstellungen abbilden.

Um die Ratewahrscheinlichkeit möglichst gering zu halten, wurden pro Frage zur evolutionären Anpassung vier bis fünf Distraktoren verwendet (Bühner, 2006; Döring und Bortz, 2016).

Die fünf Items zur evolutionären Anpassung fragen jeweils nach der Erklärung für die Entwicklung oder Entstehung eines Merkmals. Die wissenschaftlich korrekten Antwortalternativen wurden für alle fünf Beispiele gleichartig formuliert. Ebenso gibt es bei den Distraktoren zu allen Fragenszenarien die gleichen Kategorien der abgebildeten Fehlvorstellungen zur evolutionären Anpassung. Neben der empirischen Fundierung durch die Ableitung aus tatsächlichen Aussagen von Lernenden bietet diese gleichförmige Formulierung den Vorteil, dass die einzelnen Fragen zur Anpassung sehr gut miteinander vergleichbar sind. Die Distraktoren bilden die Fehlvorstellungen *finalistisch* (einmal mit dem Organismus und einmal der Natur als Akteur), *anthropomorph, automatisch* sowie *anthropomorph und lamarckistisch* ab (siehe Tab. 21; vgl. Kap. 2.7).

Die letztgenannte Kategorie wurde nur bei den zoologischen Beispielen (A3, A5 und A9) verwendet, da in den lamarckistischen Antwortoptionen von einem *Training* der Individuen gesprochen wird. Auf Basis der Ergebnisse von Brennecke (2015) wird Pflanzen ein solches Verhalten nicht zugesprochen.

Tabelle 21: Antwortalternativen bei den Wissensfragen zur evolutionären Anpassung in KAEVO-A am Beispiel von Item A3. Alle anderen Items samt Antwortoptionen befinden sich in Appendix II.

Distraktor	Kategorie
Die Geparde passten ihre Geschwindigkeit an, **damit** sie mehr Beute fangen können.	finalistisch (**Organismus** als Akteur)
Einige Geparde waren zufällig schneller und konnten mehr Beute fangen. Deshalb konnten mehr schnelle Geparde überleben und sich fortpflanzen.	**wissenschaftlich korrekt**
Die Natur hat die Laufgeschwindigkeit der Geparde angepasst, **damit** sie mehr Beute fangen können.	finalistisch (**Natur** als Akteur)
Einige Vorfahren der Geparde **merkten**, dass sie nicht genug Beute fangen konnten. Daher erhöhten sie ihre Geschwindigkeit. Dadurch konnten sie mehr Beute fangen und besser überleben.	**anthropomorph** (Bewusstsein über Situation und Handlung)
Die Laufgeschwindigkeit erhöhte sich **automatisch**, weil sie so mehr Beute fangen konnten. Somit hatten sie einen Überlebensvorteil.	**automatisch** (ohne Akteur)
Einige Vorfahren der Geparde **merkten**, dass sie nicht genug Beute fangen konnten. Daher **trainierten** sie, um schneller zu werden.	**anthropomorph** und **lamarckistisch** (Bewusstsein über Situation und Handlung; Training)

Frage A2 zum biologischen Fitnessbegriffs wurde von Graf (2008) übernommen und stammt in ihrer ursprünglichen Form von Bishop und Anderson (1986). Frage A4 thematisiert den Prozess der Artbildung und wurde von Beniermann (2013) konzipiert und erstmals verwendet. Für die vorliegende Erhebung wurden die Einleitungs- und Antworttexte leicht abgewandelt und zwei Distraktoren hinzugefügt. Die Fragen zur Vererbung von Merkmalen (A7 und A8) sind weit verbreitet in der Vorstellungsforschung zur Evolution. Sie stammen ursprünglich von Jiménez-Aleixandre (1992), wobei in der vorliegenden Arbeit die abgewandelte Grundstruktur von Lammert (2012) übernommen wurde, die in Beniermann (2013) weiterentwickelt und um einen Distraktor ergänzt wurde. Für die Reliabilitäts- und Faktorenanalysen sowie weitere statistische Auswertungen, die im Ergebnisteil zu finden sind, wurden die Wissensfragen dichotomisiert (*richtig* = 1; *falsch/ich weiß nicht* = 0). Durch die Dichotomisierung konnte ein Summenscore gebildet werden, der das Ergebnis der Wissensfragen des KAEVO-A-Testinstruments zusammenfasst. Dabei bedeutet ein höherer Wert ein höheres Wissen zu evolutionären Prozessen und Konzepten auf Basis der gestellten Fragen. Eine Reliabilitäts- und eine Faktorenanalyse erfolgten lediglich für die fünf Items, die Wissen zur evolutionären Anpassung abfragten (A1, A3, A5, A6 und A9). Nur hier ließ sich inhaltlich begründen, dass ein latenter Faktor zugrunde liegen sollte. Die Reliabilität der Wissensfragen zur evolutionären Anpassung betrug $\alpha = 0{,}890$ ($N = 1056$). Die Reliabilität erhöhte sich nicht, wenn eines der Items entfernt wurde. Die Faktorenanalyse ergab eine eindimensionale Struktur (Eigenwert = 3,48) und eine Varianzaufklärung von 69,5 %.

Faktenwissen zu Evolution (KAEVO-B)

Der zweite Teil des KAEVO-Instruments (KAEVO-B) wurde eigens für den Fragebogen der *EWi-Studie* konzipiert und beinhaltet Wissensfragen, bei denen eingeschätzt werden soll, ob eine Aussage richtig oder falsch ist. Es gibt außerdem die Möglichkeit, *ich weiß nicht* anzugeben. Inhaltlich behandeln die Aussagen typische Fehlvorstellungen (z. B. *„Evolution führt immer zu Verbesserung"*) sowie korrekte Aussagen zur Evolution (z. B. *„Ohne dass sich Individuen unterscheiden, kann es keine*

Entstehung von Arten geben"). Das letzte Item dieses Blocks liegt in einem Single-Choice-Format mit mehreren Distraktoren vor und fragt nach dem nächsten Verwandten des Schimpansen.

Für die Faktorenanalysen sowie die Bildung eines Summenscores und weitere statistische Auswertungen, die im Ergebnisteil zu finden sind, wurden die Wissensfragen dichotomisiert (*richtig* = 1; *falsch/ich weiß nicht* = 0).

Die Faktorenanalyse ergab eine dreidimensionale Struktur, die jedoch mit nahe beieinanderliegenden Eigenwerten nicht deutlich extrahiert werden konnte. Die rotierte Komponentenmatrix verdeutlichte, dass auf dem ersten Faktor die Items B2 und B6 und etwas schwächer auch B4 luden (Tab. 22). Item B2 behandelt Fehlvorstellungen zu Evolution als notwendige Höherentwicklung und Item B6 zur beendeten Evolution der Menschheit. Item B4 hingegen thematisiert die biologische Fitness. Item B3 und Item B7 luden beide hoch auf dem zweiten Faktor und behandeln den gemeinsamen Vorfahren von Menschen und Schimpansen sowie deren Verwandtschaft. Die Items B1 und etwas schwächer B5 luden auf Faktor 3 und behandeln beide die Entstehung von Arten.

Tabelle 22: Faktorenanalyse zur Skala KAEVO-B in der EWi-Studie. N = 960. Extraktionsmethode Hauptkomponentenanalyse (Eigenwert > 1). Faktor 1 = 1,52 (21,7 % Varianz); Faktor 2 = 1,18 (16,9 % Varianz); Faktor 3 = 1,04 (14,9 % Varianz); Faktor 4 < 1. KMO = 0,56. Rotationsmethode: Varimax. **R**: In Relation zum gemessenen Faktor *Faktenwissen zu Evolution* negativ formulierte Items (= Fehlvorstellung).

Item Nr.	*M*	*SD*	Faktor 1	Faktor 2	Faktor 3
B1R	0,59	0,49	-0,086	0,095	**0,878**
B2R	0,62	0,49	**0,750**	0,155	-0,086
B3	0,63	0,48	-0,067	**0,785**	0,114
B4	0,76	0,43	**0,440**	-0,236	0,009
B5	0,60	0,49	0,376	-0,184	**0,557**
B6R	0,75	0,43	**0,685**	0,123	0,226
B7	0,41	0,49	0,107	**0,657**	-0,117

4.3.2.2 Kognitiver Stil (Cognitive Reflection Test)

Im nächsten Teil des Fragebogens wurden die Teilnehmenden aufgefordert, die Fragen des *Cognitive Reflection Test* (CRT; Frederick, 2005; vgl. 2.8.3.4) zu beantworten. Der Test beinhaltet drei mathematische Fragen, die jeweils eine intuitive, jedoch falsche Antwortmöglichkeit nahelegen. Zur Lösung der Aufgaben müssen die intuitiven Antworten verworfen werden, um die korrekte Antwort berechnen zu können. Mit Hilfe dieses Instruments sollte der sogenannte *kognitive Stil* (vgl. Kap. 2.5.2), also die Präferenz zu intuitiven oder reflektierten Antworten, einer Person ermittelt werden. Die Reliabilität für die dichotomisierten CRT-Items war $\alpha = 0{,}727$ ($N = 960$). Eine Faktorenanalyse zeigte eine eindimensionale Struktur des Testinstruments.

4.3.3 *Fragebogen zur RED-Studie*

Bei der repräsentativen Online-Befragung in der *RED-Studie* wurde ein Item eingesetzt, das in der Forschung zu Einstellungen zu Evolution in dieser oder ähnlicher Form häufig Verwendung findet (vgl. Kap. 2.8.1.1). Die Teilnehmenden sollten sich zwischen drei Aussagen zur Entstehung und Weiterentwicklung des Lebens auf der Erde entscheiden, die den Positionen eines *Kreationismus*, einer *Theistischen Evolution* und einer *naturalistischen Evolution* entsprechen.
Das hier verwendete Item stammt aus der in Kapitel 2.8.2.1 erwähnten Befragung der fowid (2005), wird jedoch in ähnlicher Form bei den Gallup-Befragungen in den USA bereits seit 1982 regelmäßig verwendet. Aufgrund der Annahme, dass vielen Personen eine Entscheidung zwischen nur drei möglichen Antwortalternativen schwerfallen könnte und auf Basis der Ausführungen von Kampourakis und Strasser (2015), wurde in der vorliegenden Arbeit die Antwortalternative *„Ich kann mich zwischen den drei Aussagen nicht entscheiden"* ergänzt (Tab. 23).

Zusätzlich wurde erhoben, welcher Glaubensgemeinschaft die Probandinnen und Probanden offiziell angehören und wie oft sie eine religiöse Einrichtung besuchen.

Tabelle 23: Positionen zu Evolution und Schöpfung in der RED-Studie. Die angebotenen Antwortmöglichkeiten basieren auf der Befragung der fowid (2005). Die vierte Antwortoption wurde ergänzt Die Instruktion lautet: *„Es gibt unterschiedliche Ansichten darüber, wie das Leben auf der Erde entstanden ist und sich weiter entwickelt hat. Welcher der folgenden Aussagen stimmen Sie am ehesten zu?"*

Position	Antwortmöglichkeit
Kreationismus	Gott hat das Leben auf der Erde mit sämtlichen Arten direkt erschaffen, so, wie es in der Bibel steht.
Theistische Evolution	Das Leben auf der Erde wurde von einem höheren Wesen bzw. von Gott erschaffen, durchlief aber einen langwierigen Entwicklungsprozess, der von einem höheren Wesen bzw. von Gott gesteuert wurde.
Naturalismus	Das Leben ist ohne Einwirken höherer Macht entstanden, hat sich in natürlichen Entwicklungsprozess weiterentwickelt.
unentschieden	Ich kann mich zwischen den drei Aussagen nicht entscheiden.

Mit dem soziodemographischen Teil der Befragung, der in standardisierter Form von der Marktforschungsagentur EARSANDEYES verwendet wird, wurden außerdem Kennwerte wie z. B. Familienstand, Haushaltsgröße und Anwesenheit von Kindern im Haushalt erhoben. Darüber hinaus lagen für die teilnehmenden Personen Daten für Geschlecht, Alter und das Bundesland, in dem sie wohnen, vor.

4.3.4 Fragebogen zur EKI-Studie

Im Erhebungsinstrument zur Studie *Konfessionsfreie Identitäten* (vgl. Kap. 4.1.4) wurden zwei der in der vorliegenden Arbeit entwickelten Skalen (ATEVO- und SD-Skala) eingesetzt. Der gesamte Fragebogen,

Inhaltliche Beschreibung der Fragebögen 155

der in diesem Projekt verwendet wurde, ist sehr umfangreich, sodass an dieser Stelle nur diejenigen Teile des Messinstruments vorgestellt werden sollen, die im Kontext der *EKI-Studie* für die vorliegende Arbeit von Bedeutung sind und in die Auswertung eingingen.

Die Teilnehmenden wurden zunächst gefragt, ob sie Mitglied in einer oder mehreren säkularen Organisationen sind und um welche es sich dabei handelt. Es wurde erfragt, welche Selbstbezeichnung sie wählen würden, wenn sie sich zwischen Atheist/Atheistin, Agnostiker/Agnostikerin, Humanist/Humanistin und Freidenker/Freidenkerin entscheiden müssten. Hier war es außerdem möglich, eine eigene Selbstbezeichnung anzugeben.

Mit dem *Multidimensional Spirituality Inventory* (MDSI; Schnell und Geidies, 2016) wurde unter anderem erhoben, wie religiös die Probandinnen und Probanden sind, welche esoterischen Ansichten sie teilen und ob sie in ihrem Leben außersinnliche Erfahrungen gemacht haben. Alle genannten Skalen aus diesem Instrument sind sechsstufige Likert-Skalen (0-5). Aus diesem Messinstrument wurden aus mehreren vorhandenen Items zur Religiosität drei Items[71] zur Messung der religiösen Gläubigkeit der Befragten herangezogen und zu einem Score zusammengefasst (Tab. 24). Um die Ergebnisse der Gläubigkeit mit den anderen Studien vergleichbar zu machen, wurden die Summenscores auf das Niveau der PERF-Skala hochgerechnet[72].

Eine Faktorenanalyse ergab eine eindimensionale Struktur dieser drei Items, wobei der extrahierte Faktor 62,9 % der Varianz erklärte. Die Reliabilität war mit $\alpha = 0{,}569$ zwar fragwürdig und hätte durch den

---

[71] Die Auswahl der drei Items zur religiösen Gläubigkeit basierte auf zwei Kriterien: 1) Likert-skaliertes Antwortformat und 2) Vermeidung von möglicher Kollinearität mit Einstellungen zu Evolution.

[72] Im Ergebnisteil wird dieser umgerechnete Summenscore mit *PERF*-Score* bezeichnet.

Verzicht auf ein Item auf 0,729 erhöht werden können. Auf diese Möglichkeit wurde jedoch aus inhaltlichen Gründen verzichtet, um eine breitere Datenbasis für die Gläubigkeit in den Auswertungen nutzen zu können.

Tabelle 24: Mittelwerte der verwendeten Items der Subskala *Gläubigkeit* in der EKI-Studie. N = 1833. Die Items stammen aus dem MDSI (Schnell und Geidies, 2016).

Item	M	SD
Nach meinem Tod werde ich zu Gott kommen.	1,17	0,65
Man kann sich Gott (Allah, JHWH) im Gebet zuwenden.	1,68	1,40
Gott (Allah, JHWH) greift in mein Leben ein.	1,11	0,54

Esoterische Ansichten wurden mit einer Skala aus vier Items erhoben (Tab. 25). Eine Faktorenanalyse zeigte einen zugrundeliegenden Faktor, der allerdings nur 56,4 % der Varianz erklärte. Die interne Konsistenz der Skala war gut (α = 0,725).

Tabelle 25: Mittelwerte der Items der Subskala *Esoterische Ideologie* in der EKI-Studie. N = 1833. Die Items stammen aus dem MDSI (Schnell und Geidies, 2016).

Item	M	SD
Alles, was im Leben geschieht, hat einen Sinn.	0,98	1,48
Ich glaube, dass wir nach dem Tod als anderes Lebewesen wiedergeboren werden.	0,33	0,88
Ich glaube, dass Gedankenübertragung (Telepathie) zwischen Lebewesen möglich ist.	0,78	1,28
Ich glaube, dass Dinge wie Glücksbringer, Amulette oder Edelsteine mir helfen.	0,34	0,85

Neun weitere Items erfragten, ob die Befragten in ihrem Leben irgendwelche außersinnlichen Erfahrungen gemacht hatten (Tab. 26). Die interne Konsistenz dieser Skala war gut (α = 0,856) und konnte durch das Weglassen eines Items nicht wesentlich verbessert werden. Mit

Hilfe einer Faktorenanalyse wurde eine eindimensionale Struktur erkannt, die 48,1 % der Varianz erklärte.

Tabelle 26: Mittelwerte der Items der Subskala *Außersinnliche Erfahrungen* in der EKI-Studie. N = 1833. Die Items stammen aus dem MDSI (Schnell und Geidies, 2016).

Item	M	SD
Ich habe die Zukunft vorausgesehen.	1,59	1,05
Ich habe die Gegenwart von jemandem gespürt, der nicht körperlich anwesend war.	1,54	1,03
Ich habe Einblick in das bekommen, was nach dem Tod geschieht.	1,23	0,81
Ich habe so etwas wie einen ‚siebten Sinn'.	1,60	1,11
Ich habe die Anwesenheit von etwas Bösem gespürt.	1,36	0,79
Ich habe gespürt, dass ich heilende Kräfte habe.	1,32	0,84
Ich habe eine übersinnliche Verbindung zu einem anderen Menschen gespürt.	1,39	0,92
Ich habe mit Verstorbenen Kontakt gehabt.	1,11	0,50
Ich habe Gedankenübertragung (Telepathie) zwischen mir und einem anderen Menschen erlebt.	1,37	0,90

Inwiefern die Teilnehmenden atheistische, szientistische, naturalistische und skeptische Ansichten teilten, wurde mit der *Dimensions of Secularity*-Skala (DoS; Schnell, 2015) erhoben. Alle genannten Skalen aus diesem Instrument sind sechsstufige Likert-Skalen (0-5).

Die Subskala zum Thema *Atheismus* besteht aus fünf Items, die bei einer Faktorenanalyse eine eindimensionale Struktur aufwiesen (56,4 % erklärte Varianz) und sich thematisch mit der Nichtexistenz Gottes oder einer höheren Macht befassen (Tab. 27). Die Reliabilität für die Atheismus-Subskala war hoch (α = 0,785) und konnte durch das Weglassen eines Items nicht wesentlich verbessert werden.

Tabelle 27: Mittelwerte der Items der Subskala *Atheismus* in der EKI-Studie.
N = 1833. Die Items stammen aus der DoS-Skala (Schnell, 2015).

Item	M	SD
Gott/höhere Mächte sind Wunschvorstellungen.	4,05	1,60
Es gibt keinen göttlichen Plan mit dieser Welt.	4,05	1,77
Nicht Gott schuf den Menschen, sondern der Mensch schuf Gott.	4,56	1,04
Ich glaube nicht an Gott/eine höhere Macht.	4,28	1,53
So etwas wie einen Gott/eine höhere Macht gibt es nicht.	4,17	1,48

Szientistische Standpunkte erheben die Naturwissenschaft über alle anderen Erkenntnismethoden und halten sie für die eine Methode, mit der alles erklärt werden kann (vgl. Kapitel 2.3.1). Diese Positionen werden in der DoS-Skala mit Hilfe von vier Items erhoben, die auf Basis des Datensatzes der *EKI-Studie* eine eindimensionale Struktur aufwiesen. Der extrahierte Faktor erklärte 69,5 % der Varianz. Mit α = 0,850 war die Reliabilität dieser Skala hoch. Das letzte Item wurde jedoch für weitere Analysen aus inhaltlichen Gründen ausgeschlossen, da es lediglich ein Vertrauen in die wissenschaftliche Methodik abfragt, jedoch nicht notwendig eine Sichtweise voraussetzt, bei der Wissenschaft als der einzige Lösungsweg angesehen wird[73].

Diese auf drei Items verkürzte Skala ließ sich auf einen gemeinsamen latenten Faktor zurückführen, der 73,6 % der Varianz erklärte (Tab. 28). Die interne Konsistenz war mit α = 0,817 weiterhin hoch.

Tabelle 28: Mittelwerte der Items der Subskala *Szientismus* in der EKI-Studie.
N = 1833. Die Items stammen aus der DoS-Skala (Schnell, 2015).

Item	M	SD
Die Wissenschaft liefert Lösungen für alle unsere Probleme.	2,78	1,47
Allein die Naturwissenschaften können gültige Aussagen über die Welt treffen.	3,22	1,67
Die Naturwissenschaften werden irgendwann alles erklären können.	2,75	1,67

---

[73] Wortlaut des Items: „Zur Lösung der Probleme der Menschheit vertraue ich auf Wissenschaft und Technik."

Mit Hilfe einer Subskala aus fünf Items wurden naturalistische Positionen erhoben (Tab. 29). Diese Skala zeigte eine hohe Reliabilität (α = 0,796) und eine eindimensionale Struktur, wobei der Faktor 55,4 % der Varianz aufklärte. Die Skala wurde für die weitere Auswertung auf zwei Items verkürzt, um eine für die vorliegende Arbeit passende Operationalisierung zu garantieren. Ausgeschlossen wurde ein Item, das bereits in der Szientismus-Skala enthalten war, und zwei weitere, die auf Basis der Erklärungen zu dem Terminus *Naturalismus* in Kapitel 2.3.1 im Kontext dieser Arbeit unpassend erschienen[74]. Diese verkürzte Skala zeigte eine Reliabilität von α = 0,762, und der latente Faktor erklärte 80,8 % der Varianz.

Tabelle 29: Mittelwerte der Items der Subskala *Naturalismus* in der EKI-Studie. *N* = 1833. Die Items stammen aus der DoS-Skala (Schnell, 2015).

Item	*M*	*SD*
Alles, was geschieht, ist allein durch Naturgesetze bestimmt.	3,73	1,55
Der Mensch ist nur ein Ergebnis von physikalischen und chemischen Prozessen.	3,76	1,61

Auch die aus vier Items bestehende Subskala zu skeptischen Positionen zeigte eine eindimensionale Struktur, die 45,9 % der Varianz erklären konnte. Inhaltlich thematisierte diese Skala einen kritischen Blick auf absolute Wahrheiten (Tab. 30). Mit einem Cronbachs α von 0,605 war die interne Konsistenz für eine derart kurze Skala noch annehmbar.

---

[74] Wortlaute der Items: *„Es gibt Dinge zwischen Himmel und Erde, die wir nicht erklären können."* und *„Es gibt Dinge, die naturwissenschaftlich nicht erfasst werden können."*

Tabelle 30: Mittelwerte der Items der Subskala *Skeptizismus* in der EKI-Studie.
$N = 1833$. Die Items stammen aus der DoS-Skala (Schnell, 2015).

Item	M	SD
Wir können die Welt erkennen, wie sie wirklich ist.	2,53	1,64
Was wir über die Welt zu wissen glauben, ist mehr Meinung als Wissen.	1,95	1,58
Was wahr oder falsch ist, ist letztlich nicht feststellbar.	2,18	1,69
Ich bezweifle, dass es absolute Wahrheiten gibt.	3,07	1,78

Mit Hilfe der *Dogmatism Scale* (Altemeyer, 2002) in der Übersetzung von Rangel (2009) wurde anhand von 20 Items auf einer achtstufigen Ratingskala die Tendenz zu einer dogmatischen Weltsicht erhoben. Gemessen wurde, ob sich die Befragten ihrer Meinungen und Überzeugungen generell sicher waren und diese für unumstößlich oder wandelbar hielten und inwiefern sie eine Offenheit für Meinungsänderungen für erstrebenswert hielten. Eine Faktorenanalyse ergab eine vierdimensionale Struktur, mit der insgesamt jedoch nur 53,2 % der Varianz erklärt werden konnten. Der erste Faktor zeigte mit 6,05 den deutlich höchsten Eigenwert und erklärte 20,2 % der Varianz. Alle Items der Skala wurden zu einem gemeinsamen Score zusammengefasst, denn die Reliabilität der 20 Items war mit $\alpha = 0,871$ hoch und konnte durch das Ausschließen eines Items nicht wesentlich verbessert werden.

Als soziodemographische Daten wurden unter anderem die Nationalität, das Geschlecht, und das Alter abgefragt.

4.4 Datenanalyse

Neben den bereits beschriebenen und durchgeführten Reliabilitäts- und Faktorenanalysen zur Überprüfung der internen Konsistenz und Konstruktvalidität wurden weitere statistische Verfahren zur Analyse der erhobenen Daten genutzt. Dabei sollten zum einen Korrelationen zwischen den einzelnen Faktoren und zum anderen Gruppenunterschiede dargestellt werden. Des Weiteren sollten dem Ziel dieser Arbeit gemäß Faktoren aufgedeckt werden, die die Varianz in den Einstellungen zu Evolution sowie zur Evolution des Bewusstseins aufklären können. Faktoren, die in der Lage sind, die Unterschiede in Einstellungen als abhängige Variable statistisch vorherzusagen, werden als *Prädiktoren* bezeichnet. Zur Untersuchung der Eignung als Prädiktoren wurden die Faktoren in konventionellen linearen Regressionsanalysen sowie in Strukturgleichungsmodellen (SEM) untersucht.

Im Folgenden werden die Digitalisierung der Daten, das Vorgehen bei der Datenanalyse, Kennwerte für Effektstärken sowie das Vorgehen bei der Strukturgleichungsmodellierung beschrieben.

4.4.1 Digitalisierung der Daten und Vorannahmen

Die Daten der handschriftlich ausgefüllten Fragebögen aus der *EWi-Studie* wurden digitalisiert. Nach Eingabe wurden sie wie bei allen weiteren Studien bereinigt, sodass alle Fälle ausgeschlossen wurden, bei denen die Kontrollfragen nicht korrekt beantwortet wurden (*EGI-Studie*), bei denen lediglich die soziodemografischen Daten ausgefüllt wurden (*EWi-Studie*) oder die unvollständig waren (*EKI-Studie*).

Um das Messen eines latenten Faktors ohne Komplikationen zu ermöglichen, sollten die einzelnen Items einer Skala alle gleich gepolt sein; daher wurden negativ formulierte Items vorher umkodiert (in der Richtung gedreht). Im Resultat entsprach ein hoher Item-Wert jeweils einer hohen Ausprägung des untersuchten Konstrukts. Die Ratingskalen, anhand derer die einzelnen Items beantwortet wurden, konnten idealisiert als gleich groß in ihren Abständen angenommen werden und wurden unter dieser Prämisse als intervallskaliert betrachtet (Döring und Bortz, 2016).

Für die statistische Auswertung wurden alle Items einer Skala für jede Person zu einem individuellen Skalenwert summiert, der den Grad der Zustimmung einer Person auf einem Merkmalskontinuum widerspiegelte. Im Falle der Single-Choice-Items zum Wissen zu Evolution sowie zum CRT wurden die Antworten dichotomisiert (vgl. Kap. 4.3.2.1) und anschließend zu einem Summenscore zusammengefasst. Skalenwerte wurden nur dann berechnet, wenn alle Items der Skala sachgemäß beantwortet wurden (listenweiser Fallausschluss).

4.4.2 Statistische Auswertung

Die Daten wurden mit dem Statistikprogramm SPSS (IBM Corp., 2016) ausgewertet. Die Abbildungen wurden ebenfalls mit dem Programm SPSS sowie in Teilen mit Microsoft Excel erstellt.
Zum Vergleich verschiedener Probandengruppen erfolgten parametrische Tests. Beim Vergleich von zwei Subgruppen wurden t-Tests für unabhängige Stichproben verwendet, für den Test der Unterschiede zwischen mehreren Gruppen wurden einfaktorielle Varianzanalysen (ANOVA) durchgeführt. Starke Verletzungen der Normalverteilung können die Anwendbarkeit solcher parametrischen Tests bekanntlich behindern. Die Varianzhomogenität ist eine weitere Voraussetzung für die Anwendung parametrischer Testverfahren.
Der in SPSS implementierte Levene-Test prüft, ob die Varianzen in den untersuchten Gruppen gleich oder unterschiedlich sind. Bei einer Verletzung der Varianzhomogenität wurde beim t-Test auf die angegebenen alternativen Werte für den t-Wert sowie den zugehörigen Signifikanzlevel zurückgegriffen. Bei Varianzheterogenität zwischen den Gruppen, die mit einer Varianzanalyse verglichen werden sollten, wurde zur Absicherung mit dem Kruskal-Wallis-Test zusätzlich ein nicht-parametrisches Testverfahren verwandt, das geringere Voraussetzungen macht. Diese absichernden Testverfahren

lieferten jeweils keine qualitativ, d. h. auf das Bestehen von Signifikanz bezogenen unterschiedlichen Ergebnisse im Vergleich zu den parametrischen Tests. Aus diesem Grund werden diese zusätzlichen Tests im Folgenden nicht dokumentiert.

Bei Varianzanalysen wurde zusätzlich als Post-Hoc-Verfahren jeweils ein Scheffé-Test durchgeführt. In diesem Testverfahren werden alle untersuchten Subgruppen untereinander verglichen, sodass neben dem globalen Ergebnis der Varianzanalyse zudem Aussagen über die Verhältnisse zwischen den einzelnen Gruppen gemacht werden können.

Zur Einschätzung von Signifikanzen wurde in dieser Arbeit ein Niveau von mindestens $p < 0{,}01$ gefordert, um die Rate falsch-positiver Befunde (Typ I-Fehler) zu reduzieren. In den Ergebnissen wird zwischen Signifikanzen auf dem Niveau von $p < 0{,}001$ und $p < 0{,}01$ unterschieden. Signifikanzen auf dem konventionellen Niveau von $p < 0{,}05$ werden hingegen nur dann erwähnt, wenn eine besondere inhaltliche Relevanz des Ergebnisses besteht. Die alleinige Betrachtung der Signifikanzniveaus lässt allerdings keine Aussage über die Stärke des aufgedeckten Unterschieds zu (Bühner, 2006).

Aus diesem Grund wurde zusätzlich die Effektstärke (Effektgröße) ermittelt, um die Größe des Effekts und damit die Bedeutung des Unterschieds abschätzen zu können. Für die Effektstärke gibt es je nach Testverfahren unterschiedliche Maße. Als Maß der Effektstärke für die Varianzanalysen wurde Eta-Quadrat (η^2) verwendet. Die Effektgröße η^2 ist ein Maß für den Anteil der Gesamtvarianz der abhängigen Variable, der durch den betrachteten Faktor (unabhängige Variable) erklärt werden kann. η^2 liegt im Wertebereich zwischen 0 und 1. Bei einfaktoriellen Varianzanalysen entspricht das partielle η^2, das von SPSS ausgegeben wird, der Effektgröße η^2 und kann daher übernommen werden.

Die Effektstärke der Ergebnisse von t-Tests wurde in Form von Cohens d berechnet. Zur Berechnung wird die Gleichung (3) verwendet, die sich aus der allgemeinen Formel zur Berechnung der standardisierten Effektgröße d (1) eingesetzt in die Formel für den t-Test (2) ergibt (Cooper und Hedges, 1994, S. 233).

$$d = \frac{M_1 - M_2}{SD} \qquad (1)$$

$$t = \frac{M_1 - M_2}{SD} * \frac{1}{\sqrt{\frac{1}{N_1} + \frac{1}{N_2}}} \qquad (2)$$

$$d = t * \sqrt{\frac{1}{N_1} + \frac{1}{N_2}} \qquad (3)$$

Dabei ist:
d = Effektstärke gemäß Cohen
M = Mittelwert einer Stichprobe
SD = Standardabweichung gesamt (gepoolt)
t = t-Wert, Testprüfgröße des t-Tests
N = Anzahl der Befragten pro Stichprobe

Eine Einschätzung der Effektstärke von Korrelationen zwischen einzelnen untersuchten Parametern ist über den Korrelationskoeffizienten r nach Pearson möglich. Hierzu wird jedoch eine lineare Beziehung zwischen den untersuchten Parametern angenommen, sodass die Effektgröße r bei nicht-linearen Beziehungen kritisch betrachtet werden sollte. Pearsons r liegt im Wertebereich zwischen -1 und +1.
Für die Abschätzung der Stärke der unterschiedlichen Maße der Effektgrößen gelten in der Literatur jeweils unterschiedliche Eintei-

lungen, die in Tabelle 31 dargestellt werden. In dieser Arbeit wurde auf die Berechnung von Rangkorrelationen z. B. nach Spearman verzichtet, da die zur Exploration eingesetzten Faktorenanalysen und die verwendeten Strukturgleichungsmodelle im Prinzip als mathematische Anforderung positiv definite Korrelationsmatrizen verlangen, die nur mittels linearer Korrelationskoeffizienten bei listenweisem Ausschluss von Fällen gewährleistet werden können.

Tabelle 31: Richtlinien zur Abschätzung verschiedener Effektgrößen. Klassifikationen der Effektstärken nach Cohen (1988).

Maß für die Effektstärke	kleiner Effekt	mittlerer Effekt	starker Effekt
Cohens d	> 0,20	> 0,50	> 0,80
Eta-Quadrat η^2	> 0,01	> 0,06	> 0,14
Pearsons r	> 0,10	> 0,30	> 0,50

Um einschätzen zu können, ob bzw. inwieweit die Beziehung zwischen zwei Parametern linear war, wurden Streudiagramme erstellt. Als Ausgleichsrechnung wurde ein Loess-Fit (*Locally Weighted Scatterplot Smoothing*) verwendet. Dabei handelt es sich um eine Ausgleichslinie, die auf einer gleitenden Regression basiert und den Vorteil bietet, dass sie Änderungen der Richtung der Zusammenhänge in den Daten identifizieren und darstellen kann.

Ziel der vorliegenden Arbeit war es unter anderem, die Einflüsse verschiedener untersuchter Parameter (unabhängige Variablen) auf die abhängigen Variablen *Einstellungen zu Evolution* bzw. *Einstellungen zu Geistevolution* aufzudecken. Zu diesem Zweck erfolgten zunächst Korrelationsanalysen sowie multiple lineare Regressionsanalysen, mit deren Hilfe die Vorhersagekraft der unabhängigen Variablen für die Ausprägung der abhängigen Variablen getestet wurde. In den Regressionsanalysen wurden einzelne Prädiktoren ausgeschlossen, wenn der quadrierte multiple Korrelationskoeffizient R^2 durch die Aufnahme des entsprechenden Parameters in das Modell nur minimal erhöht wurde und diese Erhöhung nicht signifikant war. Ist diese Änderung nämlich nicht signifikant, wird das Modell durch den jeweiligen Prädiktor nicht aussagekräftiger (Field, 2013). Alle signifikanten Prädiktoren gehen mit ihren Regressionskoeffizienten (b-Werten) in die lineare Modellgleichung (4) ein (Field, 2013):

$$Y_i = (b_0 + b_1 x_{i1} + b_2 x_{i2} + \ldots + b_n x_{in}) + \varepsilon_i \qquad (4)$$

Dabei ist:
Y_i = abhängige Variable mit Label i für jede Person
b_j = Regressionskoeffizient (b-Wert), jeweils für jeden Prädiktor mit Label j, j = 1, ..., n
x_{ij} = Werte der Prädiktoren, j = 1, ..., n; sowie i als Label für jede Person
ε_i = Unterschied (Residuum) zwischen vom Modell vorhergesagtem und beobachtetem Wert für die abhängige Variable Y_i je Person i

Die Ergebnisse der Regressionsanalysen in der vorliegenden Arbeit dienten primär als Grundlage für die anschließenden Strukturgleichungsmodellierungen und werden aus diesem Grund nicht im Detail dokumentiert[75]. Neben den Ergebnissen der Regressionsanalysen waren inhaltliche Überlegungen maßgebend für die Formulierung der Beziehungen in den Strukturgleichungsmodellen der einzelnen Studien.

---

[75] Die Ergebnisse der Regressionsanalysen können bei Interesse bei der Autorin angefordert werden.

4.4.3 Strukturgleichungsmodellierung

Mit Hilfe von Strukturgleichungsmodellen wurden die Zusammenhänge zwischen den Variablen systematisch analysiert und in der Gegenwart multipler möglicher Beziehungen quantifiziert. Dazu wurde das SPSS-Modul AMOS (Arbuckle, 2016) verwendet. Strukturgleichungsmodelle sind konfirmatorische Verfahren, die testen, ob zuvor aufgestellte hypothetische Zusammenhangsnetze zutreffend sind und die überdies die Schätzung der entsprechenden Koeffizienten erlauben.
Anhand dieses Verfahrens lassen sich komplexe Zusammenhänge sowohl zwischen messbaren Variablen als auch zwischen messbaren Variablen und latenten, d. h. nicht direkt untersuchten Faktoren (Konstrukten) ermitteln. Die Variablen lassen sich in endogene und exogene Variablen unterteilen. Endogene Variablen (z. B. Alter, Konfession, einzelne Items der Skalen) sind direkt messbar, während exogene Variablen (z. B. Einstellung zu Evolution; Gläubigkeit) nur indirekt über einen oder mehrere Indikatoren beschrieben werden können (Weiber und Mühlhaus, 2014). Exogene Variablen sind demnach latente Variablen, die durch geeignete Messmodelle (alle Items einer Skala; Indikatoren) repräsentiert werden. Im Rahmen der Strukturgleichungsmodellierung werden diese Messmodelle in der Regel gleichzeitig mit der Prüfung der Kausalstruktur zwischen den exogenen Variablen geprüft (Weiber und Mühlhaus, 2014).
In der vorliegenden Arbeit wurden die eigentlich exogenen Variablen *Einstellung zu Evolution* (ATEVO-Skala, sowie beide Subskalen ATEVO-AE und ATEVO-GE), *Gläubigkeit* (PERF-Skala), *dualistisches Denken* (SD-Skala) und weitere auf Skalen beruhende Summenscores jedoch als endogene Variablen behandelt, indem sie direkt als Summenscores dargestellt wurden. Die Konstruktvalidität war bereits auf

Basis der gleichen Datensätze jeweils im Vorfeld durch Faktorenanalysen geprüft worden (siehe Kap. 4.2 und 4.3), sodass darauf verzichtet werden konnte, die Messmodelle im Rahmen der Strukturgleichungsmodellierung ein weiteres Mal zu kontrollieren. Dieses Vorgehen hat den Vorteil, dass die Strukturmodelle mit wesentlich weniger Vorannahmen auskommen und die Freiheitsgrade reduziert werden.

Die Schätzung des Modells wird auf diese Weise auf die relevanten Beziehungen zwischen den Variablen beschränkt und die Beurteilung der Anpassungsgüte nicht durch die zusätzliche Varianz der Beziehungen zwischen latenten Variablen und ihren Indikatoren kontaminiert. Dadurch werden die statistische Aussagekraft, die Unterscheidungsstärke zwischen alternativen Modellen sowie die Robustheit erhöht, indem die Varianzanteile, die auf die Konstruktion der latenten Variablen aus Indikatoren zurückgehen, nicht mehr in den Gesamtfit eingehen.

Voraussetzung zur Durchführung der Modellschätzung ist eine vollständige Datenmatrix (Weiber und Mühlhaus, 2014), sofern nicht mit Einschränkungen der statistischen Aussagekraft z. B. durch die Imputation von Daten gearbeitet werden soll. Daher wurden alle vier Datensätze im Vorfeld so bereinigt, dass in Hinblick auf die betrachteten Variablen nur Fälle mit vollständigen Datensätzen in der Datenmatrix vorlagen. Weiterhin ist Linearität zwischen den Modellparametern eine Voraussetzung für die konventionelle Strukturgleichungsmodellierung; nichtlineare Beziehungen sind nur mit großem Aufwand und sehr begrenzt modellierbar, zumal der erforderliche Datenumfang steigt.

Anhand von Streudiagrammen mit Loess-Fit (vgl. Kap. 4.4.2) wurde aus diesem Grund visuell geprüft, ob ein lineares Verhältnis angenommen werden konnte. Für Graphen, bei denen sich im Verlauf die

Datenanalyse 169

Richtung der Steigung deutlich oder abrupt änderte, wurde die Annahme der Linearität verworfen. In diesen Fällen wurde der Datensatz so geteilt, dass für beide Teile jeweils annähernd Linearität angenommen werden konnte. Bei Graphen, deren Steigung im Verlauf größer oder kleiner wurde, ohne dass sich das Vorzeichen änderte, wurde hingegen aus pragmatischen Gründen näherungsweise eine Linearität angenommen[76].

Gleichzeitig wurde die Priorität bei der Entscheidung, auf Grundlage welcher Verteilungs- bzw. Zusammenhangscharakteristika die Daten unter Umständen getrennt werden sollten, auf solche Beziehungen gelegt, bei denen die Zielvariable *Einstellung zu Evolution* bzw. *Einstellung zu Evolution im Allgemeinen* oder *Einstellung zu Geistevolution* enthalten war. Die Trennung war vor allem dann geboten, wenn für die beiden resultierenden Teildatensätze auch aufgrund inhaltlicher Überlegungen von vornherein qualitativ oder quantitativ unterschiedliche Beziehungsstrukturen anzunehmen waren. Um zu entscheiden, ob die Einstellung zu Evolution als Zielvariable durch den ATEVO-Score oder die Scores der beiden Subskalen repräsentiert werden sollte, wurden die Ergebnisse der Faktorenanalysen (Kap. 4.2.1) herangezogen oder bei geteiltem Datensatz die Faktorenanalysen wiederholt (vgl. Kap. 3.2.6)

4.4.3.1 Auswahl der Schätzverfahren

AMOS bietet unterschiedliche Schätzverfahren, von denen die *Maximum Likelihood*-Methode am häufigsten verwendet und am stärksten

---

[76] Ohne diese Annahme hätten einige Datensätze mehrmals geteilt werden müssen. Auch galt es zu beachten, dass trotz der großen Datensätze eine Aufspaltung in zu viele multiple Teildatensätze mit einem inakzeptablen Verlust an Teststärke (*statistische Power*) einhergehen würde. Die einzelnen Verteilungen, die als Grundlage für die Einschätzung der Ergebnisse herangezogen werden können, können bei Interesse bei der Autorin angefordert werden.

empfohlen wird. Voraussetzung für diese Methode ist jedoch eine nicht zu starke Abweichung von der Multinormalverteilung der Daten (Weiber und Mühlhaus, 2014). In der vorliegenden Stichprobe zeigten die Tests auf Multinormalverteilung in allen Studien extreme Verletzungen der Normalverteilung bei einzelnen Variablen.

Daher wurde sicherheitshalber als Schätzmethode für den Modelltest die asymptotisch verteilungsfreie Schätzmethode *Asymptotically Distribution-free* (ADF) verwendet. Der ADF-Methode wird der Vorteil zugeschrieben, auch bei einer Verletzung der Multinormalverteilung verlässliche Parameterschätzer und Inferenzstatistiken, wie den Chi-Quadrat (χ^2)-Test, zu liefern (Weiber und Mühlhaus, 2014). Ein ausreichend großer Stichprobenumfang ist für alle Schätzungen von Strukturgleichungsmodellen erforderlich, jedoch gelten die Anforderungen für die ADF-Methode als besonders hoch. Weiber und Mühlhaus (2014) geben für diese Schätzmethode die minimale Stichprobengröße in Abhängigkeit von der Anzahl der zu schätzenden Parameter wie in Gleichung 5 dargestellt an (Weiber und Mühlhaus, 2014).

$$N \geq 1{,}5 * t(t + 1) \tag{5}$$

Dabei ist:

N = Stichprobengröße
t = Anzahl der zu schätzenden Parameter

Zwar war diese Voraussetzung war für alle getesteten Datensätze und Teildatensätze bei der Zahl der zu schätzenden Parameter gegeben, in der Literatur werden jedoch an anderer Stelle sehr viel weitergehende Anforderungen ($N \geq 1000$ und mehr) genannt, wenngleich keine Einigkeit unter Fachleuten zu bestehen scheint (z. B. Lei und Wu, 2012). Um diesem potentiellen Problem zu begegnen, wurden die im Folgenden dargestellten Maßnahmen getroffen.

Bei komplexen Analysen ist es in der Regel empfehlenswert, mehrere alternative Schätzverfahren zu vergleichen und ein Ergebnis nur dann zu akzeptieren, wenn es qualitativ nicht kritisch von dem verwandten Verfahren abhängt. Aufgrund der Anforderungen der ADF-Methode wurden daher alle Strukturgleichungsmodelle, die in der vorliegenden Arbeit vorgestellt werden, zusätzlich mit der konventionellen, voraussetzungsstärkeren *Maximum Likelihood*-Methode sowie dem etwas weniger voraussetzungsstarken Schätzverfahren *Generalized Least Squares* (GLS) überprüft. Diese absichernden Testverfahren lieferten jeweils keine qualitativ, d. h. auf das Bestehen von Signifikanz bezogenen unterschiedlichen Ergebnisse im Vergleich zur ADF-Methode. Auch die (relativen) Größenordnungen der Regressionsgewichte und Ausmaße der Varianzaufklärungen veränderten sich nicht durch den Wechsel des Schätzverfahrens. Aus diesem Grund werden diese zusätzlichen Tests im Folgenden nicht dokumentiert.

Neben den bereits vorgestellten Kriterien ist die Skaleninvarianz eine Voraussetzung für eine sinnvolle Strukturgleichungsmodellierung (Weiber und Mühlhaus, 2014). Das bedeutet, dass eine Änderung der Skalierung der Variablen sich nicht auf die Verhältnisse der Werte auswirken darf. Diese Voraussetzung war gegeben.

4.4.3.2 Gütekriterien zur Prüfung des Modell-Fits

Zur Testung der Gesamtgüte der Strukturgleichungsmodelle können verschiedene Gütekriterien herangezogen werden. Der χ^2-Test ist das gängigste inferenzstatistische Gütekriterium, das sich jedoch bei großen Stichproben als ungeeignet erweist (Weiber und Mühlhaus, 2014). Aus diesem Grund wird der χ^2-Wert in der vorliegenden Arbeit lediglich als deskriptives Gütekriterium betrachtet. Dazu wird der Wert mit den Freiheitsgraden (*degrees of freedom*, d. f.) des Modells in ein Verhältnis gesetzt. Dieser Quotient wird als CMIN/DF bezeichnet;

je kleiner dieser Quotient ist, desto besser die Güte des Modells (Weiber und Mühlhaus, 2014).

Weiber und Mühlhaus (2014) empfehlen, Kriterien aus allen drei Gütekategorien (inferenzstatistische, deskriptive sowie inkrementelle Fitmaße zum Modellvergleich) zur Einschätzung der Modellgüte heranzuziehen. Als inferenzstatistisches Gütekriterium wird in der vorliegenden Arbeit der *Root-Mean-Square-Error of Approximation* (RMSEA) verwendet. Dieses Maß prüft nicht wie der χ^2-Test die Richtigkeit des Modells, sondern ob das Modell die Realität gut vorhersagen kann. Der zugehörige PCLOSE-Wert gibt zudem die Wahrscheinlichkeit an, dass der RMSEA ≤ 0,05 ist. Wenn PCLOSE kleiner als 0,05 ist, ist es unwahrscheinlich, dass der RMSEA im Bereich eines guten Modell-Fits liegt. Wenn PCLOSE hoch ist, ist es wahrscheinlicher, dass der RMSEA einen guten Modell-Fit anzeigt (Weiber und Mühlhaus, 2014).

Inkrementelle Fitmaße repräsentieren den Prozentsatz, zu dem das getestete Modell die Daten besser repräsentiert als das Basismodell. Das Basismodell ist das Modell, das am schlechtesten an die vorliegenden Daten angepasst ist. In der vorliegenden Arbeit wurde als Maß für den Modell-Fit der *Comparative Fit Index* (CFI) berechnet, der neben dem *Tucker-Lewis-Index* (TLI) das gängigste verwendete Maß aus dieser Gütekategorie ist. Im Gegensatz zum TLI werden beim CFI jedoch Verteilungsverzerrungen berücksichtigt (Weiber und Mühlhaus, 2014).

In Tabelle 32 werden die im Allgemeinen vorgeschlagenen *Cutoff-Werte* (CV) für die verwendeten Gütekriterien dargestellt. Im Idealfall sollten in der vorliegenden Arbeit die jeweils strengsten Kriterien eingehalten werden, damit von einem sehr guten Modell-Fit gesprochen werden kann.

Tabelle 32: Cutoff-Werte der Gütekriterien für die Modellschätzung. Quellenangaben nach Weiber und Mühlhaus (2014), S. 222. CV: Cutoff-Wert. * kennzeichnet Cutoff-Werte, die am häufigsten Verwendung finden.

Gütekategorie	Gütekriterium	CV	Quelle (CV)
deskriptiv/ absolut	CMIN/DF	≤ 3* ≤ 2,5 ≤ 2	Homburg und Giering (1996, S. 13) Homburg und Baumgartner (1995, S. 172) Byrne (1989, S. 55)
Inferenz-statistisch	RMSEA	≤ 0,05 – 0,08* ≤ 0,06	Browne und Cudeck (1993) Hu und Bentler (1999, S. 27)
inkrementell/ vergleichend	CFI	≥ 0,90* ≥ 0,95	Homburg und Baumgartner (1995, S. 172) Carlson und Mulaik (1993)

4.4.3.3 Vorgehen bei der Modellkonstruktion

Bei der hypothesengeleiteten Konstruktion der zu testenden Strukturmodelle wurde auf die Einführung von Korrelationsbeziehungen zwischen Prädiktoren (ungerichtet) verzichtet, da diese in der Regel keine über die Analysen, in denen sie fehlen, hinausgehende Erklärungskraft für die Struktur haben, sondern lediglich den Modell-Fit erhöhen. Innerhalb der Strukturgleichungsmodelle wurde die angenommene Richtung der Beziehung aus der Theorie abgeleitet (vgl. Kap. 3.2.6). In den Fällen, in denen aus theoretischen Annahmen lediglich eine Beziehung, nicht jedoch die Richtung der Beziehung festgestellt werden konnte, wurden jeweils beide Pfadrichtungen auf Signifikanz und Höhe des Koeffizienten getestet.

Die Pfadrichtung impliziert eine Art von kausaler Beziehung zwischen zwei Variablen. Zwar sind die Termini *Effekt* und *Einfluss* im Rahmen der Strukturgleichungsmodellierung zunächst statistisch (im Sinne einer Regression) zu verstehen und können theoretisch auch eine Korrelation im Sinne einer beidseitigen Beziehung abbilden. Wird jedoch die Beziehung zwischen zwei Variablen durch die Umkehr des Pfades instabil oder in ihrer Ausprägung wesentlich schwächer, so wird eine Kausalität wahrscheinlicher; zumindest innerhalb der umgebenden Struktur. Dieser angenommene Einfluss der einen auf die andere Variable bedeutet jedoch nicht, dass es keinerlei Wirkung in die umgekehrte Richtung geben kann, sondern dass die Pfeilrichtung die primäre Wirkungs- oder Einflussrichtung beschreibt.

Um nicht alleine auf der Basis inhaltlicher, sondern auch statistischer Evidenz für eine bestimmte Richtung des Pfades zu argumentieren, wurde für jedes der im Ergebnisteil dargestellten Modelle bei den aus der Theorie mit hoher Plausibilität abgeleiteten Beziehungen ein Gegentest gemacht, indem die Pfade einzeln gedreht und die Modelle jeweils getestet wurden. Sofern dies nicht zu einer deutlichen Verbesserung des Modell-Fits oder einer klaren Erhöhung der Koeffizienten führte, wurde das theoretisch abgeleitete Modell beibehalten.

Die genannten Annahmen dienten dazu, plausible Modelle zu entwickeln, die möglichst weit von einer vollständigen (und somit praktisch inhaltslosen) Beschreibung aller möglichen Beziehungen zwischen den Variablen entfernt waren, jedoch alle zur Beschreibung der Daten erforderlichen Beziehungen beinhalteten (*Parsimonie-Prinzip*; vgl. Kap. 2.3.1). Dieses Vorgehen ist auch deshalb notwendig, um eine unerwünschte Überanpassung (*Overfit*) zu vermeiden. Ein Overfit entsteht dann, wenn nicht relevante Beziehungen in die Modellstruktur aufgenommen werden, die den Modell-Fit erhöhen, aber die Erklärungskraft des Modells letztlich senken.

In der vorliegenden Arbeit wurde darauf verzichtet, Modelle auf rein statistischer Basis selektieren zu lassen, da die untersuchten Variablen von vornherein inhaltliche Beziehungen nahelegen und damit den Bereich sinnvoller Modelle einschränken.

4.4.3.4 Interpretation der Strukturgleichungsmodelle

In Abbildung 4 ist das Ergebnis einer Strukturgleichungsmodellierung exemplarisch dargestellt. Die abhängige Variable ist Z, die innerhalb des Modells selbst keinen Effekt auf andere Variablen hat (Zielvariable). Die Variablen X_1 und X_2 haben einen direkten Effekt auf Z. Gleichzeitig besteht ein Einfluss von X_2 auf die Variable Y, die zudem einen Effekt auf die Zielvariable Z hat.

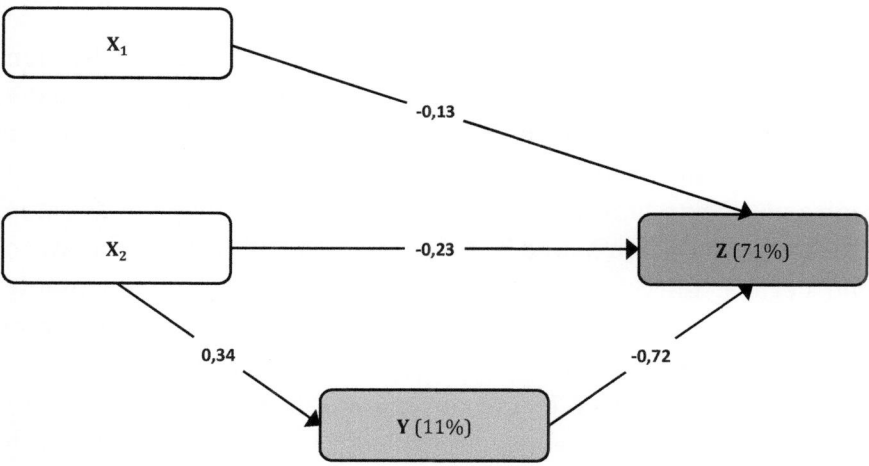

Abbildung 4: Exemplarisches Ergebnis einer Strukturgleichungsmodellierung. Die Werte an den Pfeilen geben die standardisierten Regressionsgewichte des Pfades an. Die Werte an den abhängigen Variablen beschreiben den prozentualen Anteil der aufgeklärten Varianz durch die unabhängigen Variablen (R^2). Fehlerterme sind aus statistisch-mathematischen Gründen für jede Variable erforderlich, die in irgendeinem Sinne als abhängige Variable auftaucht, werden hier jedoch aus Gründen der Übersichtlichkeit weggelassen.

Damit stellt die Variable Y eine intermediäre Variable dar, die sowohl durch eine Variable beeinflusst wird, als auch ihrerseits einen Effekt auf eine Variable ausübt. Die initialen Variablen dieses Modells, bei denen angenommen wird, dass sie durch die anderen Parameter im

Modell nicht beeinflusst werden, sind die Variablen X_1 und X_2. Sie werden im Rahmen des Modells als fehlerfrei beobachtet angenommen. Anhand dieser Struktur wird deutlich, dass die Erkenntnisse aus Strukturgleichungsmodellierungen nicht auf konventionelle Regressionen beschränkt sind, sondern zusätzlich Beziehungen zwischen abhängigen Variablen im Sinne direkter und indirekter Effekte abschätzen können und damit der Komplexität eines Netzwerkes von Beziehungen eher gerecht werden als konventionelle Regressionsanalysen.

An den Pfaden zwischen den Variablen werden die standardisierten Regressionsgewichte angegeben. Durch die Standardisierung sind die Regressionsgewichte der einzelnen Beziehungen direkt miteinander vergleichbar. Auf diese Weise kann man direkte Effekte ablesen sowie indirekte Effekte berechnen. So sind in diesem Beispiel die direkten Effekte der Variablen X_1 und X_2 auf Z mit -0,13 und -0,23 nur schwach und negativ. Gleichzeitig liegt ein positiver Effekt mittlerer Stärke (0,34) der Variable X_2 auf die vermittelnde Variable Y vor, die ihrerseits negativ und sehr stark auf die Variable Z wirkt (-0,72).

Neben diesen direkten Effekten gibt es zusätzlich einen indirekten Effekt von X_2 auf die Variable Z, der über Y vermittelt wird und sich durch Multiplikation der direkten Effekte berechnet (0,34 * -0,72 = - 0,24). In diesem Modell ist somit der direkte Effekt von X_2 auf Z (- 0,23) in etwa gleich groß wie der indirekte Effekt (-0,24) zwischen diesen beiden Variablen, der über Y vermittelt wird. Der totale Effekt von X_2 auf Z ergibt sich aus der Summe des direkten und indirekten Effekts (- 0,23 + (-0,24) = -0,47).

Die Prozentwerte an den abhängigen Variablen beschreiben zudem den Anteil der aufgeklärten Varianz (R^2) durch die unabhängigen Variablen. In diesem Modell können also 71 % der Varianz der Variable Z durch die drei anderen Variablen erklärt werden. Außerdem werden 11 % der Varianz der Variable Y durch die Variable X_2 erklärt.

5 Ergebnisse

Im Folgenden werden die Auswertungen der vier Studien (vgl. Tab. 4) jeweils einzeln dargestellt. Dabei werden die Ergebnisse auf Basis der Forschungsfragen präsentiert, die in Kapitel 3 vorgestellt wurden. Die Nummerierung der Forschungsfragen bezieht sich ebenfalls auf Kapitel 3 und wird auf diese Weise auch in der Diskussion fortgeführt.

5.1 Einstellungen zu Evolution und religiöser Glaube (EGI-Studie)

Die in der *EGI-Studie* befragte Stichprobe lässt sich als nicht repräsentativ und nicht normalverteilt klassifizieren. Es fanden sich überproportional viele sehr religiöse sowie nicht-religiöse Menschen. Knapp die Hälfte der Probandinnen und Probanden, die Angaben zu ihrer Konfession machten, gehörte einer der beiden christlichen Großkirchen an[77]. 33,2 % der Befragten waren Mitglied der evangelischen Kirche und 13,8 % gehörten der römisch-katholischen Kirche an. Während der Anteil der evangelischen Probandinnen und Probanden etwas über dem tatsächlichen Anteil von 26,7 % (EKD, 2017) in der Bevölkerung lag, waren die katholischen Personen im Vergleich zum Anteil in der Bevölkerung von 28,7 %[78] (DBK, 2016) stark unterrepräsentiert. Deutlich überrepräsentiert waren hingegen die evangelisch

---

[77] Alle Prozentangaben zur konfessionellen Zugehörigkeit beziehen sich auf die Grundgesamtheit von $N = 4525$, die eine Konfession angab. In 824 Fällen fehlte die Konfession.

[78] Dieser Prozentanteil wurde auf Grundlage einer aktuelleren Angabe zur deutschen Wohnbevölkerung (EKD, 2017) selbst berechnet und weicht daher leicht von der Angabe der DBK (2016) ab. Durch die Verwendung der gleichen Grundgesamtheit sind die Anteile der katholischen und protestantischen Bevölkerungsanteile (Stand jeweils 31.12.2016) direkt miteinander vergleichbar.

© Springer Fachmedien Wiesbaden GmbH, ein Teil von Springer Nature 2019
A. Beniermann, *Evolution – von Akzeptanz und Zweifeln*,
https://doi.org/10.1007/978-3-658-24105-6_5

freikirchlichen Teilnehmenden, die 18,5 % der Stichprobe ausmachten, wobei der tatsächliche Bevölkerungsanteil vermutlich bei etwa 1,1 - 2,2 % liegt (fowid, 2016; REMID, 2017a; vgl. 2.6.3.1). 29,6 % der Probandinnen und Probanden gaben an, konfessionsfrei zu sein, was etwas unter der tatsächlichen Anzahl Konfessionsfreier in der Bevölkerung liegt (fowid, 2016). Ein Drittel dieser Gruppe gab an, zeitlebens konfessionsfrei zu sein (9,9 %), und 19,7 % waren im Laufe ihres Lebens aus einer Glaubensgemeinschaft ausgetreten. 2,9 % der Teilnehmenden gehörten einer muslimischen Glaubensgemeinschaft an, was knapp unter dem geschätzten Anteil der Menschen mit unterschiedlichen muslimischen Glaubenszugehörigkeiten von 4,4 - 4,9 % (BAMF, 2016; fowid, 2016; REMID, 2017b) in Deutschland liegt. Die restlichen 1,9 % der Befragten ordneten sich anderen Glaubensrichtungen zu[79].

1) Wie ausgeprägt ist die religiöse Gläubigkeit in der EGI-Studie insgesamt sowie in unterschiedlichen Probandengruppen?

Von den 5349 Personen, die Angaben zu ihrem Glauben machten, stimmten 53,2 % der Aussage „*Ich glaube an Gott*" zu, während 12,9 % sich für die Aussage „*Ich glaube an eine höhere Macht*" entschieden. Die restlichen 33,8 % glaubten an keines von beidem.

Auf dem *Spectrum of Theistic Probability* (Dawkins, 2008) gaben knapp 30 % der Befragten an, sie würden wissen, dass es einen Gott gibt (Abb. 5). Auf der anderen Seite des Spektrums („*Ich weiß, dass es keinen Gott gibt*") fanden sich fast 10 % der Probandinnen und Probanden. Mit je etwa 20 % wurden die weniger absolut formulierten Aussagen (Kategorie 2 und 6 des Spektrums) gewählt, bei denen jeweils aus theistischer und atheistischer Perspektive eingeräumt wird,

---

[79] Unter *sonstige* wurden Religions- und Weltanschauungszugehörigkeiten subsumiert, die von weniger als 1 % der Befragten angegeben wurden.

dass nicht gewusst werden kann, ob Gott existiert oder nicht. Die mittleren drei Kategorien wurden am seltensten und insgesamt nur etwa von 13 % der Befragten gewählt.

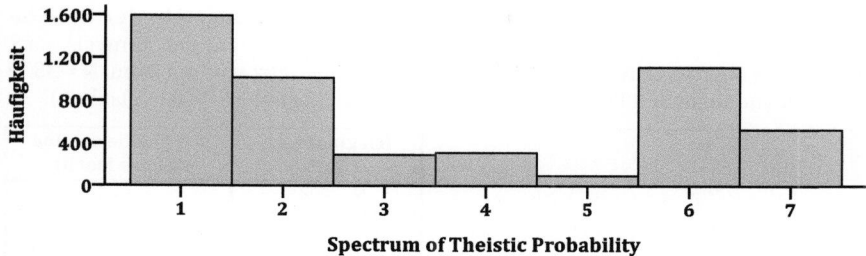

Abbildung 5: Häufigkeitsverteilung der Kategorien des *Spectrum of Theistic Probability* in der EGl-Studie. N = 4962; M = 3,36; SD = 2,29. 1: „Ich weiß, dass es einen Gott gibt"; 2: „Ich glaube fest an Gott, auch wenn ich nicht zu 100 % wissen kann, dass es ihn gibt"; 3: „Ich bin mir unsicher, aber ich tendiere eher dazu zu glauben, dass Gott existiert"; 4: „Ich denke, eine sinnvolle Aussage über die Existenz Gottes ist nicht möglich. Deswegen bin ich unentschieden"; 5: Ich bin mir unsicher, aber ich tendiere eher dazu zu glauben, dass Gott nicht existiert"; 6: Ich glaube nicht, dass es Gott gibt, auch wenn ich es nicht sicher wissen kann"; 7: „Ich weiß, dass es keinen Gott gibt".

Die meisten der Gottgläubigen glaubten schon immer an Gott, während bei denjenigen, die nicht glauben, etwas über die Hälfte der Befragten angab, früher einmal an Gott geglaubt zu haben (Tab. 33).

Tabelle 33: Glaube an Gott im Verlauf des Lebens in der EGl-Studie. N = 4951.

Antwortoptionen	N	%
Ich glaube nicht an Gott, und ich habe auch noch nie daran geglaubt.	897	18,1
Ich glaube nicht an Gott, aber ich habe früher daran geglaubt.	1075	21,7
Ich glaube an Gott, aber ich habe früher nicht daran geglaubt.	865	17,5
Ich glaube an Gott, und ich habe schon immer daran geglaubt.	2114	42,7

Die 66,2 % der Befragten, die an Gott oder eine höhere Macht glaubten, wurden zusätzlich gefragt, wie ihre persönliche Vorstellung eines Gottes aussieht (Tab. 34).

Tabelle 34: Häufigkeit der verschiedenen Gottesvorstellungen in der EGl-Studie. Mehrfachnennungen waren möglich. Die Frage beinhaltete den Hinweis, dass anstelle des Begriffs *Gott* der Begriff *höhere Macht* eingesetzt werden kann. N = 3539 (nur Probandinnen und Probanden, die an Gott oder eine höhere Macht glauben).

	Ich glaube an Gott. $N = 2947$		Ich glaube an eine höhere Macht. $N = 692$	
	N	% von Gott	N	% von höhere Macht
Gott ist wie eine Person, ein Gegenüber.	1757	61,7	38	5,5
Gott hat menschliche Züge (z. B. Gefühle wie Freude, Zorn und Trauer).	1598	56,1	60	8,7
Gott ist ein weiser, alter Mann mit Bart, der vom Himmel auf uns herunterschaut.	41	1,4	12	1,7
Gott ist ein ganz normaler Mensch wie du und ich, aber mit übernatürlichen Fähigkeiten.	28	1	3	0,4
Gott ist die Dreieinigkeit (Gott Vater, Sohn und Heiliger Geist).	2168	76,2	37	5,3
Gott ist keine Person, sondern eher ein Geist oder eine nicht fassbare Wesenheit.	607	21,3	291	42,1
Gott ist der Lebenshauch, die Lebenskraft, die Lebensenergie, die Vitalität, die unserer Welt zugrunde liegt.	887	31,2	285	41,2
Gott ist in allem, was existiert.	1190	41,8	276	39,9
Gott ist das, was man als Energie bezeichnen würde.	292	10,3	204	29,5
Gott ist das, was man als Liebe bezeichnen würde.	1340	47,1	149	21,5
Gott ist eine übernatürliche Kraft, die aber heute keinen Einfluss mehr auf die Welt nimmt.	26	0,9	43	6,2
Gott ist eine nicht-menschliche, übernatürliche Kraft, die nicht näher beschrieben werden kann.	422	14,8	300	43,4
Es gibt nicht einen, sondern mehrere Götter.	19	0,7	58	8,4
Gott ist nur ein Name für das Unbeschreibliche.	251	8,8	266	38,4
Ich habe keine Vorstellung von Gott.	43	1,5	61	8,8
Eigene Vorstellung.	249	8,7	34	4,9

Unter denjenigen, die an Gott glauben, war die Vorstellung der Dreieinigkeit von Gott als Vater, Sohn und Heiliger Geist mit 76,2 % die häufigste, während diese Vorstellung nur 5,3 % derjenigen teilten, die an eine höhere Macht glauben. Ähnlich unausgeglichen waren die Verhältnisse zwischen diesen beiden Gruppen in Hinblick auf die Vorstellungen, dass Gott *„wie eine Person, ein Gegenüber"* ist oder menschliche Gefühle wie Freude, Zorn und Trauer hat.

Vorstellungen, die Gott als nicht fassbare Wesenheit, Lebenshauch, Energie oder unbeschreibliche Kraft beschreiben, wurden von den Befragten, die angaben, an eine höhere Macht zu glauben, häufiger gewählt als von denjenigen, die an Gott glauben. Die pantheistische Vorstellung, dass Gott in allem ist, was existiert, teilten in beiden Gruppen rund 40 % der Befragten. Insgesamt 8,0 % aller gläubigen Probandinnen und Probanden nutzten darüber hinaus die Möglichkeit, eine eigene Gottesvorstellung niederzuschreiben.

Aufgrund der Möglichkeit, Mehrfachangaben zu den eigenen Gottesvorstellungen zu machen, ließen sich häufig vorkommende Kombinationen von Gottesvorstellungen ausmachen (Abb. 6). Menschen, die die Vorstellung eines persönlichen Gottes hatten, stellten sich Gott zu 90,0 % auch als Dreieinigkeit vor und 76,3 % dieser Probandengruppe attestierten Gott menschliche Gefühle. Weitere 54,2 % sahen ihren persönlichen Gott auch als das, was man als Liebe bezeichnen würde. Diejenigen Probandinnen und Probanden, die Gott als Dreieinigkeit verstanden, hatten zu 73,2 % die Vorstellung eines personalen Gottes und zu 66,8 % die eines Gottes mit menschlichen Gefühlen. 42,9 % dieser Probandengruppe gingen zudem davon aus, dass Gott in allem ist, was existiert.

Abbildung 6: Kombinationen häufiger Gottesvorstellungen. Zur Reduktion der Komplexität wurden nur Vorstellungen, die von $N > 300$ Befragten vertreten werden, in die Analyse aufgenommen. Farbig dargestellt werden die häufigsten Kombinationen (1. Quartil). A: „Gott ist wie eine Person, ein Gegenüber"; B: „Gott hat menschliche Züge (z. B. Gefühle wie Freude, Zorn und Trauer)"; C: „Gott ist die Dreieinigkeit (Gott Vater, Sohn und Heiliger Geist)"; D: „Gott ist keine Person, sondern eher ein Geist oder eine nicht fassbare Wesenheit"; E: „Gott ist der Lebenshauch, die Lebenskraft, die Lebensenergie, die Vitalität, die unserer Welt zugrunde liegt"; F: „Gott ist in allem, was existiert"; G: „Gott ist das, was man als Energie bezeichnen würde"; H: „Gott ist das, was man als Liebe bezeichnen würde"; I: „Gott ist eine nicht-menschliche, übernatürliche Kraft, die nicht näher beschrieben werden kann"; J: „Gott ist nur ein Name für das Unbeschreibliche". Abbildung erstellt mit *Circos* (Krzywinski et al., 2009).

Probandinnen und Probanden, die Gott nicht als Person, sondern als *"Geist oder eine nicht fassbare Wesenheit"* sahen, kombinierten diese Ansicht am häufigsten mit der Vorstellung, dass Gott in allem existiert (54,9 %), der Vorstellung von Gott als Lebenshauch oder Lebenskraft (52,6 %), als Liebe (44,9 %), als Dreieinigkeit (44,5 %) oder als nicht beschreibbare übernatürliche Kraft (42,1 %).

Die Vorstellung, dass Gott *"der Lebenshauch, die Lebenskraft, die Lebensenergie, die Vitalität"* ist, *"die unserer Welt zugrunde liegt"*, wurde von ihren Vertreterinnen und Vertretern am häufigsten mit der Vorstellung verbunden, dass Gott in allem existiert (66,3 %), sowie mit der Vorstellung von Gott als Liebe (63,6 %). Probandinnen und Probanden, die sich Gott als das vorstellten, was man als Energie bezeichnen würde, sahen Gott zu 72,6 % außerdem als Liebe, sowie zu jeweils 71,6 % als Lebenshauch bzw. in allem existent. Wird Gott als das betrachtet, was man als Liebe bezeichnen würde, fand man zusätzlich zu 77,0 % die Vorstellung von Gott als Dreieinigkeit und zu 65,3 % die Ansicht, dass Gott wie eine Person ist. Wird Gott nur als ein Name für das Unbeschreibliche betrachtet, wurde diese Vorstellung am häufigsten mit der Ansicht kombiniert, dass Gott in allem existiert (54,0 %). Weitere 51,8 % der Befragten mit dieser Vorstellung kombinierten sie mit der Vorstellung von Gott als Lebenshauch (51,8 %) oder Gott als unpersönliche, nicht fassbare Wesenheit (47,8 %).

Zur Messung religiöser Überzeugungen wurde neben den bisher vorstellten einzelnen Fragen zudem die PERF-Skala zur Messung der Ausprägung der individuellen religiösen Gläubigkeit eingesetzt (vgl. Kap. 4.2.3). Der Mittelwert des Summenscores für die PERF-Skala lag in der *EGl-Studie* bei 31,39 (SD = 16,91) und die Verteilung der Stichprobe war U-förmig (Abb. 7). Das bedeutet, dass sich die meisten der in der *EGl-Studie* befragten Personen an den Extrempunkten der Skala wiederfinden und dementsprechend *sehr* oder *gar nicht gläubig* waren.

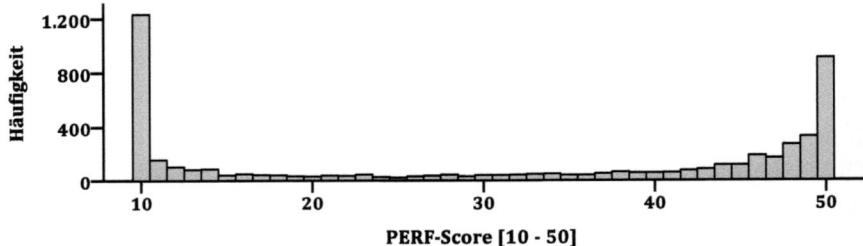

Abbildung 7: Häufigkeitsverteilung der PERF-Scores in der EGl-Studie. N = 4990; M = 31,39; SD = 16,91.

Über einen t-Test für unabhängige Stichproben konnten statistisch signifikante Unterschiede zwischen den Mittelwerten der Gläubigkeit männlicher und weiblicher Personen festgestellt werden ($t[4287,441]$ = 7,426, p < 0,001). Frauen zeigten demnach eine höhere Gläubigkeit als Männer. Die berechnete Effektstärke war mit d = 0,223 jedoch nur gering.

Eine Varianzanalyse verdeutlichte, dass es zwischen den unterschiedlicher Konfessionen signifikante Unterschiede bezüglich ihrer Gläubigkeit gab ($F[6, 4518]$ = 714,809, p < 0,001), die mit einer Effektstärke von η^2 = 0,487 als sehr groß einzuschätzen sind (Tab. 35).

Tabelle 35: Mittelwerte der Gläubigkeit bei den Gruppen verschiedener Konfessionen in der EGl-Studie. N = 4525.

	N	M	SD
evangelisch	1503	35,03	14,71
katholisch	624	30,71	15,33
muslimisch	130	44,15	9,39
freikirchlich	839	47,88	4,86
konfessionsfrei (schon immer)	450	14,86	10,18
konfessionsfrei (ausgetreten)	891	14,99	10,85
sonstige	88	37,63	13,27
gesamt	4525	31,18	16,98

Ein Scheffé-Test zur Untersuchung der Unterschiede zwischen den einzelnen Gruppen ergab signifikante Mittelwertunterschiede zwischen den beiden Gruppen der Konfessionsfreien und allen Konfessionen ($p < 0{,}001$).

Die Konfessionsfreien, die irgendwann aus einer Glaubensgemeinschaft ausgetreten sind, unterschieden sich hinsichtlich ihrer Gläubigkeit nicht von denen, die schon zeitlebens konfessionsfrei sind. Beide Gruppen zeigten deutlich die geringste Gläubigkeit aller Probandengruppen und können als im Durchschnitt *gar nicht gläubig* klassifiziert werden. (Abb. 8).

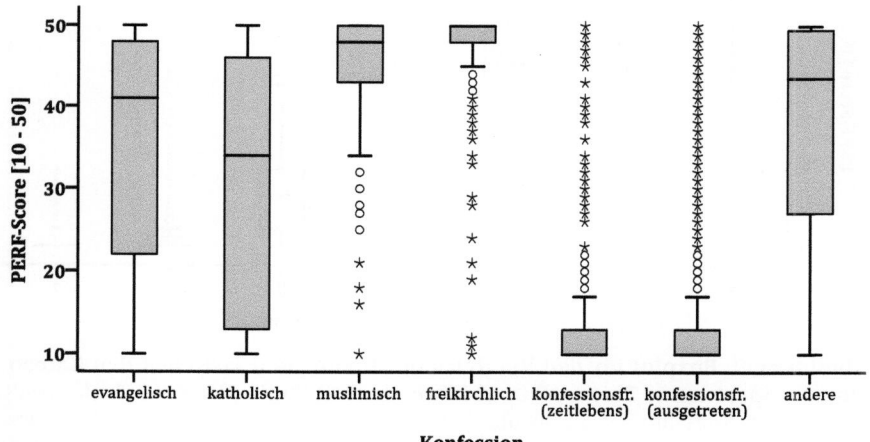

Abbildung 8: Boxplot für den Vergleich der Gläubigkeit zwischen den Konfessionen in der EGl-Studie. $N = 4525$. Kreise zeigen moderate, Sterne extreme Ausreißer an. Angaben zur Signifikanz der Gruppenunterschiede finden sich im Text.

Auch zwischen den Ergebnissen der zusammengefassten sonstigen Konfessionen, die sich signifikant von den Ergebnissen der katholischen und freikirchlichen Befragten unterschieden ($p < 0{,}001$), und den evangelischen Probandinnen und Probanden ließen sich mittels Scheffé-Tests keine signifikanten Unterschiede ermitteln. Von allen anderen Gruppen unterschieden sich die evangelischen wie auch die katholischen Befragten signifikant ($p < 0{,}001$). Während die katholischen Befragten im Durchschnitt einen Punktwert erreichten, der einer *indifferenten Position* zum Glauben entspricht, können die evangelischen Personen als *gläubig* klassifiziert werden. Zwischen den muslimischen Teilnehmenden und der Gruppe der anderen Konfessionen war der Unterschied nur knapp signifikant ($p < 0{,}05$).

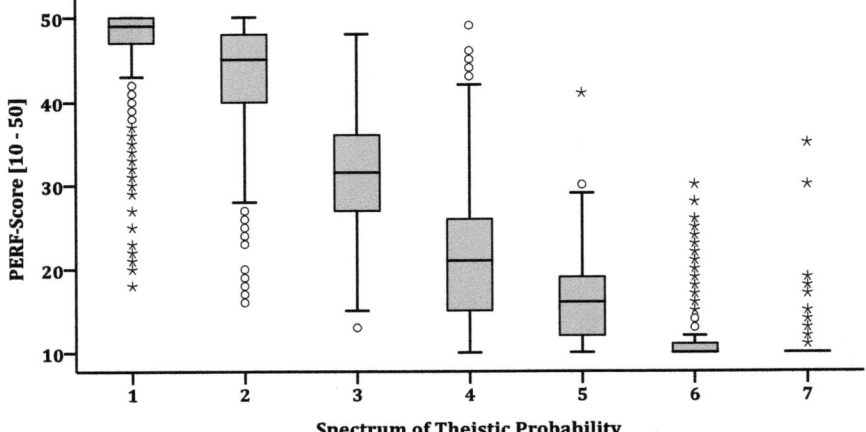

Abbildung 9: Boxplot für den Vergleich der Gläubigkeit zwischen den Kategorien des *Spectrum of Theistic Probability* in der EGl-Studie. $N = 4962$. 1: „Ich weiß, dass es einen Gott gibt"; 2: „Ich glaube fest an Gott, auch wenn ich nicht zu 100 % wissen kann, dass es ihn gibt"; 3: „Ich bin mir unsicher, aber ich tendiere eher dazu zu glauben, dass Gott existiert"; 4: „Ich denke, eine sinnvolle Aussage über die Existenz Gottes ist nicht möglich. Deswegen bin ich unentschieden"; 5: Ich bin mir unsicher, aber ich tendiere eher dazu zu glauben, dass Gott nicht existiert"; 6: Ich glaube nicht, dass es Gott gibt, auch wenn ich es nicht sicher wissen kann"; 7: „Ich weiß, dass es keinen Gott gibt". Kreise zeigen moderate, Sterne extreme Ausreißer an. Angaben zur Signifikanz der Gruppenunterschiede finden sich im Text.

Die Gruppen der muslimischen sowie freikirchlichen Befragten wiesen signifikante Differenzen der Mittelwerte zu allen anderen Gruppen auf ($p < 0{,}001$), während zwischen diesen beiden Gruppen kein signifikanter Unterschied der Gläubigkeit erkennbar war. Bei ihnen handelte es sich gleichzeitig auch um die Probandengruppen mit den höchsten Mittelwerten für die Gläubigkeit. Beide Gruppen können im Durchschnitt als *sehr gläubig* klassifiziert werden.

Auch die Gruppen, die beim *Spectrum of Theistic Probability* unterschiedliche Antworten wählten, unterschieden sich signifikant hinsichtlich ihrer Gläubigkeit ($F[6, 4955] = 9476,605$, $p < 0,001$). Die Unterschiede sind mit einer Effektstärke von $\eta^2 = 0,920$ als sehr groß einzuschätzen (Abb. 9). Ein Post-Hoc-Test zeigte, dass der Effekt zwischen allen Gruppen signifikant war bis auf die Gruppen 6 und 7, die sich in ihrer Gläubigkeit nur geringfügig unterschieden.

2) Wie ausgeprägt sind dualistische Sichtweisen auf das Verhältnis von Gehirn und Geist in der EGl-Studie sowie in unterschiedlichen Probandengruppen?

Die Tendenz zu einer dualistischen Sicht auf das Verhältnis von Gehirn und Geist wurde mit der SD-Skala gemessen (vgl. Kap. 4.2.2). Das gesamte Spektrum an verschiedenen Sichtweisen in dieser Frage wurde von der Stichprobe abgedeckt (Abb. 10). Der Mittelwert lag bei 15,50 ($SD = 7,11$) und damit fast exakt in der Mitte des Skalenbereichs.

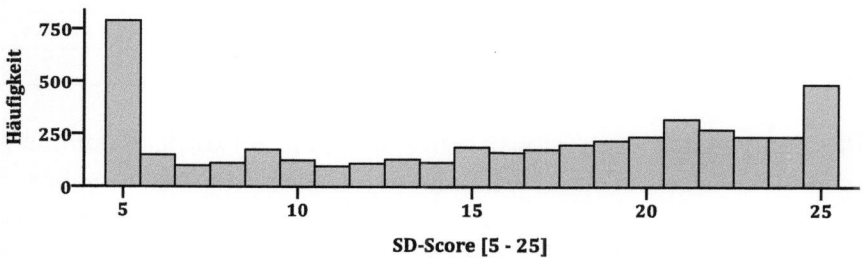

Abbildung 10: Häufigkeitsverteilung der SD-Scores in der EGl-Studie. $N = 4621$; $M = 15,50$; $SD = 7,11$.

An beiden Extrempositionen und dabei insbesondere am unteren Ende der Skala, das einer stark monistischen Position entspricht, fanden sich die größten Häufungen der Befragten.
Ein t-Test für unabhängige Stichproben zum Vergleich der Mittelwerte der SD-Scores der weiblichen und männlichen Befragten ergab ein signifikantes Ergebnis ($t[4452,839] = 12,121$, $p < 0,001$). Probandinnen zeigten demnach signifikant häufiger dualistische Ansichten als männliche Befragte. Der Effekt dieses Unterschieds war allerdings klein ($d = 0,364$). Für die Ausprägung einer dualistischen Sichtweise machte es außerdem einen signifikanten Unterschied, welcher Konfession eine Person angehörte ($F[6, 4518] = 466,254$, $p < 0,001$). Der Effekt dieses Unterschieds war stark ($\eta^2 = 0,382$).

Tabelle 36: Mittelwerte der Ausprägung einer dualistischen Sichtweise bei den Gruppen verschiedener Konfessionen in der EGI-Studie. $N = 4525$.

	N	M	SD
evangelisch	1503	17,01	5,97
katholisch	624	15,71	6,47
muslimisch	130	19,87	4,68
freikirchlich	839	21,59	3,68
konfessionsfrei (schon immer)	450	9,88	5,77
konfessionsfrei (ausgetreten)	891	9,12	5,75
sonstige	88	16,94	6,42
gesamt	4525	15,50	7,12

Die Gruppen der Konfessionsfreien zeigten die am stärksten monistische Sichtweise auf das Verhältnis von Gehirn und Geist, während freikirchliche und muslimische Probandinnen und Probanden die höchsten Mittelwerte im dualistischen Denken zeigten (Tab. 36).
Evangelische und katholische Probandinnen und Probanden unterschieden sich untereinander sowie von allen anderen Gruppen außer den „sonstigen" Konfessionen signifikant ($p \leq 0,001$; Abb. 11). Auch

muslimische Befragte unterschieden sich nicht signifikant von der Gruppe der zusammengefassten Konfessionen sowie von den freikirchlichen Probandinnen und Probanden, während es zu beiden Gruppen der Konfessionsfreien signifikante Unterschiede im dualistischen Denken gab ($p < 0{,}001$). Die beiden Gruppen der Konfessionsfreien unterschieden sich auch im dualistischen Denken nicht signifikant voneinander, jedoch von allen anderen Gruppen ($p < 0{,}001$).

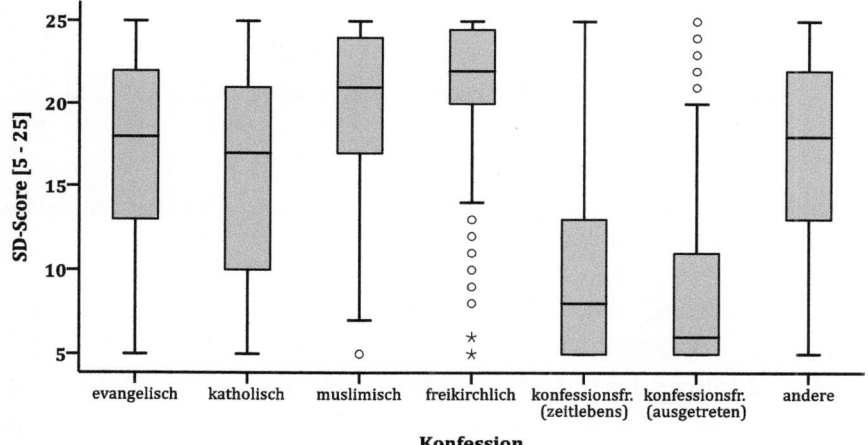

Abbildung 11: Boxplot für den Vergleich des dualistischen Denkens zwischen den Konfessionen in der EGl-Studie. $N = 4525$. Kreise zeigen moderate, Sterne extreme Ausreißer an. Angaben zur Signifikanz der Gruppenunterschiede finden sich im Text.

3) Welche Einstellungen zu Evolution im Allgemeinen und zur Evolution des Bewusstseins im Speziellen treten in der EGl-Studie sowie in unterschiedlichen Probandengruppen auf?

Einstellungen zu Evolution wurden mittels der ATEVO-Skala erhoben (vgl. Kap. 4.2.1). Der Mittelwert der Einstellungen zu Evolution lag in dieser Stichprobe bei 29,32 ($SD = 10{,}92$), also deutlich über der Mitte des Skalenbereichs. Im Durchschnitt zeigte die Stichprobe eine *eher akzeptierende* Einstellung gegenüber der Evolution. Es gab eine starke Häufung von Probandinnen und Probanden am oberen Ende der Skala, sodass ca. ein Viertel aller Befragten alle Items mit maximaler Zustimmung beantwortete und eine starke Akzeptanz der Evolution zeigte (Abb. 12).

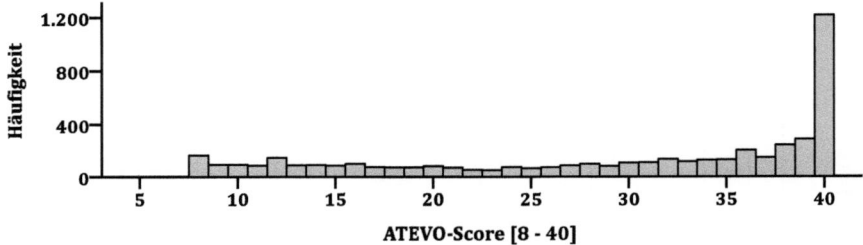

Abbildung 12: Häufigkeitsverteilung der ATEVO-Scores in der EGI-Studie. $N = 4745$; $M = 29{,}32$; $SD = 10{,}92$.

Bei Betrachtung der ATEVO-Subskala zur Geistevolution (vgl. Kap. 4.2.1) ergab sich ein Mittelwert von 13,40 ($SD = 6{,}02$; $N = 4745$). Dieser Mittelwert lag nur noch leicht über dem Mittelwert des Skalenbereichs von 12 und im Bereich einer *indifferenten Position* zur Evolution des Bewusstseins. Gleichzeitig lag der Mittelwert bei der ATEVO-AE-Subskala mit 15,92 ($SD = 5{,}36$; $N = 4745$) im Bereich einer *eher akzeptierenden* Haltung. Es deutete sich an, dass die Zahl der Personen, die eine Geistevolution ablehnten, höher lag als die Anzahl an Personen, die Evolution im Allgemeinen ablehnten (vgl. Abb. 13).

Ein t-Test zum Vergleich der Mittelwerte zwischen den Geschlechtern zeigte einen signifikanten Effekt für die Mittelwerte der gesamten ATEVO-Skala ($t[4228{,}812] = 4{,}305$, $p < 0{,}001$) sowie für die ATEVO-GE-Subskala ($t[4234{,}242] = 6{,}284$, $p < 0{,}001$). Die berechneten unterschiedlichen Effektstärken von $d_{ATEVO} = 0{,}129$ und $d_{ATEVO\text{-}GE} = 0{,}189$

sowie die Tatsache, dass der Geschlechterunterschied bei der Subskala zur Evolution im Allgemeinen nicht signifikant ausfiel, verdeutlicht, dass sich männliche und weibliche Personen in dieser Stichprobe nicht bezüglich ihrer Einstellung zu Evolution im Allgemeinen unterschieden. Die Einstellung zur Evolution des menschlichen Geistes war jedoch bei Probanden im Durchschnitt deutlich positiver als bei Probandinnen.

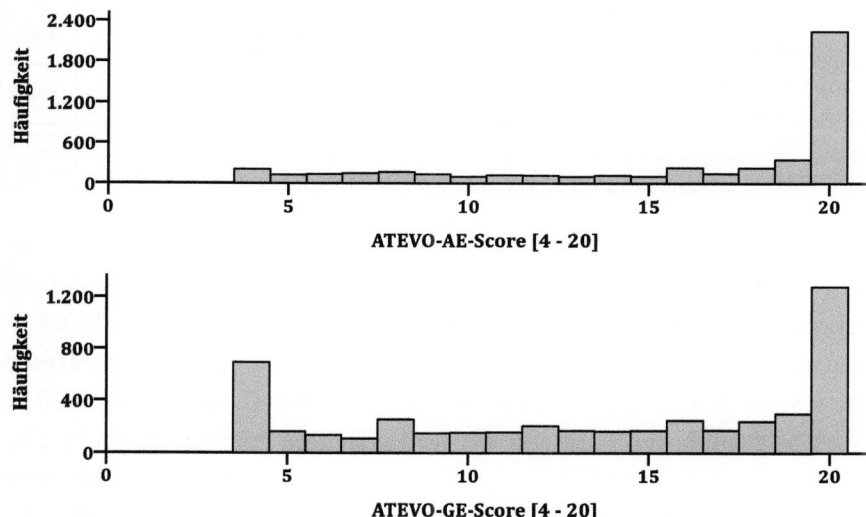

Abbildung 13: Häufigkeitsverteilungen der ATEVO-Subskalen-Scores in der EGl-Studie. Oben: Häufigkeiten der Summenscores der ATEVO-AE-Subskala, N = 4745, M = 15,92, SD = 5,36; unten: Häufigkeiten der Summenscores der ATEVO-GE-Subskala, N = 4745, M = 13,40; SD = 6,02.

Befragte verschiedener Konfessionen unterschieden sich teilweise stark in ihrer Einstellung zu Evolution (Tab. 37). Eine Varianzanalyse ergab einen signifikanten und großen Effekt der Zugehörigkeit zu einer weltanschaulichen Gruppe auf die Einstellung zu Evolution ($F[6, 4518]$ = 561,698, $p < 0,001$, η^2 = 0,427).

Tabelle 37: **Mittelwerte der Einstellungen zu Evolution bei den Gruppen verschiedener Konfessionen in der EGI-Studie.** Darstellung basierend auf der gesamten ATEVO-Skala sowie den beiden Subskalen. N = 4525.

		ATEVO ges.		ATEVO-AE		ATEVO-GE	
	N	*M*	*SD*	*M*	*SD*	*M*	*SD*
evangelisch	1503	29,03	9,84	16,11	4,95	12,92	5,44
katholisch	624	33,01	7,15	18,18	3,10	14,83	4,70
muslimisch	130	23,05	9,17	13,32	5,23	9,73	4,92
freikirchlich	839	16,50	7,82	9,69	4,70	6,81	3,77
konfessionsfrei (zeitlebens)	450	36,81	6,46	18,99	3,01	17,82	3,80
konfessionsfrei (ausgetreten)	891	36,97	6,68	18,97	3,07	18,01	3,91
sonstige	88	25,76	11,05	14,52	5,96	11,24	5,74
gesamt	4525	29,36	10,91	15,94	5,36	13,41	6,02

Die höchste Akzeptanz der Evolution fand sich bei den beiden Gruppen der Konfessionsfreien. Dabei spielte es keine Rolle, ob die Person schon immer konfessionsfrei war oder irgendwann aus einer Glaubensgemeinschaft ausgetreten ist. Die Gruppen der Konfessionsfreien unterschieden sich signifikant von allen anderen Gruppen ($p < 0{,}001$). Auch zwischen den Gruppen der katholischen, evangelischen, muslimischen und freikirchlichen Befragten konnten mittels Scheffé-Test jeweils signifikante Unterschiede festgestellt werden ($p < 0{,}001$). Die Gruppe der zusammengefassten sonstigen Religionen unterschied sich von allen Gruppen signifikant außer von den muslimischen und evangelischen Befragten.

Die deutlich geringste Akzeptanz der Evolution zeigten die freikirchlichen Probandinnen und Probanden, die im Durchschnitt eine *eher ablehnende* Haltung gegenüber Evolution zeigten. Der Mittelwert der muslimischen Befragten lag etwa beim Mittelwert des Skalenbereichs (Abb. 14) und entsprach damit einer *indifferenten Haltung* zu Evolution. Evangelische Probandinnen und Probanden lagen mit ihrem Mittelwert knapp im Bereich einer *eher akzeptierenden* Haltung zu

Evolution. Katholische Befragte zeigten eine positivere Einstellung als protestantische und lagen mit ihrem Mittelwert im oberen Viertel des Skalenbereichs.

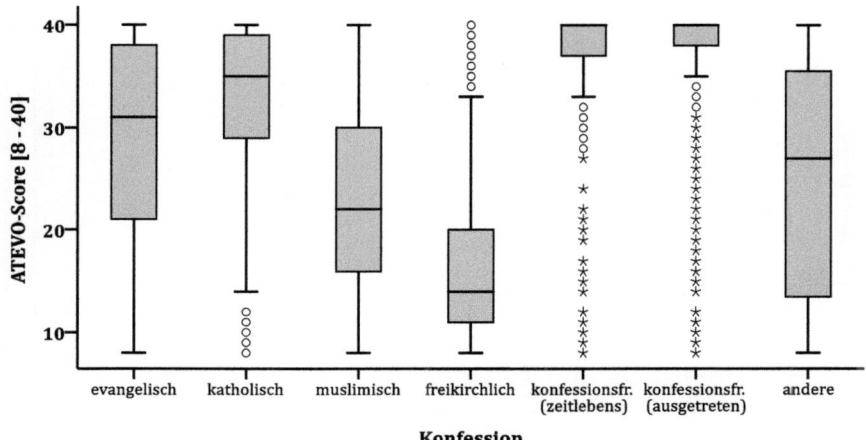

Abbildung 14: Boxplot für den Vergleich der Einstellungen zu Evolution zwischen den Konfessionen in der EGl-Studie. $N = 4525$. Kreise zeigen moderate, Sterne extreme Ausreißer an. Angaben zur Signifikanz der Gruppenunterschiede finden sich im Text.

Eine Varianzanalyse zum Vergleich der Mittelwerte des ATEVO-AE-Scores zwischen den Konfessionen erbrachte ebenfalls ein signifikantes Ergebnis ($F[6, 4518] = 462{,}080$, $p < 0{,}001$) mit einem starken Effekt ($\eta^2 = 0{,}380$). In Bezug auf die Evolution der Pflanzen und Tiere im Allgemeinen zeigten freikirchliche Befragte die größte Ablehnung (Abb. 15) und unterschieden sich damit signifikant von allen anderen Gruppen ($p < 0{,}001$). Die Einstellung der muslimischen Probandinnen und Probanden war etwas positiver und entsprach einer *indifferenten Position*. Auch die Gruppe der muslimischen Befragten unterschied sich von allen anderen Gruppen bis auf die zusammengefassten sonstigen Religionen signifikant ($p < 0{,}001$). Die beiden Gruppen der konfessionsfreien Probandinnen und Probanden sowie die katholischen Befragten zeigten jeweils eine *Akzeptanz* der Evolution und unterschieden sich voneinander nicht signifikant, jedoch von allen anderen Gruppen ($p < 0{,}001$).

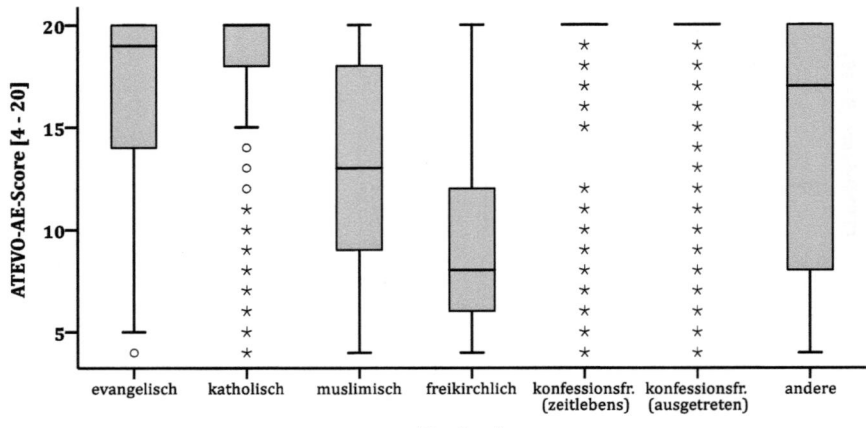

Abbildung 15: Boxplot für den Vergleich der Einstellungen zu Evolution (allgemein) zwischen den Konfessionen in der EGI-Studie. $N = 4525$. Kreise zeigen moderate, Sterne extreme Ausreißer an. Angaben zur Signifikanz der Gruppenunterschiede finden sich im Text.

Betrachtet man die Mittelwertunterschiede zwischen den Konfessionen für die ATEVO-GE-Subskala, wurde der Unterschied zwischen den Konfessionsfreien und den katholischen Probandinnen und Probanden signifikant ($p < 0{,}001$). Die katholischen Befragten zeigten bzgl. der Evolution im Allgemeinen Akzeptanz, während sie gegenüber der Evolution des Bewusstseins eine *indifferente* bis *eher akzeptierende Position* zeigten. Die anderen Gruppenunterschiede zwischen den Konfessionen lieferten das gleiche Ergebnis wie bei der zuerst untersuchten Subskala (Abb. 16).

Einstellungen zu Evolution und religiöser Glaube (EGl-Studie)

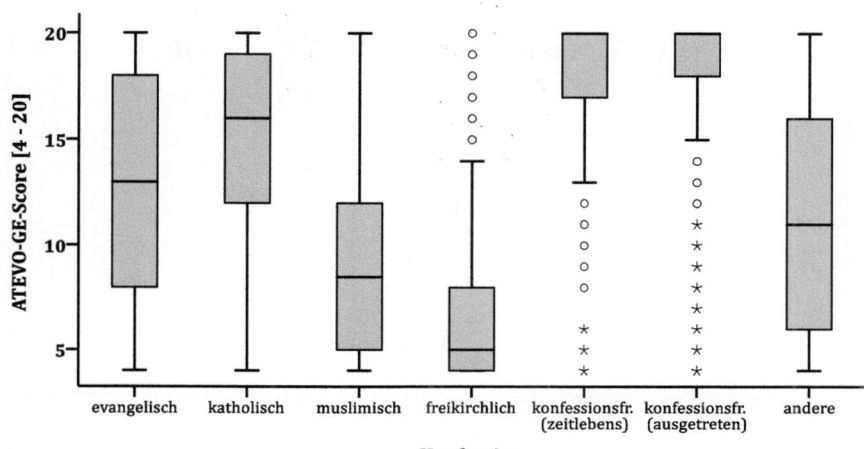

Abbildung 16: Boxplot für den Vergleich der Einstellungen zu Geistevolution zwischen den Konfessionen in der EGl-Studie. N = 4525. Kreise zeigen moderate, Sterne extreme Ausreißer an. Angaben zur Signifikanz der Gruppenunterschiede finden sich im Text.

Die Mittelwerte waren für die Subskala zur Akzeptanz der Geistevolution für alle Gruppen geringer. Die muslimischen Probandinnen und Probanden zeigten im Gegensatz zur ATEVO-AE-Skala einen Mittelwert im Bereich einer *indifferenten* bis *eher ablehnenden Position*. Auch freikirchliche Befragte lehnten die Evolution des Bewusstseins noch stärker ab als die Evolution im Allgemeinen. Die evangelischen Befragten lagen mit ihrem Mittelwert der Einstellung zur Evolution des Bewusstseins nur leicht über dem Mittelwert des Skalenbereichs, sodass ihre Einstellung zur Geistevolution als *indifferent* einzuschätzen ist, während diese Gruppe die Evolution im Allgemeinen im Durchschnitt *eher akzeptierte*.

Eine Varianzanalyse zwischen den Kategorien des *Spectrum of Theistic Probability* erbrachte ein signifikantes Ergebnis ($F[6, 4738]$ = 1326,363, $p < 0,001$) mit einem sehr starken Effekt (η^2 = 0,627).

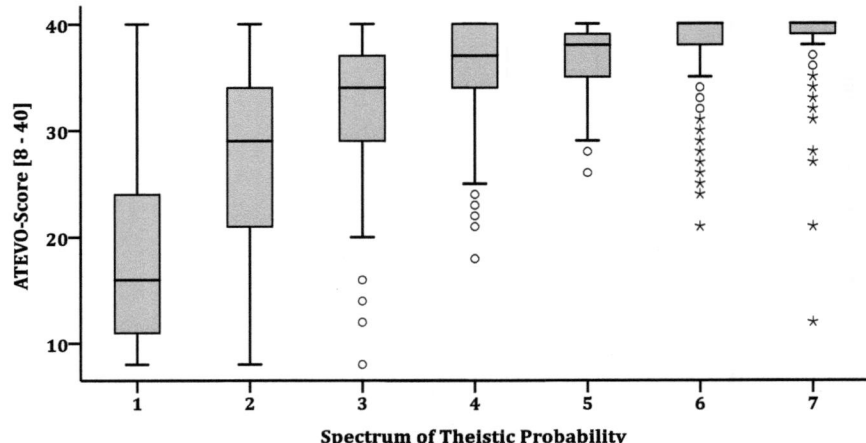

Abbildung 17: Boxplot für den Vergleich der Einstellungen zu Evolution zwischen den Kategorien des *Spectrum of Theistic Probability* in der EGI-Studie.
N = 4745. 1: „Ich weiß, dass es einen Gott gibt"; 2: „Ich glaube fest an Gott, auch wenn ich nicht zu 100 % wissen kann, dass es ihn gibt"; 3: Ich bin mir unsicher, aber ich tendiere eher dazu zu glauben, dass Gott existiert"; 4: „Ich denke, eine sinnvolle Aussage über die Existenz Gottes ist nicht möglich. Deswegen bin ich unentschieden"; 5: Ich bin mir unsicher, aber ich tendiere eher dazu zu glauben, dass Gott nicht existiert"; 6: Ich glaube nicht, dass es Gott gibt, auch wenn ich es nicht sicher wissen kann"; 7: „Ich weiß, dass es keinen Gott gibt". Kreise zeigen moderate, Sterne extreme Ausreißer an. Angaben zur Signifikanz der Gruppenunterschiede finden sich im Text.

Die Gruppen der Kategorien 1 – 3 unterschieden sich untereinander und von allen anderen Gruppen signifikant ($p ≤ 0{,}001$). Die Personen aus den Kategorien 5 – 7 unterschieden sich nicht signifikant voneinander, jedoch von allen anderen Gruppen ($p < 0{,}001$). Eine Ausnahme bildeten die Kategorien 4 und 5, deren Mittelwerte sich nicht signifikant unterschieden. Insgesamt waren die Mittelwerte der Akzeptanz der Evolution umso höher je weiter man sich im *Spectrum of Theistic Probability* einer atheistischen Position näherte (Abb. 17).

6) Welche Positionen zur Entstehung und Entwicklung des Universums, der Erde, der Lebewesen und des Menschen werden vertreten?

Ergänzend zur ATEVO-Skala wurden Positionen zur Evolution mit einer Skala abgefragt, bei der die Befragten sich bezüglich der Entstehung und Entwicklung des Menschen, der restlichen Lebewesen, der Erde und des Universums jeweils für eine von vier Positionen entscheiden sollten (vgl. Kap. 4.3.1). Diese Positionen entsprechen entweder einer kreationistischen Ansicht, der Position einer Theistischen Evolution, einer deistischen oder einer naturalistischen Sichtweise.

Die Ergebnisse zeigen, dass sich die Positionen zur Entstehung und Entwicklung zwischen den Menschen, den restlichen Lebewesen, der Erde und dem Universum nicht stark unterschieden (Tab. 38). Am häufigsten entschieden sich Probandinnen und Probanden bei allen vier Fragestellungen für die naturalistische Antwortoption, während die deistische Position jeweils am seltensten gewählt wurde. Es wird deutlich, dass eine deistische Sichtweise eher bei der Entstehung und Entwicklung des Universums als beim Menschen eingenommen wurde. Etwa ein Drittel der Befragten hielten hinsichtlich der Entstehung und Entwicklung von Universum, Erde, Lebewesen und Menschen die Position einer Theistischen Evolution für passend. Diese Personen gingen also davon aus, dass es einen Schöpfer gibt, der aktiv in den Prozess der Evolution eingreift. Die kreationistische Sichtweise, die einer wörtlichen Auslegung der Bibel entspricht, nahm etwa ein Achtel der Personen für alle vier Fragestellungen an. Am höchsten war die Zustimmung zu einer kreationistischen Position mit 18,6 % bei der Entstehung und Entwicklung des Menschen. Am seltensten wurde eine naturalistische Position bei der Entstehung und Entwicklung des Universums angenommen.

Tabelle 38: Positionen zur Entstehung und Entwicklung des Menschen, der anderen Lebewesen, der Erde und des Universums in der EGl-Studie. Prozentualer Anteil an Antworten pro Zeile.

	N	Kreationismus	Theistische Evolution	Deismus	Naturalismus
Der Mensch	4835	18,6	28,3	8,6	44,4
Die restlichen Lebewesen	4834	13,7	32,4	9,3	44,7
Die Erde	4833	12,3	32,9	10,0	44,8
Das Universum	4834	14,3	31,8	11,3	42,5

7) Wie hängen die untersuchten Variablen mit der Einstellung zu Evolution und miteinander zusammen?

Zur Untersuchung der Beziehungen zwischen den einzelnen durch Skalen erhobenen Parametern in der *EGl-Studie* (vgl. Kap. 4.3.1) wurden die Korrelationen betrachtet (Tab. 39). Ein großer Zusammenhang mit der Einstellung zu Evolution bestand bei der Gläubigkeit der Befragten ($r = -0,793$, $p < 0,001$), der Neigung zu einer dualistischen Sichtweise ($r = -0,741$, $p < 0,001$) sowie der Bedeutung des Glaubens in der gegenwärtigen Lebenswelt der Befragten ($r = -0,758$, $p < 0,001$) und für deren persönliches Sozialleben ($r = -0,624$, $p < 0,001$). All diese Parameter standen in einem inversen Zusammenhang mit der Akzeptanz der Evolution.

Zusammenhänge mittlerer Stärke konnten zwischen der Einstellung zu Evolution und der Wahrnehmung eines Konflikts zwischen eigener Weltanschauung und Evolution in negativer Form ($r = -0,480$, $p < 0,001$) sowie zwischen der Einstellung zu Evolution und einer flexiblen Denkweise in positiver Form ($r = 0,366$, $p < 0,001$) festgestellt werden. Die Bedeutung des Glaubens in der Kindheit der Befragten zeigte einen negativen Zusammenhang schwacher Ausprägung mit der Einstellung zu Evolution ($r = -0,260$, $p < 0,001$).

Einstellungen zu Evolution und religiöser Glaube (EGl-Studie)

Tabelle 39: Korrelationen zwischen dem ATEVO-Score und den anderen untersuchten Parametern nach Pearson in der EGl-Studie. ** Die Korrelation ist auf einem Niveau von $p < 0{,}01$ (2-seitig) statistisch signifikant. * Die Korrelation ist auf dem Niveau von $p < 0{,}05$ (2-seitig) statistisch signifikant.

		(1)	(2)	(3)	(4)	(5)	(6)	(7)
(1)	ATEVO							
(2)	PERF	-,793**						
(3)	SD	-,741**	,864**					
(4)	Konflikt	-,480**	,035*	,036*				
(5)	Flexibles Denken	,366**	-,350**	-,345**	-,177**			
(6)	Glaube Kindheit	-,260**	,341**	,258**	-,002	-,107**		
(7)	Glaube Gegenwart	-,758**	,932**	,795**	,063**	-,314**	,375**	
(8)	Glaube Sozialleben	-,624**	,637**	,494**	,266**	-,247**	,340**	,677**

Auch zwischen den einzelnen Prädiktoren bestanden teilweise sehr starke Zusammenhänge. Ebenso zeigten sich zwischen der Gläubigkeit auf Basis des PERF-Scores, der Bedeutung des Glaubens in der Gegenwart sowie für das Sozialleben der Befragten und der Tendenz zu einer dualistischen Sichtweise jeweils sehr starke positive und signifikante Zusammenhänge ($r \geq 0{,}494$). Zwischen einer Flexibilität im Denken und den verschiedenen Maßen der gegenwärtigen Gläubigkeit der Befragten sowie dem dualistischen Denken fanden sich negative Zusammenhänge mittlerer Stärke.

Ob in der Vergangenheit einer Person der Glaube eine große Rolle spielte, hing mit den anderen Gläubigkeitsparametern mittelmäßig stark und positiv zusammen. Die Einstellung zu Evolution korrelierte schwach negativ mit der Bedeutung des Glaubens in der Kindheit. Die wenigsten signifikanten und aufgrund der Effektstärke bedeutenden Zusammenhänge zeigte die Variable *Konfliktwahrnehmung*. Neben der Einstellung zu Evolution gab es lediglich einen schwachen negativen

Zusammenhang mit einer flexiblen Denkweise sowie einen schwachen positiven Zusammenhang mit der Bedeutung des Glaubens für das eigene Sozialleben.

Für die beiden Subskalen der ATEVO-Skala ergaben sich nur leicht unterschiedliche Korrelationsmuster (Tab. 40). Die hoch negativen Wechselbeziehungen mit allen Parametern der Gläubigkeit waren jeweils für die ATEVO-GE-Subskala etwas höher. Die Wahrnehmung eines Konflikts hingegen hing stark negativ mit dem ATEVO-AE-Score zusammen. Die Korrelation der Konfliktwahrnehmung mit der Einstellung zur Geistevolution zeigte lediglich einen mittleren negativen Effekt. Die beiden ATEVO-Subskalen-Scores selbst korrelierten sehr hoch positiv miteinander.

Tabelle 40: Korrelationen zwischen den ATEVO-Subskalen-Scores und den anderen untersuchten Parametern nach Pearson in der EGI-Studie. ** Die Korrelation ist auf einem Niveau von $p < 0{,}01$ (2-seitig) statistisch signifikant.

	ATEVO AE	ATEVO-GE
PERF	-0,693**	-0,821**
SD	-0,635**	-0,779**
Konflikt	-0,594**	-0,341**
Flexibles Denken	0,355**	0,347**
Glaube Kindheit	-0,229**	-0,267**
Glaube Gegenwart	-0,670**	-0,779**
Glaube Sozialleben	-0,593**	-0,604**

4) Wie hängen Einstellungen zu Evolution, religiöse Gläubigkeit und dualistisches Denken in der EGI-Studie zusammen?

Bei der genaueren Betrachtung der Datenverteilung zwischen Einstellungen zu Evolution und Gläubigkeit wurde deutlich, dass der Zusammenhang zwischen Gläubigkeit und Einstellungen zu Evolution nicht über das gesamte Spektrum der Gläubigkeit und Einstellung zu

Evolution linear verläuft. Dies gilt sowohl für die Summenscores, denen die gesamte ATEVO-Skala zugrunde liegt als auch für diejenigen, die auf einer der beiden ATEVO-Subskalen basieren (Abb. 18).

Die Abbildungen 18a und 18b verdeutlichen, dass Personen, die nicht gläubig sind, im Mittel und mit überwiegender Mehrheit positive Einstellungen gegenüber Evolution aufwiesen. Gläubige Menschen hingegen unterschieden sich stark in ihren Ansichten zur Evolution. Hier traten von sehr negativer bis sehr positiver Einstellung alle Positionen auf. Über das gesamte Spektrum betrachtet sank die Akzeptanz der Evolution mit zunehmender Gläubigkeit. Besonders negativ war das Verhältnis zwischen Einstellung zu Evolution und Gläubigkeit bei der Gruppe der Befragten, die sich im oberen Fünftel des Gläubigkeits-Scores bewegten, was an der Änderung der Steigungen des Loess-Fits deutlich wird (Abb. 18a).

Besonders stark ist dieses Abknicken der Steigung bei dem Verhältnis der Evolution im Allgemeinen und der Gläubigkeit zu beobachten (Abb. 18c). Für die ATEVO-GE-Subskala ist das Bild auch für die nichtreligiösen Probandinnen und Probanden etwas weniger eindeutig und der Verlauf der Kurve deutlich flacher (Abb. 18e). Beim Vergleich der Abbildungen 18d und 18f wird vor allem sichtbar, dass es in der Stichprobe eine große Zahl von Personen mit starker Ablehnung der Evolution des Bewusstseins gab.

Insgesamt deutet sich durch den Vergleich der Diagramme eine geringere Akzeptanz der Evolution des menschlichen Geistes im Vergleich zur Akzeptanz der Evolution im Allgemeinen an. Die Einstellung zu Evolution korrelierte, wie beschrieben, innerhalb dieser Stichprobe sowohl mit religiöser Gläubigkeit als auch mit dualistischem Denken stark negativ.

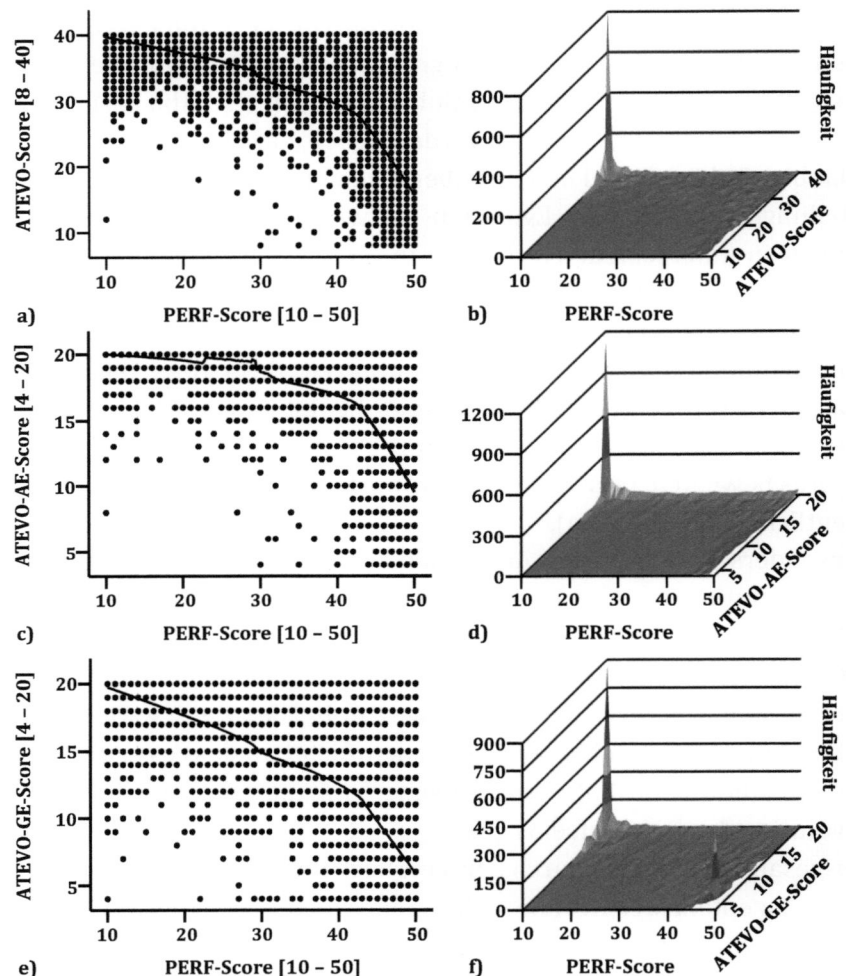

Abbildung 18: Verhältnis von Einstellungen zu Evolution und religiöser Gläubigkeit in der EGI-Studie. Ausgleichsrechnung: Loess-Fit. $N = 4745$. Die Punkte in a), c) und e) beschreiben nur beobachtete Kombinationen, nicht hingegen die Anzahl der Datenpunkte bei der jeweiligen Koordinate. Die Verteilung spiegelt sich zum einen in den Ausgleichskurven und zum anderen in den entsprechenden 3D-Plots in b), d) und f) wider. Aus Gründen der Übersichtlichkeit wurde der Skalenbereich bei der Achsenbeschriftung der 3D-Plots weggelassen. Er entspricht jewels den an den Punktdiagrammen angegebenen Bereichen.

Vergleicht man den Verlauf der Mittelwerte des dualistischen Denkens und der Gläubigkeit über das Spektrum der verschiedenen Einstellungen zu Evolution, wird ein Unterschied zwischen den beiden Parametern deutlich (Abb. 19).

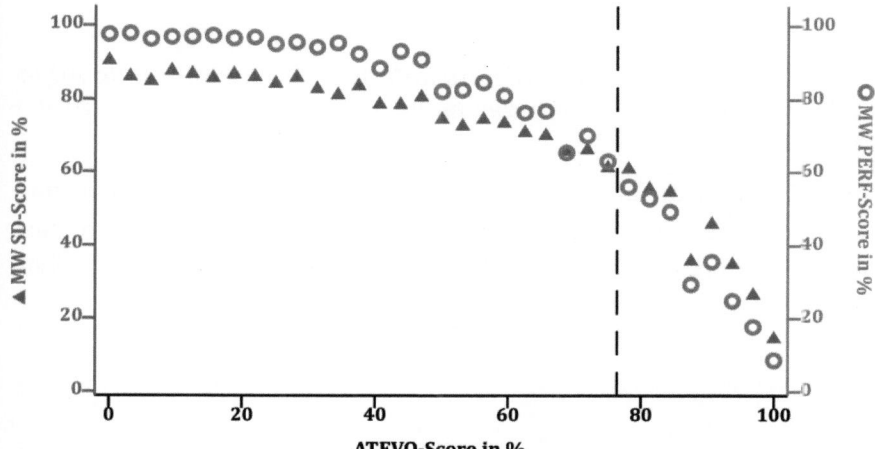

Abbildung 19: Verhältnis von dualistischem Denken und religiöser Gläubigkeit zu Einstellungen zu Evolution in der EGl-Studie. % Angaben in Bezug auf die Skala wegen Vergleichbarkeit zwischen Skalen. Dreieckige Symbole: dualistisches Denken; Kreise: Gläubigkeit. Die vertikale Linie markiert den Wert des ATEVO-Scores, bei dem sich die Graphen von PERF- und SD-Scores schneiden.

Zwar fielen sowohl Gläubigkeit als auch die Tendenz zu einer dualistischen Sichtweise mit zunehmender Akzeptanz der Evolution ab. Jedoch lagen bei einer negativen bis indifferenten Einstellung zu Evolution die Mittelwerte der Gläubigkeit durchgängig über den Mittelwerten des dualistischen Denkens. Im letzten Drittel, in dem sich die Probandinnen und Probanden finden, die positiv zu Evolution eingestellt sind, war dieses Verhältnis umgekehrt: Die Mittelwerte für dualistisches Denken lagen höher als die Mittelwerte der Gläubigkeit. Die Einstellungs-Unterschiede zwischen Menschen mit indifferenten und negativen Einstellungen zu Evolution konnten also am besten durch Gläubigkeit erklärt werden. Die kleinen Einstellungs-Unterschiede zwischen den Personen mit positiver Einstellung zu Evolution konnten hingegen am besten durch dualistisches Denken erklärt werden. Diese Erkenntnisse zeigten sich auch innerhalb von Regressionsanalysen mit geteiltem Datensatz.

5) Wie unterscheiden sich die Einstellungen zu Evolution im Allgemeinen und zur Evolution des menschlichen Bewusstseins in der EGl-Studie?

Vergleicht man die Ergebnisse beider Subskalen der ATEVO-Skala miteinander und trägt sie gegen die Gläubigkeit auf, wird deutlich, dass mit zunehmender Gläubigkeit die Zustimmung zu Evolution im Allgemeinen sowie zur Geistevolution abnahm (Abb. 20).

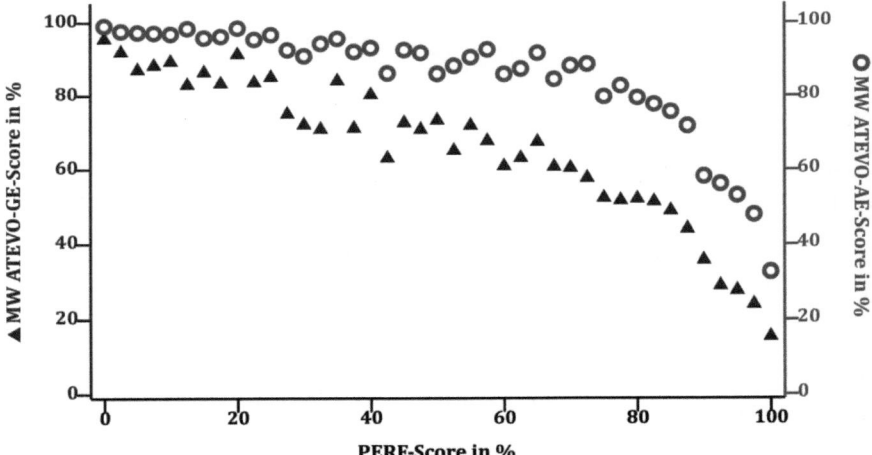

Abbildung 20: Verhältnis von Einstellungen zu Evolution und Geistevolution zu religiöser Gläubigkeit in der EGl-Studie. % Angaben in Bezug auf die Skala wegen Vergleichbarkeit zwischen Skalen. Dreieckige Symbole: Geistevolution; Kreise: Evolution allgemein.

Die Kurven zeigen einen ähnlichen Verlauf, jedoch sinkt die Akzeptanz der Evolution des Bewusstseins kontinuierlicher ab, während die Einstellung zu Evolution im Allgemeinen erst im letzten Viertel der sehr gläubigen Probandinnen und Probanden stark abfällt. Insgesamt zeigte sich, dass der Evolution des menschlichen Bewusstseins über den gesamten Verlauf der Positionen zu religiöser Gläubigkeit weniger zugestimmt wurde als der Evolution des Lebens im Allgemeinen. Dieser Unterschied trat besonders bei Teilnehmenden in den mittleren beiden Vierteln des Skalenbereichs der Gläubigkeit zutage, während die nicht-gläubigen Personen und die stark gläubigen Personen geringere Unterschiede zwischen den Einstellungen zu Evolution im Allgemeinen und der Geistevolution zeigten.

8) Wie lässt sich der Zusammenhang zwischen Einstellungen zu Evolution und der Wahrnehmung eines Konflikts zwischen religiösem Glauben und Evolution darstellen und wie groß ist die Konfliktwahrnehmung in einzelnen Probandengruppen?

In der *EGl-Studie* wurde neben Gläubigkeit und Einstellung zu Evolution auch untersucht, ob die befragten Personen einen Konflikt zwischen (ihrer) religiösen Gläubigkeit und der Evolution wahrnahmen (vgl. Tab. 18). Der Mittelwert des Summenscores für die Konfliktwahrnehmung lag bei 30,40 (SD = 10,37) und damit fast exakt in der Mitte des Skalenbereiches. Abbildung 21 zeigt eine Verteilung der Daten über den gesamten Skalenbereich, mit einer Häufung etwas über der Mitte des Skalenbereiches.

Ein t-Test für unabhängige Stichproben zum Vergleich der Mittelwerte der Konfliktwahrnehmung zwischen weiblichen und männlichen Befragten lieferte signifikante Ergebnisse ($t[4026,437]$ = -5,660, $p < 0,001$]. Dieses Resultat verdeutlicht, dass Männer im Mittel eine messbar höhere Konfliktwahrnehmung zeigten, auch wenn die Effektstärke von $d = 0{,}170$ nur einen sehr schwachen Effekt dieses Unterschieds auswies.

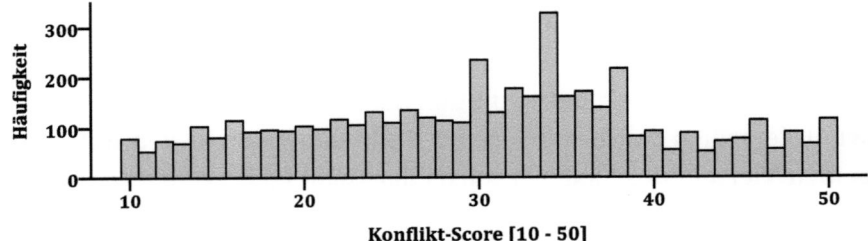

Abbildung 21: Häufigkeitsverteilung der Summenscores der Konfliktwahrnehmung in der EGI-Studie. $N = 4682$; $M = 30{,}40$; $SD = 10{,}37$.

Eine Varianzanalyse zum Vergleich der Mittelwerte der Konfliktwahrnehmung zwischen Gruppen unterschiedlicher Konfessionen ergab einen signifikanten, großen Effekt der Zugehörigkeit zu einer weltanschaulichen Gruppe auf die Wahrnehmung eines Konflikts zwischen (eigener) Weltanschauung und Evolution ($F[6, 4518] = 151{,}203$, $p < 0{,}001$, $\eta^2 = 0{,}167$).

Tabelle 41: Mittelwerte der Konfliktwahrnehmung bei den Gruppen verschiedener Konfessionen in der EGI-Studie. $N = 4525$.

	N	M	SD
evangelisch	1503	27,24	10,52
katholisch	624	24,46	8,82
muslimisch	130	31,86	10,59
freikirchlich	839	37,32	11,16
konfessionsfrei (zeitlebens)	450	31,75	6,87
konfessionsfrei (ausgetreten)	891	32,20	6,59
andere	88	29,50	11,49
gesamt	4525	30,33	10,37

Einstellungen zu Evolution und religiöser Glaube (EGl-Studie)

Die deutlich stärkste Konfliktwahrnehmung fand sich bei der Gruppe der freikirchlichen Probandinnen und Probanden ($M = 37{,}32$, $SD = 11{,}16$), gefolgt von der Gruppe der Konfessionsfreien, die aus einer Glaubensgemeinschaft ausgetreten waren ($M = 32{,}20$, $SD = 6{,}59$; Tab. 41). Muslimische Befragte und die beiden Gruppen der Konfessionsfreien unterschieden sich in ihren Mittelwerten der Wahrnehmung eines Konflikts kaum. Am schwächsten ausgeprägt war die Konfliktwahrnehmung bei der Gruppe der Katholikinnen und Katholiken ($M = 24{,}24$, $SD = 8{,}82$).

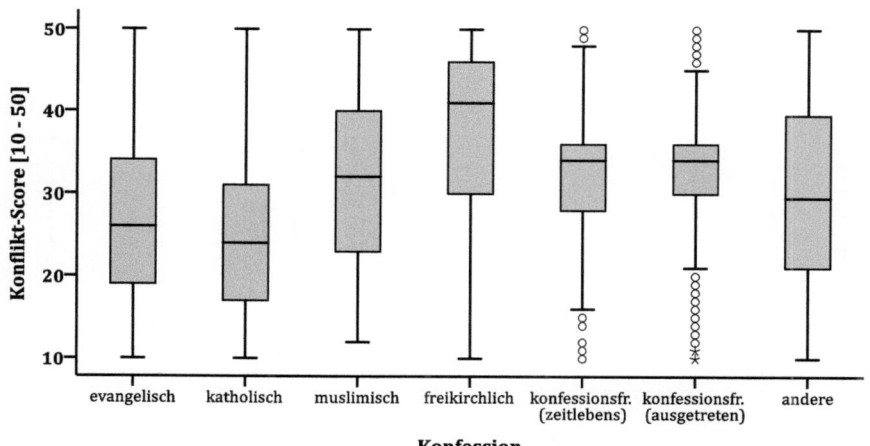

Abbildung 22: Boxplot für den Vergleich der Konfliktwahrnehmung zwischen den Konfessionen in der EGl-Studie. $N = 4525$. Kreise zeigen moderate, Sterne extreme Ausreißer an. Angaben zur Signifikanz der Gruppenunterschiede finden sich im Text.

Der Scheffé-Test zur Untersuchung der Unterschiede zwischen den einzelnen Konfessionen verdeutlicht, dass die katholischen sowie freikirchlichen Befragten sich jeweils signifikant von allen anderen Gruppen unterschieden ($p \leq 0{,}001$). Evangelische Probandinnen und Probanden unterschieden sich bezüglich der Wahrnehmung eines

Konflikts von allen anderen weltanschaulichen Gruppen signifikant ($p < 0{,}001$), bis auf die Gruppe der zusammengelegten Konfessionen. Diese wiederum unterschieden sich lediglich von den katholischen sowie freikirchlichen Personen signifikant ($p \leq 0{,}001$). Die muslimischen Probandinnen und Probanden unterschieden sich signifikant von den evangelischen, katholischen und freikirchlichen Befragten ($p < 0{,}001$), nicht jedoch von den beiden Gruppen der Konfessionsfreien, die sich auch untereinander nicht signifikant unterschieden (Abb. 22).

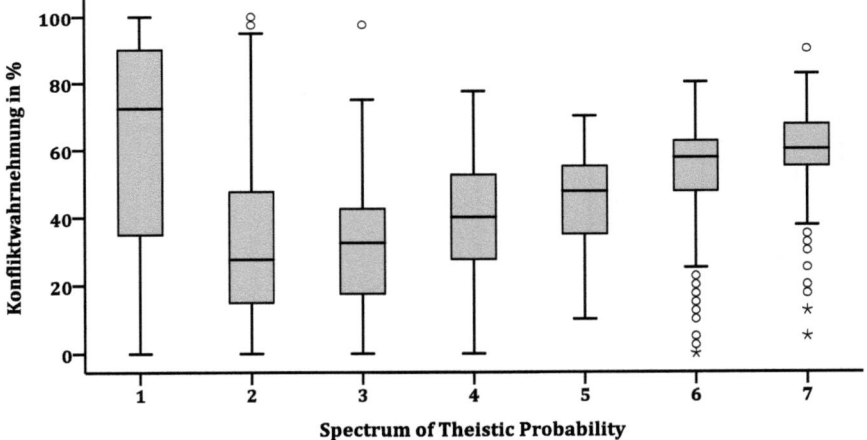

Abbildung 23: Boxplot für den Vergleich der Konfliktwahrnehmung zwischen den Kategorien des *Spectrum of Theistic Probability* in der EGI-Studie. $N = 4682$. 1: „Ich weiß, dass es einen Gott gibt"; 2: „Ich glaube fest an Gott, auch wenn ich nicht zu 100 % wissen kann, dass es ihn gibt"; 3: Ich bin mir unsicher, aber ich tendiere eher dazu zu glauben, dass Gott existiert"; 4: „Ich denke, eine sinnvolle Aussage über die Existenz Gottes ist nicht möglich. Deswegen bin ich unentschieden"; 5: Ich bin mir unsicher, aber ich tendiere eher dazu zu glauben, dass Gott nicht existiert"; 6: Ich glaube nicht, dass es Gott gibt, auch wenn ich es nicht sicher wissen kann"; 7: „Ich weiß, dass es keinen Gott gibt". Kreise zeigen moderate, Sterne extreme Ausreißer an. Angaben zur Signifikanz der Gruppenunterschiede finden sich im Text.

Auch zwischen den Personen in den unterschiedlichen Kategorien des *Spectrum of Theistic Probability* konnten signifikante Unterschiede in der Konfliktwahrnehmung festgestellt werden ($F[6, 4675] = 220{,}612$, $p < 0{,}001$, $\eta^2 = 0{,}221$). Die stärkste Wahrnehmung eines Konfliktes trat bei den beiden Gruppen auf, die sich am sichersten bzgl. der Existenz bzw. Nichtexistenz Gottes waren (Kategorie 1 und 7).

Der Scheffé-Test zeigte, dass sich die beiden extremsten Kategorien (1 und 7) trotz der enormen inhaltlichen Differenz nicht signifikant voneinander unterschieden, während diese beiden Gruppen signifikante Unterschiede zu allen anderen Kategorien aufwiesen ($p \leq 0{,}001$).

Die Kategorien 2, 3, und 4 unterschieden sich ebenfalls nicht signifikant voneinander, während diese drei Kategorien sich in ihren Mittelwerten signifikant von den Personen in Kategorie 6 unterschieden ($p \leq 0{,}001$). Die Befragten in den Kategorien 2 und 4 unterschieden sich nicht signifikant von jenen in Kategorie 5, während die Personen in Kategorie 3 signifikante Unterschiede zu denen in Kategorie 5 aufwiesen ($p < 0{,}01$). Die Gruppen in den Kategorien 5 und 6 unterschieden sich nicht signifikant voneinander (Abb. 23).

Vergleicht man die Mittelwerte der Konfliktwahrnehmung und der Gläubigkeit über das gesamte Spektrum der Einstellungen zu Evolution, so wird deutlich, dass Personen mit negativer Einstellung zu Evolution, im Mittel angaben, einen sehr großen Konflikt wahrzunehmen und sehr gläubig zu sein (Abb. 24). Gleichzeitig zeigten die Befragten, die die höchste Akzeptanz der Evolution aufwiesen, ebenfalls eine erhöhte Konfliktwahrnehmung, jedoch eine sehr geringe Gläubigkeit. Probandinnen und Probanden, die eine indifferente bis positive Einstellung zu Evolution hatten, nahmen im Durchschnitt nur einen sehr geringen Konflikt zwischen religiösen Ansichten und der Evolution wahr

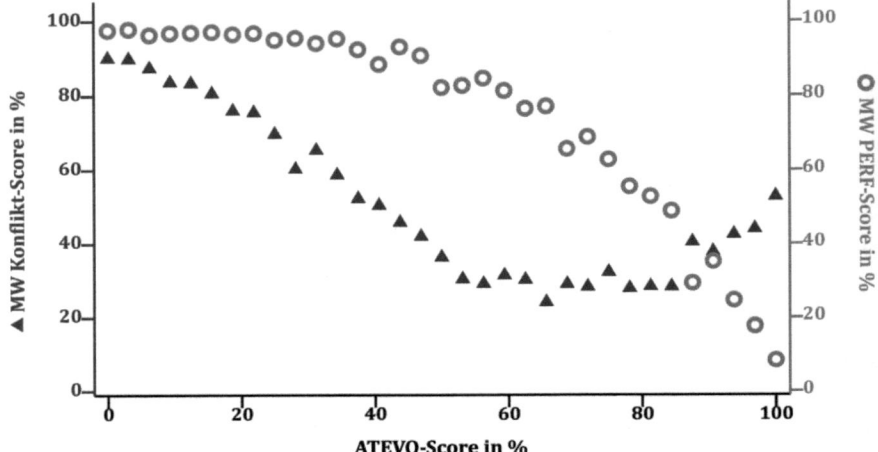

Abbildung 24: Verhältnis von Konfliktwahrnehmung und Gläubigkeit im Verhältnis zu Einstellungen zu Evolution in der EGI-Studie. % Angaben in Bezug auf die Skala wegen Vergleichbarkeit zwischen Skalen. Dreieckige Symbole: Konfliktwahrnehmung; Kreise: Gläubigkeit.

9) Wie unterscheiden sich Menschen mit unterschiedlichen Gottesbildern hinsichtlich ihrer Einstellung zu Evolution, ihrer Gläubigkeit und in ihrer Tendenz zu dualistischem Denken?

In Abbildung 25 wird deutlich, dass die Personengruppen mit verschiedenen Gottesvorstellungen unterschiedliche Mittelwerte für Gläubigkeit, Einstellung zu Evolution, dualistisches Denken, religiöses Sozialleben, Bedeutung des Glaubens in der eigenen Kindheit und Konfliktwahrnehmung aufwiesen. Dadurch ergibt sich ein Muster, das einen Vergleich der Gottesbilder anhand mehrerer Kategorien ermöglicht.

Einstellungen zu Evolution und religiöser Glaube (EGl-Studie)

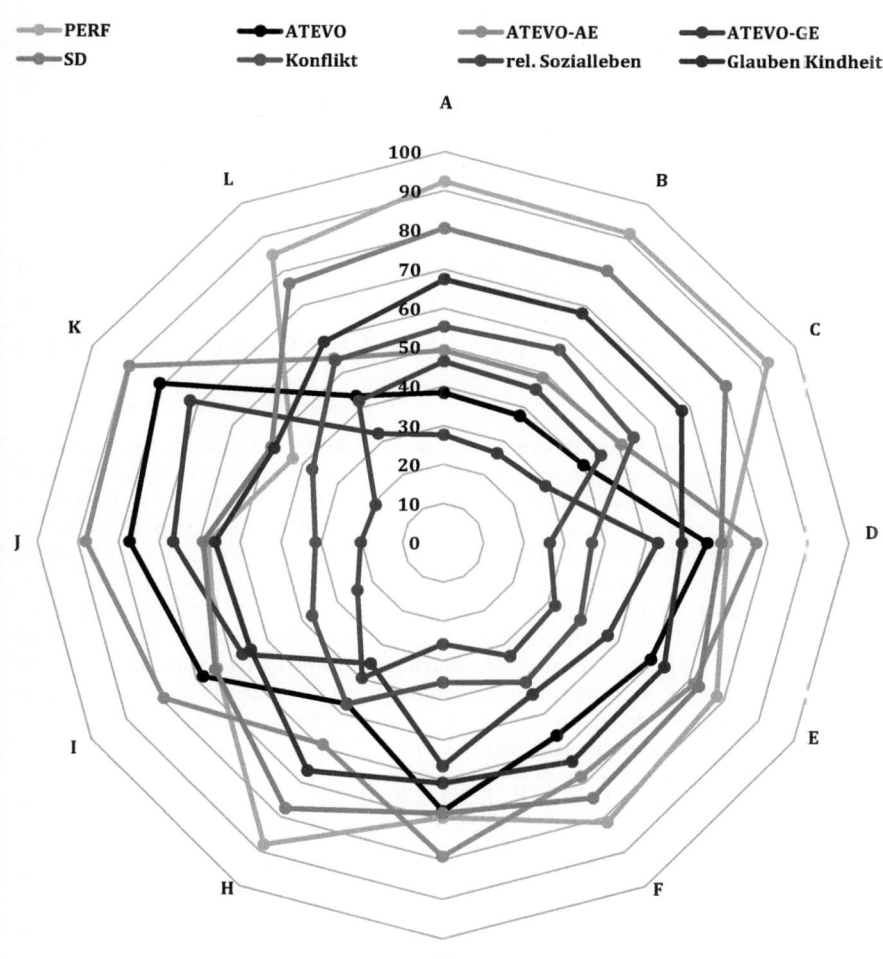

Abbildung 25: Mittelwerte der Parameter je Gottesbild in der EGl-Studie. Aus Gründen der Übersichtlichkeit wurden nur Gottesbilder aufgeführt, die von mindestens 100 Befragten gewählt wurden. Zur Vergleichbarkeit der unterschiedlich skalierten Parameter wurden die Prozentwerte der Mittelwerte verwendet. A: „Gott ist wie eine Person, ein Gegenüber"; B: „Gott hat menschliche Züge (z.B. Gefühle wie Freude, Zorn und Trauer)"; C: „Gott ist die Dreieinigkeit (Gott Vater, Sohn und Heiliger Geist)"; D: „Gott ist keine Person, sondern eher ein Geist oder eine nicht fassbare Wesenheit"; *(Fortsetzung der Bildunterschrift auf der nächsten Seite)*

Fortsetzung der Bildunterschrift zu Abbildung 25:
E: „Gott ist der Lebenshauch, die Lebenskraft, die Lebensenergie, die Vitalität, die unserer Welt zugrunde liegt"; F: „Gott ist in allem, was existiert"; G: „Gott ist das, was man als Energie bezeichnen würde"; H: „Gott ist das, was man als Liebe bezeichnen würde"; I: „Gott ist eine nicht-menschliche, übernatürliche Kraft, die nicht näher beschrieben werden kann"; J: „Gott ist nur ein Name für das Unbeschreibliche"; K: „Ich habe keine Vorstellung von Gott"; L: eigene Vorstellung.

Die höchsten Mittelwerte für die Gläubigkeit zeigten Probandinnen und Probanden, die ein personales Gottesbild aufwiesen und Gott wie eine Person (A), mit menschlichen Zügen (B)oder als Dreieinigkeit (C) betrachteten (Tab. 42).

Tabelle 42: Mittelwerte der Parameter je Gottesbild in der EGl-Studie. Aus Gründen der Übersichtlichkeit werden nur Gottesbilder aufgeführt, die von mindestens 100 Befragten gewählt wurden. Angaben der Mittelwerte in % der Skala. A: „Gott ist wie eine Person, ein Gegenüber"; B: „Gott hat menschliche Züge (z.B. Gefühle wie Freude, Zorn und Trauer)"; C: „Gott ist die Dreieinigkeit (Gott Vater, Sohn und Heiliger Geist)"; D: „Gott ist keine Person, sondern eher ein Geist oder eine nicht fassbare Wesenheit"; E: „Gott ist der Lebenshauch, die Lebenskraft, die Lebensenergie, die Vitalität, die unserer Welt zugrunde liegt"; F: „Gott ist in allem, was existiert"; G: „Gott ist das, was man als Energie bezeichnen würde"; H: „Gott ist das, was man als Liebe bezeichnen würde"; I: „Gott ist eine nicht-menschliche, übernatürliche Kraft, die nicht näher beschrieben werden kann"; J: „Gott ist nur ein Name für das Unbeschreibliche"; K: „Ich habe keine Vorstellung von Gott"; L: eigene Vorstellung.

	A	B	C	D	E	F	G	H	I	J	K	L
N	1795	1658	2205	898	1172	1466	496	1489	722	517	104	283
PERF	92,40	91,36	92,26	70,01	77,97	81,41	69,45	88,05	64,27	57,78	42,90	84,81
ATEVO	38,36	37,60	39,83	65,11	59,27	56,29	67,80	47,26	68,18	77,32	80,82	43,23
ATEVO-AE	49,06	48,70	50,63	77,25	71,55	68,17	79,13	59,04	79,39	88,06	89,51	54,18
ATEVO-GE	27,67	26,49	29,02	52,96	46,99	44,41	56,48	35,48	56,97	66,58	72,13	32,27
SD	80,42	80,43	80,21	68,52	72,89	74,32	68,27	77,57	64,70	59,14	48,93	76,5
Konflikt	55,26	56,93	54,18	36,66	39,12	40,93	35,51	47,41	37,23	31,49	37,3	53,58
religiöses Sozialleben	46,27	45,35	44,88	26,26	31,95	33,28	25,84	39,71	24,30	20,28	19,22	41,80
Glaube Kindheit	67,47	67,92	67,76	58,89	63,05	63,82	60,76	66,63	54,69	56,19	48,19	59,08

Einstellungen zu Evolution und religiöser Glaube (EGl-Studie)   213

Auch die Befragten, die Gott als Liebe (H) bezeichneten oder eine eigene Vorstellung (L) formulierten, zeigten eine sehr starke Gläubigkeit. Gleichzeitig zeigten diese Gruppen auch die geringste Akzeptanz der Evolution, die jeweils im Durchschnitt im Bereich einer *indifferenten* bis *eher ablehnenden* Haltung gegenüber der Evolution lag. Die Ablehnung war bei denjenigen am stärksten, die eine Vorstellung von einem Gott mit menschlichen Zügen (B) aufwiesen.

Die größte Akzeptanz der Evolution zeigten die Probandinnen und Probandinnen, die keine Vorstellung von Gott hatten (K) oder Gott als das Unbeschreibliche (J) sahen. Auch bei Befragten mit den Vorstellungen von Gott als Energie (G), nicht fassbare Wesenheit (D) oder unbeschreibliche Kraft (I) waren im Vergleich zu Personen mit personalen Gottesvorstellungen die Einstellungen zu Evolution tendenziell positiv.

Personale Gottesvorstellungen gingen außerdem mit dualistischen Sichtweisen auf das Verhältnis von Gehirn und Geist sowie einer hohen Konfliktwahrnehmung und einer großen Bedeutung des Glaubens für das persönliche Sozialleben einher.

5.1.1 Strukturgleichungsmodellierung

17) Wie hängen die untersuchten Variablen in der EGl-Studie zusammen und wie viel Varianz der Einstellung zu Evolution und zur Evolution des menschlichen Bewusstseins kann mit Hilfe dieser Beziehungsstrukturen erklärt werden?

Um die multiplen Zusammenhänge besser verstehen und einordnen zu können, wurden in der Folge die Beziehungen zwischen den einzelnen Variablen aus der *EGl-Studie* mit Hilfe von Strukturgleichungsmodellen untersucht. Die Grundlage für die Modellannahmen lieferten theoretische Überlegungen (Kap. 3.2.6) sowie die Ergebnisse aus Korrelations-, Faktor- und Regressionsanalysen, die im Ergebnisteil aus

Platzgründen nur teilweise im Detail dargestellt werden konnten. Bei der Überprüfung der Beziehungen zwischen den einzelnen untersuchten Variablen (vgl. Kap. 4.4.3) wurde eine gegenläufige Verteilung der Daten zwischen den Variablen *Einstellung zu Evolution* und *Konfliktwahrnehmung* offenbar (Abb. 26).

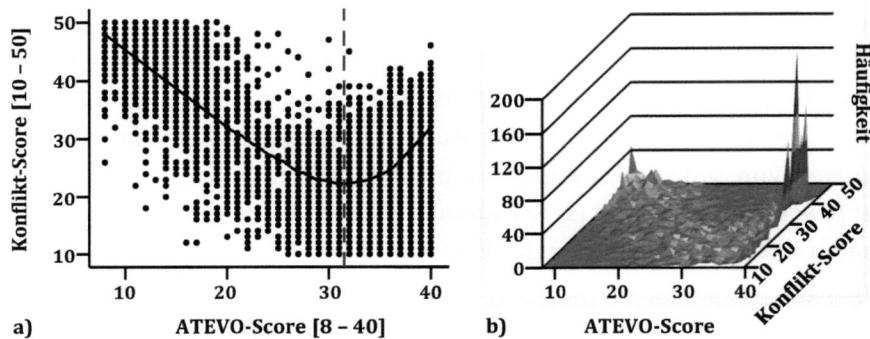

Abbildung 26: Datenverteilung für das Verhältnis von Konfliktwahrnehmung und Einstellung zu Evolution in der EGI-Studie. Streudiagramm mit Loess-Fit. $N = 4621$, $r = -0{,}477$, $p < 0{,}001$. Die Punkte in a) beschreiben nur beobachtete Kombinationen, nicht hingegen die Anzahl der Datenpunkte bei der jeweiligen Koordinate. Die Verteilung spiegelt sich zum einen in der Ausgleichskurve und zum anderen in dem entsprechenden 3D-Plot in b) wider. Aus Gründen der Übersichtlichkeit wurde der Skalenbereich bei der Achsenbeschriftung des 3D-Plots weggelassen. Er entspricht jeweils den am Punktdiagramm angegebenen Bereichen. Die rot-gestrichelte Linie in a) markiert den Scheitelpunkt des Graphen.

Aus den in Kapitel 4.4.3 dargestellten Gründen wurde in diesem Fall der Datensatz am Scheitelpunkt der Ausgleichkurve getrennt, sodass zwei Datensätze resultierten (ATEVO-Score = 8 – 31; ATEVO-Score = 32 – 40). Bereits in den Abbildungen 19 und 24 hatte sich angedeutet, dass die Einstellungen zu Evolution der Probandinnen und Probanden mit der höchsten Akzeptanz der Evolution sich anders beschreiben und erklären lassen als die Positionen derjenigen Befragten, die sich

Einstellungen zu Evolution und religiöser Glaube (EGl-Studie) 215

im Bereich schwächerer Akzeptanz, indifferenter Haltung zu Evolution und Ablehnung der Evolution finden.
Für die Strukturgleichungsmodellierung wurde mit diesem geteilten Datensatz weitergearbeitet, nachdem für die beiden Teile des Datensatzes noch einmal die Verteilungen überprüft wurden. Auf diese Weise konnte für beide Subgruppen ein näherungsweise linearer Zusammenhang zwischen der Einstellung zu Evolution und der Konfliktwahrnehmung sowie den anderen betrachteten Parametern angenommen werden.
Die Faktorenanalyse des Datensatzes mit den niedrigen ATEVO-Scores (8 – 31; N = 2079) ergab für die Einstellung zu Evolution eine eher eindimensionale Struktur, sodass hier der gesamte ATEVO-Score die Zielvariable darstellte (vgl. Kap. 4.4.3).
Der Datensatz, der die Befragten enthält, die ATEVO-Scores von mindestens 32 erreichten, zeigte hingegen eine, wenn auch nicht ganz eindeutige, zweidimensionale Struktur (N = 2542). Allein diese unterschiedlichen Ergebnisse der Faktorenanalysen unterstreichen, dass die Teilung des Datensatzes nicht nur den inhomogenen Beziehungen zwischen den dafür herangezogenen Variablen gerecht wurde, sondern auch damit assoziierten anderen internen Struktur-unterschieden Rechnung trug.

5.1.1.1 Strukturgleichungsmodellierung (ATEVO 8 – 31)

Der erste Teil des Datensatzes enthält Probandinnen und Probanden, die die Evolution ablehnen (8 – 13), eher ablehnen (14 – 19), eine indifferente Haltung zu Evolution haben (20 – 28) oder eine eher schwache Akzeptanz der Evolution zeigen (20 – 31).
Aufgrund der Ergebnisse der Faktorenanalyse wurde der ATEVO-Score als eine einzige Variable in das Modell eingefügt. Neben den

Grundannahmen für die Strukturgleichungsmodellierung aus Kapitel 3.2.6 wurde auf Grundlage der Ergebnisse von Korrelations- und Regressionsanalysen[80] als weiterer Parameter die *Konfliktwahrnehmung* in das Modell aufgenommen.

Es wurde angenommen, dass sowohl die Akzeptanz der Evolution als auch die Gläubigkeit einen Einfluss auf die Wahrnehmung eines Konfliktes haben, da sich dieser Konflikt theoretisch aus der persönlichen Sicht auf religiösen Glauben und die Einstellung zu Evolution ergibt (vgl. Kap. 2.6.2 und Wortlaut der Items in Tab. 18). Dadurch wurde die Konfliktwahrnehmung in dieser Studie zur abhängigen Zielvariable im Sinne einer terminalen Variablen, während die Einstellung zu Evolution sowie das dualistische Denken intermediäre Variablen darstellten, die sowohl durch unabhängige Variablen beeinflusst werden, als auch ihrerseits abhängige Variablen beeinflussen.

Die Gläubigkeit in Form des PERF-Scores fungierte in diesem Modell als initiale Variable, die als durch die anderen Parameter im Modell nicht beeinflusst und fehlerfrei beobachtet angenommen wird. Es handelt sich also um eine Art Regression der persönlichen Gläubigkeit auf die Konfliktwahrnehmung unter Berücksichtigung möglicher vermittelnder Variablen.

Das beschriebene Modell ergab in der numerischen Schätzung einen starken negativen Einfluss der Einstellung zu Evolution auf die Konfliktwahrnehmung (Abb. 27). Das bedeutet, je geringer die Akzeptanz der Evolution, desto höher war der wahrgenommene Konflikt zwischen einer evolutionären Sichtweise und religiösem Glauben. Einen starken positiven Effekt übte zudem die Gläubigkeit auf das dualistische Denken aus. Ein negativer moderater bzw. schwacher Effekt ging jeweils von der Gläubigkeit und der Neigung zu dualistischem Denken

---

[80] Eine lineare Regressionsanalyse mit der Einstellung zu Evolution als abhängige Variable zeigte, dass die Variablen *Dualismus*, *Gläubigkeit* und *Konfliktwahrnehmung* zur Varianzaufklärung beitrugen.

auf die Einstellung zu Evolution aus. Nur sehr schwach war der negative Effekt der Gläubigkeit auf die Wahrnehmung eines Konflikts.

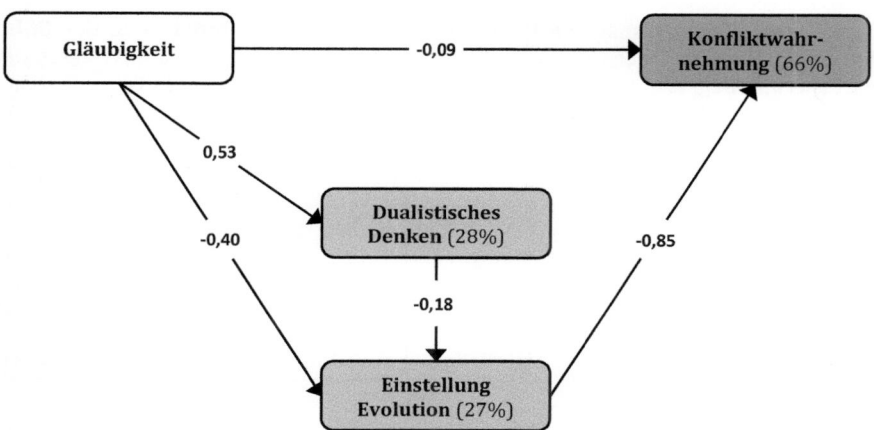

Abbildung 27: Strukturgleichungsmodell A für negative und neutrale Einstellungen zu Evolution in der EGl-Studie. ATEVO 8 - 31. N = 2079. Die Werte an den Pfeilen geben die standardisierten (linearen) Regressionsgewichte des Pfades an. Die Werte an den abhängigen Variablen beschreiben den Prozentanteil der aufgeklärten Varianz durch die unabhängigen Variablen (R^2). Fehlerterme sind aus statistisch-mathematischen Gründen für jede Variable erforderlich, die in irgendeinem Sinne als abhängige Variable auftaucht, werden hier jedoch aus Gründen der Übersichtlichkeit weggelassen.

Trotz der zum Teil schwachen Effektstärken sind alle Pfade statistisch hoch signifikant (Tab. 43). Auch die schwachen Beziehungen trugen zum gesamten Modellfit wesentlich bei, wie sich bei ihrem probeweisen Fortlassen zeigte.

Das Modell wies einen sehr guten Modell-Fit mit CMIN/DF = 3,288 (p = 0,70) sowie CFI = 0,999 und RMSEA = 0,033 (PCLOSE = 0,679) auf.

Die R^2-Werte des Modells A zeigen, dass 66 % der Varianz in der Konfliktwahrnehmung über direkte und indirekte Effekte der Parameter

Einstellung zu Evolution, Gläubigkeit und *dualistisches Denken* erklärt werden konnten.

Tabelle 43: Regressionsgewichte für Strukturgleichungsmodell A in der EGl-Studie. USRW bezeichnet die unstandardisierten Regressionsgewichte, SRW die standardisierten Regressionsgewichte, S.E. den Standardfehler von USRW, C.R. den Quotienten aus USRW und SE im Sinne einer Wald-Statistik, P den dazugehörigen *p*-Wert. ATEVO: Einstellung zu Evolution.

			USRW	S.E.	C.R.	P	SRW
Dualismus	<---	Gläubigkeit	0,267	0,011	23,820	***	0,527
ATEVO	<---	Gläubigkeit	-0,407	0,024	-16,821	***	-0,399
ATEVO	<---	Dualismus	-0,366	0,051	-7,176	***	-0,182
Konfliktwahrnehmung	<---	ATEVO	-1,337	0,022	-62,085	***	-0,855
Konfliktwahrnehmung	<---	Gläubigkeit	-0,140	0,028	-5,013	***	-0,088

Der größte Effekt wirkte direkt auf die Konfliktwahrnehmung und ging von der Einstellung zu Evolution aus. Der indirekte Effekt der Gläubigkeit auf die Konfliktwahrnehmung berechnete sich für Modell A aus dem direkten Effekt der Gläubigkeit auf die Einstellung zu Evolution und dem direkten Effekt der Einstellung zu Evolution auf die Konfliktwahrnehmung (-0,40 * -0,85 = 0,34) sowie den multiplizierten Pfadkoeffizienten von der Gläubigkeit über das dualistische Denken und die Einstellung zu Evolution (0,53 * -0,18 * -0,85 = 0,08). Der resultierende totale indirekte Effekt ist mit 0,42 positiv und von mittlerer Stärke (zur Berechnung indirekter und totaler Effekte vgl. Kap. 4.4.3.4). Die Gläubigkeit hatte somit einen Effekt auf die Wahrnehmung eines Konflikts, der über die Einstellung zu Evolution und das dualistische Denken vermittelt wird. Gleichzeitig bestand jedoch auch ein gegenläufiger negativer, wenn auch sehr kleiner, direkter Effekt der Gläubigkeit auf die Konfliktwahrnehmung, der einen modulatorischen Einfluss darstellt.

27 % der Varianz der Einstellung zu Evolution konnten innerhalb dieser Stichprobe über die Gläubigkeit und das dualistische Denken

erklärt werden. Beide Effekte waren negativ, und der Effekt der Gläubigkeit war etwa doppelt so groß wie der Effekt des dualistischen Denkens. Die Varianz im dualistischen Denken wurde zu 28 % über die Gläubigkeit erklärt.

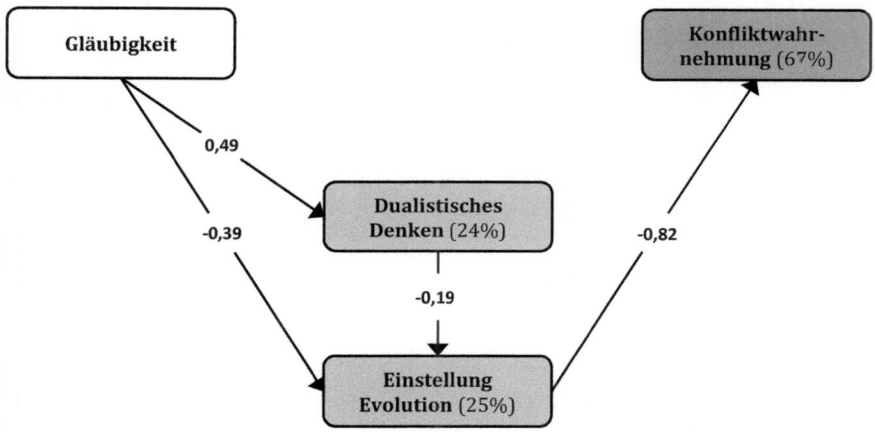

Abbildung 28: Strukturgleichungsmodell B für negative und neutrale Einstellungen zu Evolution in der EGl-Studie. ATEVO 8 - 31. $N = 2079$. Die Werte an den Pfeilen geben die standardisierten (linearen) Regressionsgewichte des Pfades an. Die Werte an den abhängigen Variablen beschreiben den Prozentanteil der aufgeklärten Varianz durch die unabhängigen Variablen (R^2). Fehlerterme sind aus statistisch-mathematischen Gründen für jede Variable erforderlich, die in irgendeinem Sinne als abhängige Variable auftaucht, werden hier jedoch aus Gründen der Übersichtlichkeit weggelassen.

Angesichts des schwachen direkten Effektes der Gläubigkeit auf die Konfliktwahrnehmung in diesem Teil des Datensatzes, kann man diese direkte Beziehung begründet aus dem Modell entfernen (Abb. 28). Die Stärken und Signifikanzen der Pfadkoeffizienten veränderten sich dadurch in ihrer (relativen) Größenordnung nicht verglichen mit Modell A (Tab. 44). Auch der Modell-Fit war für dieses Modell gut (CMIN/DF = 11,975, $p < 0,001$; CFI = 0,991; RMSEA = 0,073, PCLOSE = 0,061), wenngleich etwas schlechter als für das erste.

Das Modell B war also ebenfalls in der Lage, die Daten gut zu beschreiben. Wichtig ist, dass die anderen Koeffizienten gegenüber dem Einfügen oder Weglassen der Beziehung zwischen Gläubigkeit und Konfliktwahrnehmung robust waren. Aus diesem Grunde ist das erste Modell wegen seiner Vollständigkeit vorzuziehen. Es beinhaltet einen, wenn auch schwach ausgeprägten, zusätzlichen Aspekt.

Tabelle 44: Regressionsgewichte für Strukturgleichungsmodell B in der EGI-Studie. USRW bezeichnet die unstandardisierten Regressionsgewichte, SRW die standardisierten Regressionsgewichte, S.E. den Standardfehler von USRW, C.R. den Quotienten aus USRW und SE im Sinne einer Wald-Statistik, P den dazugehörigen *p*-Wert. ATEVO: Einstellung zu Evolution.

			USRW	S.E.	C.R.	P	SRW
Dualismus	<---	Gläubigkeit	0,262	0,013	19,664	***	0,487
ATEVO	<---	Gläubigkeit	-0,425	0,028	-15,208	***	-0,385
ATEVO	<---	Dualismus	-0,380	0,051	-7,429	***	-0,186
Konfliktwahrnehmung	<---	ATEVO	-1,289	0,018	-72,034	***	-0,817

5.1.1.2 Strukturgleichungsmodellierung (ATEVO 32 – 40)

Der zweite Teil des Datensatzes enthielt Befragte, die eine Akzeptanz der Evolution zeigen. In einem ersten Schritt wurde Modell B (Abb. 28) aus dem ersten Teil des Datensatzes für diese Hälfte des Datensatzes getestet. Dies ergab einen inakzeptablen Modell-Fit (CMIN/DF = 280,239; CFI = 0,667; RMSEA = 0,332, PCLOSE = 0,000). Diese Beobachtung verdeutlichte erneut, dass die anfängliche Unterteilung des Datensatzes gerechtfertigt war.

Aufgrund der Ergebnisse der Faktorenanalyse des geteilten Datensatzes wurde das Modell modifiziert. Zu diesem Zweck wurde die Einstellung zu Evolution zunächst in Form von zwei Variablen, die den beiden Subskalen entsprechen, in das Modell eingefügt und gemäß der

Einstellungen zu Evolution und religiöser Glaube (EGl-Studie)

in Kapitel 3.2.6 erläuterten Grundstruktur mit den Variablen *dualistisches Denken* und *Gläubigkeit* durch Pfade verbunden[81]. Die Einstellung zur Geistevolution war somit eine terminale Variable, die nur beeinflusst wurde, aber selbst keine Einflüsse ausübte.

Im Vergleich mit der anderen Hälfte des Datensatzes, änderten sich die in das Modell eingeführten Annahmen in Bezug auf den Parameter *Konfliktwahrnehmung*. Zum einen wurde auf Basis der Beziehung der Daten zwischen Einstellung zu Evolution und Konfliktwahrnehmung (Abb. 26), die eine geringere Varianz andeuteten, angenommen, dass der Einfluss der Einstellung zu Evolution auf die Konfliktwahrnehmung in dieser zweiten Hälfte des Datensatzes geringer ausgeprägt oder nicht vorhanden war. Zum anderen wurde als plausibel angenommen, dass die Konfliktwahrnehmung für diese Probandengruppe stärker von der Gläubigkeit abhängt. Diese Änderung des Verhältnisses wird bereits in Abbildung 24 durch den Schnittpunkt der Graphen angedeutet. Daher wurde für das Modell, das für diesen Teil der Stichprobe angesetzt wurde, davon ausgegangen, dass die Konfliktwahrnehmung stark von der Gläubigkeit und lediglich schwach oder gar nicht mit der Akzeptanz der Evolution zusammenhängt.

Das beschriebene Modell zeigte einen starken negativen Einfluss der Gläubigkeit auf die Konfliktwahrnehmung. Das bedeutet, je höher die Gläubigkeit innerhalb dieser Probandengruppe war, desto niedriger war der wahrgenommene Konflikt zwischen religiöser Gläubigkeit und einer evolutionären Sichtweise. Die Verbindung zwischen der Einstellung zu Evolution und der Konfliktwahrnehmung trug nicht zu

---

[81] Die Beziehungen von PERF- und SD-Score auf jeweils beide Scores der ATEVO-Subskalen wurden abweichend von der Grundstruktur (Abb. 3) in das Modell aufgenommen, da ihre Hinzunahme gegenüber der Grundstruktur in einem höheren Modellfit resultierte. Gleichzeitig beinhaltet die in Kapitel 3.2.6 dargestellte Grundstruktur lediglich die als primär vermuteten Pfade und zeigt nicht weitere plausible Effekte, sodass die hier gefundene Modellstruktur dazu nicht im Widerspruch steht.

einem besseren Modell-Fit bei, sodass dieser Pfad bzw. diese Pfade aus dem Modell entfernt wurde (Abb. 29).

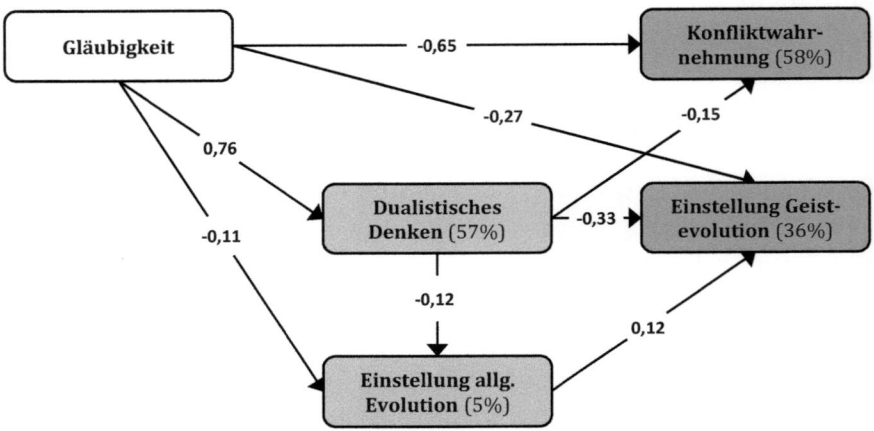

Abbildung 29: **Strukturgleichungsmodell C für neutrale und positive Einstellungen zu Evolution in der EGI-Studie.** ATEVO 32 - 40. $N = 2542$. Die Werte an den Pfeilen geben die standardisierten Regressionsgewichte des Pfades an. Die Werte an den abhängigen Variablen beschreiben den prozentualen Anteil der aufgeklärten Varianz durch die unabhängigen Variablen (R^2). Fehlerterme sind aus statistisch-mathematischen Gründen für jede Variable erforderlich, die in irgendeinem Sinne als abhängige Variable auftaucht, werden hier jedoch aus Gründen der Übersichtlichkeit weggelassen.

Wie bereits in der anderen Hälfte der Stichprobe übte die Gläubigkeit einen starken positiven Effekt auf das dualistische Denken aus. Ein negativer, jedoch sehr schwacher Effekt ging jeweils von der Gläubigkeit und der Neigung zu dualistischem Denken auf die Einstellung zu Evolution im Allgemeinen aus. Die Effekte der gleichen Variablen auf die Einstellung zur Geistevolution waren negativ und von mittlerer Stärke. Zwischen den Scores der beiden ATEVO-Subskalen bestand ein schwacher positiver Effekt. Trotz der zum Teil geringen Effektstärken waren alle Pfade klar statistisch signifikant und somit in der Stichprobe nachweisbar (Tab. 45).

Tabelle 45: Regressionsgewichte für Strukturgleichungsmodell C in der EGl-Studie. USRW bezeichnet die unstandardisierten Regressionsgewichte, SRW die standardisierten Regressionsgewichte, S.E. den Standardfehler von USRW, C.R. den Quotienten aus USRW und SE im Sinne einer Wald-Statistik, P den dazugehörigen p-Wert. ATEVO-AE: Einstellung zu Evolution im Allgemeinen; ATEVO-GE: Einstellung zur Evolution des Bewusstseins.

			USRW	S.E.	C.R.	P	SRW
Dualismus	<---	Gläubigkeit	0,344	0,006	57,251	***	0,756
ATEVO-AE	<---	Gläubigkeit	-0,007	0,002	-3,408	***	-0,113
ATEVO-AE	<---	Dualismus	-0,016	0,004	-4,096	***	-0,123
ATEVO GE	<---	Dualismus	-0,126	0,011	-11,760	***	-0,328
ATEVO GE	<---	ATEVO-AE	0,372	0,057	6,529	***	0,125
ATEVO GE	<---	Gläubigkeit	-0,047	0,005	-8,946	***	-0,267
Konfliktwahrnehmung	<---	Dualismus	-0,208	0,031	-6,772	***	-0,146
Konfliktwahrnehmung	<---	Gläubigkeit	-0,420	0,014	-29,409	***	-0,648

Im Rahmen dieses Modells C waren sowohl die Konfliktwahrnehmung als auch die Einstellung zur Evolution des Bewusstseins die Zielvariablen, während das dualistische Denken und die Einstellung zu Evolution im Allgemeinen intermediäre Variablen darstellten. Mit Hilfe dieses Modells konnten 58 % der Varianz in der Wahrnehmung eines Konflikts zwischen Religion und Evolution in diesem Teil der Stichprobe erklärt werden. Der größte Effekt entstammte hierbei der Gläubigkeit, die sowohl einen starken direkten Effekt hatte (-0,65) als auch indirekt über das dualistische Denken negativ auf die Konfliktwahrnehmung wirkte (-0,11).

Gleichzeitig konnten innerhalb dieser Stichprobe 57 % der Varianz des dualistischen Denkens über die Gläubigkeit erklärt werden. Während nur 5 % der Varianz der Einstellung zu Evolution im Allgemeinen aufgeklärt werden konnten, war das Modell in der Lage, im Falle der Einstellung zur Geistevolution 36 % der Varianz aufzuklären. Der größte direkte Effekt für die Aufklärung ging zwar vom dualistischen

Denken aus (-0,33). Deutlich stärker war jedoch der totale Effekt der Gläubigkeit, der direkt sowie indirekt auf die Einstellung zur Evolution des Bewusstseins wirkte (-0,54).

Das Modell C zeigte einen sehr guten Modell-Fit mit einem CMIN/DF von 5,843 (p = 0,003) sowie CFI = 0,995 und RMSEA = 0,044 (PCLOSE = 0,615). Dieses Modell war demnach in der Lage, die Beziehungen zwischen den Variablen für den zugrundeliegenden Datensatz qualitativ zu erklären sowie numerisch abzuschätzen.

Aufgrund der im Vorfeld durchgeführten Faktorenanalyse war in diesem Modell die Einstellung zu Evolution wie beschrieben auf zwei Variablen aufgeteilt. Da die Zweidimensionalität jedoch nicht ganz eindeutig war, was die Zuordnung einzelner Items anging, wurde das gleiche Modell C noch einmal mit nur einer einzigen Variablen für die Einstellung zu Evolution getestet (Abb. 30).

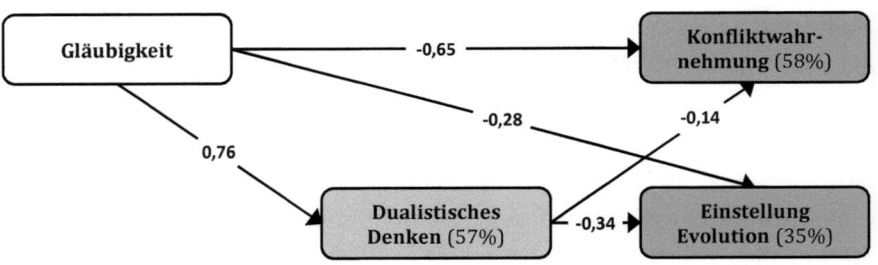

Abbildung 30: Strukturgleichungsmodell D für neutrale und positive Einstellungen zu Evolution in der EGl-Studie. ATEVO 32 - 40. N = 2542. Die Werte an den Pfeilen geben die standardisierten Regressionsgewichte des Pfades an. Die Werte an den abhängigen Variablen beschreiben den prozentualen Anteil der aufgeklärten Varianz durch die unabhängigen Variablen (R^2). Fehlerterme sind aus statistisch-mathematischen Gründen für jede Variable erforderlich, die in irgendeinem Sinne als abhängige Variable auftaucht, werden hier jedoch aus Gründen der Übersichtlichkeit weggelassen.

Die Regressionsgewichte für Modell D unterschieden sich kaum von denen in Modell C, sodass die Grundstruktur als statistisch robust gelten kann. Die Effekte der Gläubigkeit und des dualistischen Denkens auf die Einstellung zu Evolution waren in Übereinstimmung mit dem, was aus Modell C anzunehmen war, in diesem Modell jeweils negativ und von moderater Stärke. Der größere direkte Effekt ging vom dualistischen Denken im Vergleich zur Gläubigkeit aus, der größte totale Effekt jedoch von der Gläubigkeit. Alle Pfade des Modells waren statistisch hoch signifikant (Tab. 46).

Tabelle 46: Regressionsgewichte für Strukturgleichungsmodell D in der EGl-Studie. USRW bezeichnet die unstandardisierten Regressionsgewichte, SRW die standardisierten Regressionsgewichte, S.E. den Standardfehler von USRW, C.R. den Quotienten aus USRW und SE im Sinne einer Wald-Statistik, P den dazugehörigen *p*-Wert. ATEVO: Einstellung zu Evolution.

			USRW	S.E.	C.R.	P	SRW
Dualismus	<---	Gläubigkeit	0,345	0,006	57,628	***	0,758
ATEVO	<---	Dualismus	-0,149	0,012	-12,348	***	-0,342
Konfliktwahrnehmung	<---	Dualismus	-0,203	0,031	-6,592	***	-0,143
Konfliktwahrnehmung	<---	Gläubigkeit	-0,417	0,014	-29,219	***	-0,645
ATEVO	<---	Gläubigkeit	-0,056	0,006	-9,521	***	-0,285

Auch Modell D mit einer einzelnen Variable für die Einstellung zu Evolution zeigte einen sehr guten Modell-Fit, der mit einem CMIN/DF von 3,891 ($p = 0,049$) sowie CFI = 0,998 und RMSEA = 0,034 (PCLOSE = 0,708) sogar noch geringfügig besser war als im Modell C. Auch Modell D war demnach in der Lage, die tatsächlichen Beziehungen zwischen den Variablen für den zugrundeliegenden Datensatz abzuschätzen. Informativ ist vor allem, dass bei einer Unterteilung des ATEVO-Scores, die Richtung der Beziehung zwischen den beiden Scores der ATEVO-Subskalen wie in Modell C gewählt werden muss, da bei einer Umkehr der Beziehung die Pfade von Dualismus und Gläubigkeit auf ATEVO-AE nicht signifikant werden.

Demzufolge ergänzen sich die Modelle C und D[82]. Dies gilt vor allem auch insofern, als die Modelle miteinander konsistent und alle anderen Beziehungen robust waren.

5.2 Einstellungen und Wissen zu Evolution (EWi-Studie)

Bei der in der *EWi-Studie* befragten Probandengruppe handelte es sich um eine weniger extreme Stichprobe als bei der in der *EGI-Studie*. Die Befragten lassen sich in vier Subgruppen unterteilen, die unterschiedlichen Ausbildungs- und Altersstufen entsprechen (vgl. Kap. 4.1.2). Knapp Dreiviertel der Probandinnen und Probanden, die Angaben zu ihrer Konfession machten, gehörten einer der beiden christlichen Amtskirchen an. 50,6 % der Befragten waren Mitglied der evangelischen Kirche und 22,1 % gehörten der römisch-katholischen Kirche an. Damit lag der Anteil der evangelischen Probandinnen und Probanden etwa doppelt so hoch wie der tatsächliche Anteil dieser Gruppe in der Bevölkerung.

Demgegenüber waren die katholischen Personen in dieser Stichprobe leicht unterrepräsentiert. Mit 2,5 % lagen die Anzahl der evangelisch-freikirchlichen Teilnehmenden und mit 4,8 % der Anteil der muslimischen Befragten jeweils nah an dem tatsächlich angenommenen Anteil in der Bevölkerung. 14,6 % der Probandinnen und Probanden waren konfessionsfrei[83], was nicht einmal der Hälfte des tatsächlichen Anteils von etwa 36 % in der Bevölkerung entsprach.

---

[82] Beim Vergleich der Modelle C und D muss beachtet werden, dass die Einführung zusätzlicher Variablen im Allgemeinen den Fit verschlechtert, da mehr Varianz erklärt werden muss. Gleichzeitig führt die Einführung zusätzlicher Beziehungen zur Verbesserung des Fits, bis hin zu einem Overfit (vgl. Kap. 4.4.3.3).

[83] Im Gegensatz zur *EGI-Studie* werden in den Auswertungen für die *EWi-Studie* sowie die noch folgenden *RED-* und *EKI-Studien* die beiden Gruppen der Konfessionsfreien nicht mehr getrennt dargestellt, da sich in der *EGI-Studie*

Ein Drittel dieser Gruppe gab an, aus einer Glaubensgemeinschaft ausgetreten zu sein (4,5 %), während 10,1 % schon zeitlebens konfessionsfrei waren. Die restlichen 5,3 % der Befragten ordneten sich anderen Glaubensrichtungen zu[84].

1) Wie ausgeprägt ist die religiöse Gläubigkeit in der EWi-Studie insgesamt sowie in unterschiedlichen Probandengruppen?

Zur Messung der individuellen religiösen Gläubigkeit wurde die PERF-Skala verwendet (Kap. 4.2.3). Der gemessene Mittelwert der Summe für die PERF-Skala lag bei 26,95 ($SD = 12,74$) und die Stichprobe verteilte sich im Gegensatz zur *EGl-Studie* bis auf den Gipfel am linken Ende der Skala bei einer nicht gläubigen Position relativ gleichmäßig über das gesamte Spektrum der Gläubigkeit (Abb. 31).

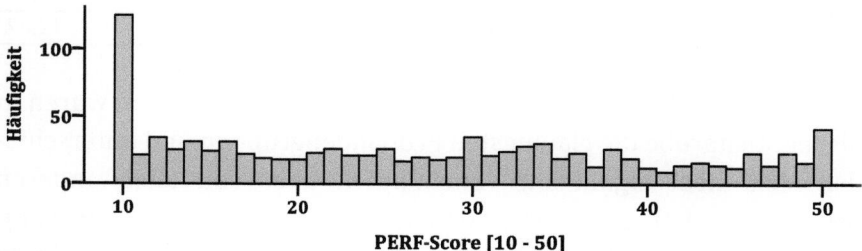

Abbildung 31: Häufigkeitsverteilung der PERF-Scores in der EWi-Studie. $N = 992$; $M = 26,95$; $SD = 12,74$.

---

[84] zeigte, dass die Unterschiede zwischen diesen beiden Gruppen marginal waren. Ferner wurden stichprobenhaft Mittelwert-Vergleiche zwischen diesen beiden Gruppen in der *EWi-Studie* durchgeführt, die zu dem gleichen Ergebnis führten. In der *RED-* und in der *EKI-Studie* wurde diese Aufteilung schließlich im Fragebogen nicht mehr berücksichtigt.
Unter *sonstige* wurden Religions- und Weltanschauungszugehörigkeiten subsumiert, die von weniger als zehn Probandinnen und Probanden angegeben wurden.

Die Varianzanalyse der Mittelwerte der Gläubigkeit zwischen den Konfessionen ergab einen signifikanten Unterschied ($F[5, 968] = 59{,}217$, $p < 0{,}001$) und starken Effekt der Konfession auf die Gläubigkeit ($\eta^2 = 0{,}234$). Die konfessionsfreien Probandinnen und Probanden zeigten deutlich die geringste Gläubigkeit und unterschieden sich von allen anderen Gruppen signifikant ($p < 0{,}001$; Tab. 47).

Tabelle 47: Mittelwerte der Gläubigkeit bei verschiedenen Konfessionen in der EWi-Studie.

	N	M	SD
evangelisch	493	27,24	11,35
katholisch	217	28,47	11,22
muslimisch	41	40,93	10,82
freikirchlich	24	44,92	10,54
konfessionsfrei	146	15,46	8,36
sonstige	53	31,30	14,96
gesamt	974	26,98	12,67

Die freikirchlichen gefolgt von den muslimischen Befragten waren in dieser Stichprobe die gläubigsten Probandengruppen und unterschieden sich nicht signifikant voneinander, aber von allen anderen Gruppen ($p < 0{,}001$; bzw. $p < 0{,}01$ zwischen *muslimisch* und *sonstige*). Evangelische, katholische und „sonstige" Befragte unterschieden sich nicht signifikant voneinander, aber von allen anderen Gruppen ($p < 0{,}001$; Abb. 32).

Eine Varianzanalyse der Mittelwerte der Gläubigkeit zwischen den Probandengruppen unterschiedlichen Ausbildungsstandes ergab einen signifikanten, jedoch nur schwachen Effekt der Gruppenzugehörigkeit auf die Gläubigkeit ($F[3, 988] = 10{,}906$, $p < 0{,}001$, $\eta^2 = 0{,}032$). Die Lernenden der 7. Jahrgangsstufe zeigten die stärkste, die angehenden Biologie-Lehrkräfte hingegen die geringste Gläubigkeit (Tab. 48).

Einstellungen und Wissen zu Evolution (EWi-Studie)

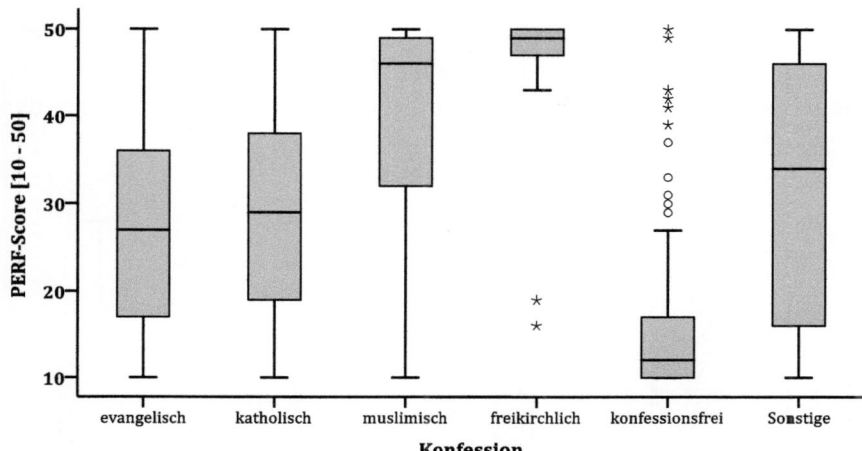

Abbildung 32: Boxplot für den Vergleich der Gläubigkeit zwischen den Konfessionen in der EWi-Studie. $N = 974$. Kreise zeigen moderate, Sterne extreme Ausreißer an. Angaben zur Signifikanz der Gruppenunterschiede finden sich im Text.

Die Gläubigkeit nahm mit zunehmendem Alter und Ausbildungsstand im Vergleich der vier Gruppen ab (Abb. 33). Der Post-Hoc-Test ergab, dass statistisch signifikante Unterschiede zwischen der Gruppe der Lernenden der 7. Klasse und den Studierenden ($p < 0{,}001$) sowie den angehenden Biologie-Lehrkräften ($p < 0{,}01$) vorlagen. Signifikante Unterschiede bestanden auch zwischen Lernenden der 9. – 11. Klasse und Studierenden ($p < 0{,}01$).

Tabelle 48: PERF-Mittelwerte je Probandengruppe in der EWi-Studie.

	N	*M*	*SD*
7. Klasse	197	30,15	12,59
9. – 11. Klasse	210	29,17	12,73
Studierende	497	25,16	12,58
LiV	88	24,52	11,95
gesamt	992	26,95	12,74

Probandinnen zeigten zudem im Durchschnitt eine signifikant höhere Gläubigkeit als männliche Probanden ($t[736,390] = 2{,}923$, $p < 0{,}01$). Die berechnete Effektstärke liegt mit $d = 0{,}192$ jedoch noch unter der Grenze für einen kleinen Effekt.

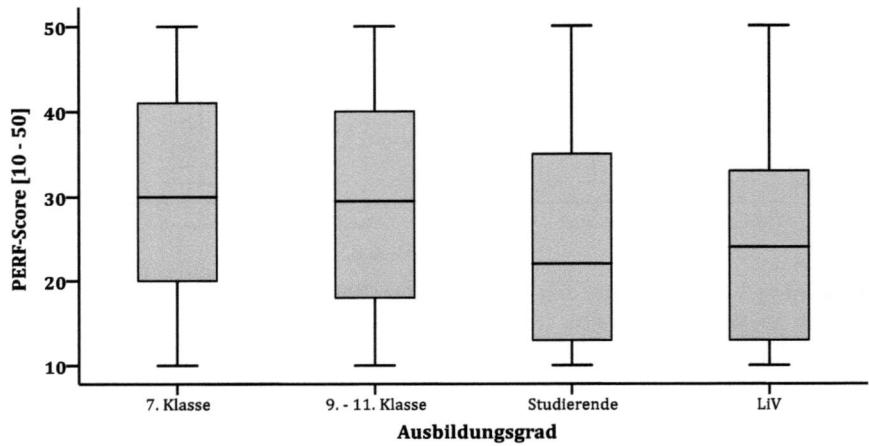

Abbildung 33: Boxplot für den Vergleich der Gläubigkeit zwischen den Probandengruppen in der EWi-Studie. $N = 992$. Angaben zur Signifikanz der Gruppenunterschiede finden sich im Text.

2) Wie ausgeprägt sind dualistische Sichtweisen auf das Verhältnis von Gehirn und Geist in der EWi-Studie sowie in unterschiedlichen Probandengruppen?

Die Tendenz zu einer dualistischen Sicht auf das Verhältnis von Gehirn und Geist wurde mit der SD-Skala gemessen (Kap. 4.2.2). Das gesamte Spektrum an verschiedenen Sichtweisen in dieser Frage wurde von der Stichprobe abgedeckt (Abb. 34). Der Mittelwert lag bei 14,35 ($SD = 4{,}69$) und damit knapp unter dem Mittelwert des Skalenbereiches. Die Verteilung der Daten zeigte eine annähernde Normalverteilung, wobei es einen zweiten Gipfel beim niedrigsten SD-Wert (*starker Monismus*) gab.

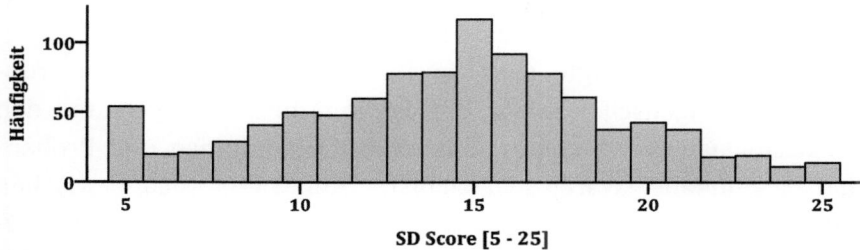

Abbildung 34: Häufigkeitsverteilung der SD-Scores in der EWi-Studie. $M = 14,35$; $SD = 4,69$; $N = 1009$.

Wie bei dem Vergleich der Mittelwerte der Gläubigkeit unterschieden sich die beiden Geschlechtergruppen auch bezüglich der Tendenz zu einer dualistischen Sichtweise signifikant voneinander ($t[711,879] = 5,451, p < 0,001$). Hier zeigten die weiblichen Befragten eher dualistische Positionen als die männlichen. Mit $d = 0,354$ handelt es sich um einen kleinen Effekt des Geschlechtes auf das dualistische Denken.
Die Mittelwerte der SD-Scores unterschieden sich auch zwischen den Konfessionen signifikant ($F[5,983] = 18, 510, p < 0,001$). Der Effekt der Konfession war von mittlerer Stärke ($\eta^2 = 0,086$).

Tabelle 49: Mittelwerte des SD-Scores der verschiedenen Konfessionen in der EWi-Studie.

	N	M	SD
evangelisch	504	14,33	4,44
katholisch	222	14,78	4,43
muslimisch	42	16,60	4,37
freikirchlich	22	19,68	4,64
konfessionsfrei	149	11,82	4,70
sonstige	50	15,28	4,82
gesamt	989	14,32	4,70

Die geringste Neigung zu dualistischem Denken fand sich bei den konfessionsfreien Probandinnen und Probanden, während die freikirchlichen Befragten deutlich den höchsten Mittelwert für das dualistische Denken zeigten (Tab. 49).

Ein Post-Hoc-Test zeigte, dass die Unterschiede zwischen den Gruppen der evangelischen sowie den katholischen Befragten und den freikirchlichen sowie konfessionsfreien Probandinnen und Probanden signifikant waren ($p < 0{,}001$; Abb. 35). Auch zwischen muslimischen und konfessionsfreien Befragten sowie zwischen freikirchlichen und konfessionsfreien Teilnehmenden war der Unterschied signifikant ($p < 0{,}001$).

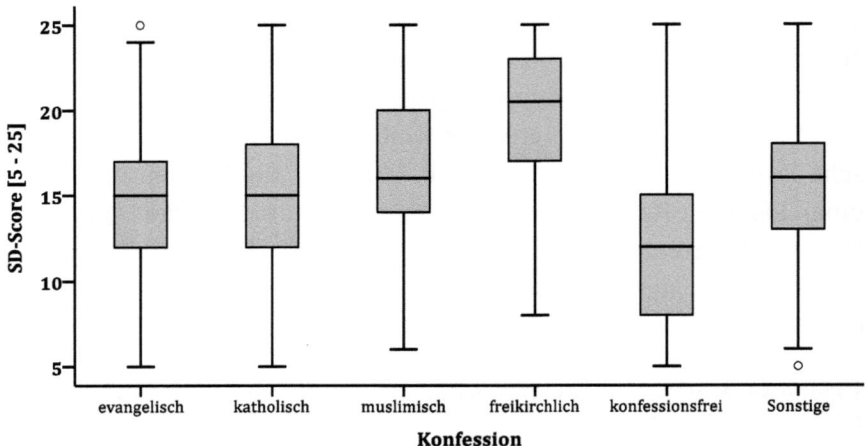

Abbildung 35: Boxplot für den Vergleich der dualistischen Denkweisen zwischen den Konfessionen in der EWi-Studie. $N = 989$. Kreise zeigen moderate Ausreißer an. Angaben zur Signifikanz der Gruppenunterschiede finden sich im Text.

Auch zwischen den einzelnen nach Alter und Ausbildungsstand getrennten Probandengruppen ergab eine Varianzanalyse signifikante Unterschiede ($F[3, 1005] = 4{,}795$, $p < 0{,}01$, $\eta^2 = 0{,}014$). Ein Scheffé-

Einstellungen und Wissen zu Evolution (EWi-Studie)

Test ergab jedoch, dass keiner der Unterschiede zwischen den einzelnen Probandengruppen auf einem Niveau von $p < 0{,}01$ signifikant war.

Tabelle 50: Mittelwerte der SD-Scores der verschiedenen Probandengruppen in der EWi-Studie.

	N	M	SD
7. Klasse	205	14,61	3,60
9.-11. Klasse	213	15,19	4,22
Studierende	505	14,09	5,08
LiV	86	13,20	5,38
gesamt	1009	14,35	4,69

Die Schülerinnen und Schüler der 9. – 11. Klasse zeigten die höchsten Mittelwerte für das dualistische Denken (Tab. 50). Am wenigsten ausgeprägt war die Neigung zu dualistischen Sichtweisen auf das Gehirn und den Geist bei den angehenden Biologie-Lehrkräften.

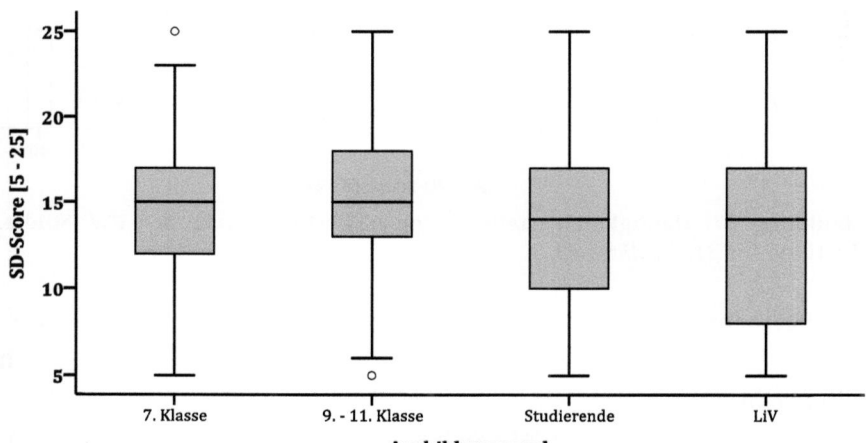

Abbildung 36: Boxplot für den Vergleich der dualistischen Denkweisen zwischen den Probandengruppen in der EWi-Studie. $N = 1009$. Kreise zeigen moderate Ausreißer an. Angaben zur Signifikanz der Gruppenunterschiede finden sich im Text.

Die Mittelwerte aller Gruppen lagen relativ nah beieinander und alle im Bereich einer *indifferenten Position* zum Verhältnis von Gehirn und Geist (Abb. 36).

3) Welche Einstellungen zu Evolution im Allgemeinen und zur Evolution des Bewusstseins im Speziellen treten in der EWi-Studie sowie in unterschiedlichen Probandengruppen auf?

Der Mittelwert der Einstellung zu Evolution lag in dieser Stichprobe bei 31,23 (SD = 5,80), also deutlich über dem Mittelwert des Skalenbereiches. Die befragte Gruppe konnte somit als *eher akzeptierend* gegenüber der Evolution klassifiziert werden. Der Großteil der Probandinnen und Probanden zeigten einen ATEVO-Score von 24 - 40 (Abb. 37).

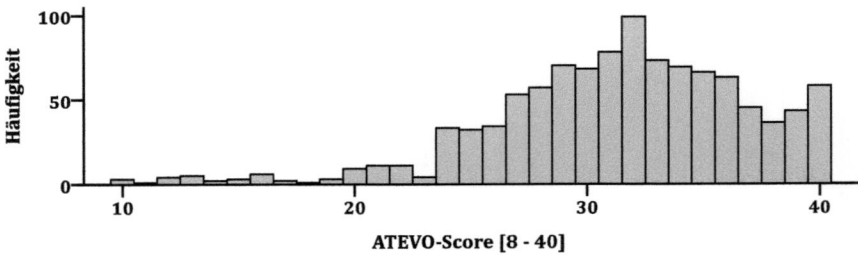

Abbildung 37: Häufigkeitsverteilung der ATEVO-Scores in der EWi-Studie. N = 1049; M = 31,32; SD = 5,80.

Bei Betrachtung der ATEVO-GE-Subskala ergab sich ein Mittelwert von 13,72 (SD = 3,72), was einer *indifferenten Position* zu Evolution entspricht.

Wie in der *EGl-Studie* deutete sich somit an, dass die Zahl der Personen, die eine Evolution des menschlichen Bewusstseins ablehnen, höher lag als die Anzahl der Personen, die Evolution im Allgemeinen ablehnen.

Einstellungen und Wissen zu Evolution (EWi-Studie)

Tabelle 51: Mittelwerte der Einstellungen zu Evolution bei den Gruppen verschiedener Konfessionen in der EWi-Studie. Darstellung basierend auf der gesamten ATEVO-Skala sowie den beiden Subskalen. N = 983.

	N	ATEVO gesamt		ATEVO-AE		ATEVO-GE	
	N	M	SD	M	SD	M	SD
evangelisch	498	31,37	5,26	17,55	2,73	13,79	3,45
katholisch	219	32,41	4,40	18,10	2,07	14,30	3,22
muslimisch	42	27,62	5,71	15,37	3,51	12,00	3,36
freikirchlich	25	20,68	7,76	12,96	4,79	7,72	3,92
konfessionsfrei	146	33,21	5,25	18,28	2,16	14,91	3,83
sonstige	53	28,28	8,39	15,87	4,73	12,44	4,42
gesamt	983	31,28	5,81	17,48	2,94	13,76	3,71

Probandinnen und Probanden verschiedener Konfessionen unterschieden sich auch innerhalb dieser Stichprobe teilweise stark in ihrer Einstellung zu Evolution ($F[5, 977] = 32{,}138$, $p < 0{,}001$, $\eta^2 = 0{,}141$). Dieser Unterschied war auch für die Subskala zu Evolution im Allgemeinen ($F[5, 993] = 26{,}627$, $p < 0{,}001$, $\eta^2 = 0{,}118$) sowie für die ATEVO-GE-Subskala ($F[5, 988] = 22{,}610$, $p < 0{,}001$, $\eta^2 = 0{,}103$) signifikant.

Die größte Akzeptanz der Evolution auf Basis der gesamten ATEVO-Skala fand sich bei den Konfessionsfreien (Tab. 51). Die Gruppe der Konfessionsfreien unterschied sich knapp signifikant von evangelischen Probandinnen und Probanden ($p < 0{,}05$) und signifikant von allen anderen Gruppen ($p < 0{,}001$), außer den katholischen Befragten (Abb. 38).

Die katholischen Befragten unterschieden sich von allen anderen Gruppen außer den evangelischen Befragten signifikant ($p < 0{,}001$). Evangelische Probandinnen und Probanden unterschieden sich von muslimischen Befragten und den zusammengefassten anderen Religionen ($p < 0{,}01$) sowie den freikirchlichen Probandinnen und Probanden ($p < 0{,}001$) signifikant. Die Mitglieder einer Freikirche zeigten innerhalb dieser Stichprobe wie bereits in der *EGI-Studie* die deutlich geringste Akzeptanz der Evolution und unterschieden sich signifikant von allen anderen Gruppen ($p < 0{,}001$). Auch die muslimischen Probandinnen und Probanden unterschieden sich von allen Gruppen signifikant ($p < 0{,}01$), außer von der Gruppe der zusammengefassten anderen Religionen.

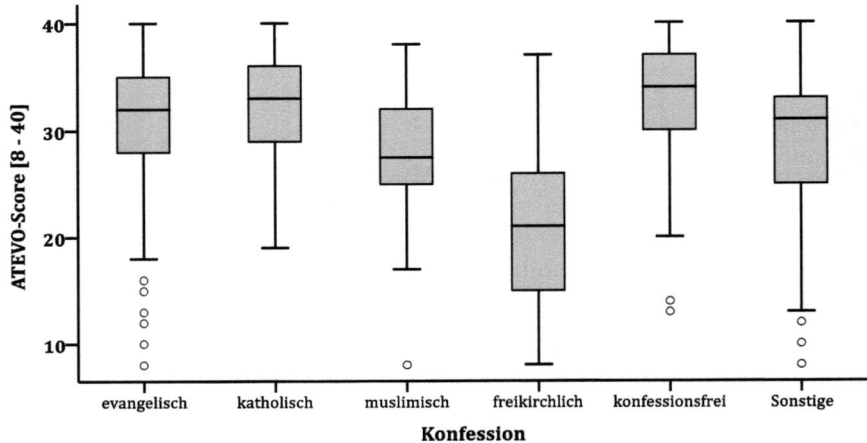

Abbildung 38: Boxplot für den Vergleich der Einstellungen zu Evolution zwischen den Konfessionen in der EWi-Studie. $N = 983$. Kreise zeigen moderate Ausreißer an. Angaben zur Signifikanz der Gruppenunterschiede finden sich im Text.

Zwischen den Mittelwerten des ATEVO-Scores von weiblichen und männlichen Befragten bestand kein signifikanter Unterschied ($t[724{,}067] = -2{,}260$, $p = 0{,}024$). Genauso verhielt es sich in Bezug auf die ATEVO-AE-Subskala ($t[1059] = -0{,}800$, $p = 0{,}424$).

Die beiden Gruppen unterschieden sich jedoch in dem Mittelwert des ATEVO-GE-Scores ($t[736{,}073] = -2{,}684$, $p < 0{,}01$, $d = 0{,}171$). Die weiblichen Befragten zeigten jeweils eine weniger positive Einstellung als die männlichen Personen.

10) Wie verändert sich die Einstellung zu Evolution mit dem Bildungsstand von Schülerinnen und Schülern der Sekundarstufe I bis zu Biologie-Referendarinnen und -Referendaren?

Die Probandengruppen unterschiedlichen Ausbildungsstandes und Alters unterschieden sich signifikant hinsichtlich ihrer Einstellung zu Evolution ($F[3, 1045] = 17{,}540$, $p < 0{,}001$). Mit $\eta^2 = 0{,}048$ war der Effekt jedoch nur klein.

Tabelle 52: Mittelwerte der ATEVO-Scores bei verschiedenen Probandengruppen in der EWi-Studie. $N = 1049$. Darstellung basierend auf der gesamten ATEVO-Skala sowie den beiden Subskalen.

		ATEVO gesamt		ATEVO-AE		ATEVO-GE	
	N	M	SD	M	SD	M	SD
7. Klasse	208	29,71	5,56	16,75	3,39	12,90	3,26
9. – 11. Klasse	222	29,75	6,06	16,81	3,27	12,95	3,61
Studierende	527	32,14	5,62	17,90	2,60	14,20	3,82
LiV	92	32,97	5,10	18,30	2,40	14,70	3,54
gesamt	1049	31,23	5,80	17,47	2,96	13,72	3,70

Die positivste Einstellung zu Evolution zeigten die Biologie-Lehrkräfte im Vorbereitungsdienst (Tab. 52), die sich basierend auf einem Post-Hoc-Test signifikant von den beiden Gruppen der Schülerinnen und Schülern unterschieden ($p < 0{,}001$), jedoch nicht von den Studierenden (Abb. 39).

Die Mittelwerte der beiden Gruppen der Lernenden der 7. sowie 9. – 11. Klasse zeigten die geringste Akzeptanz der Evolution und unterschieden sich nicht signifikant voneinander, aber von den anderen beiden Gruppen ($p < 0{,}001$). Die Mittelwerte für den ATEVO-Score dieser beiden Gruppen lagen nur leicht über dem Wertebereich einer *indifferenten* Haltung zu Evolution und die Subgruppen können somit als *eher akzeptierenden* klassifiziert werden.

Auch die Vergleiche der Mittelwerte für die ATEVO-AE-Subskala ($F[3, 1062] = 14{,}672$, $p < 0{,}001$, $\eta^2 = 0{,}040$) sowie die ATEVO-GE-Subskala ($F[3, 1057] = 12{,}304$, $p < 0{,}001$, $\eta^2 = 0{,}034$) fielen signifikant aus und zeigten ähnliche Verhältnisse zwischen den einzelnen Gruppen.

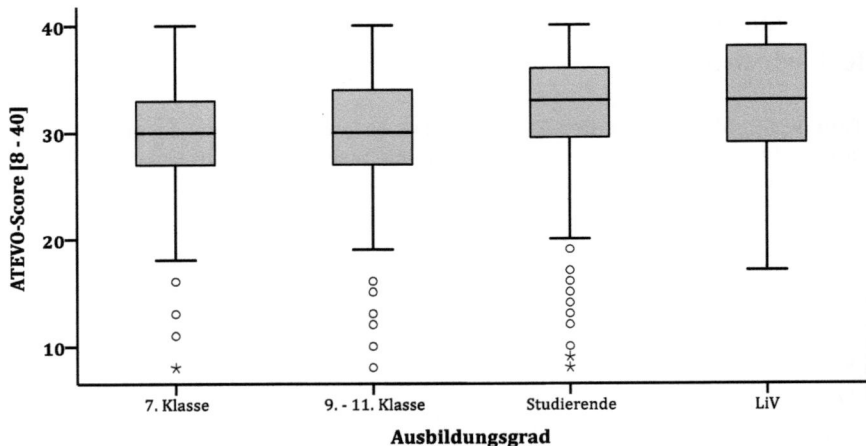

Abbildung 39: Boxplot für den Vergleich der Einstellungen zu Evolution zwischen den Probandengruppen in der EWi-Studie. $N = 1049$. Kreise zeigen moderate, Sterne extreme Ausreißer an. Angaben zur Signifikanz der Gruppenunterschiede finden sich im Text.

4) Wie hängen Einstellungen zu Evolution, religiöse Gläubigkeit und dualistisches Denken in der EWi-Studie zusammen?

Die Einstellung zu Evolution korrelierte wie in der *EGl-Studie* negativ mit religiöser Gläubigkeit, der Zusammenhang war jedoch schwächer ($r = -0{,}412$; $p < 0{,}001$). Auch die Variable *dualistisches Denken* hing negativ mit der Einstellung zu Evolution zusammen ($r = -0{,}402$; $p < 0{,}001$). Darüber hinaus gab es zwischen dualistischem Denken und Gläubigkeit wie in der Vorgängerstudie eine deutliche positive Korrelation ($r = 0{,}553$; $p < 0{,}001$).

Einstellungen und Wissen zu Evolution (EWi-Studie)

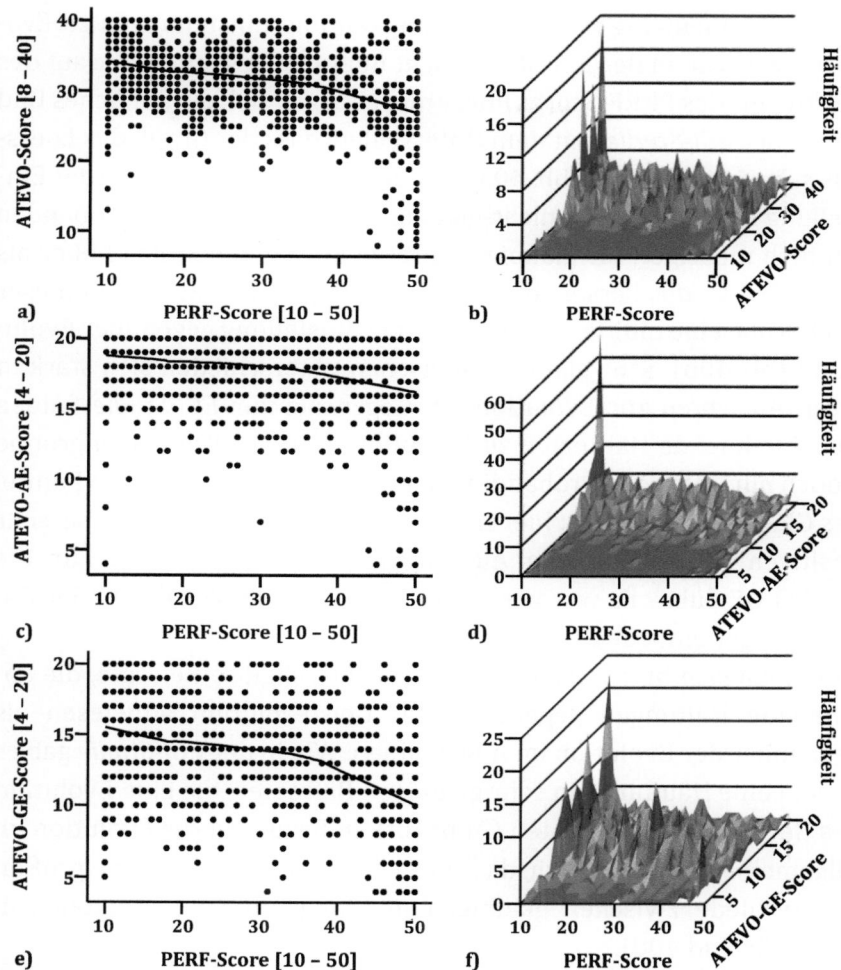

Abbildung 40: Verhältnis von Einstellungen zu Evolution und religiöser Gläubigkeit in der EWi-Studie. Ausgleichsrechnung: Loess-Fit. N = 946. Die Punkte in a), c) und e) beschreiben nur beobachtete Kombinationen, nicht hingegen die Anzahl der Datenpunkte bei der jeweiligen Koordinate. Die Verteilung spiegelt sich zum einen in den Ausgleichskurven und zum anderen in den entsprechenden 3D-Plots in b), d) und f) wider. Aus Gründen der Übersichtlichkeit wurde der Skalenbereich bei der Achsenbeschriftung der 3D-Plots weggelassen. Er entspricht jeweils den an den Punktdiagrammen angegebenen Bereichen.

Der Zusammenhang zwischen Gläubigkeit und Einstellungen zu Evolution war wie in der *EGl-Studie* nicht über den gesamten Verlauf des Spektrums des PERF-Scores linear und es ergab sich ein ähnliches Bild wie in der *EGl-Studie,* mit dem Unterschied, dass der Graph des Loess-Fits schwächer abfiel (Abb. 40a). Zudem lagen die Mittelwerte der Einstellung zu Evolution für nicht-gläubige Probandinnen und Probanden deutlich niedriger, für gläubige Befragte hingegen deutlich höher als in der *EGl-Studie.* Personen, die nicht gläubig waren, zeigten in dieser Stichprobe eine indifferente bis positive Einstellung gegenüber Evolution (Abb. 40b). Sehr gläubige Menschen unterschieden sich stark in ihren Ansichten zur Evolution. Im Gegensatz zur *EGl-Studie* fanden sich ablehnende Haltungen zu Evolution in dieser Probandengruppe jedoch nur unter den Probandinnen und Probanden im oberen Fünftel des Gläubigkeits-Scores: hier traten von einer sehr negativen bis sehr positiven Einstellung alle Ausprägungen auf (Abb. 40b). Für die ATEVO-GE-Subskala war wie in der *EGl-Studie* die Verteilung der Daten weniger eindeutig (Abb. 40e).

Es fanden sich hier wesentlich mehr nicht-religiöse Befragte, die ablehnende Haltungen gegenüber der Geistevolution aufwiesen als gegenüber der Evolution im Allgemeinen. Wie in der *EGl-Studie* gab es zudem eine Häufung von sehr gläubigen Befragten, die eine Evolution des Bewusstseins ablehnten (Abb. 40f). In Bezug auf die Evolution im Allgemeinen wird deutlich, dass es in dieser Stichprobe keine großen Unterschiede zwischen gläubigen und ungläubigen Befragten gab (Abb. 40c und 40d).

Die Zusammenhänge zwischen den Variablen *Einstellung zu Evolution*, *dualistisches Denken* und *Gläubigkeit* fielen in den vier befragten Gruppen unterschiedlich aus (Tab. 53 und Tab. 54). Die Korrelation zwischen Einstellungen zu Evolution und Gläubigkeit war bei der Gruppe der Studierenden am höchsten ($r = -0{,}438$, $p < 0{,}001$). Diese Korrelation fiel in den Gruppen der angehenden Biologie-Lehrkräfte und den Lernenden der 9. – 11. Klasse in ähnlicher Höhe und ebenfalls statistisch signifikant aus.

Tabelle 53: Korrelationen zwischen Einstellung zur Evolution und Gläubigkeit in der EWi-Studie. Pearson Korrelationen r. ** Die Korrelation ist auf einem Niveau von $p < 0{,}001$ statistisch signifikant. * Die Korrelation ist auf einem Niveau von $p < 0{,}01$ statistisch signifikant.

	7. Klasse	9.–11. Klasse	Studierende	LiV	gesamt
	$N = 183 - 187$	$N = 200 - 204$	$N = 478 - 483$	$N = 85 - 87$	$N = 946 - 958$
	PERF	PERF	PERF	PERF	PERF
ATEVO	-0,233*	-0,410**	-0,438**	-0,414**	-0,412**
ATEVO-AE	-0,222*	-0,405**	-0,336**	-0,249	-0,341**
ATEVO-GE	-0,158	-0,314**	-0,430**	-0,409**	-0,375**

Die jüngeren Schülerinnen und Schüler hingegen zeigten einen lediglich schwachen Zusammenhang zwischen Gläubigkeit und Einstellungen zu Evolution ($r = -0{,}233$, $p < 0{,}01$). Für die beiden Subgruppen der Lernenden der 7. bzw. 9.-11. Jahrgangsstufe fiel die Korrelation zwischen Einstellungen zur Geistevolution und Gläubigkeit jeweils geringer aus als die Relation zwischen Einstellungen zu Evolution im Allgemeinen und Gläubigkeit. Bei den beiden älteren Probandengruppen zeigte sich das umgekehrte Bild (Tab. 53).

Auch die Korrelation zwischen Einstellungen zu Evolution und dualistischem Denken war bei den Studierenden am stärksten ($r = -0{,}478$, $p < 0{,}001$) und bei den Lernenden der 7. Klasse deutlich am schwächsten ($r = -0{,}103$, n. s.) ausgeprägt (Tab. 54). In allen Probandengruppen war die Korrelation des dualistischen Denkens mit der Einstellung zur Evolution des Bewusstseins stärker als die Korrelation zwischen dualistischem Denken und Einstellung zu Evolution im Allgemeinen. Besonders gering war die Korrelation zwischen der Einstellung zu Evolution im Allgemeinen und dem dualistischen Denken bei der Gruppe der angehenden Biologie-Lehrkräfte und den Lernenden der 7. Klasse.

Tabelle 54: Korrelationen zwischen Einstellung zur Evolution und dualistischem Denken in der EWi-Studie. ** Die Korrelation ist auf einem Niveau von $p < 0{,}001$ statistisch signifikant. Pearson Korrelationen r.

	7. Klasse $N = 193 - 198$ SD	9. – 11. Klasse $N = 202 - 206$ SD	Studierende $N = 487 - 492$ SD	LiV $N = 84 - 86$ SD	gesamt $N = 966 - 979$ SD
ATEVO	-0,103	-0,412**	-0,478**	-0,355**	-0,402**
ATEVO-AE	-0,035	-0,343**	-0,309**	-0,065	-0,252**
ATEVO-GE	-0,137	-0,369**	-0,494**	-0,443**	-0,421**

Die Einstellung zu Evolution hing in der Stichprobe der *EWi-Studie* negativ mit religiöser Gläubigkeit sowie mit dualistischem Denken zusammen. Vergleicht man den Verlauf der Mittelwerte dualistischen Denkens und der Gläubigkeit über das Spektrum der Einstellungen zu Evolution für die gesamte Stichprobe, wird ein ähnlicher Verlauf beider Graphen deutlich (Abb. 41).

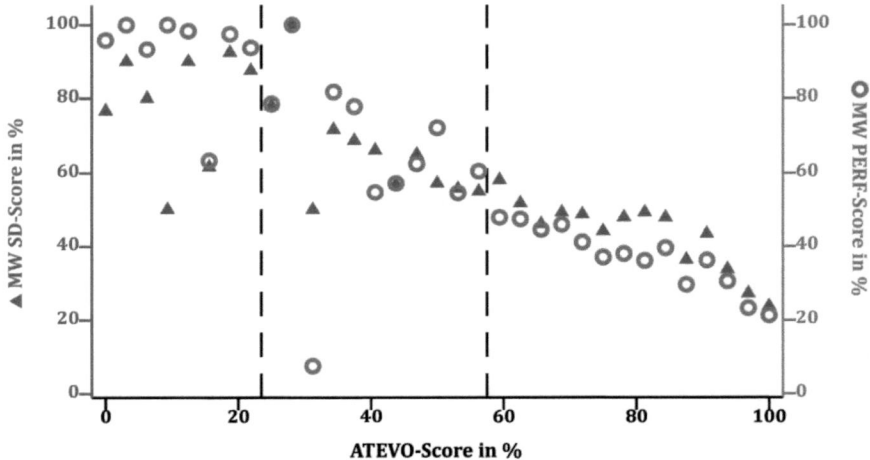

Abbildung 41: Verhältnis von dualistischem Denken und religiöser Gläubigkeit zu Einstellungen zu Evolution in der EWi-Studie. % Angaben in Bezug auf die Skala wegen Vergleichbarkeit zwischen Skalen. Dreieckige Symbole: dualistisches Denken; Kreise: Gläubigkeit. Die vertikale Linie markiert den Wert des ATEVO-Scores, bei dem sich die Graphen von PERF- und SD-Scores schneiden.

Sowohl der Graph der Gläubigkeit als auch jener, der eine Tendenz zu einer dualistischen Sichtweise darstellt, sank mit zunehmender Akzeptanz der Evolution. Im Unterschied zur *EGl-Studie* knickten beide Graphen jedoch schon kurz vor dem Mittelwert des Skalenbereichs ab und sanken ab etwa einem Drittel des ATEVO-Scores stark.

Bei einer Ablehnung der Evolution lagen die Mittelwerte der Gläubigkeit durchgängig oberhalb der Mittelwerte des dualistischen Denkens, während bei einer indifferenten bis positiven Einstellung zu Evolution die Mittelwerte für dualistisches Denken höher lagen als die Mittelwerte der Gläubigkeit.

Die Einstellungs-Unterschiede zwischen Menschen mit negativen bis indifferenten Einstellungen zu Evolution konnten innerhalb dieser Stichprobe also am besten durch Gläubigkeit erklärt werden. Dies wurde durch multiple Regressionsanalysen des mittig geteilten Datensatzes unterstützt. Dabei zeigte sich Gläubigkeit als stärkste Determinante für diese Subgruppe. Die Einstellungs-Unterschiede zwischen Menschen mit indifferenter bis positiver Einstellung zu Evolution hingegen konnten am besten durch dualistisches Denken erklärt werden. Diese Beobachtung verdeutlichte erneut die Erkenntnis aus *der EGl-Studie*, dass es sinnvoll ist, verschiedene Untergruppen differenziert zu betrachten.

5) Wie unterscheiden sich die Einstellungen zu Evolution im Allgemeinen und zur Evolution des menschlichen Bewusstseins in der EWi-Studie?

Beim Vergleich der beiden ATEVO-Subskalen zeigte sich wie in der *EGl-Studie,* dass mit zunehmender Gläubigkeit die Zustimmung zur allgemeinen Evolution sowie zur Geistevolution abnahm (Abb. 42). Beide Kurven in Abbildung 42 zeigen einen ähnlichen Verlauf. Im Unterschied zur *EGl-Studie* nahm jedoch die Zustimmung zu beiden Subskalen erst im letzten Viertel der sehr gläubigen Probandinnen und Probanden stark ab. Insgesamt ergab sich auch in dieser Stichprobe, dass der Evolution des menschlichen Geistes über den gesamten Verlauf der Gläubigkeits-Positionen weniger zugestimmt wurde als der Evolution im Allgemeinen.

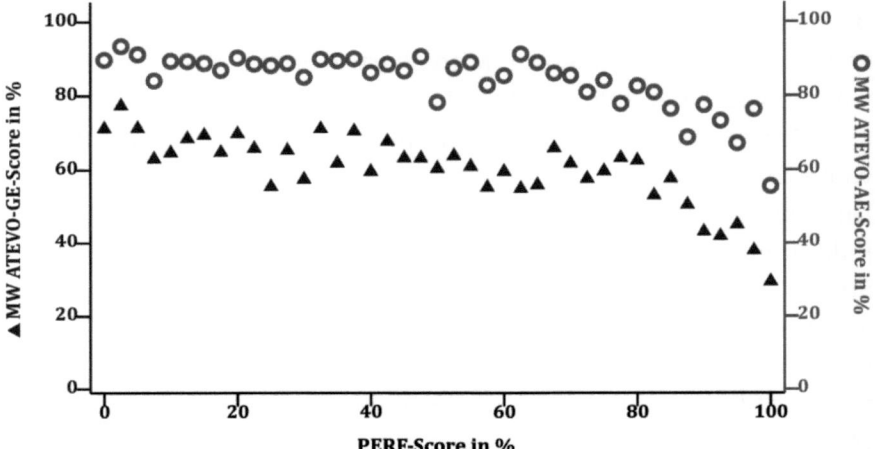

Abbildung 42: **Verhältnis von Einstellungen zu Evolution und Geistevolution zu religiöser Gläubigkeit in der EWi-Studie.** % Angaben in Bezug auf die Skala wegen Vergleichbarkeit zwischen Skalen. Dreieckige Symbole: Geistevolution; Kreise: Evolution allgemein.

Zudem blieb die Differenz zwischen den Mittelwerten der beiden Subskalen über das gesamte Spektrum der Gläubigkeit nahezu konstant. Das bedeutet, dass der Unterschied in der Einstellung zu Evolution im Allgemeinen und zur Geistevolution im Durchschnitt in der *EWi-Studie* bei allen Befragten verschiedener Gläubigkeit vorlag. Etwas geringer als bei allen anderen Befragten schien dieser Unterschied bei den Probandinnen und Probanden auszufallen, die gar nicht gläubig waren.

5.2.1 Wissen über Evolution

11) Welches Wissen haben Personen verschiedener Probandengruppen zu evolutionären Konzepten und Prozessen?

Das Wissen zu Evolution wurde mithilfe des KAEVO-Testinstrumentes in zwei Blöcken mit neun (KAEVO-A) bzw. sieben (KAEVO-B) Items erhoben (vgl. Kap. 4.3.2.1). Wurden alle Single-Choice-Items des KAEVO-A richtig beantwortet, wurde der Wert neun erreicht, während nur falsche Antworten dem Wert null entsprachen. Beim KAEVO-B konnten Werte zwischen 0 (keine Wissensfrage zu Evolution richtig beantwortet) und 7 (alle Wissensfragen zu Evolution richtig beantwortet) erreicht werden.

5.2.1.1 KAEVO-A

Die Probandinnen und Probanden erreichten beim KAEVO-A einen durchschnittlichen Wissens-Score von 4,30 (SD = 2,69). Alle Fragen wurden lediglich von 4,3 % der Befragten richtig beantwortet, die alle Wissensfragen in diesem Block bearbeiteten (Abb. 43).

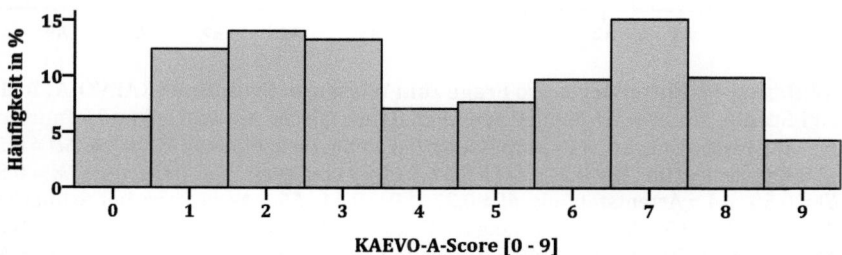

Abbildung 43: Häufigkeiten der Testergebnisse zum Wissen zu Evolution (KAEVO-A) in der EWi-Studie. Prozentualer Anteil der verschiedenen Testscores für die gesamte Skala mit neun Items, N = 1039; M = 4,30; SD = 2,69.

Mit 78,5 % wurde das Item A7 zur Vererbung erworbener Merkmale mit Abstand am häufigsten richtig beantwortet (Abb. 44). Die daran anschließende zweite Frage zu den Weismann-Experimenten (A8) wurde mit 46,7 % wesentlich seltener wissenschaftlich angemessen beantwortet.

Die fünf Fragen zur evolutionären Anpassung unterschieden sich leicht hinsichtlich der Anzahl richtiger Antworten. Unter diesen Fragen wurde beim Item A5 zu den Bänderschnecken mit 56,0 % am häufigsten richtig geantwortet. Das Item zu evolutionärer Anpassung bei Geparden wurde von 52,5 %, bei Enten von 48,6 %, bei Kakteen von 44,6 % und bei Venusfliegenfallen von 44,5 % richtig beantwortet. Am seltensten richtig gelöst wurden die Items zum biologischen Fitnessbegriff (21,0 %) sowie zur Artbildung bei Eidechsen (26,6 %).

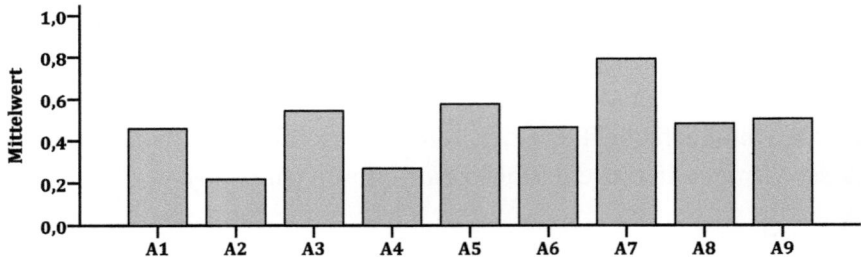

Abbildung 44: Mittelwerte pro Frage zum Wissen zu Evolution (KAEVO-A) in der EWi-Studie. Mittelwerte können zwischen 0 (nur falsche Antworten) und 1 (nur richtige Antworten) liegen. A1 = Anpassung bei Venusfliegenfallen; $M = 0{,}44$; $SD = 0{,}50$. A2 = Fitnessbegriff; $M = 0{,}21$; $SD = 0{,}41$. A3 = Anpassung bei Geparden; $M = 0{,}52$; $SD = 0{,}50$. A4 = Artentstehung; $M = 0{,}27$; $SD = 0{,}44$. A5 = Anpassung bei Schnecken; $M = 0{,}56$; $SD = 0{,}50$. A6 = Anpassung bei Kakteen; $M = 0{,}45$; $SD = 0{,}50$. A7 = Vererbung Mäuse I; $M = 0{,}78$; $SD = 0{,}41$. A8 = Vererbung Mäuse II; $M = 0{,}47$; $SD = 0{,}50$. A9 = Anpassung bei Enten; $M = 0{,}49$; $SD = 0{,}50$. $N = 1100$.

Eine Varianzanalyse der Mittelwertunterschiede für den Summenscore aller Wissens-Items zwischen den vier Subgruppen verschie-

Einstellungen und Wissen zu Evolution (EWi-Studie)

denen Alters und Ausbildungsstandes ergab einen signifikanten Unterschied ($F[3, 1035] = 192{,}031$, $p < 0{,}001$), der laut Scheffé-Test zwischen allen Gruppen auftrat (Tab. 55).

Tabelle 55: Mittelwerte der Wissens-Scores (KAEVO-A) in der EWi-Studie.

	N	*M*	*SD*
7. Klasse	193	1,88	1,54
9. – 11. Klasse	222	2,96	2,13
Studierende	529	5,27	2,39
LiV	95	6,92	1,97
gesamt	1039	4,30	2,69

Das Wissen zur Evolution stieg also im Vergleich mit zunehmendem Ausbildungsstand und war demnach bei den angehenden Biologie-Lehrkräften am höchsten, hingegen bei den Lernenden der 7. Klasse am geringsten (Abb. 45).

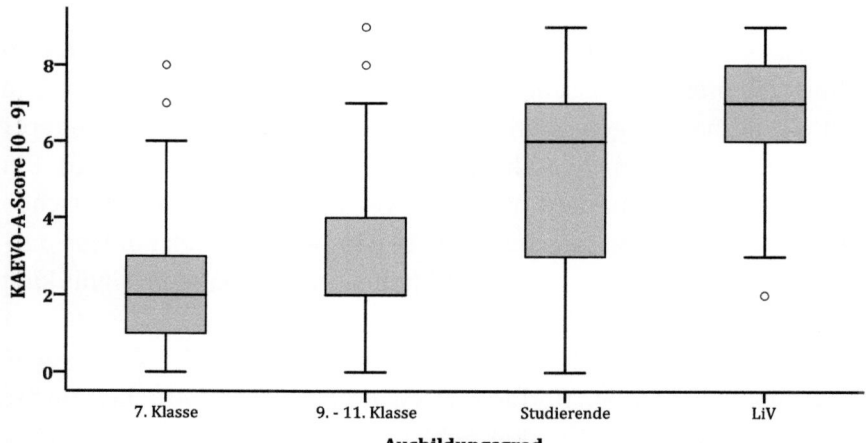

Abbildung 45: Boxplot für den Vergleich des Wissens zu Evolution (KAEVO-A) zwischen verschiedenen Subgruppen in der EWi-Studie. $N = 1039$. Kreise zeigen moderate Ausreißer an. Angaben zur Signifikanz der Gruppenunterschiede finden sich im Text.

Mit einem η^2 von 0,358 handelte es sich um einen starken Effekt der Gruppenzugehörigkeit auf das Wissen zur Evolution. Auch zwischen den Vertreterinnen und Vertretern der verschiedenen Konfessionen gab es signifikante Mittelwertunterschiede beim Wissen zur Evolution ($F[5, 956] = 8,698$, $p < 0,001$). Der Effekt war allerdings nur schwach ($\eta^2 = 0,044$).

Tabelle 56: Mittelwerte des Wissens zu Evolution (KAEVO-A) je Konfession in der EWi-Studie.

	N	*M*	*SD*
evangelisch	486	4,06	2,68
katholisch	214	4,83	2,62
muslimisch	40	2,65	1,56
freikirchlich	26	4,35	2,77
konfessionsfrei	143	5,03	2,80
sonstige	53	3,51	2,55
gesamt	962	4,30	2,70

Konfessionsfreie und katholische Befragte beantworteten im Durchschnitt die meisten Wissens-Items richtig, während die muslimischen und die zusammengefassten Probandinnen und Probanden anderer Religionen die geringste Zahl der Items richtig lösten (Tab. 56). Ein Post-Hoc-Test ergab, dass die Mittelwertunterschiede nur zwischen den katholischen und muslimischen sowie zwischen den konfessionsfreien und muslimischen Probandinnen und Probanden signifikant waren ($p < 0,001$; Abb. 46).

Im Folgenden werden die Ergebnisse der gesamten Stichprobe sowie der Probandengruppen für die Wissensfragen näher betrachtet und in Hinblick auf die auftretenden Fehlvorstellungen untersucht. Hierzu wurden die Fragen thematisch gruppiert.

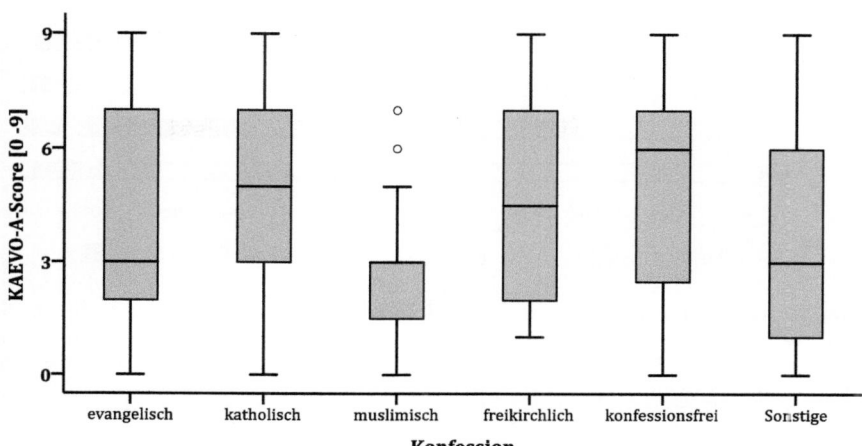

Abbildung 46: Boxplot für den Vergleich des Wissens zu Evolution (KAEVO-A) zwischen den Konfessionen in der EWi-Studie. $N = 962$. Kreise zeigen moderate Ausreißer an. Angaben zur Signifikanz der Gruppenunterschiede finden sich im Text.

Evolutionäre Anpassung/Natürliche Selektion

Zum Verständnis von Anpassungsprozessen sind die Grundannahmen von (a) Variation innerhalb der Population und (b) Selektion zwischen diesen Varianten notwendig. Aus diesem Grund wurden diese Aspekte in die wissenschaftlich korrekten Antwortalternativen übernommen (siehe Tab. 21 in Kap. 4.3.2.1). Durch die gleichförmige Formulierung der wissenschaftlich korrekten Antwortalternative sowie der Distraktoren sind die fünf Items zur evolutionären Anpassung gut miteinander vergleichbar.

Über die Hälfte der Lernenden der 7. Jahrgangsstufe beantwortete keine der fünf Fragen zur evolutionären Anpassung korrekt (Abb. 47). Dagegen lösten ca. 70 % der angehenden Biologie-Lehrkräfte alle Fragen aus diesem Themenbereich wissenschaftlich angemessen.

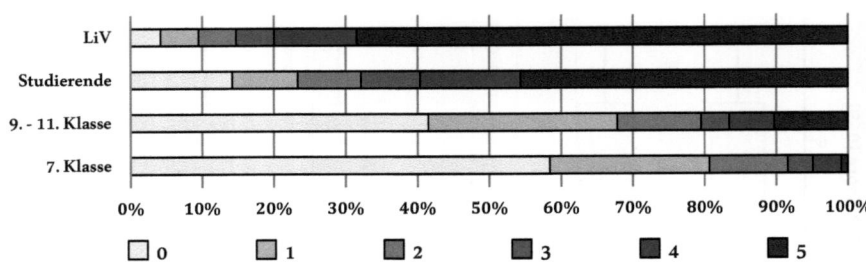

Abbildung 47: Prozentualer Anteil erreichter Testscores (0 – 5) zur evolutionären Anpassung in der EWi-Studie. Prozentangaben auf Basis der jeweiligen Probandengruppe. 7. Klasse: N = 202. 9. – 11. Klasse: N = 224. Studierende: N = 535. LiV: N = 95.

Eine univariate Varianzanalyse zum Mittelwertvergleich der einzelnen Subgruppen dieser Stichprobe zeigte deutliche Unterschiede zwischen den Lernenden der 7. und 9. – 11. Klasse sowie den Studierenden und den angehenden Biologie-Lehrkräften (F[3, 1052] = 183,876, p < 0,001). Mit einem η^2 von 0,344 handelte es sich um einen starken Effekt der Gruppenzugehörigkeit auf das Wissen zur evolutionären Anpassung.

Tabelle 57: Mittelwerte zum Wissens-Score zur evolutionären Anpassung der Probandengruppen in der EWi-Studie.

	N	M	SD
7. Klasse	202	0,75	1,14
9. – 11. Klasse	224	1,38	1,66
Studierende	535	3,36	1,89
LiV	95	4,20	1,44
gesamt	1056	2,51	2,08

Der Post-Hoc-Test ergab zudem, dass der Unterschied auch zwischen allen einzelnen Subgruppen in dieser Stichprobe signifikant war (p < 0,01, Tab. 57). Das Wissen zur evolutionären Anpassung stieg wie

Einstellungen und Wissen zu Evolution (EWi-Studie)

der KAEVO-A-Score mit zunehmendem Ausbildungsgrad und Alter (Abb. 48).

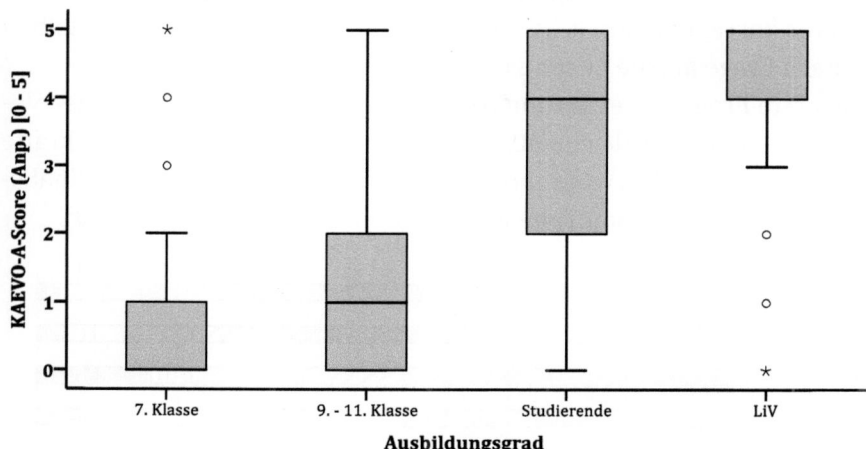

Abbildung 48: Boxplot für den Vergleich des Wissens zu evolutionärer Anpassung zwischen den Subgruppen in der EWi-Studie. $N = 1056$. Kreise zeigen moderate, Sterne extreme Ausreißer an. Angaben zur Signifikanz der Gruppenunterschiede finden sich im Text.

Die fünf Fragen zur evolutionären Anpassung wurden von 44,5 bis 56,0 % der Befragten richtig beantwortet. Die beobachteten Fehlvorstellungen waren zu großen Teilen finalistisch. Insgesamt waren bei drei von fünf Fragen die finalistischen Fehlvorstellungen stärker vertreten, bei denen die Organismen selbst aktiv den Evolutionsprozess leiten (12,3 – 26,5 %), als jene, bei denen die Natur die Veränderungen hervorruft (8,8 – 18,1 %). 3,0 bis 12,0 % der Befragten gingen je nach Frage davon aus, dass die in der Frage beschriebenen Organismen ein Bewusstsein über ihre Situation haben.

Bei den Fragen zur evolutionären Anpassung wurde die Antwortalternative, die eine „automatische" Anpassung beschreibt, insgesamt von

2,2 bis 10,3 % der Probandinnen und Probanden gewählt. Die lamarckistische Antwortalternative, die nur bei den zoologischen Beispielen angeboten wurde, wurde nur von 1,6 bis 2,4 % der Befragten für korrekt gehalten. Zwischen 3,2 und 8,2 % der Befragten gaben je nach Frage an, die Lösung nicht zu kennen.

Die erste Frage zur evolutionären Anpassung der Fangblätter der Venusfliegenfalle wurde von 80,2 % der angehenden Biologie-Lehrkräfte richtig beantwortet, während 15,0 % dieser Probandengruppe finalistische und anthropomorphe Fehlvorstellungen zeigten (Abb. 49).

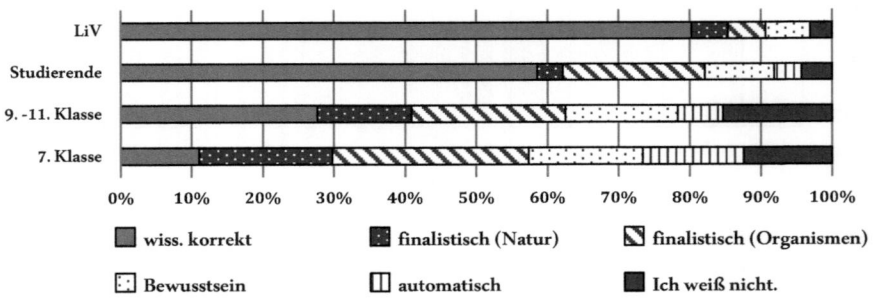

Abbildung 49: Vorstellungen zur evolutionären Anpassung der Venusfliegenfalle (A1). Prozentangaben auf Basis der jeweiligen Probandengruppe. 7. Klasse: N = 202. 9. – 11. Klasse: N = 224. Studierende: N = 535. LiV: N = 95.

In der Gruppe der Studierenden fanden 58,6 % die richtige Antwort auf diese Frage. Bei den Studierenden war diese Frage somit die am wenigsten richtig beantwortete unter den Fragen zur evolutionären Anpassung. Die häufigsten Fehlvorstellungen bei den Studierenden waren eine vom Organismus gesteuerte finalistische Evolution (20,0 %) sowie das Bewusstsein der Organismen über die eigene Situation (9,7 %). 27,7 % der Lernenden der 9. – 11. Klasse und 11,0 % der Schülerinnen und Schüler der 7. Klasse entschieden sich bei dieser Frage für die wissenschaftlich angemessene Antwort. Bei diesen beiden Probandengruppen traten alle in der Frage angebotenen Fehl-

Einstellungen und Wissen zu Evolution (EWi-Studie) 253

vorstellungen auf und auch der Anteil derjenigen, die sich für die Option *Ich weiß nicht* entschied, lag höher als in den anderen beiden Gruppen.

Die Frage zur evolutionären Anpassung der Geparde beantworteten 14,4 % der Schülerinnen und Schüler der 7. Klasse richtig (Abb. 50). 79,3 % dieser Subgruppe hatten fehlerhafte Vorstellungen.

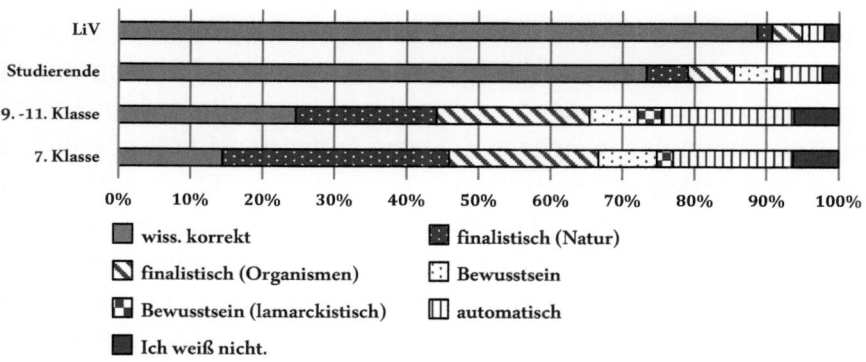

Abbildung 50: Vorstellungen zur evolutionären Anpassung der Geparde (A3). Prozentangaben auf Basis der jeweiligen Probandengruppe. 7. Klasse: $N = 202$. 9. – 11. Klasse: $N = 224$. Studierende: $N = 535$. LiV: $N = 95$.

Darunter fanden sich vor allem finalistische Vorstellungen oder die Vorstellung einer „automatischen" Entwicklung. Bei den Lernenden der 9. – 11. Jahrgangsstufe fanden sich 24,6 % richtige Antworten und eine ähnliche Verteilung der Fehlvorstellungen. Bei den Studierenden resultierten mit 73,3 % deutlich mehr richtige Antworten. Mit 88,7 % gaben die angehenden Biologie-Lehrkräfte die meisten wissenschaftlich angemessenen Antworten. Auch in dieser Gruppe sowie bei den Studierenden traten die Fehlvorstellungen in ähnlicher Verteilung wie bei den beiden Gruppen der Schülerinnen und Schüler auf. Die lamarckistische Antwortalternative wurde insgesamt nur selten gewählt und trat bei den Biologie-Referendarinnen und -Referendaren gar nicht auf. Bei der Frage zur evolutionären Anpassung der Bänderschnecken wurde die Antwortalternative zur lamarckistischen Entwicklung zwar von Befragten aus allen Probandengruppen gewählt, jedoch kam sie insgesamt auch hier nur sehr selten vor (2,2 %). Von den Schülerinnen und Schülern der 7. Klasse konnten 22,3 % und von den Lernenden der 9. – 11. Klasse 30,1 % die wissenschaftlich angemessene Antwort auf diese Frage geben (Abb. 51). Für diese beiden Probandengruppen sowie für die Studierenden war diese Frage zur evolutionären Anpassung diejenige mit den meisten richtigen Antworten. Die Studierenden konnten die Frage zur evolutionären Anpassung der Bänderschnecken zu 75 % wissenschaftlich korrekt beantworten und die angehenden Biologie-Lehrkräfte wiesen zu 88,5 % eine wissenschaftskonforme Vorstellung auf. Die häufigsten Fehlvorstellungen waren auch bei dieser Frage in allen Probandengruppen die finalistischen Vorstellungen.

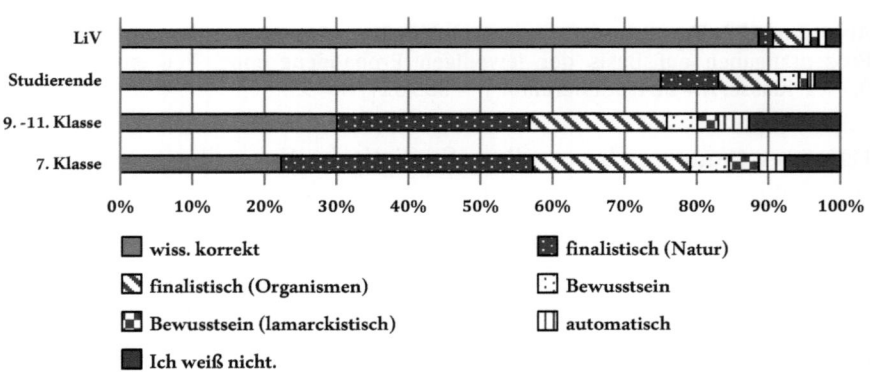

Abbildung 51: Vorstellungen zur evolutionären Anpassung der Bänderschnecken (A5). Prozentangaben auf Basis der jeweiligen Probandengruppe. 7. Klasse: N = 202. 9. – 11. Klasse: N = 224. Studierende: N = 535. LiV: N = 95.

Die Frage zur evolutionären Anpassung der Kakteen wurde von den wenigsten Schülerinnen und Schülern wissenschaftlich angemessen beantwortet. Nur 9,5 % der Lernenden der 7. und 22,4 % der Lernenden der 9. – 11. Jahrgangsstufe entschieden sich hier für die richtige Antwort (Abb. 52). Bei der Gruppe der Studierenden antworteten 61,6 % wissenschaftlich korrekt und unter den angehenden Biologie-Lehrkräften fanden 85,6 % die richtige Lösung. Auch bei dieser Frage waren die finalistischen Fehlvorstellungen vorherrschend, jedoch kamen auch alle anderen möglichen alternativen Vorstellungen in allen Subgruppen vor.

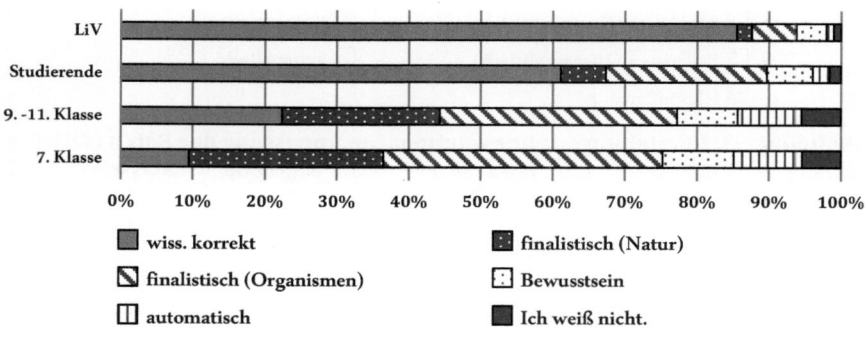

Abbildung 52: Vorstellungen zur evolutionären Anpassung der Kakteen (A6). Prozentangaben auf Basis der jeweiligen Probandengruppe. 7. Klasse: N = 202. 9. – 11. Klasse: N = 224. Studierende: N = 535. LiV: N = 95.

Die Frage zur evolutionären Anpassung der Enten beantworteten 15,5 % der Lernenden der 7. Klasse und 27,5 % der Schülerinnen und Schüler der 9. – 11. Jahrgangsstufe wissenschaftlich angemessen (Abb. 53). Bei den Studierenden konnten 65,9 % die richtige Antwort zu dieser Frage geben. In der Gruppe der angehenden Biologie-Lehrkräfte war diese Frage unter den Items zur evolutionären Anpassung diejenige, die am seltensten wissenschaftlich korrekt beantwortet wurde (77,3 %). 22,7 % dieser befragten Expertinnen und Experten zeigten hier Fehlvorstellungen oder gaben an, die Lösung nicht zu kennen. Hierbei herrschten vor allem finalistische Vorstellungen vor, bei denen die Organismen selbst die Akteure sind (15,5 %).

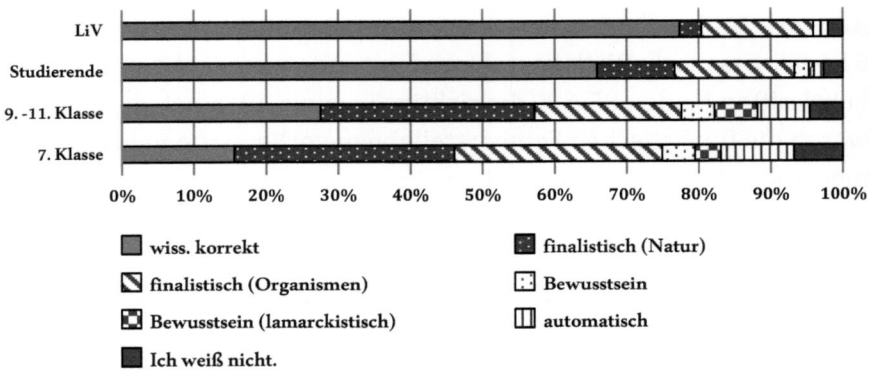

Abbildung 53: Vorstellungen zur evolutionären Anpassung der Enten (A9). Prozentangaben auf Basis der jeweiligen Probandengruppe. 7. Klasse: N = 202. 9. – 11. Klasse: N = 224. Studierende: N = 535. LiV: N = 95.

Biologische Fitness

Der Begriff Fitness wird häufig mit Gesundheit oder Stärke gleichgesetzt, während für Fitness im evolutionären Sinne die Anzahl der Nachkommen entscheidend ist, die erwachsen geworden und somit fortpflanzungsfähig ist (Graf und Soran, 2010). Die hier verwendete Aufgabe stellt vier Löwen mit unterschiedlichen Merkmalen zur Auswahl, zwischen denen eine Entscheidung hinsichtlich der größten biologischen Fitness getroffen werden soll.

In der vorliegenden Stichprobe wurde diese Frage insgesamt von 73,9 % der Probandinnen und Probanden nicht wissenschaftlich korrekt beantwortet. Weitere 5,1 % gaben an, die Antwort nicht zu kennen. Am häufigsten wurde mit 37,8 % der Löwe *Spot* gewählt, der für eine hohe Anpassungsfähigkeit als individuelle Eigenschaft steht.

Von knapp einem Viertel der Befragten wurde außerdem der Löwe *Ben* gewählt (23,2 %), der besonders viele Weibchen und Kinder vorweisen kann, von denen jedoch nicht viele erwachsen wurden. Der prozentuale Anteil dieser beiden Fehlvorstellungen war über die einzelnen Probandengruppen relativ stabil (Abb. 54). Die Vorstellung von Fitness als Stärke, die von dem Löwen *George* verkörpert wird, hatten die wenigsten Probandinnen und Probanden (12,7 %). Diese Vorstellung wurde vor allem stark von den Lernenden der 7. Klasse vertreten (29,3 %) und nahm mit zunehmendem Alter und zunehmender biologischer Bildung der befragten Gruppe ab, sodass diese Vorstellung bei den angehenden Biologie-Lehrkräften nur noch zu 2,1 % vertreten war.

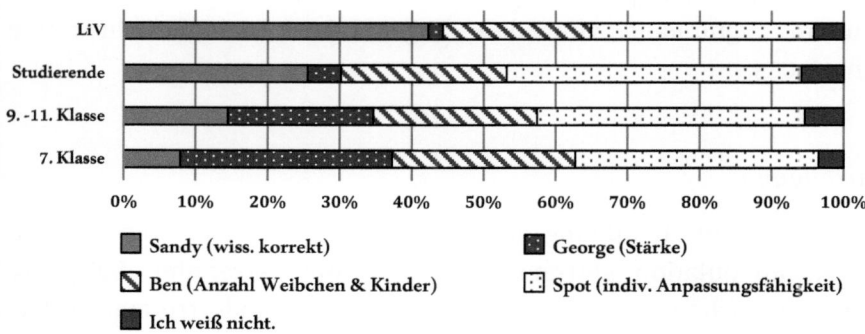

Abbildung 54: Vorstellungen zur biologischen Fitness (A2). Prozentangaben auf Basis der jeweiligen Probandengruppe. 7. Klasse: N = 202. 9. – 11. Klasse: N = 224. Studierende: N = 535. LiV: N = 95.

Nur 7,9 % der Lernenden aus der 7. Klasse beantworteten die Frage nach der biologischen Fitness richtig. Bei den Schülerinnen und Schülern der 9. – 11. Klasse waren es knapp doppelt so viele (14,5 %). Unter den Studierenden konnte etwa ein Viertel die richtige Antwort geben (25,5 %). Bei den angehenden Biologie-Lehrkräften gaben

42,3 % der Befragten eine korrekte Antwort auf diese Frage. Das bedeutet, dass über die Hälfte der befragten zukünftigen Biologie-Lehrkräfte Fehlvorstellungen zum Konzept der biologischen Fitness aufwiesen.

Die vier Subgruppen unterschieden sich in Hinblick auf ihre Kenntnis des biologischen Fitnessbegriffs signifikant voneinander (F[3, 1123] = 22,226, p < 0,001). Der Effekt dieses Unterschiedes war von mittlerer Stärke (η^2 = 0,056). Der Post-Hoc-Test ergab, dass die Lernenden der 7. Klasse sich von den Studierenden sowie den angehenden Biologie-Lehrkräften signifikant unterschieden (p < 0,001). Die Lernenden der 9. – 11. Jahrgangsstufe zeigten signifikante Mittelwertunterschiede gegenüber den Studierenden (p < 0,01) und den Lehrkräften im Vorbereitungsdienst (p < 0,001). Die Studierenden unterschieden sich zudem signifikant von den angehenden Biologie-Lehrkräften (p < 0,01).

Artbildung

Die Frage zur Artbildung behandelt ein Szenario, in dem eine Eidechsenpopulation getrennt wird und die getrennten Subpopulationen nach vielen 1000 Jahren wieder aufeinandertreffen. Hierbei liegt der Fokus zum einen darauf, ob Veränderungen der Populationen in diesem Rahmen überhaupt möglich sind, und zum anderen auf den Bedingungen, die für eine Entwicklung erforderlich sind.

Die aus evolutionsbiologischer Perspektive korrekte Antwort, dass unabhängig vom Lebensraum prinzipiell Veränderungen der getrennten Populationen in die gleiche oder verschiedene Richtung(en) möglich sind, vertraten insgesamt 26,6 % der Befragten. Bezogen auf die einzelnen Probandengruppen lagen 17,0 % der Schülerinnen und Schüler der 7. Klasse richtig, während 26,5 % der älteren Lernenden aus der 9. - 11. Jahrgangstufe hier die richtige Antwort geben konnten

(Abb. 55). Im Vergleich zu den anderen Wissensfragen war bei dieser Frage der Unterschied zwischen den älteren Schülerinnen und Schülern und den Studierenden, die diese Frage zu 27,1 % richtig beantworteten, kaum erkennbar. Zwar lag der Anteil an richtigen Antworten unter den Biologie-Referendarinnen und -Referendaren mit 45,8 % deutlich höher als bei den anderen Subgruppen, jedoch fanden sich auch hier bei mehr als der Hälfte der Gruppe Fehlvorstellungen zum Prozess der biologischen Artbildung.

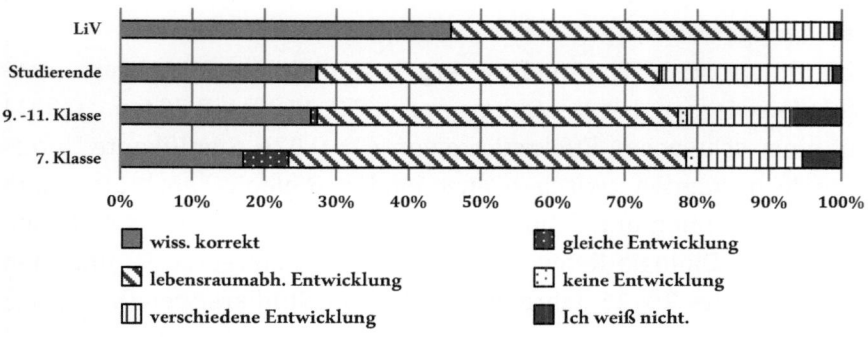

Abbildung 55: Vorstellungen zur Artbildung bei Eidechsen (A4). Prozentangaben auf Basis der jeweiligen Probandengruppe. 7. Klasse: N = 202. 9. – 11. Klasse: N = 224. Studierende: N = 535. LiV: N = 95.

Fast die Hälfte aller Probandinnen und Probanden stimmte der Aussage zu, dass eine Entwicklung in verschiedene Richtungen nur bei unterschiedlichen herrschenden Bedingungen möglich wäre (49,2 %). Diese Vorstellung trat bei allen Subgruppen häufig auf und war die vorherrschende Fehlvorstellung zu dieser Wissensfrage. 18,1 % aller Befragten entschieden sich für die Aussage, dass sich die beiden Populationen auf jeden Fall unterschiedlich entwickeln würden und nun unterscheidbar wären. Diese Vorstellung war unter den Studierenden häufiger vertreten als in den anderen Gruppen (23,7 %). Dass sich beide Eidechsen-Populationen in die gleiche Richtung entwickeln würden und nicht voneinander zu unterscheiden wären, gab nur 1,5 % aller Befragten an, die sämtlich Schülerinnen oder Schüler waren. Die Antwortalternative, dass Veränderungen der Populationen in diesem Szenario gar nicht möglich sind, wählten sogar nur 0,8 % der Probandinnen und Probanden. 3,3 % aller Befragten gaben an, die Antwort nicht zu kennen.

Die Verteilung der Antworten zeigte, dass eine große Anzahl der Befragten in allen Subgruppen davon ausging, dass die Veränderung der getrennten Populationen notwendigerweise von den herrschenden Bedingungen abhängt.

Eine univariate Varianzanalyse ergab signifikante Mittelwertunterschiede zwischen den vier Subgruppen ($F[3, 1102] = 9{,}794, p < 0{,}001$) mit einer schwachen Effektstärke von $\eta^2 = 0{,}026$. Signifikante Unterschiede bestanden zwischen angehenden Biologie-Lehrkräften und den Schülerinnen und Schülern der 7. Klasse ($p < 0{,}001$), sowie zwischen den Biologie-Referendarinnen und -Referendaren und den Lernenden der 9. – 11. Jahrgangsstufe sowie Studierenden ($p < 0{,}01$).

Vererbung

Die hier verwendete Frage zur Vererbung wurde genutzt, um zu überprüfen, ob eine zeitliche Komponente eine Änderung des Erklärungskonzeptes bewirkt. Insgesamt gaben 78,5 % der Stichprobe bei der ersten Frage zur Vererbung die wissenschaftlich korrekte Antwort, dass das Abschneiden des Schwanzes keinen Einfluss auf die Morphologie der Nachkommen der Mäuse hat. Mit Erhöhung der Generationenanzahl verringerte sich die Zahl der richtigen Antworten in der zweiten Frage zu dieser Thematik auf 46,7 %.

Die zeitliche Dimension hatte für die Einschätzung des Effektes auf die Nachkommen offensichtlich eine entscheidende Bedeutung. Auch die

Einstellungen und Wissen zu Evolution (EWi-Studie)

Anzahl der Befragten, die angaben, die Antwort nicht zu kennen, stieg zwischen diesen beiden Fragen von 4,8 % auf 7,4 %.
Schon bei der ersten Frage konnten lediglich 57,1 % der Schülerinnen und Schüler der 7. Klasse eine richtige Antwort geben (Abb. 56). Dieser Anteil reduzierte sich bei der zweiten Frage auf 31,3 % (Abb. 57). Auch bei den Lernenden der 9. – 11. Klasse sank der Anteil der richtigen Antworten zwischen den beiden Fragen von 74,2 % auf 43,1 %. Bei den Studierenden war der Unterschied zwischen den beiden Items besonders deutlich. Während die erste Frage noch von 85,2 % richtig beantwortet wurde, wählten beim zweiten Teil nur noch 48,0 % die evolutionsbiologisch korrekte Antwort. Unter den angehenden Biologie-Lehrkräften beantwortete nur eine Person die erste Frage falsch, während es bei der zweiten Frage schon 16 Befragte (16,5 %) waren.

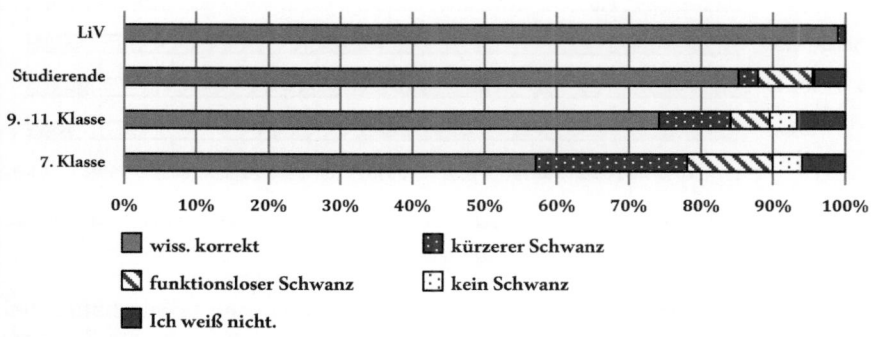

Abbildung 56: Vorstellungen zur Weitergabe erworbener Eigenschaften bei Mäusen (A7). Prozentangaben auf Basis der jeweiligen Probandengruppe. 7. Klasse: N = 202. 9. – 11. Klasse: N = 224. Studierende: N = 535. LiV: N = 95.

Die Fragen zum Aussehen der Nachkommen nach einer bzw. nach 21. Generationen erlauben als Antwortalternativen zur evolutionsbiologisch korrekten Aussage nur lamarckistische Erklärungen. Diese werden durch eine Verkürzung, einen Verlust und einen Funktionsverlust des Schwanzes repräsentiert. Jede dieser Antwortalternativen wurde im Rahmen der zweiten Frage häufiger gewählt als bei der ersten Frage. Am häufigsten fiel die Entscheidung bei der ersten Frage auf eine Verkürzung des Schwanzes (7,7 %), während bei der zweiten Frage ein Funktionsverlust des Schwanzes von den meisten Probandinnen und Probanden gewählt wurde (21,3 %). Die zuletzt genannte Alternative kam bei allen Probandengruppen im Rahmen der zweiten Frage vor.

Die Vorstellungen, dass der Schwanz komplett verschwindet oder verkürzt ist, nahmen mit zunehmendem Alter und Bildungsgrad ab. Über alle Probandengruppen stieg der Anteil lamarckistischer Sichtweisen mit der Erhöhung der betrachteten Zeitspanne bzw. Generationenzahl von 16,7 % auf 45,9 % an.

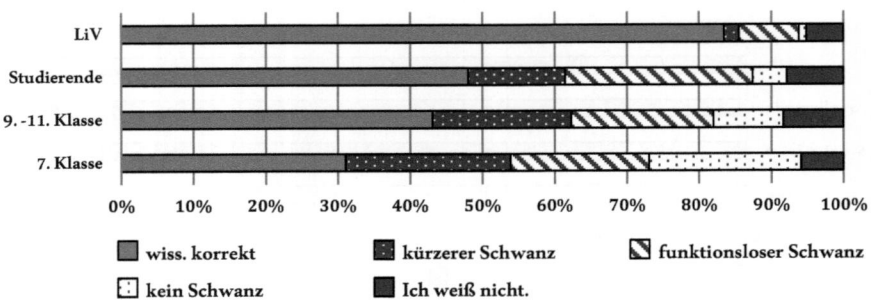

Abbildung 57: Vorstellungen zur Weitergabe erworbener Eigenschaften bei Mäusen (A8). Prozentangaben auf Basis der jeweiligen Probandengruppe. 7. Klasse: $N = 202$. 9. – 11. Klasse: $N = 224$. Studierende: $N = 535$. LiV: $N = 95$.

Bei der ersten Frage zur Vererbung erworbener Merkmale ergab eine Varianzanalyse signifikante Mittelwertunterschiede zwischen den vier Subgruppen ($F[3, 1106] = 36,871$, $p < 0,001$). Der Effekt dieser Unterschiede war von mittlerer Stärke ($\eta^2 = 0,091$).

Der Scheffé-Test zeigte, dass die Unterschiede bis auf den Vergleich zwischen den Studierenden und den Lehrkräften im Vorbereitungsdienst zwischen allen Gruppen signifikant waren ($p < 0,001$ bzw.

$p < 0,01$ beim Unterschied von Lernenden der 9. – 11. Klasse und Studierenden).

Ein etwas schwächerer, jedoch immer noch mittlerer Effekt ($\eta^2 = 0,068$) zeigte sich bei einer Varianzanalyse der Mittelwertunterschiede bei der zweiten Frage zur Vererbung erworbener Merkmale nach mehreren Generationen ($F[3, 1109] = 27,083$, $p < 0,001$). Bis auf die Unterschiede zwischen den beiden Gruppen der Schülerinnen und Schülern sowie zwischen den Lernenden der 9. – 11. Klasse und den Studierenden waren alle Gruppenunterschiede bei diesem Vergleich signifikant ($p < 0,001$).

5.2.1.2 KAEVO-B

Im zweiten Teil des KAEVO-Instruments (KAEVO-B) erreichten die Befragten einen durchschnittlichen Wissens-Score von 4,36 ($SD = 1,48$; $N = 1031$). Nur 5,8 % der Probandinnen und Probanden konnten alle sieben Fragen richtig beantworten, und 0,5 % der Befragten lagen bei allen Fragen falsch (Abb. 58).

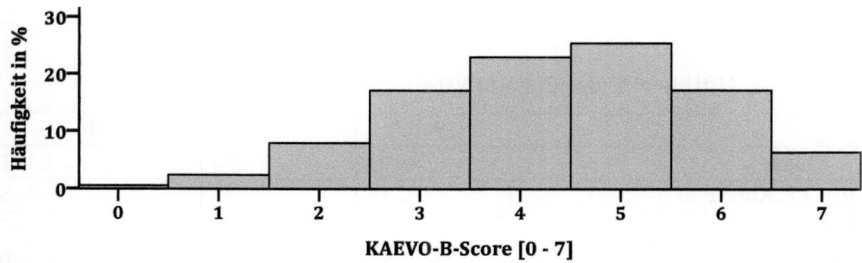

Abbildung 58: Häufigkeiten der Testergebnisse zum Faktenwissen zu Evolution (KAEVO-B) in der EWi-Studie. Prozentualer Anteil der verschiedenen Testscores für die gesamte Skala mit 7 Items, $N = 1031$, $M = 4,36$; $SD = 1,48$.

Mit 75,6 % wurde das Item B4 zur biologischen Fitness und B6 zur beendeten Evolution bei Menschen (74,6%) am häufigsten richtig beantwortet (Abb. 59).

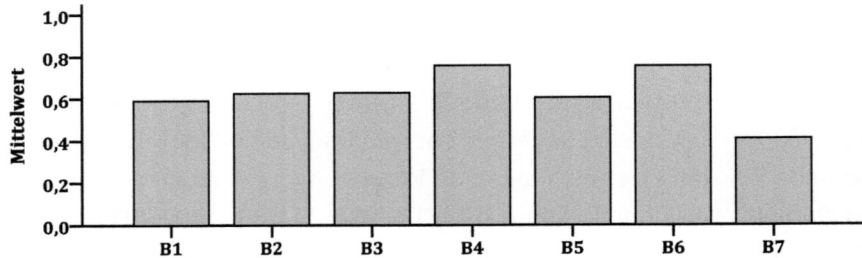

Abbildung 59: Mittelwerte pro Frage zum Faktenwissen zu Evolution (KAEVO-B) in der EWi-Studie. Mittelwerte können zwischen 0 (nur falsche Antworten) und 1 (nur richtige Antworten) liegen. B1 = Artbildung durch individuelle Anpassung; $M = 0{,}58$; $SD = 0{,}49$. B2 = Evolution führt zu Verbesserung; $M = 0{,}62$; $SD = 0{,}48$. B3 = Gemeinsamer Vorfahre; $M = 0{,}63$; $SD = 0{,}48$. B4 = Biologische Fitness; $M = 0{,}76$; $SD = 0{,}43$. B5 = Variation Basis für Artbildung; $M = 0{,}60$; $SD = 0{,}49$. B6 = Menschenevolution beendet; $M = 0{,}75$; $SD = 0{,}44$. B7 = Nächster Verwandte Schimpanse; $M = 0{,}41$; $SD = 0{,}49$.

Etwas seltener richtig beantwortet wurden die Items B1, B2, B3 und B5 mit 58,0 bis 62,6 %. Am seltensten wissenschaftlich korrekt beantwortet wurde das Item B7 zum nächsten Verwandten des Schimpansen (40,7 %), bei dem jedoch ein anderes Antwortformat verwendet wurde.

Tabelle 58: Mittelwerte der des KAEVO-B-Scores in der EWi-Studie.

	N	*M*	*SD*
7. Klasse	194	3,92	1,421
9. – 11. Klasse	219	3,37	1,423
Studierende	525	4,82	1,297
LiV	93	5,01	1,220
gesamt	1031	4,36	1,479

Eine Varianzanalyse der Mittelwertunterschiede für den Summenscore aller Wissens-Items aus Block B zwischen den vier Subgruppen verschieden Alters und Ausbildungsstandes zeigte einen signifikanten Unterschied ($F[3, 1027] = 74{,}499$, $p < 0{,}001$), der laut Scheffé-Test zwischen allen Gruppen zu finden war ($p \leq 0{,}001$), außer zwischen den Studierenden und angehenden Lehrkräften, die die höchsten Testscores zeigten (Tab. 58). Die Effektstärke dieses Unterschieds war mit $\eta^2 = 0{,}179$ groß.

Das Faktenwissen zur Evolution stieg mit zunehmendem Ausbildungsstand, wie bereits der KAEVO-A-Score, durchschnittlich an. Es war bei den angehenden Biologie-Lehrkräften am höchsten und bei den beiden Gruppen der Schülerinnen und Schülern am geringsten (Abb. 60). Eine Ausnahme bildeten die Lernenden der 9. – 11. Klasse, die im Durchschnitt die wenigsten Fragen richtig beantworteten.

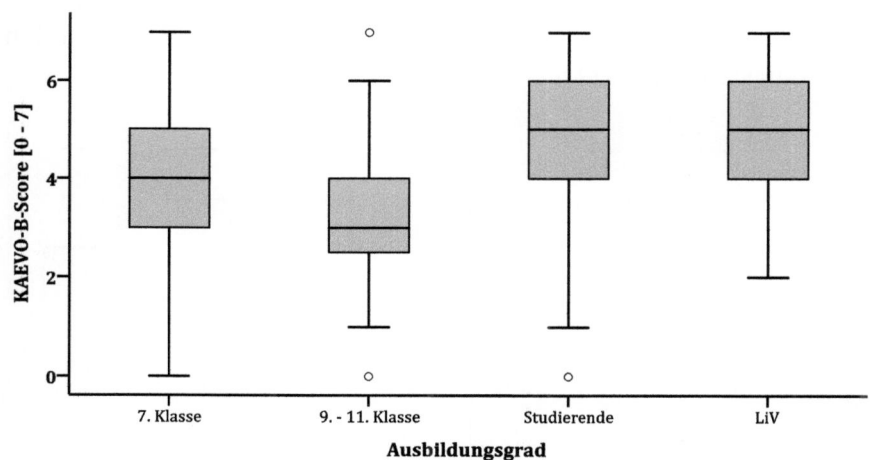

Abbildung 60: Boxplot für den Vergleich des Faktenwissens zu Evolution (KAEVO-B) zwischen den Subgruppen in der EWi-Studie. $N = 1031$. Kreise zeigen moderate Ausreißer an. Angaben zur Signifikanz der Gruppenunterschiede finden sich im Text.

Auch zwischen den Vertreterinnen und Vertretern der verschiedenen Konfessionen gab es signifikante Mittelwertunterschiede beim Faktenwissen zur Evolution ($F[5, 954] = 8{,}102, p < 0{,}001$). Der Effekt war schwach ($\eta^2 = 0{,}041$).

Tabelle 59: Mittelwerte des Faktenwissens zu Evolution (KAEVO-B) je Konfession in der EWi-Studie.

	N	M	SD
evangelisch	485	4,28	1,49
katholisch	215	4,68	1,42
muslimisch	44	3,55	1,28
freikirchlich	23	3,57	1,34
konfessionsfrei	144	4,68	1,37
sonstige	49	4,22	1,52
gesamt	960	4,38	1,48

Konfessionsfreie und katholische Befragte beantworteten im Durchschnitt die meisten Wissens-Items aus KAEVO-B richtig, während die muslimischen und die freikirchlichen Probandinnen und Probanden die wenigsten Items korrekt beantworteten (Tab. 59).

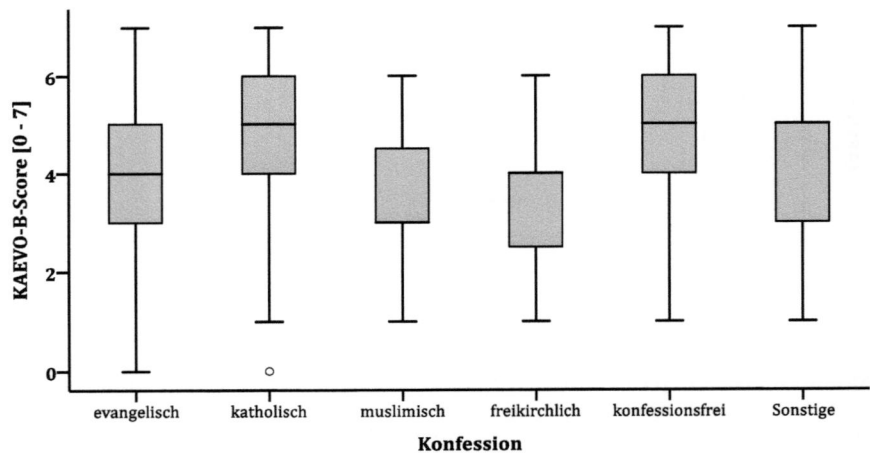

Abbildung 61: Boxplot für den Vergleich des Faktenwissens zu Evolution (KAEVO-B) zwischen den Konfessionen in der EWi-Studie. $N = 960$. Kreise zeigen moderate Ausreißer an. Angaben zur Signifikanz der Gruppenunterschiede finden sich im Text.

Ein Post-Hoc-Test ergab, dass die Mittelwertunterschiede nur zwischen den katholischen und muslimischen sowie zwischen den konfessionsfreien und muslimischen Probandinnen und Probanden signifikant waren ($p \leq 0{,}001$, Abb. 61).

12) Wie hängen Einstellungen und Wissen zu Evolution miteinander zusammen und wie unterscheidet sich dieser Zusammenhang zwischen den verschiedenen Probandengruppen?

Die Korrelation zwischen Einstellungen zu Evolution und Wissen zu Evolution (KAEVO-A[85]) war positiv und von mittlerer Stärke ($r = 0{,}327$, $p < 0{,}001$). Betrachtete man diesen Zusammenhang für die einzelnen vier Subgruppen, ergaben sich ausnahmslos positive Korrelationen, jedoch deutliche Unterschiede in der Stärke (Tab. 60). Während die Korrelation zwischen Wissen zu Evolution und Einstellungen zu Evolution bei den jüngsten Befragten aus der 7. Klasse unbedeutend und nicht signifikant war, war die Korrelation bei den etwas älteren Schülerinnen und Schülern aus der 9. – 11. Klasse signifikant, allerdings schwach ($r = 0{,}222$, $p < 0{,}01$). Noch etwas stärker fiel dieser Zusammenhang bei den Studierenden aus ($r = 0{,}295$, $p < 0{,}001$). Der größte Zusammenhang zwischen diesen beiden Variablen, der knapp unter einer starken Korrelation lag, konnte bei den angehenden Biologie-Lehrkräften beobachtet werden ($r = 0{,}449$, $p < 0{,}001$).

Der Zusammenhang zwischen Einstellungen und Wissen zu Evolution wurde demnach innerhalb dieser Stichprobe mit zunehmendem Alter und Ausbildungsstand stärker. Die beiden ATEVO-Subskalen zeigten

---

[85] Bei der Betrachtung von Zusammenhängen zwischen Variablen wird im Folgenden unter *Wissen zu Evolution* das Ergebnis des KAEVO-A verstanden. Die Ergebnisse des KAEVO-B fließen nicht in diese Analysen mit ein, da die Ratewahrscheinlichkeit in diesem Teil der Skala sehr hoch ist und das KAEVO-A-Testinstrument inhaltlich aussagekräftiger ist.

ähnlich stark ausgeprägte Zusammenhänge mit dem Wissen zu Evolution.

Tabelle 60: Korrelationen zwischen Einstellung zur Evolution und Wissen (KAEVO-A) zur Evolution in der EWi-Studie. Pearson Korrelationen r. ** Die Korrelation ist auf einem Niveau von $p < 0{,}001$ signifikant. * Die Korrelation ist auf einem Niveau von $p < 0{,}01$ signifikant.

	7. Klasse	9. – 11.Klasse	Studierende	LiV	gesamt
	$N = 180 - 186$	$N = 202 - 206$	$N = 502 - 507$	$N = 90 - 92$	$N = 974 - 990$
	KAEVO-A	KAEVO-A	KAEVO-A	KAEVO-A	KAEVO-A
ATEVO	0,060	0,222*	0,295**	0,449**	0,327**
ATEVO-AE	0,026	0,213*	0,284**	0,344*	0,291**
ATEVO-GE	0,078	0,175*	0,253**	0,408**	0,286**

13) Wie unterscheidet sich der kognitive Stil zwischen Personen verschiedener Probandengruppen?

Mit zunehmendem Alter und Ausbildungsstand stieg der erreichte Mittelwert beim *Cognitive Reflection Test* und damit der reflektierte Denkstil der Befragten (Tab. 61). Eine Varianzanalyse zeigte einen signifikanten und starken Effekt der Gruppenzugehörigkeit auf das Abschneiden beim *Cognitive Reflection Test* ($F[3, 956] = 74{,}364$, $p < 0{,}001$, $\eta^2 = 0{,}189$).

Tabelle 61: Mittelwerte des Cognitive Reflection Test bei den verschiedenen Probandengruppen in der EWi-Studie.

	N	M	SD
7. Klasse	202	0,50	0,84
9. – 11. Klasse	207	1,24	1,25
Studierende	467	1,73	1,12
LiV	84	2,08	0,89
gesamt	960	1,40	1,20

Der Scheffé-Test ergab, dass der Unterschied zwischen allen vier Gruppen signifikant war ($p < 0{,}001$), außer zwischen den Studierenden und angehenden Biologie-Lehrkräften (Abb. 62).
Probandinnen und Probanden unterschiedlicher Konfessionen hingegen unterschieden sich im Abschneiden beim *Cognitive Reflection Test* nicht signifikant voneinander ($F[5, 895] = 2{,}921$, $p = 0{,}13$). Männliche Befragte schnitten beim *Cognitive Reflection Test* signifikant besser ab als weibliche ($t[721{,}320] = -2{,}787$, $p < 0{,}01$). Der Effekt war jedoch nur minimal ($d = 0{,}186$).

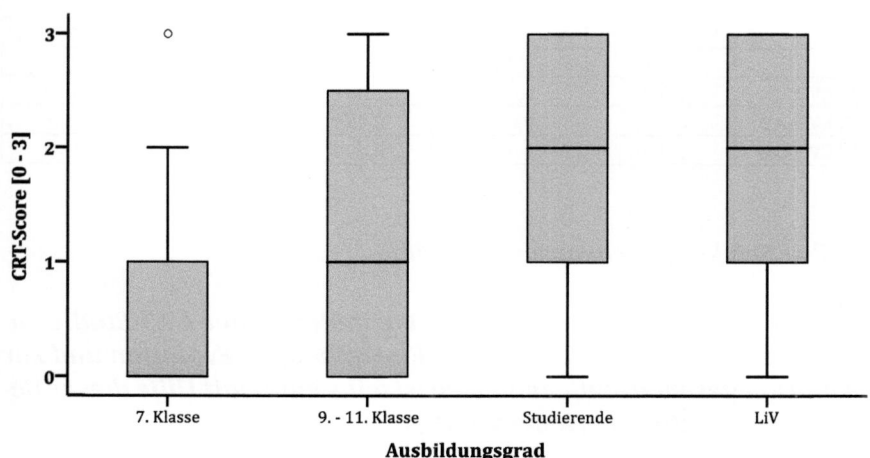

Abbildung 62: Boxplot für den Vergleich des kognitiven Stils zwischen den verschiedenen Probandengruppen in der EWi-Studie. $N = 960$. Kreise zeigen moderate Ausreißer an. Angaben zur Signifikanz der Gruppenunterschiede finden sich im Text.

14) Wie hängen Einstellungen zu Evolution und kognitiver Stil zusammen?

Die Korrelationen der ATEVO-Summenscores sowie der Summenscores der ATEVO-Subskalen mit dem Testscore des *Cognitive*

Reflection Tests waren jeweils signifikant, jedoch in der Ausprägung schwach oder unbedeutend (Tab. 62). Am stärksten war die Korrelation für die zusammengefasste Stichprobe mit der Einstellung zur Evolution des Bewusstseins. Unter den Subgruppen gab es nur bei den angehenden Biologie-Lehrkräften Korrelationen nennenswerter Stärke, die jedoch nicht signifikant waren.

Tabelle 62: Korrelationen zwischen Einstellung zur Evolution und CRT in der EWi-Studie. Pearson Korrelationen r.** Die Korrelation ist auf einem Niveau von $p < 0{,}001$ signifikant. * Die Korrelation ist auf einem Niveau von $p < 0{,}01$ signifikant.

	7. Klasse	9. – 11. Klasse	Studierende	LiV	gesamt
	$N = 187 - 192$	$N = 197 - 200$	$N = 455 - 459$	$N = 80 - 82$	$N = 919 - 931$
	CRT	CRT	CRT	CRT	CRT
ATEVO	0,078	0,029	0,082	0,050	0,138**
ATEVO-AE	0,091	0,009	0,033	-0,220	0,092*
ATEVO-GE	0,039	0,050	0,095	0,211	0,148**

5.2.2 Strukturgleichungsmodellierung

17) Wie hängen die untersuchten Variablen in der EWi-Studie zusammen und wie viel Varianz der Einstellung zu Evolution und zur Evolution des menschlichen Bewusstseins kann mit Hilfe dieser Beziehungsstrukturen erklärt werden?

Mit Hilfe von Strukturgleichungsmodellen sollen im Folgenden die Verhältnisse zwischen den einzelnen Variablen aus der *EWi-Studie* für den gesamten Datensatz untersucht werden. Bei der Überprüfung der Beziehungen zwischen den einzelnen untersuchten Variablen (vgl. Kap. 4.4.3) änderten sich die Steigungen der jeweiligen Loess-Fits nicht stark und waren in ihrer Richtung gleichbleibend. Somit wurde für alle Verteilungen Linearität angenommen.

Die Grundlage für die Modellannahmen lieferten die Ausführungen in Kapitel 3.2.6 sowie die Ergebnisse aus Korrelations-, Faktor- und Regressionsanalysen, die im Ergebnisteil aus Platzgründen nur teilweise

im Detail dargestellt werden konnten. Die Faktorenanalyse des gesamten bereinigten Datensatzes ergab, wie bereits in Tabelle 7 dargestellt, für die Einstellung zu Evolution eine zweidimensionale Struktur, die die beiden ATEVO-Subskalen abbildete.
Auch wenn die Ergebnisse der Faktorenanalysen nicht für alle Subgruppen eindeutig waren, wurde aufgrund der Ergebnisse der ATEVO-Score aufgeteilt auf zwei Variablen, die die beiden Subskalen abbilden, in das Modell eingefügt. Zunächst wurde die in Kapitel 3.2.6 dargestellte Grundstruktur für zweidimensionale Modelle getestet (Abb. 63).

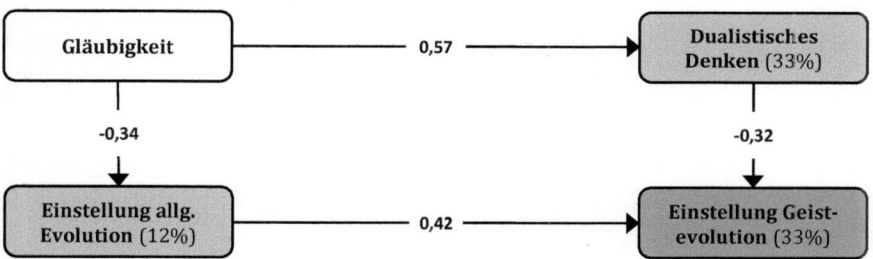

Abbildung 63: Strukturgleichungsmodell E in der EWi-Studie. $N = 862$. Die Werte an den Pfeilen geben die standardisierten Regressionsgewichte des Pfades an. Die Werte an den abhängigen Variablen beschreiben den prozentualen Anteil der aufgeklärten Varianz durch die unabhängigen Variablen (R^2). Fehlerterme sind aus statistisch-mathematischen Gründen für jede Variable erforderlich, die in irgendeinem Sinne als abhängige Variable auftaucht, werden hier jedoch aus Gründen der Übersichtlichkeit weggelassen.

In der Grundstruktur (Modell E) für die *EWi-Studie* zeigten sich jeweils negative Effekte mittlerer Stärke des PERF- und SD-Scores auf die ATEVO-Subskalen (Tab. 63). Das heißt, je geringer die Gläubigkeit, desto höher die Akzeptanz der Evolution und je höher die Tendenz zu dualistischen Sichtweisen, desto geringer die Akzeptanz der Evolution des menschlichen Bewusstseins. Einen starken positiven Effekt übte die Gläubigkeit auf das dualistische Denken aus und ein positiver Effekt mittlerer Stärke bestand zwischen der Einstellung zu Evolution und der Einstellung zur Geistevolution.

Tabelle 63: Regressionsgewichte für Strukturgleichungsmodell E der EWi-Studie. USRW bezeichnet die unstandardisierten Regressionsgewichte, SRW die standardisierten Regressionsgewichte, S.E. den Standardfehler von USRW, C.R. den Quotienten aus USRW und SE im Sinne einer Wald-Statistik, P den dazugehörigen p-Wert. ATEVO-AE: Einstellung zu Evolution im Allgemeinen; ATEVO-GE: Einstellung zur Evolution des Bewusstseins.

			USWR	S.E.	C.R.	P	SWR
Dualismus	<---	Gläubigkeit	0,216	0,011	20,059	***	0,574
ATEVO-AE	<---	Gläubigkeit	-0,073	0,009	-8,015	***	-0,343
ATEVO-GE	<---	ATEVO-AE	0,562	0,038	14,628	***	0,421
ATEVO-GE	<---	Dualismus	-0,238	0,024	-10,081	***	-0,316

Modell E zeigt zudem einen annehmbaren Modell-Fit mit einem CMIN/DF von 7,262 (p = 0,001) sowie CFI = 0,959 und RMSEA = 0,085 (PCLOSE = 0,060).

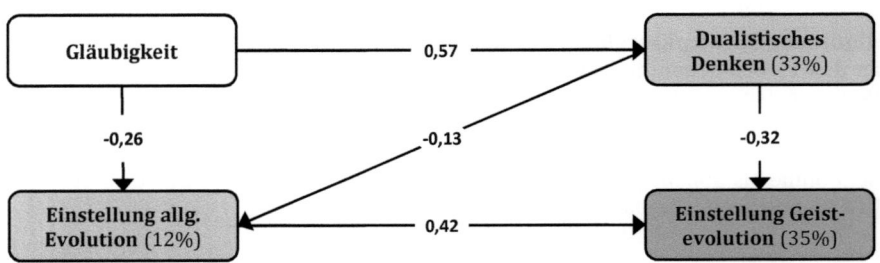

Abbildung 64: Strukturgleichungsmodell F in der EWi-Studie. N = 862. Die Werte an den Pfeilen geben die standardisierten Regressionsgewichte des Pfades an. Die Werte an den abhängigen Variablen beschreiben den Prozentanteil der aufgeklärten Varianz durch die unabhängigen Variablen (R^2). Fehlerterme sind aus statistisch-mathematischen Gründen für jede Variable erforderlich, die in irgendeinem Sinne als abhängige Variable auftaucht, werden hier jedoch aus Gründen der Übersichtlichkeit weggelassen.

Der Modell-Fit konnte verbessert werden (CMIN/DF = 4,864, p = 0,270; CFI = 0,987; RMSEA = 0,067, PCLOSE = 0,230), wenn auch der Effekt des SD-Scores auf die Einstellung zu Evolution im Allgemeinen beachtet wurde (Abb. 64), der auch in der *EGl-Studie* zu erkennen war (vgl. Modell C, Abb. 29).

Der zusätzliche Pfad war statistisch signifikant (p < 0,01) und signalisierte einen schwachen negativen Effekt des dualistischen Denkens auf die Einstellung zu Evolution im Allgemeinen (Tab. 64). Mit Hilfe dieses Grundmodells konnten allerdings weiterhin nur 12 % der Varianz der Akzeptanz der Evolution im Allgemeinen erklärt werden. Den stärksten direkten sowie indirekten Effekt hatte dabei die Gläubigkeit.

Tabelle 64: Regressionsgewichte für Strukturgleichungsmodell F in der EWi-Studie. USRW bezeichnet die unstandardisierten Regressionsgewichte, SRW die standardisierten Regressionsgewichte, S.E. den Standardfehler von USRW, C.R. den Quotienten aus USRW und SE im Sinne einer Wald-Statistik, P den dazugehörigen p-Wert. ATEVO-AE: Einstellung zu Evolution im Allgemeinen; ATEVO-GE: Einstellung zur Evolution des Bewusstseins.

			USRW	S.E.	C.R.	P	SRW
Dualismus	<---	Gläubigkeit	0,215	0,011	20,087	***	0,571
ATEVO-AE	<---	Gläubigkeit	-0,057	0,010	-5,598	***	-0,260
ATEVO-AE	<---	Dualismus	-0,074	0,024	-3,128	0,002	-0,127
ATEVO-GE	<---	ATEVO-AE	0,555	0,038	14,551	***	0,424
ATEVO-GE	<---	Dualismus	-0,241	0,025	-9,838	***	-0,317

Die Varianz in der Einstellung zur Geistevolution konnte durch die Modell-Variablen zu 35 % erklärt werden. Hier gab es zwar keinen direkten Effekt der Gläubigkeit auf die Zielvariable der Geistevolution, jedoch wurde der indirekte Effekt der Gläubigkeit sowohl über den SD-Score (0,57 * -0,32 = -0,18), die Einstellung zu Evolution im Allgemeinen (-0,26 * 0,42 = -0,11) sowie zusätzlich über einen dritten Weg über beide Variablen (0,57 * -0,13 * 0,42 = -0,03) vermittelt. Dieser Effekt von insgesamt -0,32 liegt nur etwas niedriger als der zusammengenommene direkte und indirekte Effekt des SD-Scores auf die Einstellung zur Geistevolution (-0,13 * 0,42 = -0,37).

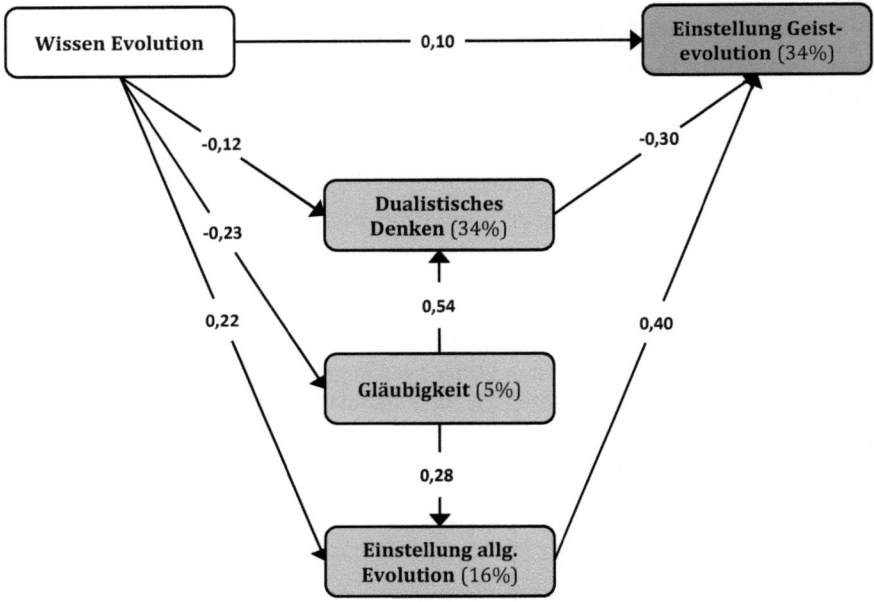

Abbildung 65: Strukturgleichungsmodell G in der EWi-Studie. N = 862. Die Werte an den Pfeilen geben die standardisierten Regressionsgewichte des Pfades an. Die Werte an den abhängigen Variablen beschreiben den prozentualen Anteil der aufgeklärten Varianz durch die unabhängigen Variablen (R^2). Fehlerterme sind aus statistisch-mathematischen Gründen für jede Variable erforderlich, die in irgendeinem Sinne als abhängige Variable auftaucht, werden hier jedoch aus Gründen der Übersichtlichkeit weggelassen.

Um die Zusammenhänge zu erweitern und besser einzuordnen, wurde dann als weiterer Parameter *Wissen zur Evolution* (KAEVO-A) in das Modell aufgenommen. Hierbei handelt es sich um einen weiteren potentiellen Prädiktor für die Einstellung zu Evolution, wobei anhand der Ergebnisse der Korrelationsanalysen (Tab. 60) davon ausgegangen wurde, dass dieser einen positiven Einfluss auf die Akzeptanz der

Evolution sowie der Geistevolution hat. Gleichzeitig wurde auf der Basis weiter Korrelationsanalysen ein negativer Effekt auf die Gläubigkeit sowie das dualistische Denken angenommen[86]. Aus der Variable *Wissen zu Evolution* wurde daher die Ausgangsvariable des Modells. Bei der Einführung dieser neuen Variablen zeigte sich die in Modell F eingeführte Beziehung zwischen dem dualistischen Denken und der Einstellung zu Evolution im Allgemeinen nicht länger signifikant und wurde daher nicht in das Modell aufgenommen. Das resultierende Modell G zeigte einen schwachen negativen Effekt des Wissens zu Evolution auf die Gläubigkeit und einen schwachen positiven Effekt auf die Evolution im Allgemeinen (Abb. 65). Die anderen Regressionsgewichte sind zwar signifikant aber von sehr geringer Effektstärke (Tab. 65).

Tabelle 65: Regressionsgewichte für Strukturgleichungsmodell G in der EWi-Studie. USRW bezeichnet die unstandardisierten Regressionsgewichte, SRW die standardisierten Regressionsgewichte, S.E. den Standardfehler von USRW, C.R. den Quotienten aus USRW und SE im Sinne einer Wald-Statistik, P den dazugehörigen *p*-Wert. ATEVO-AE: Einstellung zu Evolution im Allgemeinen; ATEVO-GE: Einstellung zur Evolution des Bewusstseins.

			USRW	S.E.	C.R.	P	SRW
Gläubigkeit	<---	Wissen Evolution	-1,074	0,157	-6,842	***	-0,226
Dualismus	<---	Gläubigkeit	0,205	0,011	18,582	***	0,544
ATEVO-AE	<---	Gläubigkeit	-0,061	0,009	-6,615	***	-0,283
Dualismus	<---	Wissen Evolution	-0,212	0,054	-3,969	***	-0,119
ATEVO-AE	<---	Wissen Evolution	0,229	0,035	6,625	***	0,225
ATEVO-GE	<---	ATEVO-AE	0,523	0,040	12,917	***	0,395
ATEVO-GE	<---	Dualismus	-0,226	0,024	-9,314	***	-0,299
ATEVO-GE	<---	Wissen Evolution	0,135	0,041	3,305	***	0,100

---

[86] Die Korrelationen zwischen den Variablen *Wissen zu Evolution* und *Gläubigkeit* ($r = -0{,}214$, $p < 0{,}01$) sowie *dualistisches Denken* ($r = -0{,}236$, $p < 0{,}01$) sind jeweils signifikant und negativ. Die Pfadrichtung wurde anhand des in Kapitel 4.4.3.3 beschriebenen Vorgehens bestimmt.

Modell G zeigte einen guten Modell-Fit mit einem CMIN/DF von 4,765 (p = 0,009) sowie CFI = 0,979 und RMSEA = 0,066 (PCLOSE = 0,209). Mit Hilfe des Modells konnten 34 % der Varianz der Einstellung zu Geistevolution erklärt werden. Hierbei waren die Beiträge aller im Modell beteiligten Parameter ähnlich hoch. Den größten direkten Effekt auf die Einstellung zur Geistevolution hatte die Einstellung zu Evolution im Allgemeinen (0,40) sowie das dualistische Denken (- 0,30).

Die Varianz in der Einstellung zu Evolution im Allgemeinen konnte durch Modell G zu 16 % erklärt werden. Etwa gleich groß waren die Effekte des Wissens zu Evolution und der Gläubigkeit auf die Akzeptanz der Evolution, nur die Vorzeichen unterschieden sich. Die Varianz im dualistischen Denken konnte über die Gläubigkeit sowie das Wissen zur Evolution insgesamt zu 34 % erklärt werden.

Als zentrale abhängige Variable in der *EWi-Studie* zeigte sich somit für den gesamten Datensatz die Einstellung zur Geistevolution, während die Einstellung zur Evolution im Allgemeinen, das dualistische Denken und die Gläubigkeit intermediäre Variablen darstellten, die sowohl durch Variablen beeinflusst werden, als auch ihrerseits andere Variablen beeinflussen.

Als letzte Variable wurde das Ergebnis des *Cognitive Reflection Tests* in das Modell integriert. Dabei wurde anhand der Ergebnisse der Korrelationsanalysen[87] davon ausgegangen, dass die Tendenz zu einem reflektierten Denkstil primär dazu beiträgt, dass das Ergebnis beim Wissenstest zu Evolution besser ausfällt. Daher wurde die Variable CRT als zusätzliche Determinante des Wissens-Scores eingeführt, für die gleichzeitig kein direkter Einfluss auf die Einstellungen zu Evolution und Geistevolution angenommen wird, da der CRT-Score bei

---

[87] Die Korrelation zwischen dem CRT-Score und dem Wissen zu Evolution war signifikant und von mittlerer Stärke (r = 0,431, p < 0,01).

Regressionsanalysen[88] kein signifikanter Prädiktor war. Das resultierende Modell zeigte einen Einfluss mittlerer Stärke des CRT-Scores auf das Wissen zu Evolution (Abb. 66).

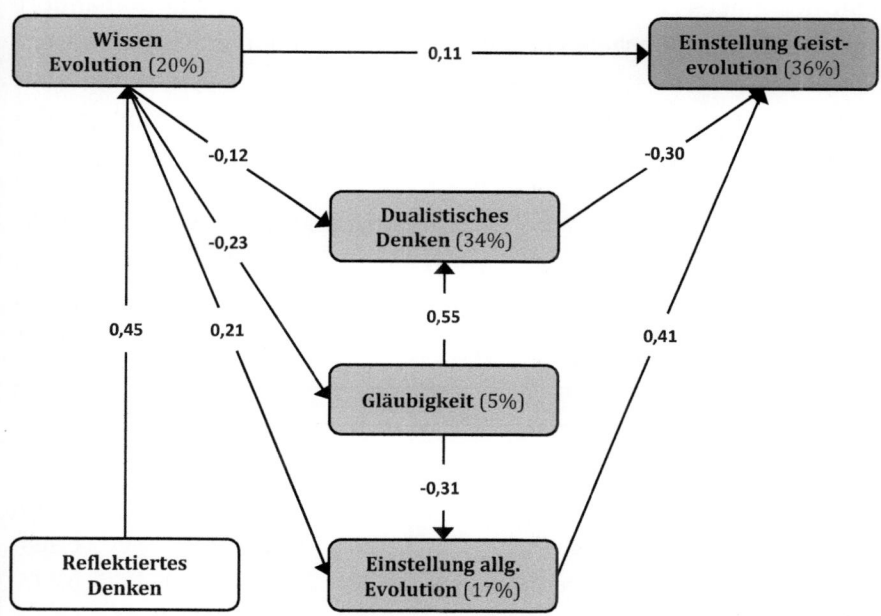

Abbildung 66: Strukturgleichungsmodell H in der EWi-Studie. $N = 772$. Die Werte an den Pfeilen geben die standardisierten Regressionsgewichte des Pfades an. Die Werte an den abhängigen Variablen beschreiben den prozentualen Anteil der aufgeklärten Varianz durch die unabhängigen Variablen (R^2). Fehlerterme sind aus statistisch-mathematischen Gründen für jede Variable erforderlich, die in irgendeinem Sinne als abhängige Variable auftaucht, werden hier jedoch aus Gründen der Übersichtlichkeit weggelassen.

---

[88] Eine lineare Regressionsanalyse mit der Einstellung zu Evolution als abhängige Variable zeigte für die gesamte ATEVO-Skala sowie für beide Subskalen SD-, PERF- und KAEVO-A-Scores als signifikante Prädiktoren. Der CRT-Score lieferte keinen signifikanten Beitrag zur Varianzaufklärung (Ergebnisse der Regressionsanalyse können bei der Autorin angefordert werden).

Modell H zeigte einen guten Modell-Fit mit einem CMIN/DF von 3,597 (p = 0,001) sowie CFI = 0,969 und RMSEA = 0,058 (PCLOSE = 0,270). Alle Pfade des Modells waren statistisch signifikant (Tab. 66). Bei Umkehr des Pfades zwischen CRT-Score und Wissen zu Evolution ändert sich das Regressionsgewicht der Beziehung jedoch nicht. Aus diesem Grund kann nicht entschieden werden, ob die Primärwirkung vom CRT- oder dem Wissens-Score ausgeht. Gleichzeitig änderten sich die anderen Regressionsgewichte bei dieser Änderung nur marginal.

Tabelle 66: Regressionsgewichte für Strukturgleichungsmodell H in der EWi-Studie. USRW bezeichnet die unstandardisierten Regressionsgewichte, SRW die standardisierten Regressionsgewichte, S.E. den Standardfehler von USRW, C.R. den Quotienten aus USRW und SE im Sinne einer Wald-Statistik, P den dazugehörigen p-Wert. ATEVO-AE: Einstellung zu Evolution im Allgemeinen; ATEVO-GE: Einstellung zur Evolution des Bewusstseins.

			USRW	S.E.	C.R.	P	SRW
Wissen Evolution	<---	CRT	1,025	0,070	14,569	***	0,453
Gläubigkeit	<---	Wissen Evolution	-1,074	0,165	-6,515	***	-0,227
Dualismus	<---	Gläubigkeit	0,205	0,011	18,150	***	0,548
ATEVO-AE	<---	Gläubigkeit	-0,064	0,010	-6,674	***	-0,308
ATEVO-AE	<---	Wissen Evolution	0,206	0,035	5,851	***	0,209
Dualismus	<---	Wissen Evolution	-0,214	0,056	-3,803	***	-0,121
ATEVO-GE	<---	ATEVO-AE	0,557	0,044	12,812	***	0,409
ATEVO-GE	<---	Dualismus	-0,226	0,025	-8,911	***	-0,297
ATEVO-GE	<---	Wissen Evolution	0,145	0,043	3,389	***	0,107

Durch die Aufnahme eines zusätzlichen Pfades vom Ergebnis des CRT auf die Gläubigkeit auf Basis einer Korrelationsanalyse[89] konnte der Modell-Fit noch geringgradig verbessert werden (CMIN/DF = 2,372,

---

[89] Die Korrelation zwischen dem CRT-Score und der Gläubigkeit war signifikant und von geringer Stärke (r = -0,176, p < 0,01). Nach der Korrelation mit dem Wissen zu Evolution war die Korrelation mit der Gläubigkeit in der *EWi-Studie* die zweitstärkste Beziehung für den CRT-Score.

p = 0,037; CFI = 0,986; RMSEA = 0,042, PCLOSE = 0,610). Auch dieser Pfad war statistisch signifikant.

Durch probeweise Einführung weiterer Beziehungen auf Basis der Korrelationen des CRT-Scores, die allesamt statistisch nicht signifikant waren, ergab sich, dass keine weiteren wesentlichen Beziehungen von CRT auf andere Variablen anzunehmen waren.

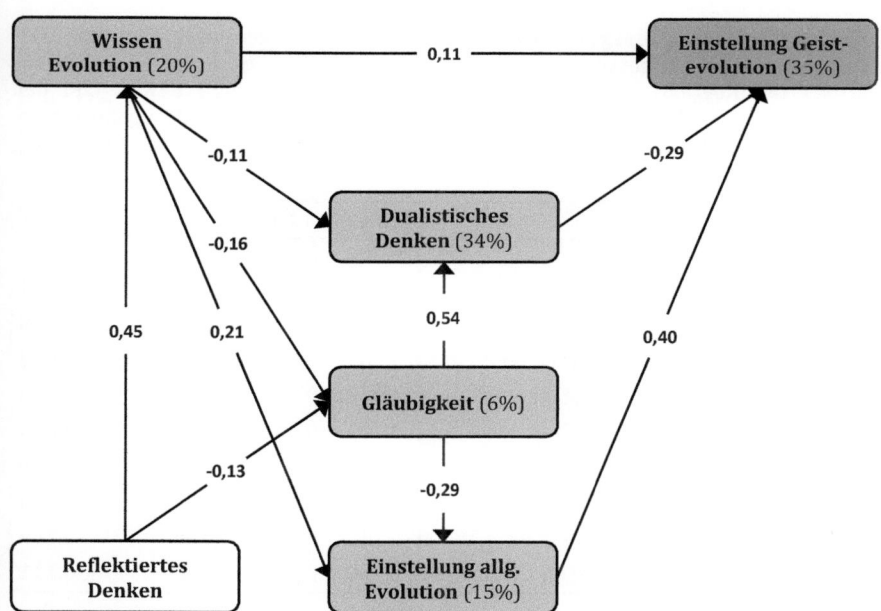

Abbildung 67: Strukturgleichungsmodell I in der EWi-Studie. N = 772. Die Werte an den Pfeilen geben die standardisierten Regressionsgewichte des Pfades an. Die Werte an den abhängigen Variablen beschreiben den prozentualen Anteil der aufgeklärten Varianz durch die unabhängigen Variablen (R^2). Fehlerterme sind aus statistisch-mathematischen Gründen für jede Variable erforderlich, die in irgendeinem Sinne als abhängige Variable auftaucht, werden hier jedoch aus Gründen der Übersichtlichkeit weggelassen.

Wie bereits in Modell H für das Verhältnis zwischen CRT-Score und Wissen zu Evolution änderte sich bei Umkehr des Pfades zwischen

CRT-Score und Gläubigkeit in Modell I das Regressionsgewicht der Beziehung nicht. Aus diesem Grund kann nicht entschieden werden, ob die Primärwirkung vom CRT- oder dem Gläubigkeits-Score ausgeht. Abbildung 67 zeigt das finale Modell I für den gesamten Datensatz in der *EWi-Studie*. Alle enthaltenen Pfade waren statistisch signifikant (Tab. 67).

Tabelle 67: Regressionsgewichte für Strukturgleichungsmodell I in der EWi-Studie. USRW bezeichnet die unstandardisierten Regressionsgewichte, SRW die standardisierten Regressionsgewichte, S.E. den Standardfehler von USRW, C.R. den Quotienten aus USRW und SE im Sinne einer Wald-Statistik, P den dazugehörigen *p*-Wert. ATEVO-AE: Einstellung zu Evolution im Allgemeinen; ATEVO-GE: Einstellung zur Evolution des Bewusstseins.

			USRW	S.E.	C.R.	P	SRW
Wissen Evolution	<---	CRT	1,006	0,070	14,287	***	0,445
Gläubigkeit	<---	Wissen Evolution	-0,780	0,189	-4,137	***	-0,164
Gläubigkeit	<---	CRT	-1,377	0,436	-3,160	0,002	-0,128
Dualismus	<---	Gläubigkeit	0,202	0,011	17,719	***	0,543
ATEVO-AE	<---	Gläubigkeit	-0,059	0,010	-6,216	***	-0,289
ATEVO-AE	<---	Wissen Evolution	0,203	0,035	5,736	***	0,208
Dualismus	<---	Wissen Evolution	-0,204	0,056	-3,606	***	-0,115
ATEVO-GE	<---	ATEVO-AE	0,554	0,044	12,556	***	0,404
ATEVO-GE	<---	Dualismus	-0,218	0,025	-8,626	***	-0,289
ATEVO-GE	<---	Wissen Evolution	0,149	0,043	3,506	***	0,111

Mit Hilfe dieses Modells konnten 35 % der Varianz in der Einstellung zur Evolution des menschlichen Geistes erklärt werden, bei der es sich um die zentrale Zielvariable handelte. Hierbei ging der größte Effekt von der Einstellung zu Evolution allgemein aus (0,40). Ein ebenfalls positiver Effekt ging vom Wissen zu Evolution aus, welches außerdem indirekt über die Gläubigkeit, das dualistische Denken und die Einstellung zu Evolution im Allgemeinen wirkte. Die Gläubigkeit über den indirekten Weg und das dualistische Denken über einen direkten Weg

hatten jeweils einen negativen Effekt auf die Einstellung zur Geistevolution. Der kognitive Stil der Befragten hatte einen schwachen positiven Effekt auf die Zielvariable.
Die Varianz der Einstellung zu Evolution im Allgemeinen konnte in diesem Modell zu 15 % erklärt werden. Der stärkste Effekt ging von der Gläubigkeit aus und war direkt sowie negativ (-0,29). Weiterhin gab es einen positiven Effekt (0,25) des Wissens zur Evolution auf die Einstellung zu Evolution im Allgemeinen, der direkt wirkte sowie über die Gläubigkeit vermittelt wurde. Außerdem bestand ein indirekter Effekt des kognitiven Stils auf die Akzeptanz der allgemeinen Evolution (0,15).
20 % der Varianz des Ergebnisses des Wissens-Test ließen sich über den kognitiven Stil erklären. Die Varianz im dualistischen Denken konnte durch das Modell und dabei vor allem durch die Gläubigkeit zu 34 % erklärt werden. Erklärungswert hatten außerdem direkt und indirekt das Wissen zu Evolution sowie lediglich indirekt der kognitive Stil, die jeweils negative Effekte auf das dualistische Denken hatten.
Die Varianz der Gläubigkeit der Befragten konnte zu 6 % über das Wissen zu Evolution und den kognitiven Stil erklärt werden, die jeweils negative Effekte auf die Gläubigkeit hatten.

5.3 Repräsentative Befragung (RED-Studie)

In der *RED-Studie (Repräsentative Befragung zu Einstellungen zu Evolution in Deutschland)* wurden 1000 Probandinnen und Probanden mit Wohnsitz in Deutschland repräsentativ für Alter, Geschlecht und Wohnregion (Bundesland) befragt. Die meisten Befragten wohnten in Nordrhein-Westfalen (22,2 %), Bayern (15,7 %) und Baden-Württemberg (13,3 %). 81,3 % der Probandinnen und Probanden lebten in den westdeutschen Bundesländern, 14,9 % in den ostdeutschen Ländern und in Berlin 4,5 %. Die Verteilung der ländlichen und städtischen Gebiete war relativ ausgeglichen (Tab. 68). Die meisten der Befragten hatten einen Partner oder eine Partnerin (70,2 %) und 27,9 % waren alleinstehend. Etwa ein Viertel der Befragten lebte allein in ihrem Haushalt (23,0 %), 41,6 % lebten in einem Haushalt mit zwei Personen und 17,5 % in einem Haushalt mit drei Personen. 13,0 bzw. 4,9 % lebten zu viert oder mehr Personen in einem Haushalt. Bei 34,4 % der Befragten lebten Kinder unter 18 Jahren im Haushalt. Die meisten der Befragten gaben an, ein Haushaltseinkommen zwischen 2000 und 2500€ zu haben.

Tabelle 68: Häufigkeit der Ortsgrößen der Wohnorte der Befragten in der RED-Studie.

		Häufigkeit	Prozent
Gültig	bis unter 5.000 Einwohner	156	15,6
	bis unter 20.000 Einwohner	224	22,4
	bis unter 100.000 Einwohner	232	23,2
	bis unter 500.000 Einwohner	174	17,4
	über 500.000 und mehr Einwohner	214	21,4
	gesamt	1000	100,0

Ein Großteil der Befragten war konfessionsfrei und mit 42,9 % im Vergleich zum realen Anteil in der Gesellschaft geringfügig überrepräsentiert. 18 der 411 Konfessionsfreien gaben an, in einem säkularen Verband wie dem *Humanistischen Verband Deutschlands* (HVD) oder dem *Internationalen Bund der Konfessionslosen und Atheisten* (IBKA) organisiert zu sein. 28,1 % der Probandinnen und Probanden waren evangelisch, was in etwa dem Anteil an evangelischen Personen in der Gesellschaft entspricht. Die Katholikinnen und Katholiken hingegen waren mit 22,9 % in dieser Stichprobe leicht unterrepräsentiert.

Stark unterrepräsentiert im Vergleich zum realen Bevölkerungsanteil in Deutschland waren die muslimischen Befragten mit lediglich 0,5 % Anteil in dieser Stichprobe. Auch der Anteil der Mitglieder einer evangelischen Freikirche lag mit 0,9 % unter dem tatsächlich geschätzten Bevölkerungsanteil. Weiterhin gaben 0,6 % der Befragten an, buddhistisch zu sein. Unter den 4,1 % sonstigen Religionen fanden sich nach eigenen Angaben hinduistische, griechisch- und russisch-orthodoxe, satanistische, heidnische, neuapostolische und agnostische Personen sowie Zeugen Jehovas, Pastafaris und Menschen, die keine Angabe zu ihrer Konfession machen wollten.

1) Wie ausgeprägt ist die religiöse Gläubigkeit in der RED-Studie insgesamt sowie in unterschiedlichen Probandengruppen?

21,3 % der Befragten gaben an, nie eine Kirche, Moschee oder ähnliche Institutionen zu besuchen. Etwa doppelt so viele Probandinnen und Probanden besuchten diese Orte nur zu Anlässen wie Hochzeiten und Beerdigungen (43,1 %). Damit besuchten etwa zwei Drittel der Befragten nicht aus eigenem Antrieb eine Kirche oder vergleichbare Orte. Weitere 15,6 % gingen außerdem noch an Feiertagen zur Kirche oder Moschee. Die restlichen 20 % besuchten mehrmals im Jahr (10,4 %), einmal im Monat (3,0 %), mehrmals im Monat (3,5 %), einmal in der Woche (2,2 %) oder mehrmals in der Woche (0,9 %) eine religiöse Institution. Die Häufigkeit dieser Besuche unterschied sich zwischen den weiblichen und männlichen Befragten nicht signifikant ($t[971,971] = -1{,}099, p = 0{,}272$).

Die untersuchte bevölkerungsrepräsentative Stichprobe in der *RED-Studie* deckte das gesamte Spektrum der möglichen Gläubigkeits-Scores ab (Abb. 68). Besonders viele Befragte waren gar nicht gläubig, sodass die Verteilung der Daten eine deutliche Häufung beim niedrigsten PERF-Score zeigte. Über ein Viertel der Probandinnen und Probanden beantworteten alle Fragen zur persönlichen Gläubigkeit mit maximaler Ablehnung. Der Mittelwert der Gläubigkeit lag bei 22,73 (SD = 12,44) und damit deutlich unter dem Mittelwert des Skalenbereichs. Die Stichprobe kann somit im Durchschnitt als *nicht gläubig* klassifiziert werden, während die Probandengruppen in der *EGl*- und *EWi-Studie* jeweils im Durchschnitt eine *indifferente Position* zum Glauben zeigten.

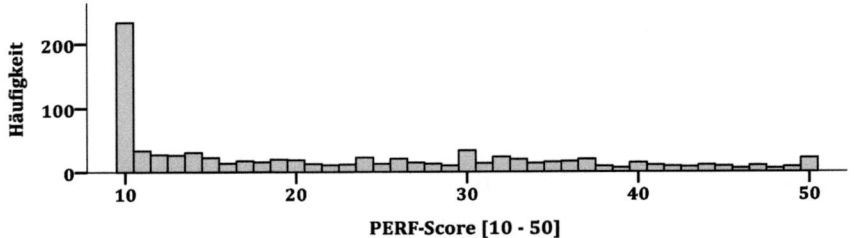

Abbildung 68: Häufigkeit der PERF-Scores in der RED-Studie. N = 884; M = 22,73; SD = 12,44.

Männliche und weibliche Befragte unterschieden sich nicht signifikant hinsichtlich ihrer Gläubigkeit ($t[882]$ = -1,057, p = 0,291), wobei Frauen im Durchschnitt einen geringfügig höheren Mittelwert zeigten.

Tabelle 69: Mittelwerte der Gläubigkeit bei Gruppen verschiedenen Alters in der RED-Studie.

Altersgruppen	N	M	SD
16 - 29	211	22,05	11,94
30 - 44	264	21,81	12,21
45 - 59	265	22,78	12,51
60 - 69	144	25,33	13,18
gesamt	884	22,73	12,44

Eine Varianzanalyse der Mittelwerte der Gläubigkeit zwischen vier unterschiedlichen Altersgruppen zeigte zwar keinen signifikanten und nur schwachen Effekt ($F[3, 880]$ = 2,805, p = 0,039, η^2 = 0,009), jedoch deutet sich an, dass die Mittelwerte der Gläubigkeit mit

zunehmendem Alter stiegen. Lediglich zwischen den Gruppen der 16 – 29jährigen und den 30 – 44jährigen war dieses Verhältnis umgekehrt (Tab. 69).
Eine Varianzanalyse, bei der nur diejenigen Konfessionen mit $N > 10$ beachtet wurden, wies auf einen starken und signifikanten Effekt der Konfessionszugehörigkeit auf die Gläubigkeit hin ($F[3, 880] = 82,845$, $p < 0,001$, $\eta^2 = 0,220$). Ein Scheffé-Test ergab, dass der Unterschied jedoch nur zwischen den Konfessionsfreien und allen anderen Gruppen signifikant war ($p < 0,001$, Tab. 70).

Tabelle 70: Mittelwerte der Gläubigkeit bei Gruppen verschiedener Konfession in der RED-Studie. Nur Konfessionen mit $N > 10$ Befragten.

Konfessionen	N	M	SD
evangelisch	250	27,28	12,44
katholisch	203	28,56	12,61
konfessionsfrei	375	15,97	8,21
sonstige	56	26,59	13,91
gesamt	884	22,73	12,44

Die konfessionsfreien Probandinnen und Probanden können in dieser Stichprobe anhand ihres mittleren PERF-Scores als *gar nicht gläubig* beschrieben werden und zeigten eine deutlich geringere Gläubigkeit als die anderen Gruppen (Abb. 69). Der höchste Mittelwert der Gläubigkeit fand sich bei den katholischen Befragten und entsprach einer *indifferenten Position* zu religiösem Glauben.

Auch die anhand der Häufigkeit des Besuchs einer Kirche, Moschee oder anderen religiösen Institution kategorisierten Befragten unterschieden sich signifikant hinsichtlich ihrer Gläubigkeit ($F[7, 876] = 82,448$, $p < 0,001$, $\eta^2 = 0,397$). Dabei korrelierte der Mittelwert der Gläubigkeit mit zunehmender Häufigkeit der Besuche religiöser Institutionen positiv.

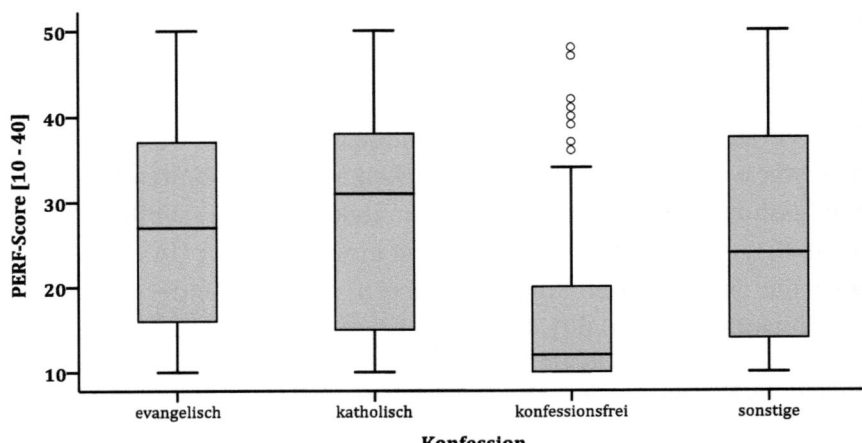

Abbildung 69: Boxplot für den Vergleich der religiösen Gläubigkeit zwischen den Konfessionen in der RED-Studie. N = 884. Kreise zeigen moderate Ausreißer an. Angaben zur Signifikanz der Gruppenunterschiede finden sich im Text.

2) Wie ausgeprägt sind dualistische Sichtweisen auf das Verhältnis von Gehirn und Geist in der RED-Studie sowie in unterschiedlichen Probandengruppen?

Ähnlich wie in *der EWi-Studie* verteilte sich die Tendenz zu einer dualistischen Sichtweise bis auf einen Gipfel bei einer vollständig monistischen Position über das gesamte Spektrum der möglichen Ansichten und war annähernd normalverteilt (Abb. 70). Der Mittelwert lag bei 13,29 (SD = 4,63) und damit etwas niedriger als in *der EWi-Studie*. Zwar unterschieden sich Männer und Frauen nicht signifikant bezüglich ihrer Gläubigkeit, jedoch in Bezug auf ihre Sichtweise auf das Verhältnis von Gehirn und Geist ($t[898]$ = -5,391, $p < 0{,}001$). Mit $d = 0{,}359$ war der Effekt des Geschlechts auf das dualistische Denken klein. In beiden Fällen lagen die Mittelwerte bei den männlichen Probanden niedriger.

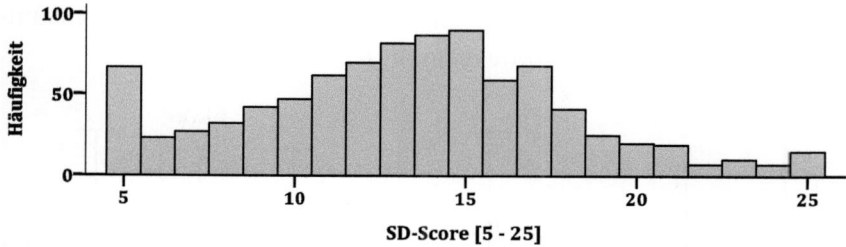

Abbildung 70: Häufigkeit der SD-Scores in der RED-Studie. $N = 900$; $M = 13{,}29$; $SD = 4{,}63$.

Über eine Varianzanalyse konnte ein signifikanter Unterschied zwischen den Vertreterinnen und Vertretern verschiedener Konfessionen (mit $N < 10$) hinsichtlich ihrer Sichtweise auf Gehirn und Geist festgestellt werden ($F[3, 896] = 11{,}350$, $p < 0{,}001$). Die Stärke dieses Effekts war mit $\eta^2 = 0{,}037$ jedoch nur klein. Dualistische Sichtweisen waren in dieser Stichprobe bei katholischen Personen und den Befragten der „sonstigen" Konfessionen am stärksten ausgeprägt (Tab. 71). Die Mittelwerte dieser Gruppen befanden sich jeweils im Bereich einer *indifferenten Position* zum Verhältnis von Geist und Gehirn.

Tabelle 71: Mittelwerte des dualistischen Denkens bei Gruppen verschiedener Konfession in der RED-Studie.

Konfessionen	N	M	SD
evangelisch	256	13,85	4,43
katholisch	209	14,09	4,57
konfessionsfrei	380	12,28	4,59
sonstige	55	14,65	4,77
gesamt	900	13,29	4,63

Die Konfessionsfreien zeigten am seltensten dualistische Positionen und hatten im Durchschnitt eine *monistische* Sichtweise auf das Verhältnis von Gehirn und Geist (Abb. 71). Diese Gruppe unterschied sich signifikant von den evangelischen und katholischen Befragten

($p < 0,001$) sowie von den Probandinnen und Probanden der zusammengefassten sonstigen Konfessionen ($p < 0,01$).

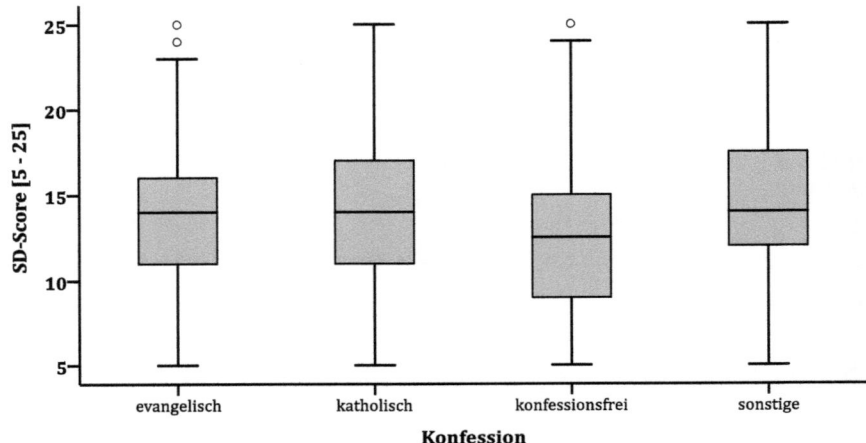

Abbildung 71: Boxplot für den Vergleich des dualistischen Denkens zwischen den Konfessionen in der RED-Studie. $N = 900$. Kreise zeigen moderate Ausreißer an. Angaben zur Signifikanz der Gruppenunterschiede finden sich im Text.

Die vier Altersgruppen (vgl. Tab. 69) unterschieden sich nicht signifikant bezüglich ihrer Sichtweise auf das Verhältnis von Gehirn und Geist ($F[3, 896] = 1,893, p = 0,129$). Den geringsten Mittelwert zeigten wie bei der Gläubigkeit auch hier die Befragten im Alter von 30 – 44.

3) Welche Einstellungen zu Evolution im Allgemeinen und zur Evolution des Bewusstseins im Speziellen treten in der RED-Studie sowie in unterschiedlichen Probandengruppen auf?

Die 921 Befragten, für die alle Werte der ATEVO-Skala vorlagen, erreichten im Mittel einen Summenscore von 32,67 ($SD = 5,58$) und zeigten somit eine *eher akzeptierende* Haltung gegenüber der Evolution. Der Wert ist vergleichbar mit dem Ergebnis der Stichprobe aus der *EWi-Studie*. Nur wenige Probandinnen und Probanden fanden sich in der unteren Hälfte der Akzeptanz der Evolution (Abb. 72).

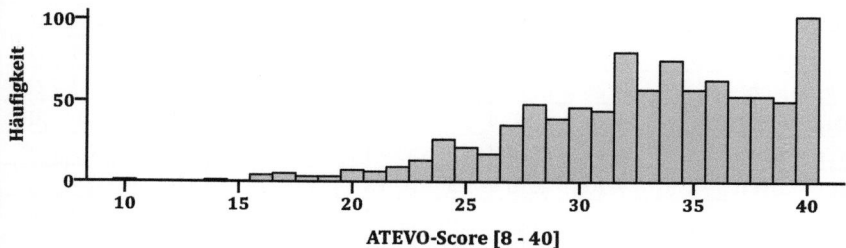

Abbildung 72: Häufigkeit der ATEVO-Scores in der RED-Studie. $N = 921$; $M = 32{,}67$; $SD = 5{,}58$.

Die Mittelwerte der Einstellung zu Evolution unterschieden sich zwischen den Befragten der unterschiedlichen Konfessionen ($N < 10$) signifikant ($F[3, 917] = 7{,}730$, $p < 0{,}001$, $\eta^2 = 0{,}025$). Signifikante Unterschiede bestanden laut Post-Hoc-Test nur zwischen den zusammengefassten sonstigen Konfessionen und den Konfessionsfreien ($p < 0{,}001$) sowie den katholischen Befragten ($p < 0{,}01$). Den deutlich geringsten Mittelwert zeigten die sonstigen Konfessionen.

Mit dem Ziel, mehr Informationen über die darin enthaltenen Gruppen zu erhalten, wurde eine weitere Varianzanalyse durchgeführt, bei der auch die Konfessionen einzeln betrachtet wurden, die nur durch wenige Probandinnen und Probanden vertreten waren. Auch hier ergab die Varianzanalyse ein signifikantes Ergebnis mit einer etwas größeren Effektstärke ($F[6, 914] = 5{,}774$, $p < 0{,}001$, $\eta^2 = 0{,}037$). Die geringsten Mittelwerte fanden sich nun bei den evangelisch-freikirchlichen Befragten, die im Durchschnitt eine *indifferente Position* zu Evolution einnahmen, gefolgt von den muslimischen Probandinnen und Probanden, die im Mittel eine *eher akzeptierende* Haltung gegenüber der Evolution zeigten (Tab. 72).

Tabelle 72: Mittelwerte der ATEVO-Skala und der ATEVO-Subskalen in der RED-Studie.

Konfession	ATEVO			ATEVO-AE			ATEVO-GE		
	M	*SD*	*N*	*M*	*SD*	*N*	*M*	*SD*	*N*
evangelisch	32,18	5,35	267	17,77	2,75	278	14,40	3,49	267
katholisch	32,94	5,38	212	17,95	2,77	223	15,01	3,20	214
konfessionsfrei	33,28	5,39	386	18,07	2,73	413	15,19	3,38	388
ev. freikirchlich	24,33	9,26	9	14,11	5,44	9	10,22	4,47	9
muslimisch	29,00	4,30	5	16	3,81	5	13,00	2,24	5
buddhistisch	32,17	3,43	6	18,17	1,47	6	14,00	3,58	6
sonstige	30,78	7,40	36	17,26	3,49	39	13,75	4,48	36
gesamt	32,67	5,58	921	17,88	2,84	973	14,79	3,47	925

Zwischen den konfessionsfreien, evangelischen, katholischen, muslimischen, buddhistischen und „sonstigen" Konfessionen zeigte der Scheffé-Test in der Einstellung zu Evolution keine signifikanten Unterschiede (Abb. 73). Die evangelisch-freikirchlichen Probandinnen und Probanden unterschieden sich signifikant von den evangelischen, katholischen und konfessionsfreien Befragten ($p < 0{,}01$).

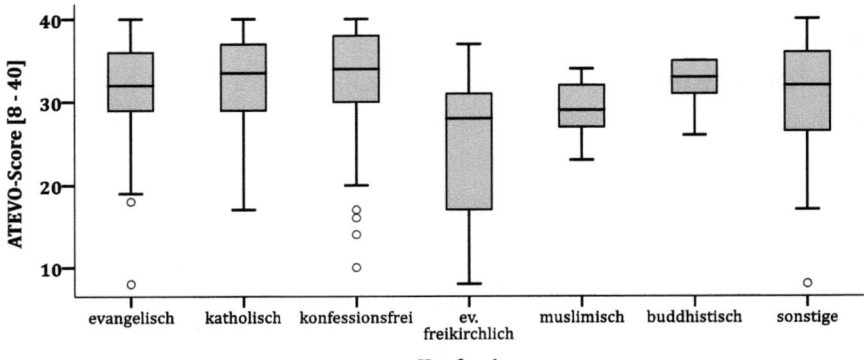

Abbildung 73: Boxplot für den Vergleich der Einstellungen zu Evolution zwischen den Konfessionen in der RED-Studie. $N = 921$. Kreise zeigen moderate Ausreißer an. Angaben zur Signifikanz der Gruppenunterschiede finden sich im Text.

Die Einstellung zur Evolution des menschlichen Geistes war bei den verschiedenen Konfessionen ebenfalls signifikant unterschiedlich ausgeprägt ($F[6, 918] = 5,102$, $p < 0,001$, $\eta^2 = 0,032$), ebenso wie die Einstellung zu Evolution im Allgemeinen ($F[6, 966] = 3,802$, $p \leq 0,001$, $\eta^2 = 0,023$). Der signifikante Unterschied bestand in Bezug auf die Geistevolution jedoch nur zwischen den evangelisch-freikirchlichen Befragten und den katholischen sowie konfessionsfreien Probandinnen und Probanden ($p \leq 0,01$). Die Einstellung zu Evolution im Allgemeinen unterschied sich lediglich zwischen den Konfessionsfreien und den evangelisch-freikirchlichen Befragten signifikant ($p < 0,01$).

Je häufiger Probandinnen und Probanden Kirchen oder andere religiöse Institutionen besuchten, desto geringer war ihre Akzeptanz der Evolution (Tab. 73; Abb. 74).

Tabelle 73: Mittelwerte der Einstellung zur Evolution bei Probandengruppen unterschiedlicher Besuchshäufigkeit religiöser Institutionen bei der RED-Studie. $N = 921$.

Kirchgang	N	M	SD
nie	188	31,87	5,76
nur zu Anlässen wie Hochzeiten und Beerdigungen	402	33,56	5,21
nur an Feiertagen und zu Anlässen wie Hochzeiten und Beerdigungen	144	33,61	4,42
mehrmals im Jahr	95	32,58	4,57
einmal im Monat	30	31,37	5,47
mehrmals im Monat	33	29,33	8,05
einmal in der Woche	20	27,95	6,86
mehrmals in der Woche	9	22,11	8,54
gesamt	921	32,67	5,58

Dieser Zusammenhang war signifikant und von mittlerer Stärke ($F[7, 913] = 12,114$, $p < 0,001$, $\eta^2 = 0,085$); er fand sich auch für die Mittelwerte der Einstellung zur Geistevolution ($F[7, 917] = 8,026$, $p <$

0,001, η^2 = 0,058) sowie für die Mittelwerte der Einstellung zu Evolution im Allgemeinen ($F[7, 965]$ = 12,012, p < 0,001, η^2 = 0,080).

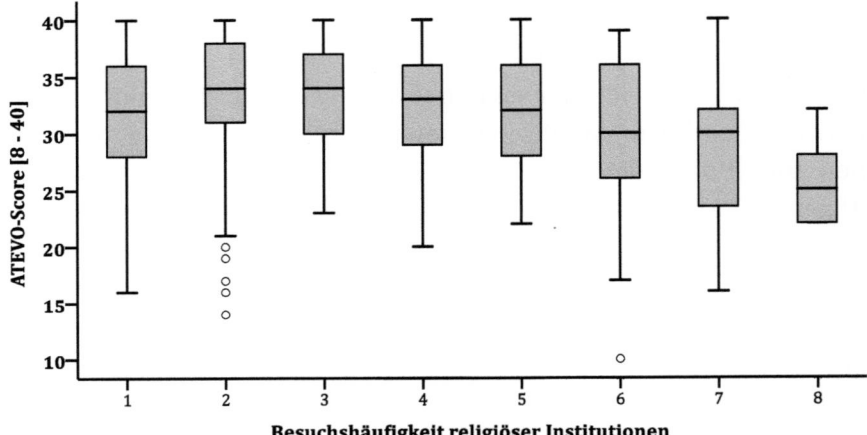

Abbildung 74: Boxplot für den Vergleich der Einstellungen zu Evolution zwischen den Gruppen unterschiedlicher Besuchshäufigkeit religiöser Institutionen in der RED-Studie. N = 921. 1: nie; 2: nur zu Anlässen wie Hochzeiten und Beerdigungen; 3: nur an Feiertagen und zu Anlässen wie Hochzeiten und Beerdigungen; 4: mehrmals im Jahr; 5: einmal im Monat; 6: mehrmals im Monat; 7: einmal in der Woche; 8: mehrmals in der Woche. Kreise zeigen moderate Ausreißer an. Angaben zur Signifikanz der Gruppenunterschiede finden sich im Text.

Zwischen den vier Altersgruppen (vgl. Tab. 69) ergab eine Varianzanalyse keinen signifikanten Unterschied der Mittelwerte der ATEVO-Skala ($F[3, 917]$ = 0,778, p = 0,507) sowie der beiden ATEVO-Subskalen. Weibliche und männliche Befragte unterschieden sich in den Mittelwerten der ATEVO-Skala ($t[913,751]$ = 1,175, p = 0,240) sowie der ATEVO-AE-Subskala nicht signifikant voneinander ($t[948,170]$ = -1,008, p = 0,314). Der Unterschied in der Einstellung zur Geistevolution hingegen war zwischen diesen beiden Gruppen zumindest auf einem Niveau von p < 0,05 signifikant ($t[923]$ = 2,444, p = 0,015, d = 0,160).

Während die Einstellung zu Evolution im Allgemeinen bei den weiblichen Befragten positiver ausfiel, zeigten die befragten Männer positivere Einstellungen zur Geistevolution im Vergleich zu den Frauen in dieser Stichprobe.

4) Wie hängen Einstellungen zu Evolution, religiöse Gläubigkeit und dualistisches Denken in der RED-Studie zusammen?

Wie in den beiden bereits vorgestellten Studien war die Korrelation zwischen Einstellungen zu Evolution und Gläubigkeit sowie dualistischem Denken auch in der *RED-Studie* negativ. In der dritten Studie fielen die Korrelationswerte jedoch am schwächsten aus (r_{FERF} = -0,303; $p < 0,01$; r_{SD} = -0,386; $p < 0,01$). Anders als in den vorangegangen Erhebungen war der Zusammenhang zwischen Einstellungen zu Evolution und Gläubigkeit in der *RED-Studie* gemessen am Graphen des Loess-Fits annähernd linear (Tab. 74; Abb. 75).

Tabelle 74: Korrelationen zwischen Parametern in der RED-Studie. Pearson Korrelationen r. ** Die Korrelation ist auf einem Niveau von $p < 0,001$ statistisch signifikant.

		(1)	(2)	(3)	(4)
(1)	ATEVO				
(2)	ATEVO-AE	,854**			
(3)	ATEVO-GE	,903**	,546**		
(4)	PERF	-,303**	-,227**	-,296**	
(5)	SD	-,386**	-,296**	-,376**	,510**

Der Verlauf des Loess-Fit-Graphen war sehr flach, und die Steigung nahm nur für die Einstellung zur Geistevolution mit zunehmender Gläubigkeit leicht ab (Abb. 75e). In Abbildung 75f lässt sich jedoch erkennen, dass sich auch bei den Befragten mit sehr niedrigen PERF-Scores die Einstellungen zur Evolution des Bewusstseins stark unterscheiden.

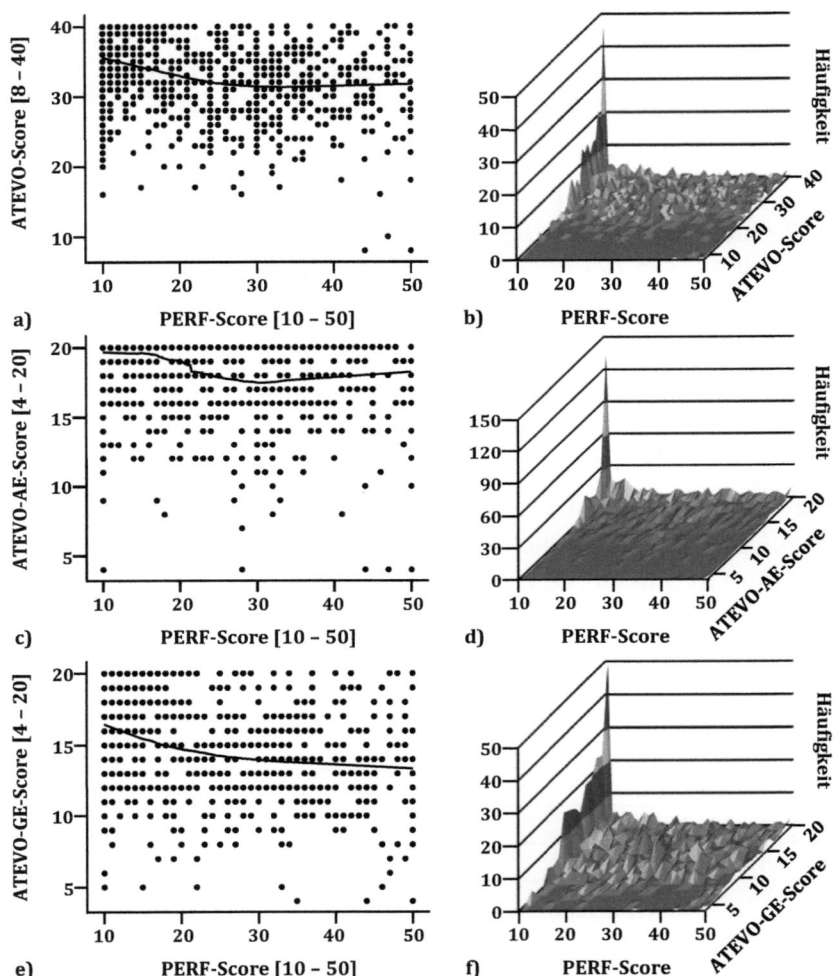

Abbildung 75: Verhältnis von Einstellungen zu Evolution und religiöser Gläubigkeit in der RED-Studie. Ausgleichsrechnung: Loess-Fit. $N = 835$. Die Punkte in a), c) und e) beschreiben nur beobachtete Kombinationen, nicht hingegen die Anzahl der Datenpunkte bei der jeweiligen Koordinate. Die Verteilung spiegelt sich zum einen in den Ausgleichskurven und zum anderen in den entsprechenden 3D-Plots in b), d) und f) wider. Aus Gründen der Übersichtlichkeit wurde der Skalenbereich bei der Achsenbeschriftung der 3D-Plots weggelassen. Er entspricht jeweils den an den Punktdiagrammen angegebenen Bereichen.

Über das gesamte Spektrum der Gläubigkeit gab es vereinzelt Probandinnen und Probanden, die eher ablehnend gegenüber der Evolution eingestellt waren und unter dem natürlichen Mittelwert der ATEVO-Skala lagen (Abb. 75a und 75b). Hinsichtlich der Einstellung zu Evolution im Allgemeinen unterschieden sich die nicht-gläubigen und die sehr gläubigen Befragten kaum voneinander (Abb. 75c und 75d). Die Einstellung zu Evolution hing also auch in dieser Stichprobe negativ mit religiöser Gläubigkeit sowie mit dualistischem Denken zusammen. Die Betrachtung der Mittelwerte dualistischen Denkens und Gläubigkeit über das gesamte Spektrum der Einstellungen zu Evolution zeigt einen ähnlichen Verlauf beider Graphen (Abb. 76).

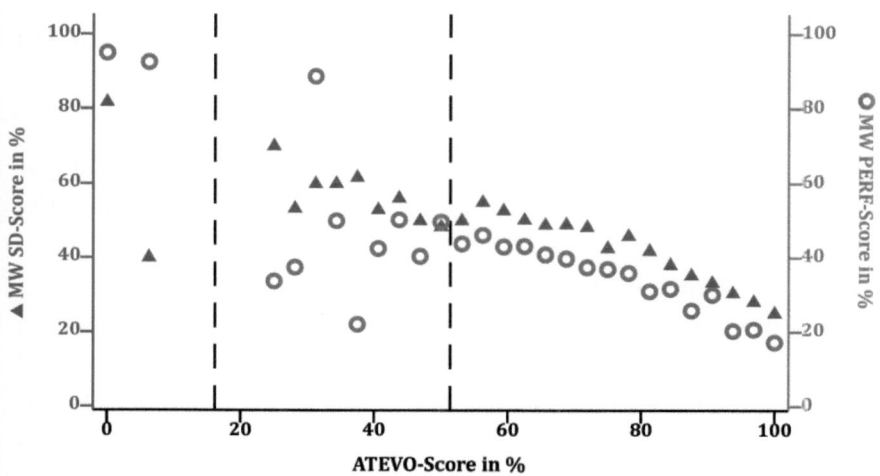

Abbildung 76: Verhältnis von dualistischem Denken und religiöser Gläubigkeit zu Einstellungen zu Evolution in der RED-Studie. % Angaben in Bezug auf die Skala wegen Vergleichbarkeit zwischen Skalen. Dreieckige Symbole: dualistisches Denken; Kreise: Gläubigkeit. Die vertikale Linie markiert den Wert des ATEVO-Scores, bei dem sich die Graphen von PERF- und SD-Scores schneiden.

Sowohl Gläubigkeit als auch die Tendenz zu einer dualistischen Sichtweise sanken bei zunehmender Akzeptanz der Evolution. Bei einer negativen Einstellung zu Evolution lagen die Mittelwerte der Gläubigkeit über den Mittelwerten des dualistischen Denkens, wobei hier die Datengrundlage sehr schwach war. Bei einer indifferenten bis positiven Einstellung zu Evolution waren die Mittelwerte für dualistisches Denken wie in den vorangegangenen Studien tendenziell höher als die Mittelwerte der Gläubigkeit.

Die Einstellungs-Unterschiede zwischen Menschen mit negativer Einstellung zu Evolution konnten daher wie in der *EGl*- und *EWi-Studie* auch innerhalb dieser Stichprobe am besten durch die Gläubigkeit vorhergesagt werden, während die Einstellungs-Unterschiede zwischen Menschen mit indifferenter und positiver Einstellung zu Evolution am besten durch dualistisches Denken erklärt werden konnten. Diese Erkenntnisse konnten auch mit Hilfe von Regressionsanalysen mit geteiltem Datensatz bestätigt werden.

5) Wie unterscheiden sich die Einstellungen zu Evolution im Allgemeinen und zur Evolution des menschlichen Bewusstseins in der RED-Studie?

87,5 % der Probandinnen und Probanden in dieser bevölkerungsrepräsentativen Stichprobe stimmten der Aussage „*Ich persönlich bin der Meinung, dass die heutigen Lebewesen das Ergebnis evolutionärer Prozesse sind, die über Milliarden von Jahren stattgefunden haben*" (eher) zu, während 5,1 % der Probandinnen und Probanden dieser Aussage (eher) nicht zustimmten. 7,4 % gaben an, unsicher zu sein. Eine ähnliche Verteilung zeigte sich bei allen Items der ATEVO-AE-Skala, die die Evolution im Allgemeinen betreffen.

Die vier Items der ATEVO-GE-Skala hingegen, die sich mit der Evolution des menschlichen Bewusstseins beschäftigen, wurden im Mittel ablehnender beantwortet. Auch waren sich hier die Befragten wesentlich häufiger unsicher. So waren 18,3 % der Probandinnen und

Probanden (eher) der Meinung, *"dass so etwas Komplexes wie unser Bewusstsein nicht durch Evolution entstehen kann"*. Knapp ein Viertel der Befragten (23,1 %) gab an, unentschieden zu sein, und 58,6 % stimmten dieser Aussage (eher) nicht zu.

Was sich hier anhand einzelner Items der Skalen zeigte, wurde auch bei Betrachtung der Summenscores der ATEVO-Subskalen deutlich: Die Einstellung zur Geistevolution war auch in der *RED-Studie* negativer als die Einstellung zu Evolution im Allgemeinen (Abb. 77).

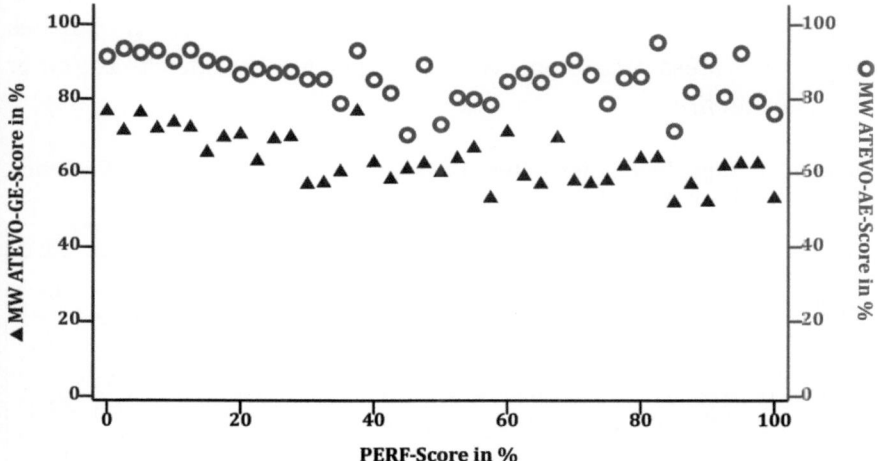

Abbildung 77: Verhältnis von Einstellungen zur Evolution und Geistevolution zu religiöser Gläubigkeit in der RED-Studie. % Angaben in Bezug auf die Skala wegen Vergleichbarkeit zwischen Skalen. Dreieckige Symbole: Geistevolution; Kreise: Evolution allgemein.

Der Verlauf beider Graphen der Mittelwerte der Einstellung über das Spektrum der Gläubigkeit war ähnlich dem in der *EWi-Studie*, d. h. die beiden Kurven fielen nur leicht und eher gleichmäßig ab. Im Gegensatz zur *EWi-Studie* gab es im letzten Viertel der Gläubigkeit jedoch keinen starken Abfall der Einstellungen.

15) Wie passend lassen sich Ergebnisse zur Einstellung zu Evolution anhand einer einzigen häufig verwendeten Frage zu Schöpfung und Evolution darstellen?

Um die in dieser dritten Studie erhobenen repräsentativen Daten effektiver mit anderen Studien vergleichen zu können, die Aussagen über die Einstellung zu Evolution in Deutschland und anderen Ländern machen, wurde ein Item in den Fragebogen aufgenommen, das die Einstellung zu Evolution anhand von nur einer – oft zum Einsatz gebrachten - Frage messen soll (Tab. 75; vgl. Kap. 4.3.3). Gleichzeitig konnte auf diese Weise untersucht werden, wie akkurat ein solches Single-Item-Messinstrument Einstellungen im Vergleich zu einer Skala aus mehreren Items abbilden kann.

Tabelle 75: Häufigkeiten der Antworten auf die Frage zu Position zu Evolution und Schöpfung in der RED-Studie.

	N	%
Gott hat das Leben auf der Erde mit sämtlichen Arten direkt erschaffen, so, wie es in der Bibel steht.	43	4,3
Das Leben wurde von höherem Wesen erschaffen, durchlief Entwicklungsprozess, der von höherem Wesen gesteuert wurde.	198	19,8
Das Leben ist ohne Einwirken höherer Macht entstanden, hat sich in natürlichen Entwicklungsprozess weiterentwickelt.	628	62,8
Ich kann mich zwischen den drei Aussagen nicht entscheiden.	131	13,1
gesamt	1000	100,0

Mit Hilfe dieses Items ergab sich für die vorliegende bevölkerungsrepräsentative Stichprobe ein Anteil von 4,3 % Personen mit kreationistischen Ansichten (Abb. 78).

Knapp ein Fünftel (19,8 %) wählte die Option, die eine gottgelenkte Evolution beschreibt. Die meisten der Befragten (62,8 %) wählten die Antwortalternative, in der eine naturalistische Evolution dargestellt und Gott ausgeschlossen wird.

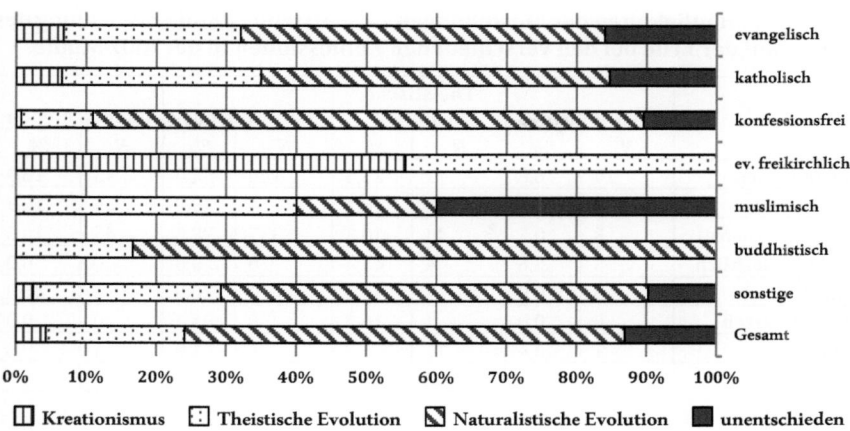

Abbildung 78: Häufigkeitsverteilung der unterschiedlichen Positionen zu Schöpfung und Evolution. N = 1000.

Außerdem gaben 13,1 % der Probandinnen und Probanden bei dieser Frage an, sich zwischen den angegebenen Antwortalternativen nicht entscheiden zu können.

Unter evangelischen und katholischen Befragten lag der Anteil der kreationistischen Positionen mit 6,8 bzw. 6,6 % etwas höher als in der zusammengefassten Stichprobe (Tab. 76). Konfessionsfreie zeigten nur zu 0,7 % kreationistische Ansichten. In dieser Probandengruppe entschieden sich außerdem knapp 80 % für eine naturalistische Evolution, während diese Option bei den Probandinnen und Probanden aus den beiden christlichen Großkirchen nur etwa je die Hälfte aller Befragten wählten. 28,4 % der katholischen und 25,3 % der evangelischen Befragten entschieden sich für die Option einer von Gott gelenkten Evolution, während bei den Konfessionsfreien nur 10,3 % diese Vorstellung hatten. Auch der Anteil der unentschiedenen Probandinnen und Probanden war mit 16,0 % bzw. 15,3 % bei den evangelischen und katholischen Personen höher als bei den nicht konfessionell Gebundenen (10,5 %).

Tabelle 76: Häufigkeiten der Einstellungen zur Entstehung und Entwicklung des Lebens auf der Erde bei den verschiedenen Konfessionen in der RED-Studie.

	Kreationismus		Theistische Evolution		Naturalismus		unentschieden	
	N	%	N	%	N	%	N	%
evangelisch	19	6,8	71	25,3	146	52,0	45	16,0
katholisch	15	6,6	65	28,4	114	49,8	35	15,3
konfessionsfrei	3	0,7	44	10,3	337	78,6	45	10,5
ev. freikirchlich	5	55,6	4	44,4	0	0,0	0	0,0
muslimisch	0	0,0	2	40,0	1	20,0	2	40,0
buddhistisch	0	0,0	1	16,7	5	83,3	0	0,0
sonstige	1	2,4	11	26,8	25	61,0	4	9,8
gesamt	43		198		628		131	

Die wenigen evangelisch-freikirchlichen Probandinnen und Probanden in dieser Stichprobe zeigten etwa je zur Hälfte kreationistische Ansichten oder die Vorstellung einer Theistischen Evolution. Unter den muslimischen Befragten wählte niemand die kreationistische Position[90]. Jeweils zwei Fünftel der befragten Personen muslimischen Glaubens entschieden sich für eine gelenkte Evolution oder gaben an, unsicher zu sein, während eine der fünf befragten Personen die naturalistische Antwortalternative wählte. Die buddhistischen Befragten wählten zu 83,3 % die Antwortalternative, die eine naturalistische Evolution beschreibt.

Wie in Kapitel 2.8.1.1 dargestellt, kann es problematisch sein, lediglich ein Item zur Messung komplexer Einstellungen heranzuziehen und dabei zusätzlich zwei unterschiedliche Konstrukte, wie im vorliegenden Fall Einstellungen zu Evolution und religiöse Gläubigkeit, zu vermischen. Zur Überprüfung dieser Annahme wurden die Probandinnen und Probanden gemäß der Wahl ihrer Antwortalternative bei der Single-Item-Frage farblich in einem x-y-Diagramm aus ATEVO- und

---

[90] Dieses Ergebnis muss jedoch vorsichtig betrachtet werden, da in der kreationistischen Antwortalternative explizit die Bibel erwähnt wird.

PERF-Score markiert (Abb. 79). Personen mit kreationistischen Ansichten würde man im oberen Viertel der Gläubigkeit und im unteren Viertel der Akzeptanz der Evolution vermuten. Es zeigte sich jedoch, dass sich die wenigen Befragten mit einer derartigen Position sehr viel breiter und zwar über das gesamte Spektrum möglicher ATEVO-Scores verteilten (Abb. 79a und 79b). So zeigten die als Kreationistinnen und Kreationisten klassifizierten Befragten nur zu 16,3 % eine *(eher) ablehnende* Haltung zu Evolution. 44,2 % dieser Gruppe konnte anhand des ATEVO-Scores als *indifferent* gegenüber der Evolution klassifiziert werden und 39,5 % der „kreationistischen" Befragten zeigte paradoxerweise eine *(eher) akzeptierende* Haltung zu Evolution. Außerdem waren gemessen am PERF-Score 17,5 % dieser Subgruppe *(gar) nicht gläubig* oder *indifferent* gegenüber religiösem Glauben eingestellt.

Probandinnen und Probanden, die eine gottgelenkte Evolution annehmen, wurden in anderen Studien, in denen die gleiche Frage verwendet wurde, in der Regel als Personen mit einer *Intelligent Design*-Position bezeichnet. Warum diese Zuschreibung inhaltlich fraglich ist, wurde in Kapitel 2.8.1.1 erläutert. Personen, die sich innerhalb der vorliegenden Studie für diese Antwortoption entschieden, wurden als Anhängerinnen und Anhänger einen *Theistischen Evolution* bezeichnet und verteilten sich sehr breit und beinahe über das gesamte Spektrum an Positionen zu Evolution und Gläubigkeit (Abb. 79c und 79d). Gemessen an den Ergebnissen des PERF-Scores war diese Subgruppe zu 56,0 % *(sehr) gläubig*, zu 12,0 % *(gar) nicht gläubig* und vertrat zu 32,0 % eine *indifferente Position* zum religiösen Glauben. Nur 3,1 % der Befragten, die in der Kategorie *Theistische Evolution* zu finden waren, zeigten gemessen am ATEVO-Score eine *(eher) ablehnende* Haltung gegenüber Evolution. Während 32,5 % dieser Gruppe eine *indifferente Position* zu Evolution einnahmen, waren 64,4 % positiv gegenüber Evolution eingestellt.

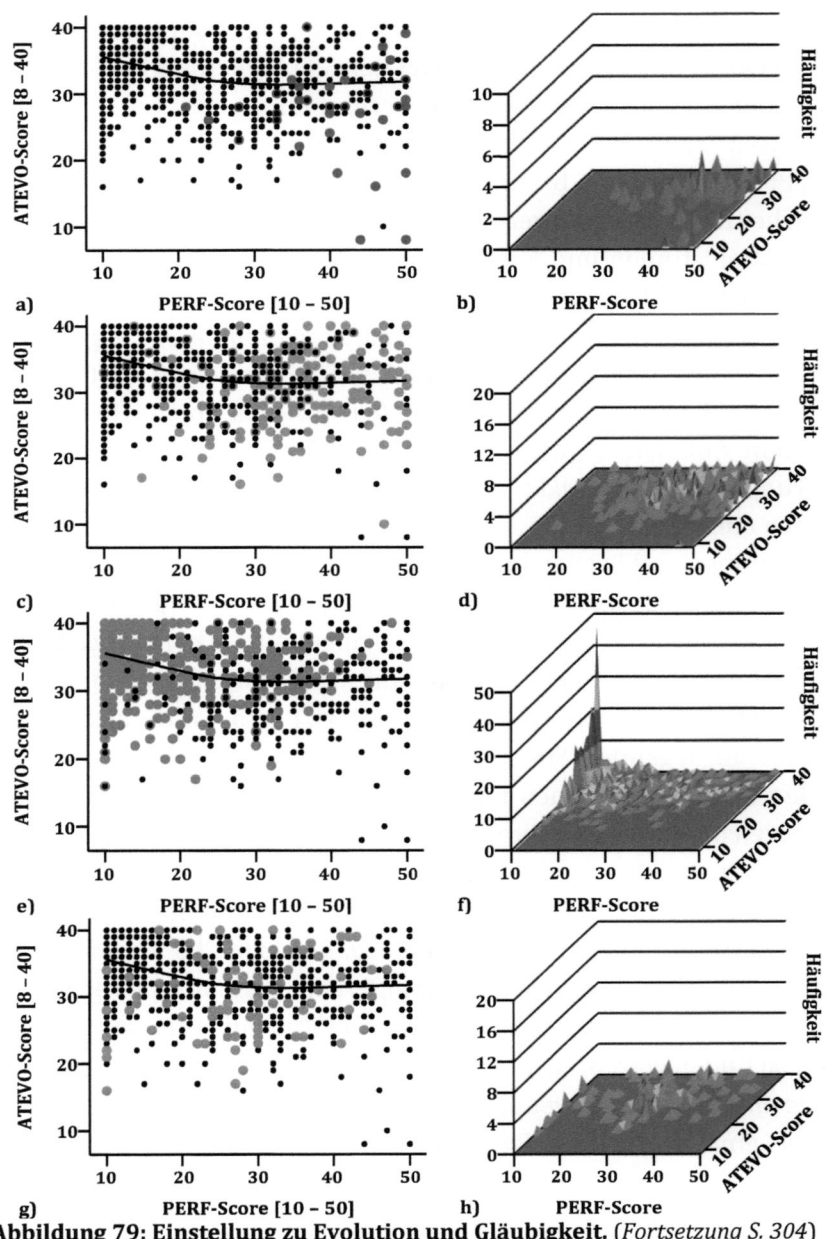

Abbildung 79: Einstellung zu Evolution und Gläubigkeit. (*Fortsetzung S. 304*)

Fortsetzung der Bildunterschrift zu Abbildung 79:
Einstellung zu Evolution in Relation zur Gläubigkeit mit Markierungen für die unterschiedlichen Positionen zur Evolution und Schöpfung in der RED-Studie.
Ausgleichsrechnung: Loess-Fit (bezogen jeweils auf alle Datenpunkte der Stichprobe). rot: Kreationismus, $N = 40$; orange: Theistische Evolution, $N = 179$; grün: naturalistische Evolution, $N = 525$; grau: unentschieden, $N = 91$. Die Punkte in a), c), e) und g) beschreiben nur beobachtete Kombinationen, nicht hingegen die Anzahl der Datenpunkte bei der jeweiligen Koordinate. Die Verteilung spiegelt sich zum einen in den Ausgleichskurven und zum anderen in den entsprechenden 3D-Plots in b), d), f) und h) wider. Aus Gründen der Übersichtlichkeit wurde der Skalenbereich bei der Achsenbeschriftung der 3D-Plots weggelassen. Er entspricht jeweils den an den Punktdiagrammen angegebenen Bereichen.

Personen, die mit Hilfe des verwendeten Items als Vertreterinnen und Vertreter einer naturalistischen Position zu Evolution klassifiziert wurden, bei der Gott ausgeschlossen wird, waren gemessen an ihren PERF-Scores zum Teil *(sehr) gläubig* (4,6 %) und deckten das gesamte mögliche Spektrum der Gläubigkeit ab (Abb. 79e und 79f). 84,7 % dieser Subgruppe waren hingegen *(gar) nicht gläubig* und 10,7 % hatten eine *indifferente Haltung* zu religiöser Gläubigkeit.

Diese Subgruppe, die als akzeptierend gegenüber einer naturalistischen Evolution gilt, wies gemessen am ATEVO-Score zu 0,5 % eine *eher ablehnende* Haltung gegenüber Evolution auf und war zu 10,6 % *indifferent* gegenüber der Evolution eingestellt. Die restlichen 88,9 % zeigten eine *(eher) akzeptierende* Haltung, wobei nur 52,2 % dieser Subgruppe anhand des ATEVO-Scores eine klar akzeptierende Haltung zu Evolution (ATEVO-Score: 35 – 40) attestiert werden kann.

Die Befragten, die sich bei der Single-Item-Frage unentschieden zwischen den drei angebotenen Antwortalternativen zeigten, verteilten sich über einen großen Bereich des Diagramms (Abb. 79g und 79h). Während 3,7 % dieser Probandengruppe die Evolution *(eher) ablehnte*, waren 36,7 % *indifferent* und 59,6 % *(eher) akzeptierend* gegenüber Evolution eingestellt.

Obwohl die vier Gruppen sich nicht klar den Positionen zuordnen lassen, die man für die Kategorien *Kreationismus*, *Theistische Evolution* und *Naturalistische Evolution* erwarten würde, ließen sich Unterschiede zwischen den Gruppen feststellen. Eine Varianzanalyse ergab signifikante Mittelwertunterschiede des ATEVO-Scores zwischen den vier Gruppen, die anhand der Single-Item-Frage klassifiziert wurden ($F[3, 917] = 56{,}760, p < 0{,}001$). Der Effekt war mit $\eta^2 = 0{,}157$ stark. Die Unterschiede waren zwischen allen drei Gruppen, die eine Position zu Evolution beziehen, signifikant ($p < 0{,}001$). Lediglich die Probandinnen und Probanden, die sich nicht für eine Aussage entscheiden konnten, unterschieden sich nur von den Befragten mit naturalistischer ($p < 0{,}001$) und kreationistischer Position ($p < 0{,}01$) signifikant (Abb. 80).

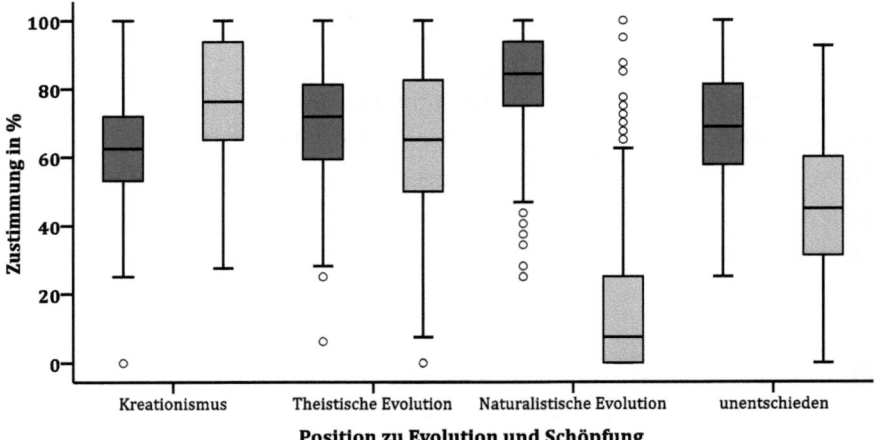

Abbildung 80: Boxplot für den Vergleich der ATEVO- und PERF-Scores zwischen den unterschiedlichen Positionen zu Evolution und Schöpfung in der RED-Studie. Dunkel: ATEVO-Score; hell: PERF-Score. Angaben in prozentualem Anteil der Zustimmung wegen unterschiedlicher Skalierung der Skalen. Kreise zeigen moderate Ausreißer an. Angaben zur Signifikanz der Gruppenunterschiede finden sich im Text.

Repräsentative Befragung (RED-Studie)

Auch bezüglich ihrer Gläubigkeit unterschieden sich diese vier Probandengruppen signifikant und sehr stark voneinander ($F[3, 880]$ = 319,951, $p < 0,001$, $\eta^2 = 0,522$). Ein Scheffé-Test ergab, dass dieser signifikante Unterschied zwischen allen untersuchten Gruppen bestand, wobei er zwischen den Befragten, die von einer gelenkten Evolution ausgingen, und denjenigen mit kreationistischer Sichtweise nur sehr schwach und lediglich auf einem Niveau von $p < 0,05$ signifikant war.

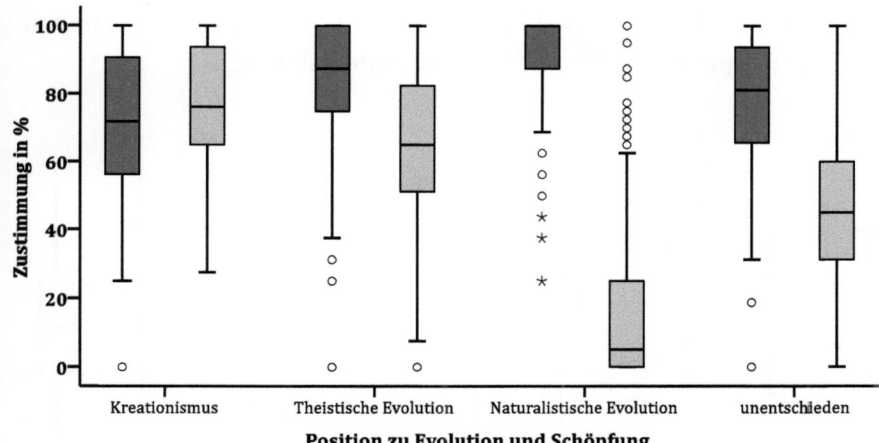

Abbildung 81: Boxplot für den Vergleich der ATEVO-AE- und PERF-Scores zwischen den unterschiedlichen Positionen zu Evolution und Schöpfung in der RED-Studie. Dunkel: ATEVO-Score; hell: PERF-Score. Angaben in prozentualem Anteil der Zustimmung wegen unterschiedlicher Skalierung der Skalen. Kreise zeigen moderate, Sterne extreme Ausreißer an. Angaben zur Signifikanz der Gruppenunterschiede finden sich im Text.

Der Vergleich der Mittelwerte der ATEVO-AE-Subskala ergab ebenfalls signifikante Unterschiede zwischen den vier Gruppen ($F[3, 969]$ = 52,163, $p < 0,001$). Der Effekt dieses Unterschieds war stark ($\eta^2 = 0,139$), wenn auch schwächer als bezogen auf den gesamten ATEVO-Score. Auch für den ATEVO-AE-Score waren alle Vergleiche zwischen den drei Positionen zu Evolution signifikant ($p < 0{,}001$). Diejenigen, die keine der drei vorgegebenen Positionen beziehen wollten, unterschieden sich lediglich von den Befragten mit naturalistischer Sichtweise signifikant ($p < 0{,}001$, Abb. 81).

Zwischen den vier Gruppen ließen sich außerdem signifikante Mittelwertunterschiede bei der Einstellung zur Evolution des menschlichen Bewusstseins erkennen ($F[3, 921] = 39{,}845$, $p < 0{,}001$). Im Unterschied zu der anderen Subskala und der gesamten ATEVO-Skala zeigte der Post-Hoc-Test für den ATEVO-GE-Score jedoch nicht zwischen allen drei Gruppen signifikante Unterschiede (Abb. 82).

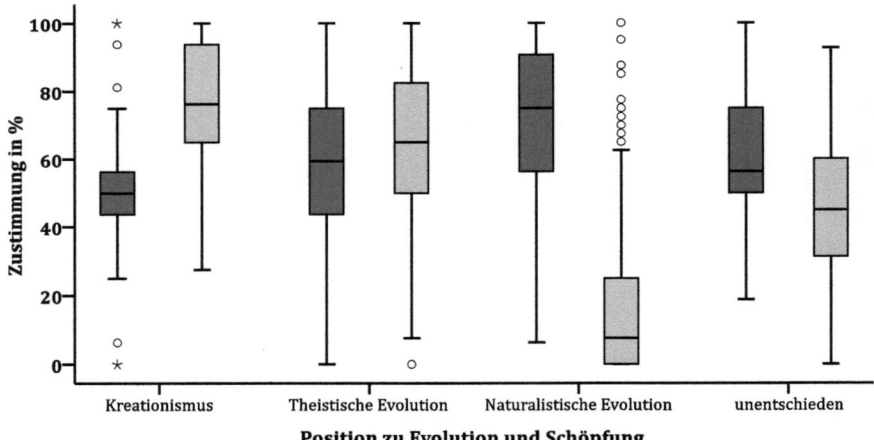

Abbildung 82: Boxplot für den Vergleich der ATEVO-GE- und PERF-Scores zwischen den unterschiedlichen Positionen zu Evolution und Schöpfung in der RED-Studie. Dunkel: ATEVO-Score; hell: PERF-Score. Angaben in prozentualem Anteil der Zustimmung wegen unterschiedlicher Skalierung der Skalen. Kreise zeigen moderate, Sterne extreme Ausreißer an. Angaben zur Signifikanz der Gruppenunterschiede finden sich im Text.

Während sich die naturalistischen Befragten signifikant von allen anderen Gruppen unterschieden ($p < 0{,}001$), fand sich zwischen der

Position einer Theistischen Evolution und kreationistischen Positionen kein signifikanter Unterschied. Die Personen, die sich zwischen den drei Antwortalternativen nicht entscheiden konnten, unterschieden sich außerdem signifikant von den als kreationistisch klassifizierten Befragten ($p < 0{,}01$). Der Effekt der Gruppenzugehörigkeit auf den ATEVO-GE-Score war von mittlerer Stärke ($\eta^2 = 0{,}0115$) und damit schwächer als bei der gesamten ATEVO- sowie der ATEVO-AE-Skala.

5.3.1 Strukturgleichungsmodellierung

17) Wie hängen die untersuchten Variablen in der RED-Studie zusammen und wie viel Varianz der Einstellung zu Evolution und zur Evolution des menschlichen Bewusstseins kann mit Hilfe dieser Beziehungsstrukturen erklärt werden?

Analog dem Vorgehen bei der *EGI-* und *EWi-Studie* wurden mit Hilfe von Strukturgleichungsmodellen im Folgenden die Beziehungen zwischen den einzelnen Variablen aus der *RED-Studie* untersucht. Wie in den vorangegangenen Studien wurden zuvor die Beziehungen zwischen den einzelnen untersuchten Variablen überprüft (vgl. Kap. 4.4.3). Da sich die Steigungen der jeweiligen Loess-Fits nicht stark änderten und in ihrer Richtung weitestgehend gleichbleibend waren, wurde für alle Verteilungen näherungsweise Linearität angenommen. Die Grundlage für die Modellannahmen lieferten die Ausführungen in Kapitel 3.2.6 sowie die Ergebnisse aus Korrelations-, Faktor- und Regressionsanalysen, die im Ergebnisteil aus Platzgründen nur teilweise im Detail dargestellt werden konnten.

Die Faktorenanalyse für den bereinigten Datensatz ($N = 801$) ergab wie bereits in Tabelle 8 für die Einstellung zu Evolution eine zweidimensionale Struktur, die im Wesentlichen die beiden ATEVO-

Subskalen abbildete. Aus diesem Grund wurde der ATEVO-Score, aufgeteilt auf zwei Variablen, in das Modell eingefügt. Zunächst wurde die in Kapitel 3.2.6 dargestellte Grundstruktur für zweidimensionale Modelle um den in der *EGl-* und *EWi-Studie* deutlich gewordenen Pfad zwischen dem dualistischen Denken und der Einstellung zu Evolution im Allgemeinen erweitert und getestet (Abb. 83).

In der Grundstruktur für die *RED-Studie* (Modell J) zeigte sich ein negativer Effekt schwacher Stärke des SD-Scores auf beide Summenscores der ATEVO-Subskalen. Das heißt, je höher die Tendenz zu dualistischen Sichtweisen, desto geringer war die Akzeptanz der Evolution im Allgemeinen und des menschlichen Geistes.

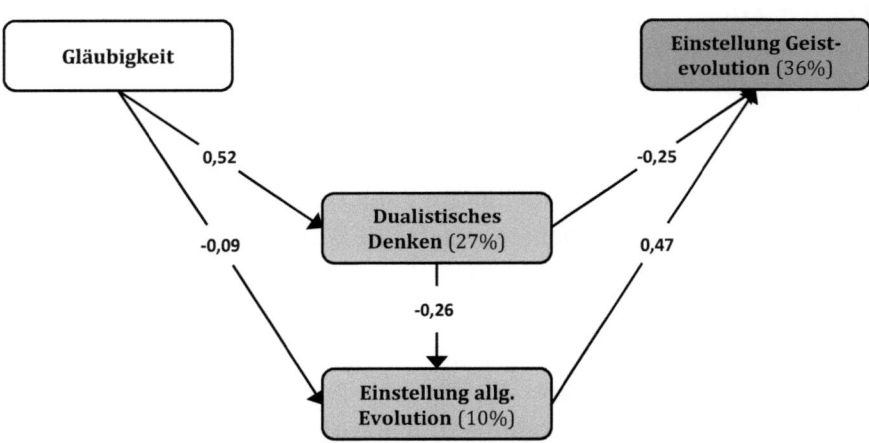

Abbildung 83: Strukturgleichungsmodell J in der RED-Studie. $N = 801$. Die Werte an den Pfeilen geben die standardisierten Regressionsgewichte des Pfades an. Die Werte an den abhängigen Variablen beschreiben den prozentualen Anteil der aufgeklärten Varianz durch die unabhängigen Variablen (R^2). Fehlerterme sind aus statistisch-mathematischen Gründen für jede Variable erforderlich, die in irgendeinem Sinne als abhängige Variable auftaucht, werden hier jedoch aus Gründen der Übersichtlichkeit weggelassen.

Einen starken positiven Effekt übte die Gläubigkeit auf das dualistische Denken aus. Ein positiver Effekt mittlerer Stärke bestand zwischen der Einstellung zu Evolution und der Einstellung zur Geistevolution (Tab. 77).

Tabelle 77: Regressionsgewichte für Strukturgleichungsmodell J in der RED-Studie. USRW bezeichnet die unstandardisierten Regressionsgewichte, SRW die standardisierten Regressionsgewichte, S.E. den Standardfehler von USRW, C.R. den Quotienten aus USRW und SE im Sinne einer Wald-Statistik, P den dazugehörigen p-Wert. ATEVO-AE: Einstellung zu Evolution im Allgemeinen; ATEVO-GE: Einstellung zur Evolution des Bewusstseins.

			USRW	S.E.	C.R.	P	SRW
Dualismus	<---	Gläubigkeit	0,191	0,012	16,018	***	0,515
ATEVO-AE	<---	Gläubigkeit	-0,022	0,011	-2,045	0,041	-0,095
ATEVO-AE	<---	Dualismus	-0,162	0,026	-6,209	***	-0,264
ATEVO-GE	<---	Dualismus	-0,192	0,026	-7,393	***	-0,254
ATEVO-GE	<---	ATEVO-AE	0,579	0,040	14,356	***	0,470

Das Modell zeigte einen guten Modell-Fit mit einem CMIN/DF von 5,145 (p = 0,023) sowie CFI = 0,987 und RMSEA = 0,072 (PCLOSE = 0,197).

Tabelle 78: Regressionsgewichte für Strukturgleichungsmodell K in der RED-Studie. USRW bezeichnet die unstandardisierten Regressionsgewichte, SRW die standardisierten Regressionsgewichte, S.E. den Standardfehler von USRW, C.R. den Quotienten aus USRW und SE im Sinne einer Wald-Statistik, P den dazugehörigen p-Wert. ATEVO-AE: Einstellung zu Evolution im Allgemeinen; ATEVO-GE: Einstellung zur Evolution des Bewusstseins.

			USRW	S.E.	C.R.	P	SWR
Dualismus	<---	Gläubigkeit	0,193	0,012	16,157	***	0,519
ATEVO-AE	<---	Dualismus	-0,193	0,022	-8,929	***	-0,322
ATEVO-GE	<---	Dualismus	-0,201	0,026	-7,724	***	-0,269
ATEVO-GE	<---	ATEVO-AE	0,551	0,041	13,557	***	0,442

Schwach und nicht statistisch signifikant (gemessen an $p < 0{,}01$) war der zunächst angenommene Effekt der Gläubigkeit auf die Einstellung zu Evolution im Allgemeinen. Dieser Pfad wurde daher für das finale Modell der *RED-Studie* entfernt (Tab. 78).

Das modifizierte Modell K (Abb. 84) zeigte immer noch einen guten Modell-Fit mit einem CMIN/DF von 4,561 ($p = 0{,}010$) sowie CFI = 0,978 und RMSEA = 0,067 (PCLOSE = 0,208). Alle Pfade waren statistisch signifikant. Mit Hilfe dieses Modells konnten 34 % der Varianz der Einstellung zur Evolution des menschlichen Bewusstseins erklärt werden.

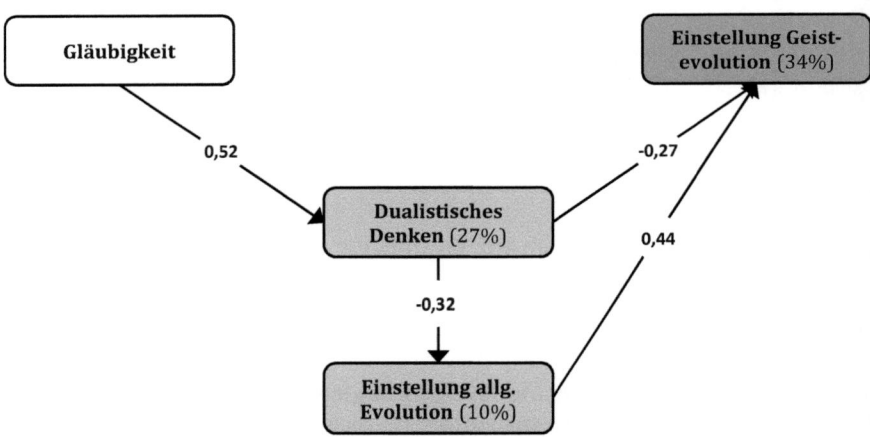

Abbildung 84: Strukturgleichungsmodell K in der RED-Studie. $N = 801$. Die Werte an den Pfeilen geben die standardisierten Regressionsgewichte des Pfades an. Die Werte an den abhängigen Variablen beschreiben den prozentualen Anteil der aufgeklärten Varianz durch die unabhängigen Variablen (R^2). Fehlerterme sind aus statistisch-mathematischen Gründen für jede Variable erforderlich, die in irgendeinem Sinne als abhängige Variable auftaucht, werden hier jedoch aus Gründen der Übersichtlichkeit weggelassen.

Der größte Effekt ging von der Einstellung zu Evolution im Allgemeinen sowie dem dualistischen Denken aus. Die Varianz der Einstellung zu Evolution im Allgemeinen konnte zu 10 % aufgeklärt werden, wobei der stärkste Effekt von der Tendenz zu einer dualistischen Sichtweise ausging. Die Disposition zu einer dualistischen Sichtweise konnte zu 27 % durch die Gläubigkeit erklärt werden.

5.4 Einstellungen bei Konfessionsfreien (EKI-Studie)

Die Ergebnisse aus den vorangegangenen Studien zeigen, dass die Gläubigkeit vor allem für Menschen mit ablehnender und indifferenter Haltung zu Evolution in den untersuchten Stichproben ein vielversprechender Prädiktor war. Gleichzeitig zeigte sich auch für Menschen ohne religiösen Glauben eine relativ große Varianz in der Einstellung zu Evolution. Vor allem in der *EWi*- sowie in der *RED-Studie* wurde deutlich, dass der Zusammenhang von Gläubigkeit und Akzeptanz der Evolution komplex ist und dass gerade in Bezug auf die Akzeptanz der Evolution des Bewusstseins auch die Varianz innerhalb der nicht-religiösen Befragten groß war. In der *EKI-Studie (Einstellungen zu Evolution bei Konfessionsfreien Identitäten)* wurden gezielt konfessionsfreie und nicht-religiöse Menschen angesprochen (vgl. Kap. 3.2.5), um neben dem dualistischen Denken (vgl. Kap. 5.1 – Kap. 5.3) weitere mögliche Prädiktoren für die Akzeptanz der Evolution und Geistevolution in dieser speziellen Probandengruppe zu erschließen.

500 der insgesamt 1833 befragten Personen gaben an, mindestens einer säkularen Organisation anzugehören (27,3 %). 38,6% dieser Subgruppe waren Unterstützerinnen und Unterstützer der *Giordano-Bruno-Stiftung* (GBS), 26,6% waren Mitglieder beim *Humanistischen Verband Deutschlands* (HVD), 7,4 % beim *Internationalen Bund der Konfessionslosen und Atheisten* (IBKA) und 5,6 % bei einem Freidenker-Verband. Trotz der gezielten Adressierung von Konfessionsfreien in der *EKI-Studie* gaben 4,6 % die Zugehörigkeit zur evangelischen oder katholischen Kirche an.

Die meisten Befragten der Gesamtstichprobe sahen sich als Atheistinnen und Atheisten (66 %) und/oder Humanistinnen und Humanisten (64 %). 32 % gaben an, dass die Bezeichnung Freidenkerin oder Freidenkerin auf sie zutreffe und 31 % sahen sich als Agnostikerin oder Agnostiker. Knapp ein Fünftel der Befragten (19 %) bezeichnete sich selbst als Antitheistin bzw. Antitheist. 40 % der Befragten sahen sich als Säkulare und 35 % als Religionslose. Darüber hinaus wurden zahlreiche weitere Selbstbezeichnungen wie z. B. *Ignostiker, Mensch, religionsfrei, Naturalist, Skeptiker, Pastafari*[91]genannt.

1) Wie ausgeprägt ist die religiöse Gläubigkeit in der EKI-Studie insgesamt sowie in unterschiedlichen Probandengruppen?

Im Unterschied zu den vorangegangenen Studien erfolgte in der *EKI-Studie* die Messung der religiösen Gläubigkeit nicht anhand der PERF-Skala, sondern wurde für eine bessere Vergleichbarkeit auf das Niveau der PERF-Skala skaliert und als PERF*-Score bezeichnet (vgl. Tab. 24 in Kap. 4.3.4).

Der Mittelwert der Summe für diese Skala lag bei 12,56 (SD = 5,53).

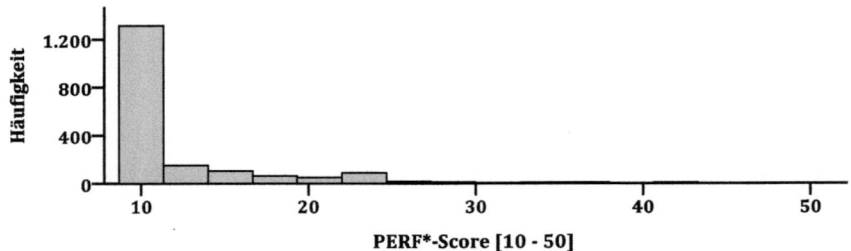

Abbildung 85: Häufigkeitsverteilung der Gläubigkeit in der EKI-Studie. N = 1833; M = 12,56; SD = 5,53.

---

[91] Aufgezählt werden alle genannten Selbstbezeichnungen mit $N \geq 5$.

Die Stichprobe der *EKI-Studie*, die zum überwiegenden Teil aus konfessionsfreien Probandinnen und Probanden bestand, zeigte also erwartungsgemäß eine sehr geringe Gläubigkeit (Abb. 85). Befragte, die einer säkularen Organisation angehörten, unterschieden sich von den anderen Probandinnen und Probanden bezüglich ihrer Gläubigkeit signifikant, wobei der Effekt nur klein war ($t[996,443]$ = 3,715, $p < 0,001$, $d = 0,194$). Die Gläubigkeit war bei den Befragten geringer, die einer Organisation angehören.

In der *EKI-Studie* wurden zusätzlich zu den Fragen zur religiösen Gläubigkeit Items eingesetzt, die atheistische Ansichten abbildeten (vgl. Tab 27 in Kap. 4.3.4). Der Mittelwert lag für die untersuchte Stichprobe bei 21,12 (SD = 5,51) bei einem möglichen Spektrum von 0 bis 25 (Abb. 86). Damit gab es wesentlich mehr Befragte, welche die religiösen Aussagen deutlich ablehnten, als solche, die den atheistischen Aussagen vollkommen zustimmten.

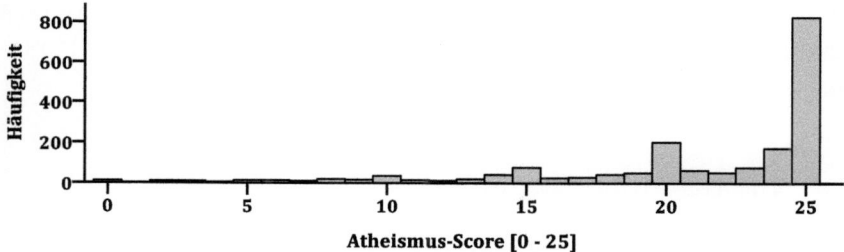

Abbildung 86: Häufigkeitsverteilung atheistischer Positionen in der EKI-Studie.
N = 1833; M = 21,12; SD = 5,51.

Ein Vergleich der Mittelwerte der Zustimmung zu atheistischen Ansichten zwischen den Probandinnen und Probanden, die Mitglied in einer säkularen Organisation sind, und solchen, die sich keiner Organisation angehörig fühlen, ergab einen signifikanten, jedoch in seiner Effektstärke sehr kleinen Unterschied ($t[941,558]$ = 3,517, $p < 0,001$, $d = 0,184$). Auch männliche und weibliche Befragte unterschieden sich hinsichtlich ihrer religiösen Gläubigkeit ($t[1256,912] = -4,235$, $p < 0,001$, $d = 0,206$) sowie bzgl. ihrer atheistischen Ansichten ($t[1240,592] = 4,912$, $p < 0,001$, $d = 0,238$) signifikant voneinander. Die männlichen Probanden zeigten größere Zustimmung zu atheistischen Positionen, die weiblichen Befragten hatten einen höheren Mittelwert für religiöse Gläubigkeit.

2) Wie ausgeprägt sind dualistische Sichtweisen auf das Verhältnis von Gehirn und Geist in der EKI-Studie sowie in unterschiedlichen Probandengruppen?

Der Mittelwert für den SD-Score in der Stichprobe innerhalb der *EKI-Studie* lag bei 8,91 ($SD = 4,76$) und damit im unteren Viertel des Skalenbereiches im Bereich eines *(starken) Monismus*. Die Datenverteilung zeigte eine starke Linksverschiebung des Maximums (Abb. 87). Jedoch gab es auch in dieser Studie Probandinnen und Probanden, die ein dualistisches Verhältnis von Geist und Gehirn annahmen, während es nur vernachlässigbar wenige religiöse Personen gab.

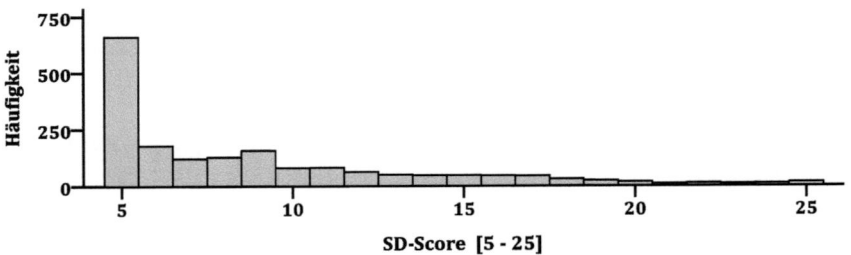

Abbildung 87: Häufigkeitsverteilung des SD-Scores in der EKI-Studie. $N = 1833$; $M = 8,91$; $SD = 4,76$.

Die Teilnehmenden wurden gebeten, sich zwischen den Bezeichnungen *Atheist/in*, *Agnostiker/in*, *Humanist/in* und *Freidenker/in* zu entscheiden[92]. Im Folgenden werden diese Selbstzuschreibungen verwendet, um verschiedenen Probandengruppen zu kategorisieren und miteinander zu vergleichen.

Die Mittelwerte der SD-Scores unterschieden sich signifikant zwischen den Gruppen der vier verschiedenen Selbstbezeichnungen ($F[3, 1676] = 78{,}672$, $p < 0{,}001$). Der Effekt der Selbstbezeichnung auf eine dualistische Sicht auf Geist und Gehirn war von mittlerer Stärke ($\eta^2 = 0{,}123$). Die geringste Neigung zu dualistischem Denken hatten die Befragten, die sich als Atheistinnen und Atheisten bezeichneten. Den höchsten Mittelwert für das dualistische Denken zeigten hingegen die Freidenkerinnen und Freidenker (Tab. 79).

Tabelle 79: Mittelwerte des SD-Scores für die Gruppen der weltanschaulichen Selbstbezeichnungen in der EKI-Studie.

	N	*M*	*SD*
Atheist/in	826	7,41	3,21
Agnostiker/in	230	11,31	5,16
Humanist/in	464	8,75	4,71
Freidenker/in	160	11,56	5,82
gesamt	1680	8,71	4,53

Ein Post-Hoc-Test verdeutlichte, dass die Unterschiede zwischen allen vier Gruppen signifikant waren ($p < 0{,}001$), außer zwischen den agnostischen Befragten verglichen mit den Freidenkerinnen und Freidenkern.

Bei den Agnostikerinnen und Agnostikern sowie Freidenkerinnen und Freidenkern war eine dualistische Sicht auf Gehirn und Geist deutlich verbreiteter als bei Atheistinnen und Atheisten sowie Humanistinnen

---

[92] Im Unterschied zu den Selbstbezeichnungen zu Beginn dieses Kapitels war dies eine exklusive Wahl der Selbstzuschreibung, bei der keine Mehrfachauswahl möglich war. Auf diese Weise können diese Selbstzuschreibungen als Variable zur Kategorisierung in verschiedene Probandengruppen dienen.

und Humanisten (Abb. 88). Die Mittelwerte aller Gruppen lagen jedoch im Bereich einer *(starken) monistischen* Sicht.

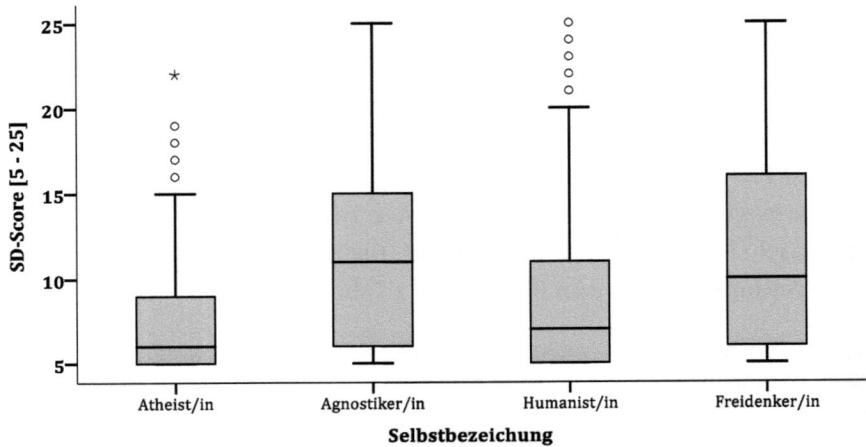

Abbildung 88: Boxplot für den Vergleich der SD-Scores zwischen den weltanschaulichen Gruppen in der EKI-Studie. N = 1680. Kreise zeigen moderate, Sterne extreme Ausreißer an. Angaben zur Signifikanz der Gruppenunterschiede finden sich im Text.

Auch zwischen den Vertreterinnen und Vertretern unterschiedlicher säkularer Organisationen ergab eine Varianzanalyse signifikante Unterschiede in Hinblick auf dualistisches Denken ($F[6, 1826]$ = 11,560, $p < 0,001$). Der Effekt der Organisationszugehörigkeit auf den SD-Score war jedoch schwach (η^2 = 0,037). Die am meisten dualistische Sichtweise zeigten die Probandinnen und Probanden, die angaben, einer „anderen" säkularen Organisation[93] oder keiner säkularen Organisation anzugehören (Tab. 80).

---

[93] Andere säkulare Organisationen, die angegeben wurden, waren neben den fälschlicherweise genannten beiden christlichen Kirchen z. B. *Bund für Geistesfreiheit, Gesellschaft zur wissenschaftlichen Untersuchung von Parawissenschaften, Partei der Humanisten, Pastafaris* ($N \geq 5$).

Einstellungen bei Konfessionsfreien (EKI-Studie)

Tabelle 80: Mittelwerte der Befragten verschiedener Organisationen zu dualistischem Denken in der EKI-Studie. Aufgeführt werden nur Organisationen und Kombinationen aus Organisationen, die mit $N > 25$ in der Befragung vertreten waren und weder Parteien noch religiösen Gemeinschaften entsprechen.

	N	M	SD
keine Organisation	1333	9,29	4,98
HVD	103	8,29	3,62
GBS	166	6,49	2,35
HVD und GBS	30	7,13	2,90
IBKA	37	7,19	3,34
Freidenker	28	7,90	3,70
andere Organisation	136	9,69	5,20
gesamt	1833	8,91	4,76

Die Vertreterinnen und Vertreter der GBS hingegen zeigten den geringsten Mittelwert für das dualistische Denken (Tab. 89).

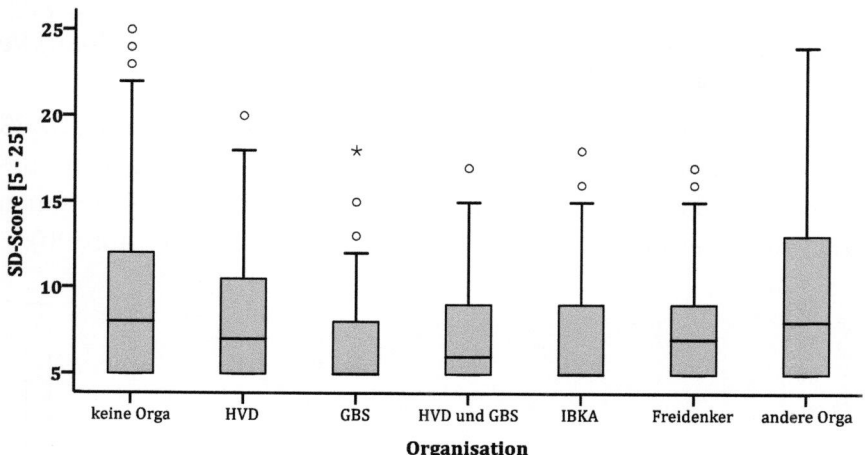

Abbildung 89: Boxplot für den Vergleich der SD-Scores je Organisation in der EKI-Studie. $N = 1833$. Kreise zeigen moderate Ausreißer an. Angaben zur Signifikanz der Gruppenunterschiede finden sich im Text.

Der Post-Hoc-Test verdeutlichte, dass lediglich die Unterschiede zwischen Vertreterinnen und Vertretern der GBS und Mitgliedern anderer Organisationen sowie nichtorganisierter Konfessionsfreier signifikant ausfielen ($p < 0{,}001$).

Bei einem Vergleich der Mittelwerte zum dualistischen Denken zwischen den Befragten, die einer säkularen Organisation angehören ($M = 7{,}90$; $SD = 3{,}94$) oder nicht angehören ($M = 9{,}29$; $SD = 4{,}98$), wurde ein signifikanter, kleiner Unterschied deutlich ($t[1125{,}484] = 6{,}221$, $p < 0{,}001$, $d = 0{,}326$). In der Tendenz zu einer dualistischen Sichtweise unterschieden sich auch die männlichen und weiblichen Befragten signifikant voneinander ($t[1192{,}111] = -8{,}871$, $p < 0{,}001$, $d = 0{,}431$). Die befragten Frauen neigten eher zu einer dualistischen Sichtweise auf Geist und Gehirn als die Männer.

3) Welche Einstellungen zu Evolution im Allgemeinen und zur Evolution des Bewusstseins im Speziellen treten in der EKI-Studie sowie in unterschiedlichen Probandengruppen auf?

Der Mittelwert des ATEVO-Scores lag in dieser Stichprobe bei 37,83 ($SD = 3{,}72$) und demnach nah an dem oberen Ende der Skala im Bereich einer Akzeptanz der Evolution. Der Großteil der Probandinnen und Probanden erreichte einen ATEVO-Score von 35 - 40 (Abb. 90).

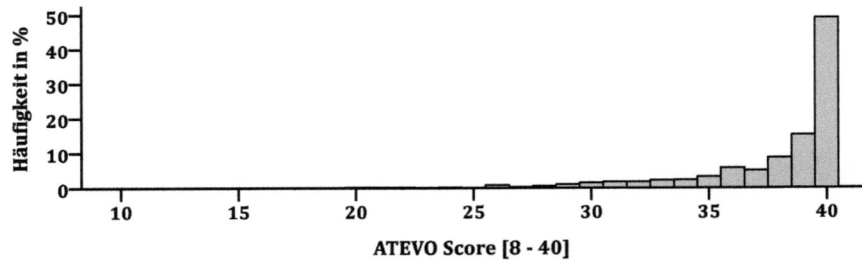

Abbildung 90: Häufigkeitsverteilung der ATEVO-Scores in der EKI-Studie. $N = 1833$; $M = 37{,}83$; $SD = 3{,}72$.

Bei Betrachtung der ATEVO-GE-Subskala ergab sich ein Mittelwert von 18,28 (SD = 2,65). Auch die Evolution des menschlichen Bewusstseins wurde somit in dieser Stichprobe im Durchschnitt akzeptiert. Wie in der *EGl*-, der *EWi*- und der *RED-Studie* deutete sich dennoch an, dass die Zahl der Personen, die eine Geistevolution ablehnten, höher lag als die Anzahl an Personen, die Evolution im Allgemeinen ablehnten. Denn der Mittelwert für die Subskala zur Evolution im Allgemeinen lag auch in dieser Stichprobe entsprechend höher (M = 19,55; SD = 1,45).

Probandinnen und Probanden verschiedener weltanschaulicher Selbstbezeichnungen unterschieden sich auch bezüglich ihrer Einstellung zu Evolution signifikant voneinander ($F[3, 1676]$ = 39,246, $p < 0,001$). Der Effekt der Selbstbeschreibung für die Akzeptanz der Evolution war von mittlerer Stärke (η^2 = 0,066).

Signifikante Unterschiede zwischen den einzelnen weltanschaulichen Gruppen verdeutlichte der Scheffé-Test. Atheistische Befragte unterschieden sich signifikant von agnostischen Probandinnen und Probanden sowie Freidenkerinnen und Freidenkern ($p < 0,001$), jedoch nicht von Humanistinnen und Humanisten. Diese beiden Gruppen zeigten auch die höchsten Mittelwerte der Einstellung zu Evolution (Tab. 81).

Tabelle 81: **Mittelwerte verschiedener weltanschaulicher Gruppen zur Einstellung zu Evolution.**

	N	ATEVO gesamt		ATEVO-AE		ATEVO-GE	
		M	SD	M	SD	M	SD
Atheist/in	826	38,60	2,87	19,75	1,15	18,85	2,06
Agnostiker/in	230	36,53	4,12	19,24	1,48	17,29	3,04
Humanist/in	464	38,17	3,18	19,69	1,08	18,48	2,42
Freidenker/in	160	36,18	4,82	18,98	2,30	17,20	3,07
gesamt	1680	37,97	3,48	19,59	1,36	18,38	2,50

Die agnostischen Befragten unterschieden sich signifikant von den atheistischen und humanistischen Probandinnen und Probanden ($p < 0{,}001$). Auch der Unterschied zwischen humanistischen Teilnehmenden und Freidenkerinnen und Freidenkern war signifikant ($p < 0{,}001$). Insgesamt war die Akzeptanz der Evolution jedoch bei allen vier Gruppen sehr ausgeprägt (Abb. 91).

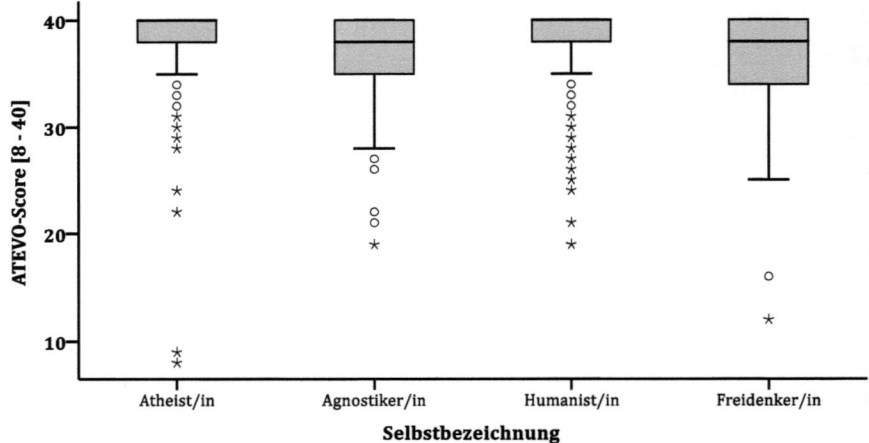

Abbildung 91: Boxplot für den Vergleich der ATEVO-Scores zwischen den weltanschaulichen Gruppen in der EKI-Studie. $N = 1680$. Kreise zeigen moderate, Sterne extreme Ausreißer an. Angaben zur Signifikanz der Gruppenunterschiede finden sich im Text.

Auch die Varianzanalysen zur ATEVO-AE-Subskala ($F[3, 1676] = 21{,}448$, $p < 0{,}001$, $\eta^2 = 0{,}037$) sowie zur ATEVO-GE-Subskala ($F[3, 1676] = 38{,}763$, $p < 0{,}001$, $\eta^2 = 0{,}065$) ergaben signifikante Mittelwertunterschiede zwischen den Gruppen der verschiedenen weltanschaulichen Selbstzuschreibungen. Die Signifikanz-Verhältnisse der Gruppenunterschiede zeigten laut Scheffé-Test das gleiche Muster wie bei der gesamten ATEVO-Skala.

Eine Varianzanalyse zum Unterschied der Mittelwerte der Organisationen in Bezug auf die Einstellung zu Evolution zeigte ebenfalls ein signifikantes Ergebnis ($F[6, 1826] = 8,981$, $p < 0,001$, $\eta^2 = 0,029$). Am geringsten waren die Mittelwerte für die Einstellung zu Evolution bei Befragten, die keiner oder einer „anderen" säkularen Organisation angehören (Tab. 82). Diese beiden Gruppen unterschieden sich in ihren Mittelwerten signifikant von den Vertreterinnen und Vertretern der GBS ($p < 0,01$), die die höchsten Werte für die Akzeptanz der Evolution zeigten (Abb. 92).

Tabelle 82: Mittelwerte der ATEVO-Scores bei Probandengruppen verschiedener säkularer Organisationen in der EKI-Studie. Aufgeführt werden nur Organisationen und Kombinationen aus Organisationen, die mit $N > 25$ in der Befragung vertreten waren und weder Parteien noch religiösen Gemeinschaften entsprechen.

	N	ATEVO ges		ATEVO-AE		ATEVO-GE	
		M	SD	M	SD	M	SD
keine Organisation	1333	37,54	3,86	19,49	1,50	18,05	2,76
HVD	103	38,71	2,50	19,86	0,73	18,84	2,08
GBS	166	39,36	1,49	19,92	0,49	19,45	1,31
HVD und GBS	30	39,17	1,88	19,83	0,46	19,33	1,49
IBKA	37	39,08	1,83	19,86	0,59	19,22	1,49
Freidenker	28	38,21	4,70	19,39	3,02	18,82	2,23
andere Organisation	136	37,40	4,59	19,34	1,84	18,06	3,08
gesamt	1833	37,83	3,72	19,55	1,45	18,28	2,65

Auch die Varianzanalysen zur ATEVO-AE-Subskala ($F[6, 1826] = 4,000$, $p = 0,001$, $\eta^2 = 0,013$) sowie zur ATEVO-GE-Subskala ($F[6, 1826] = 10,073$, $p < 0,001$, $\eta^2 = 0,032$) ergaben signifikante Ergebnisse zwischen den Gruppen der verschiedenen weltanschaulichen Selbstzuschreibungen.

Die Signifikanz-Verhältnisse der Gruppenunterschiede zeigten nahezu das gleiche Muster wie bei der gesamten ATEVO-Skala. Bei der Subskala zur allgemeinen Evolution war jedoch auf einem Niveau von $p < 0,01$ kein signifikanter Unterschied vorhanden.

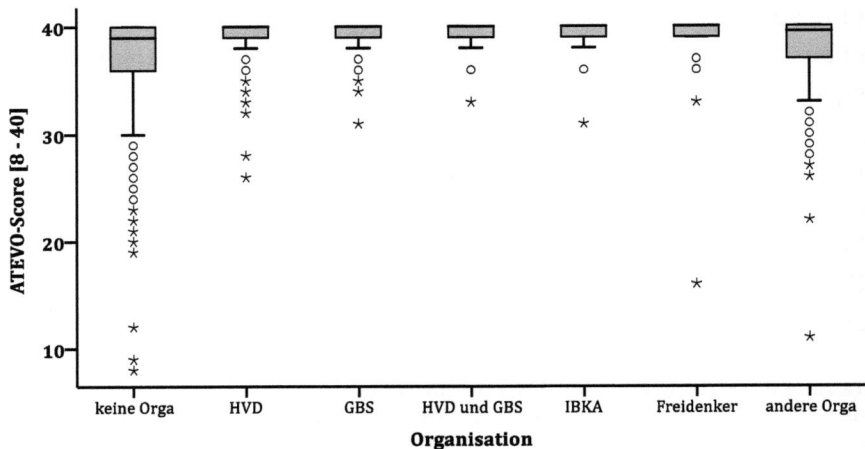

Abbildung 92: Boxplot für den Vergleich der ATEVO-Scores je Organisation in der EKI-Studie. N = 1833. Kreise zeigen moderate, Sterne extreme Ausreißer an. Angaben zur Signifikanz der Gruppenunterschiede finden sich im Text.

Ein t-Test für unabhängige Stichproben ergab einen signifikanten Mittelwertunterschied der Einstellung zu Evolution zwischen Befragten, die einer säkularen Organisation angehören und denen, die keiner solchen Organisation angehören ($t[1086,746] = -5,999$; $p < 0,001$, $d = 0,315$). Dieser Unterschied war auch in Bezug auf die ATEVO-AE-Subskala ($t[1026,168] = -3,106$; $p = 0,002$, $d = 0,163$) sowie für die ATEVO-GE-Subskala ($t[1108,602] = -6,733$; $p < 0,001$, $d = 0,353$) signifikant. In all diesen Fällen lagen die Mittelwerte für jene Probandinnen und Probanden höher, die Mitglied einer säkularen Organisation waren.

Auch zwischen weiblichen und männlichen Befragten ergab ein t-Test einen signifikanten Unterschied hinsichtlich ihrer Einstellung zu Evolution ($t[1283,872] = 6,593$, $p < 0,001$, $d = 0,320$). Dieser Unterschied bestand auch bezüglich der Mittelwerte zu den ATEVO-Subskalen zur Evolution im Allgemeinen ($t[1423,589] = 3,816$, $p < 0,001$, $d = 0,185$)

sowie zur Evolution des menschlichen Bewusstseins (t[1206,083] = 7,043, $p < 0,001$, d = 0,342). Die weiblichen Befragten zeigten jeweils eine negativere Einstellung zu Evolution als die männlichen Personen.

4) Wie hängen Einstellungen zu Evolution, religiöse Gläubigkeit und dualistisches Denken in der EKI-Studie zusammen?

Die Einstellung zu Evolution korrelierte wie in den vorangegangenen Studien negativ mit religiöser Gläubigkeit (r = -0,417; $p < 0,001$) und ähnelte in der Stärke dem Korrelationskoeffizienten in der *EWi-Studie*. Auch die Variable *dualistisches Denken* korrelierte negativ mit der Einstellung zu Evolution (r = -0,593; $p < 0,001$) und zwar wesentlich stärker als in der *EWi-Studie*.

Wie bereits in der *RED-Studie* war auch für diese Stichprobe die Korrelation zwischen ATEVO-Score und SD-Score höher als zwischen ATEVO- und PERF-Score. Auch zwischen den Variablen *dualistisches Denken* und *religiöse Gläubigkeit* gab es wie in den Vorgängerstudien eine positive Korrelation (r = 0,459; $p < 0,001$). Die Korrelation zwischen der Disposition für dualistisches Denken und der ATEVO-GE-Subskala lag deutlich höher (r = -0,625; $p < 0,001$) als die Korrelation mit der ATEVO-AE-Subskala (r = -0,378; $p < 0,001$). Auch die Korrelation mit der Religiosität war für die Einstellung zur Geistevolution höher (r = -0,423; $p < 0,001$) als für die Einstellung zu Evolution im Allgemeinen (r = -0,294; $p < 0,001$).

Der Zusammenhang zwischen Gläubigkeit und Einstellungen zu Evolution war wie in der *EGl-* und der *EWi-Studie* nicht über das gesamte Spektrum der Summenscores linear. An der Datenverteilung wird allerdings deutlich, dass es im Bereich hoher Gläubigkeit innerhalb dieses Datensatzes nur wenige Daten gab (Abb. 93).

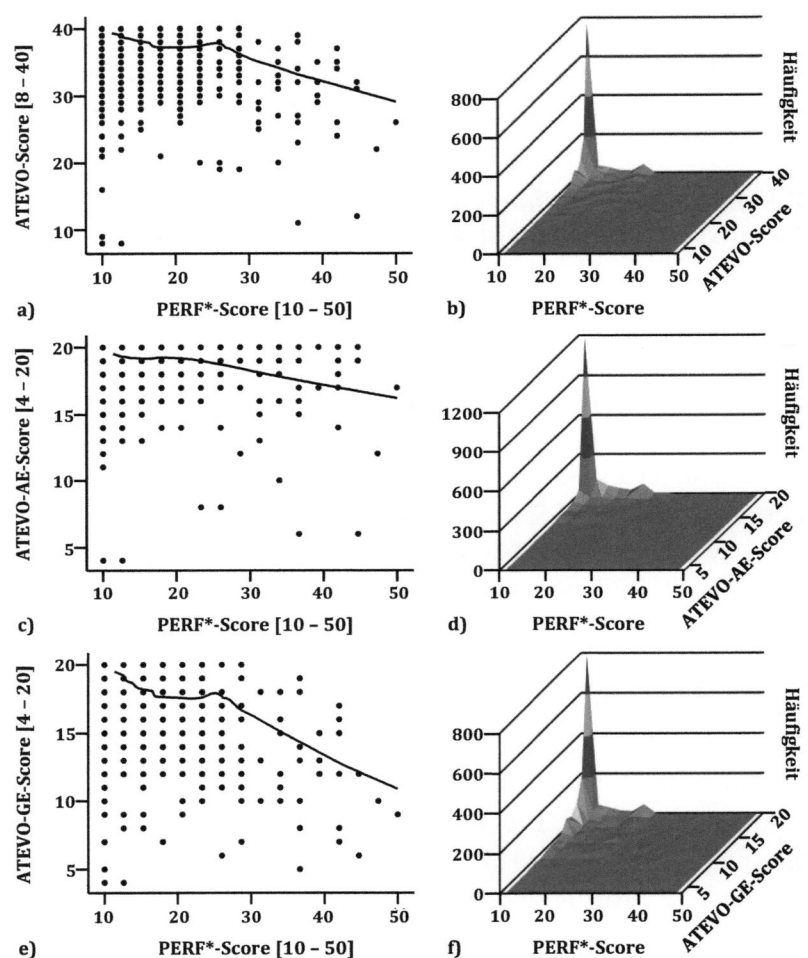

Abbildung 93: Verhältnis von Einstellungen zu Evolution und religiöser Gläubigkeit in der EKI-Studie. Ausgleichsrechnung: Loess-Fit. N = 1833. Die Punkte in a), c) und e) beschreiben nur beobachtete Kombinationen, nicht hingegen die Anzahl der Datenpunkte bei der jeweiligen Koordinate. Die Verteilung spiegelt sich zum einen in den Ausgleichskurven und zum anderen in den entsprechenden 3D-Plots in b), d) und f) wider. Aus Gründen der Übersichtlichkeit wurde der Skalenbereich bei der Achsenbeschriftung der 3D-Plots weggelassen. Er entspricht jeweils den an den Punktdiagrammen angegebenen Bereichen.

Wie bereits in der *EWi-Studie* war der Verlauf des Loess-Fits für die Einstellung zu Evolution im Allgemeinen auch in dieser Stichprobe sehr flach (Abb. 93c), sodass deutlich wurde, dass es keine großen Mittelwertunterschiede zwischen sehr gläubigen und sehr ungläubigen Probandinnen und Probanden hinsichtlich der Akzeptanz von Evolution im Allgemeinen gab.

Für die ATEVO-GE-Subskala war wie in der *EGl-* und der *EWi-Studie* die Verteilung der Daten weniger eindeutig (Abb. 93e und 93f). Es fanden sich hier mehrere nicht-religiöse Befragte, die eine ablehnende Haltung gegenüber der Evolution des Bewusstseins aufwiesen, auch wenn die große Mehrheit der Probandinnen und Probanden den höchsten Punktwert bei der ATEVO-GE-Subskala erreichte.

Wie in allen vorherigen Studien hing auch in der *EKI-Studie* die Einstellung zu Evolution negativ mit religiöser Gläubigkeit sowie mit dualistischem Denken zusammen. Die Betrachtung der Mittelwerte dualistischen Denkens und Gläubigkeit über das gesamte Spektrum der Einstellungen zu Evolution zeigt einen ähnlichen Verlauf beider Graphen im Bereich hoher ATEVO-Scores (Abb. 94). Sowohl Gläubigkeit als auch die Tendenz zu einer dualistischen Sichtweise sanken im Mittel bei zunehmender Akzeptanz der Evolution.

Im Unterschied zu den anderen Studien lag der Mittelwert der Gläubigkeit nur im Bereich einer stark ablehnenden Haltung zu Evolution über den Mittelwerten des dualistischen Denkens, wobei hier die Datengrundlage sehr schwach war. Ab einer Zustimmung von etwa 10 % zu den Items der ATEVO-Skala, also fast in der gesamten Stichprobe, waren die Mittelwerte für dualistisches Denken höher als die Mittelwerte der Gläubigkeit.

Es deutete sich an, dass die Einstellungs-Unterschiede zwischen Menschen mit negativer Einstellung zu Evolution wie in der *EGl-*, *EWi-* und *RED-Studie* auch innerhalb dieser Stichprobe am besten durch die

Gläubigkeit vorhergesagt werden, während die Einstellungs-Unterschiede zwischen Menschen mit höherem ATEVO-Score am besten durch dualistisches Denken erklärt werden konnten. Diese Erkenntnisse konnten auch mit Hilfe einer Regressionsanalyse bestätigt werden[94].

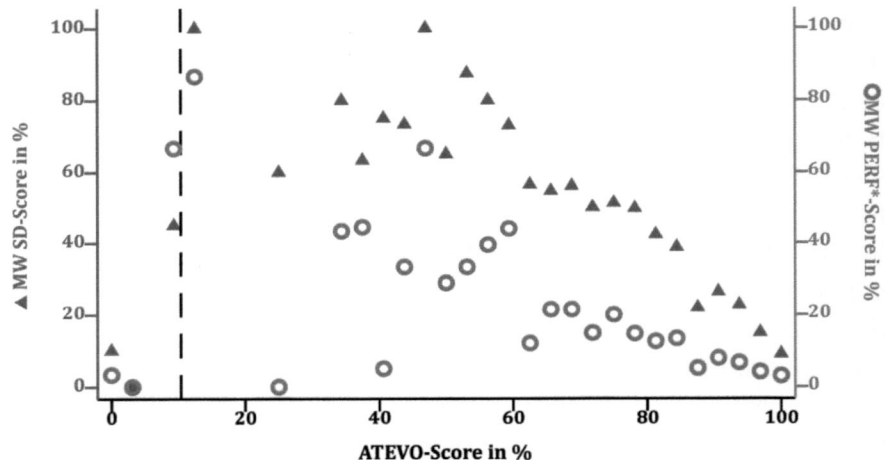

Abbildung 94: Verhältnis von dualistischem Denken und religiöser Gläubigkeit zu Einstellungen zu Evolution in der EKI-Studie. % Angaben in Bezug auf die Skala wegen Vergleichbarkeit zwischen Skalen. Dreieckige Symbole: dualistisches Denken; Kreise: Gläubigkeit. Die vertikale Linie markiert den Wert des ATEVO-Scores, bei dem sich die Graphen von PERF- und SD-Scores schneiden.

---

[94] Im Unterschied zu den vorangegangenen Studien wurde der Datensatz für diese Studie nicht auf Basis des Schnittpunktes der Graphen für die Mittelwerte von PERF- und SD-Skala geteilt, da für den Bereich niedriger ATEVO-Scores die Stichprobe zu klein war. Die Regressionsanalyse des gesamten Datensatzes zeigte jedoch, wie erwartet, den SD-Score als besseren Prädiktor für die Einstellung zu Evolution als den PERF-Score.

5) Wie unterscheiden sich die Einstellungen zu Evolution im Allgemeinen und zur Evolution des menschlichen Bewusstseins in der EKI-Studie?

Wie in den vorangegangenen Studien zeigte sich auch in dieser Stichprobe der Konfessionsfreien beim Vergleich der beiden ATEVO-Subskalen, dass mit zunehmender Gläubigkeit die Akzeptanz der allgemeinen Evolution sowie der Geistevolution abnahm (Abb. 95).

Es deutete sich wie bereits in der *EWi-* und *RED-Studie* an, dass es bezüglich der Einstellung zu Evolution im Allgemeinen keine großen Unterschiede zwischen gläubigen und ungläubigen Befragten gab. Allerdings ist die Datengrundlage im Bereich hoher Gläubigkeit in der hier dargestellten Studie sehr schwach.

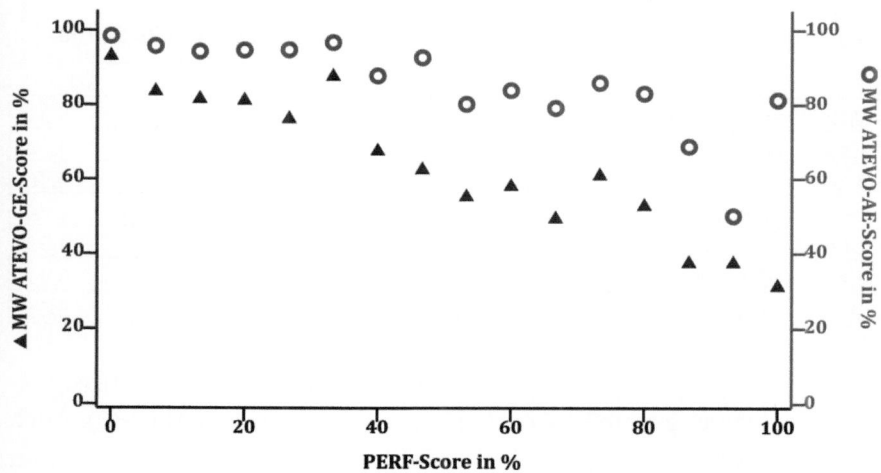

Abbildung 95: Verhältnis von Einstellungen zu Evolution und Geistevolution zu religiöser Gläubigkeit in der EKI-Studie. % Angaben in Bezug auf die Skala wegen Vergleichbarkeit zwischen Skalen. Dreieckige Symbole: Geistevolution; Kreise: Evolution allgemein.

Die Mittelwerte der Einstellung zur Evolution des Bewusstseins waren über das gesamte Spektrum der Gläubigkeit negativer und sanken im

Mittel deutlicher ab als die Mittelwerte der Akzeptanz der Evolution im Allgemeinen. Die Evolution des menschlichen Geistes wurde demnach auch innerhalb dieser Stichprobe der Konfessionsfreien weniger akzeptiert als die Evolution im Allgemeinen.

16) Wie hängt die Einstellung zu Evolution mit übersinnlichen Weltsichten sowie mit szientistischen, dogmatischen, atheistischen, naturalistischen und skeptischen Positionen zusammen?

Zur Untersuchung der Konfessionsfreien wurden weitere Persönlichkeitsfaktoren und Einstellungen untersucht, von denen einige im Folgenden im Zusammenhang mit der Einstellung zu Evolution und dualistischem Denken analysiert werden.

Tabelle 83: Mittelwerte zu den untersuchten Parametern in der EKI-Studie.

	N	M	SD
Atheismus [0 – 25]	1833	21,12	5,51
Szientismus [0 – 15]	1833	8,75	4,12
Dogmatismus [0 – 160]	1833	50,93	24,46
Naturalismus [0 – 10]	1833	7,49	2,84
Skeptizismus [0 – 20]	1833	9,73	4,53
Esoterische Ideologie [0 – 20]	1833	2,43	3,41
Außersinnliche Erfahrungen [9 – 45]	1833	12,50	5,51

Atheistische Positionen waren in der Stichprobe der Konfessionsfreien erwartungsgemäß weit verbreitet (Tab. 83; vgl. Abb. 86). Auch naturalistischen Aussagen stimmten die befragten Probandinnen und Probanden besonders häufig zu. Die Mittelwerte für szientistische und skeptische Ansichten lagen dagegen jeweils etwa beim Mittelwert des Skalenbereiches. Wesentlich weniger wurden hingegen dogmatische Positionen vertreten. Vor allem die Zustimmung zu esoterischer Ideologie sowie die persönliche Erfahrung außersinnlicher Erlebnisse waren in dieser Stichprobe sehr gering.

Die Einstellung zu Evolution hing neben den bekannten negativen Korrelationen mit der Gläubigkeit und dem dualistischen Denken besonders stark negativ mit den Variablen *Außersinnliche Erfahrungen* und *Esoterische Ideologie* zusammen (Tab. 84). Das bedeutet, dass befragte Personen, die die Evolution akzeptieren, in der Regel nicht zur Erfahrung außersinnlicher Erlebnisse oder zum Glauben an Telepathie, Glücksbringer und Horoskope neigten.

Der stärkste positive Zusammenhang mit der Einstellung zu Evolution lag bei einer naturalistischen Positionierung vor. Auch die Zusammenhänge zwischen atheistischen sowie szientistischen Positionen mit der Akzeptanz der Evolution waren positiv, jedoch etwas schwächer in ihrer Ausprägung. Lediglich schwach und negativ war der Zusammenhang zwischen der Akzeptanz der Evolution und einer skeptischen Sicht auf Wahrheiten.

Tabelle 84: Korrelationen verschiedener Parameter mit Einstellungen zur Evolution und dualistischem Denken in der EKI-Studie. $N = 1833$. Pearson Korrelationen r. ** Die Korrelation ist auf einem Niveau von $p < 0{,}001$ statistisch signifikant.

	ATEVO	SD
Atheismus	0,486**	-0,588**
Szientismus	0,408**	-0,519**
Dogmatismus	0,089**	-0,204**
Naturalismus	0,532**	-0,683**
Skeptizismus	-0,193**	0,262**
Esoterische Ideologie	-0,467**	0,661**
Außersinnliche Erfahrungen	-0,425**	0,531**

Während es zwischen der Einstellung zu Evolution und einer dogmatischen Einstellung nur einen vernachlässigbar kleinen Zusammenhang gab, zeigte sich zwischen dogmatischen Positionen und dualistischem Denken ein statistisch signifikanter, jedoch schwacher, negativer Zusammenhang. Die Tendenz zu einer dualistischen Sichtweise wies einen sehr starken negativen Zusammenhang mit naturalistischen, atheistischen sowie szientistischen Positionen auf. Die Zustimmung zu esoterischen Ideen oder das Erleben außersinnlicher Erfahrungen hingen demgegenüber stark positiv mit dem dualistischen Denken zusammen. Das bedeutet, dass Personen, die ein dualistisches Bild von Gehirn und Geist haben, eher esoterischen Ideen zustimmten. Eine skeptische Sicht auf Wahrheiten korrelierte positiv und schwach mit dem dualistischen Denken.

Im Vergleich waren die Korrelationen jeweils für die ATEVO-GE-Subskala stärker als zwischen den oben dargestellten Parametern und der ATEVO-AE-Subskala. Zwischen den einzelnen Parametern bestanden zudem zum Teil sehr starke Korrelationen. So lag ein starker positiver Zusammenhang zwischen szientistischen und naturalistischen ($r = 0{,}655$, $p < 0{,}001$) sowie ein starker negativer Zusammenhang zwischen Gläubigkeit und Atheismus ($r = -0{,}527$, $p < 0{,}001$) vor. Positive Korrelationen mittlerer Stärke fanden sich zwischen atheistischen und szientistischen Positionen ($r = 0{,}430$, $p < 0{,}001$), sowie zwischen atheistischen und naturalistischen Sichtweisen ($r = 0{,}506$, $p < 0{,}001$) und zwischen Dogmatismus und Szientismus ($r = 0{,}335$, $p < 0{,}001$). Negative Zusammenhänge mittlerer Stärke bestanden zwischen Skeptizismus und Szientismus ($r = -0{,}420$, $p < 0{,}001$) sowie Dogmatismus ($r = -0{,}390$, $p < 0{,}001$). Auch zwischen Gläubigkeit und Szientismus ($r = -0{,}330$, $p < 0{,}001$) sowie Gläubigkeit und Naturalismus ($r = -0{,}369$, $p < 0{,}001$) ließen sich negative Zusammenhänge mittlerer Stärke erkennen.

5.4.1 Strukturgleichungsmodellierung

17) Wie hängen die untersuchten Variablen in der EKI-Studie zusammen und wie viel Varianz der Einstellung zu Evolution und zur Evolution des menschlichen Bewusstseins kann mit Hilfe dieser Beziehungsstrukturen erklärt werden?

In Anknüpfung an die Ergebnisse der *EGl-*, *EWi-* und *RED-Studie* sollen im Folgenden mit Hilfe von Strukturgleichungsmodellen die Beziehungen zwischen den einzelnen Variablen aus der *EKI-Studie* qualitativ und quantitativ beschrieben werden. Wie in den vorangegangenen Studien wurden zuvor die Beziehungen zwischen den einzelnen untersuchten Variablen überprüft (vgl. Kap. 4.4.3). Als problematisch stellte sich lediglich die Verteilung in den Diagrammen dar, die die Variable *religiöse Gläubigkeit* beinhalteten. Aus diesem Grund und weil es in diesem Datensatz kaum Varianz in den Werten der Gläubigkeit gab, wurde der Summenscore der Gläubigkeit nicht in das Modell aufgenommen. Da sich die Steigungen aller anderen Loess-Fits im Verlauf nicht stark änderten und in ihren Richtungen gleichbleibend waren, wurden für alle relevanten Parameter lineare Beziehungen angenommen.

Die Grundlage für die Modellannahmen lieferten die Ausführungen in Kapitel 3.2.6 sowie die Ergebnisse aus Korrelations-, Faktor- und Regressionsanalysen, die im Ergebnisteil aus Platzgründen nur teilweise im Detail dargestellt werden konnten. Die Faktorenanalyse ergab wie bereits in Tabelle 9 für die Einstellung zu Evolution eine zweidimensionale Struktur, die im Wesentlichen die beiden ATEVO-Subskalen abbildete. Auch wenn die Zweidimensionalität nicht ganz eindeutig war, wurde der ATEVO-Score aufgeteilt auf zwei Variablen in das Modell eingefügt. Dieses Vorgehen hatte sich in den vorherigen Studien bereits bewährt.

Zunächst wurde die in Kapitel 3.2.6 dargestellte Grundstruktur für zweidimensionale Modelle um den in der *EGl*-, *EWi*-, sowie *RED-Studie* deutlich gewordenen Pfad zwischen dem dualistischen Denken und der Einstellung zu Evolution im Allgemeinen erweitert. Die Gläubigkeit wird jedoch in dieser speziellen Stichprobe durch ihr näherungsweises Komplement *Atheismus* ersetzt, da es bei dieser Variable eine größere Varianz innerhalb der untersuchten Stichprobe gab (vgl. Abb. 85 und 86). In einem ersten Ansatz wurde diese Grundstruktur getestet, die bis auf den Tausch der Variablen *Gläubigkeit* und *Atheismus* dem Modell J (Abb. 83) aus der *RED-Studie* entsprach (Abb. 96). In dieser Grundstruktur (Modell L) für die *EKI-Studie* fand sich, wie erwartet, ein starker negativer Effekt einer atheistischen Position auf dualistisches Denken (Tab. 85).

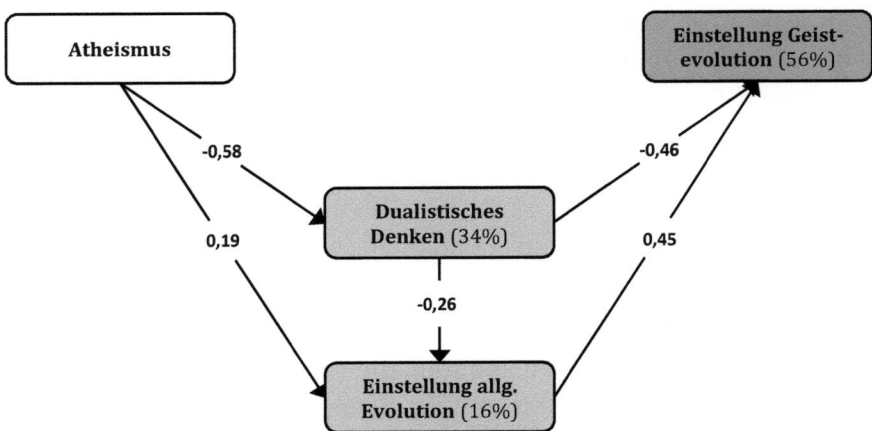

Abbildung 96: Strukturgleichungsmodell L in der EKI-Studie. $N = 1833$. Die Werte an den Pfeilen geben die standardisierten Regressionsgewichte des Pfades an. Die Werte an den abhängigen Variablen beschreiben den prozentualen Anteil der aufgeklärten Varianz durch die unabhängigen Variablen (R^2). Fehlerterme sind aus statistisch-mathematischen Gründen für jede Variable erforderlich, die in irgendeinem Sinne als abhängige Variable auftaucht, werden hier jedoch aus Gründen der Übersichtlichkeit weggelassen.

Die Sichtweise auf das Verhältnis von Gehirn und Geist zeigte einen negativen Effekt auf die Einstellung zur Evolution des Bewusstseins und einen schwachen negativen Effekt auf die Evolution im Allgemeinen. Das heißt, je höher die Tendenz zu dualistischen Sichtweisen, desto geringer die Akzeptanz der Evolution des menschlichen Geistes sowie der Evolution im Allgemeinen. Ein positiver Effekt mittlerer Stärke bestand außerdem zwischen der Einstellung zu Evolution im Allgemeinen und der Einstellung zur Evolution des Bewusstseins. Am schwächsten war der positive Effekt von Atheismus auf die Einstellung zu Evolution im Allgemeinen.

Die Regressionsgewichte der Pfade sind mit jenen aus Modell J in der *RED-Studie* in ihrer Größenordnung vergleichbar. Einzig der Effekt des dualistischen Denkens auf die Akzeptanz der Evolution des Bewusstseins sowie der Effekt atheistischer Überzeugungen auf die Akzeptanz der Evolution im Allgemeinen sind für die befragten Konfessionsfreien in der *EKI-Studie* beinah doppelt so groß wie in der bevölkerungsrepräsentativen *RED-Studie*. Auch die Höhe der erklärten Varianz war für die Zielvariable sowie die intermediären Variablen in der *EKI-Studie* deutlich größer.

Tabelle 85: Regressionsgewichte für Strukturgleichungsmodell L in der EKI-Studie. USRW bezeichnet die unstandardisierten Regressionsgewichte, SRW die standardisierten Regressionsgewichte, S.E. den Standardfehler von USRW, C.R. den Quotienten aus USRW und SE im Sinne einer Wald-Statistik, P den dazugehörigen *p*-Wert. ATEVO-AE: Einstellung zu Evolution im Allgemeinen; ATEVO-GE: Einstellung zur Evolution des Bewusstseins.

			USRW	S.E.	C.R.	P	SRW
Dualismus	<---	Atheismus	-0,508	0,021	-24,396	***	-0,583
ATEVO-AE	<---	Atheismus	0,052	0,012	4,374	***	0,186
ATEVO-AE	<---	Dualismus	-0,084	0,010	-8,324	***	-0,260
ATEVO-GE	<---	Dualismus	-0,255	0,014	-18,659	***	-0,456
ATEVO-GE	<---	ATEVO-AE	0,781	0,050	15,620	***	0,450

Modell L zeigte jedoch einen fragwürdigen Modell-Fit mit einem CMIN/DF von 23,156 ($p < 0,001$) sowie CFI = 0,928 und RMSEA = 0,110 (PCLOSE = 0,004). Dennoch konnten mit Hilfe dieses Grundmodells in dieser Stichprobe 56 % der Varianz der Akzeptanz der Evolution des Bewusstseins erklärt werden. Den stärksten totalen Effekt hatte dabei die Tendenz zu einer dualistischen Sichtweise. Eine atheistische Position hatte im Gegensatz zum dualistischen Denken einen positiven Effekt auf die Einstellung zur Geistevolution, der indirekt über die Einstellung zu Evolution im Allgemeinen und das dualistische Denken vermittelt wurde. Die Varianz in der Einstellung zu Evolution im Allgemeinen konnte durch die Modell-Variablen zu 16 % erklärt werden. Zudem erklärten sich 34 % der Disposition zu dualistischen Sichtweisen über die Gläubigkeit.

Als zusätzlicher Parameter wurde *Naturalismus* in das Modell aufgenommen. Hierbei handelte es sich um einen weiteren möglichen Prädiktor für die Einstellung zu Evolution, wobei anhand der Ergebnisse der Korrelationsanalysen davon ausgegangen wurde, dass dieser einen Einfluss auf die Akzeptanz der Evolution hat. Gleichzeitig sind naturalistische Einstellungen auch aufgrund theoretischer Überlegungen eng mit Einstellungen zu Evolution im Allgemeinen sowie der Geistevolution verknüpft (vgl. Kap. 2.3). Außerdem wurden ein Einfluss auf eine atheistische Einstellung und ein Effekt auf das dualistische Denken angenommen (vgl. Kap. 2.3.1).

Durch die Aufnahme der Variable *Naturalismus* mitsamt dieser zusätzlichen Pfade war der Pfad zwischen Atheismus und der Einstellung zu Evolution im Allgemeinen nicht mehr statistisch signifikant, jedoch zeigte sich der Einfluss von Atheismus auf die Einstellung zur Geistevolution als signifikant. Diese beiden Modifikationen wurden in das Modell aufgenommen (Abb. 97).

Einstellungen bei Konfessionsfreien (EKI-Studie)

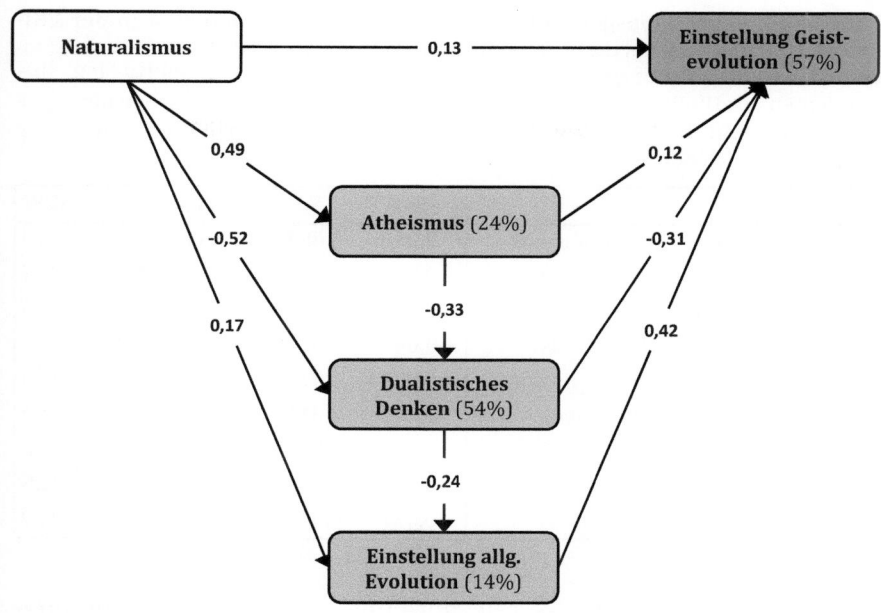

Abbildung 97: Strukturgleichungsmodell M in der EKI-Studie. N = 1833. Die Werte an den Pfeilen geben die standardisierten Regressionsgewichte des Pfades an. Die Werte an den abhängigen Variablen beschreiben den prozentualen Anteil der aufgeklärten Varianz durch die unabhängigen Variablen (R^2). Fehlerterme sind aus statistisch-mathematischen Gründen für jede Variable erforderlich, die in irgendeinem Sinne als abhängige Variable auftaucht, werden hier jedoch aus Gründen der Übersichtlichkeit weggelassen.

Das resultierende Modell M zeigte einen guten Modell-Fit mit einem CMIN/DF von 11,700 (p = 0,001) sowie CFI = 0,975 und RMSEA = 0,076 (PCLOSE = 0,100). Alle Pfade des Modells waren statistisch signifikant (Tab. 86). Mit Hilfe des Modells M konnten 57 % der Einstellung zur Evolution des menschlichen Bewusstseins erklärt werden. Die Tendenz zu einer dualistischen Sichtweise wurde zu 54 % erklärt und atheistische Positionen zu 24 %. Außerdem konnten 14 % der Einstellung zu Evolution im Allgemeinen erklärt werden.

Tabelle 86: Regressionsgewichte für Strukturgleichungsmodell M in der EKI-Studie. USRW bezeichnet die unstandardisierten Regressionsgewichte, SRW die standardisierten Regressionsgewichte, S.E. den Standardfehler von USRW, C.R. den Quotienten aus USRW und SE im Sinne einer Wald-Statistik, P den dazugehörigen *p*-Wert. ATEVO-AE: Einstellung zu Evolution im Allgemeinen; ATEVO-GE: Einstellung zur Evolution des Bewusstseins.

			USRW	S.E.	C.R.	P	SRW
Atheismus	<---	Naturalismus	0,938	0,052	17,996	***	0,490
Dualismus	<---	Atheismus	-0,284	0,021	-13,752	***	-0,325
Dualismus	<---	Naturalismus	-0,861	0,040	-21,783	***	-0,516
ATEVO-AE	<---	Dualismus	-0,067	0,011	-6,043	***	-0,240
ATEVO-AE	<---	Naturalismus	0,079	0,018	4,471	***	0,169
ATEVO-GE	<---	Dualismus	-0,171	0,017	-10,183	***	-0,309
ATEVO-GE	<---	ATEVO-AE	0,837	0,066	12,614	***	0,422
ATEVO-GE	<---	Naturalismus	0,118	0,024	4,922	***	0,128
ATEVO-GE	<---	Atheismus	0,057	0,012	4,608	***	0,119

Als weitere möglicherweise relevante und in ihrer Einordnung interessante Variable wurde außerdem die Variable *Szientismus* in das Modell aufgenommen.

Anhand der Korrelationsanalyse sowie der engen theoretischen Verknüpfung zwischen den Konstrukten (vgl. Kap. 2.3.1) war ein Effekt einer naturalistischen Position auf eine szientistische Einstellung zu vermuten. Außerdem war anzunehmen, dass eine szientistische Position einen positiven Effekt auf eine atheistische Weltanschauung hat (vgl. Kap. 3.2.5).

Fügte man diese beiden Modifikationen ein, so ließ sich die Einstellung zu Evolution im Allgemeinen nicht mehr mit einem annehmbaren Modell-Fit in das Modell einbinden. Diese Variable wurde daher als in diesem Rahmen nicht gut erklärbar entfernt. Somit verblieb die Einstellung zur Geistevolution als einzige gut erklärbare Zielvariable (Abb. 98).

Einstellungen bei Konfessionsfreien (EKI-Studie)

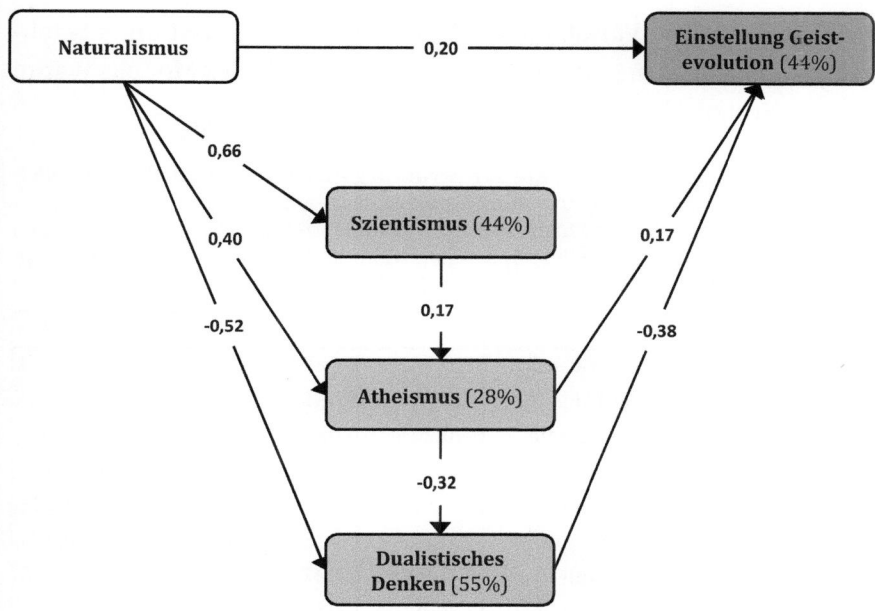

Abbildung 98: Strukturgleichungsmodell N in der EKI-Studie. N = 1833. Die Werte an den Pfeilen geben die standardisierten Regressionsgewichte des Pfades an. Die Werte an den abhängigen Variablen beschreiben den prozentualen Anteil der aufgeklärten Varianz durch die unabhängigen Variablen (R^2). Fehlerterme sind aus statistisch-mathematischen Gründen für jede Variable erforderlich, die in irgendeinem Sinne als abhängige Variable auftaucht, werden hier jedoch aus Gründen der Übersichtlichkeit weggelassen.

Modell N zeigte einen sehr guten Modell-Fit mit einem CMIN/DF von 4,781 (p = 0,008) sowie CFI = 0,988 und RMSEA = 0,045 (PCLOSE = 0,540). Die zentrale abhängige Variable in diesem Modell N in der *EKI-Studie* war die Einstellung zur Geistevolution, während eine atheistische Weltanschauung, eine szientistische Position und das dualistische Denken intermediäre Variablen darstellten, die sowohl durch Variablen beeinflusst wurden als auch ihrerseits Variablen beeinflussten. Eine naturalistische Einstellung war die Variable, die durch die anderen Variablen im Modell nicht beeinflusst und als fehlerfrei beobachtet angenommen wurde. Alle Pfade des Modells waren statistisch signifikant (Tab. 87).

Tabelle 87: Regressionsgewichte für Strukturgleichungsmodell N in der EKI-Studie. USRW bezeichnet die unstandardisierten Regressionsgewichte, SRW die standardisierten Regressionsgewichte, S.E. den Standardfehler von USRW, C.R. den Quotienten aus USRW und SE im Sinne einer Wald-Statistik, P den dazugehörigen p-Wert. ATEVO-GE: Einstellung zur Evolution des Bewusstseins.

			USRW	S.E.	C.R.	P	SRW
Szientismus	<---	Naturalismus	0,961	0,024	40,091	***	0,663
Atheismus	<---	Naturalismus	0,776	0,061	12,672	***	0,400
Atheismus	<---	Szientismus	0,225	0,037	6,043	***	0,168
Dualismus	<---	Atheismus	-0,277	0,020	-13,640	***	-0,323
Dualismus	<---	Naturalismus	-0,871	0,040	-21,727	***	-0,523
ATEVO-GE	<---	Dualismus	-0,213	0,018	-11,897	***	-0,383
ATEVO-GE	<---	Naturalismus	0,190	0,027	6,912	***	0,205
ATEVO-GE	<---	Atheismus	0,080	0,014	5,864	***	0,168

Mit Hilfe des Modells N konnten trotz Ausschluss der Variable *Einstellungen zu Evolution im Allgemeinen* 44 % der Varianz in der Einstellung zur Geistevolution erklärt werden. Hierbei ging der größte Effekt von einer naturalistischen Einstellung aus (0,55), die sowohl direkt als auch indirekt über die anderen Variablen wirkte. Ein negativer direkter Effekt mittlerer Stärke ging vom dualistischen Denken aus (- 0,38). Die Variable *Atheismus* wirkte positiv sowohl direkt als auch indirekt über das dualistische Denken auf die Zielvariable (0,29). Szientistische Einstellungen der Befragten hatten einen wenig bedeutenden, positiven Effekt auf die Zielvariable, der indirekt über die Variable *Atheismus* vermittelt wurde.

55 % der Varianz des dualistischen Denkens konnten über eine naturalistische (-0,69) und atheistische (-0,32) Einstellung erklärt werden.

Einstellungen bei Konfessionsfreien (EKI-Studie)

Weiterhin konnten 28 % der Varianz einer atheistischen Position aufgeklärt werden. Den größten Effekt hatte hierbei eine naturalistische Einstellung (0,51). Die Varianz in szientistischen Positionen konnte zu 44 % über die Stärke einer naturalistischen Position erklärt werden. Als weitere Variablen wurden in einem nächsten Schritt *Außersinnliche Erfahrungen* und *Esoterische Ideologie (Esoterik)* betrachtet. Da es sich um stark korrelierende, inhaltlich sehr ähnliche Variablen handelt, sollte nur eine Variable mit in das Modell aufgenommen werden.

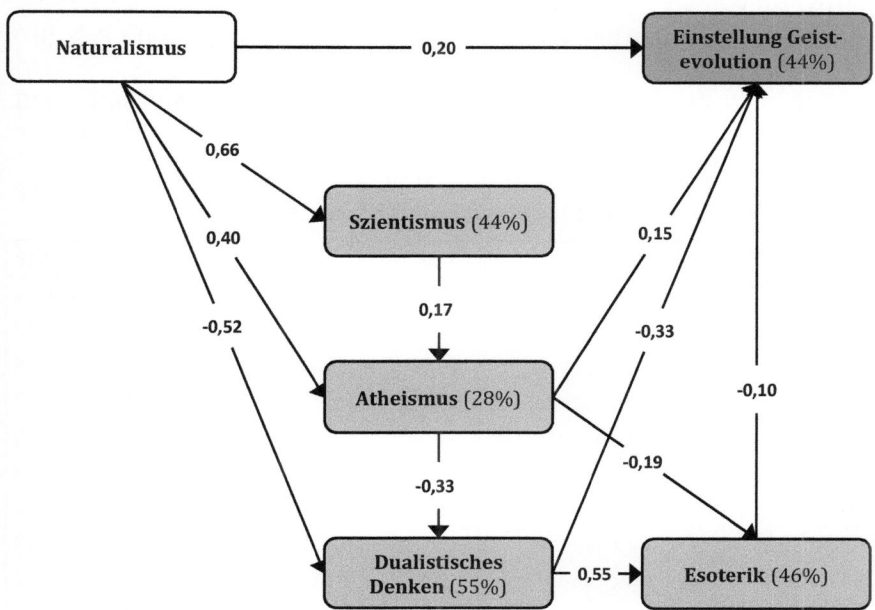

Abbildung 99: Strukturgleichungsmodell O in der EKI-Studie. $N = 1833$. Die Werte an den Pfeilen geben die standardisierten Regressionsgewichte des Pfades an. Die Werte an den abhängigen Variablen beschreiben den prozentualen Anteil der aufgeklärten Varianz durch die unabhängigen Variablen (R^2). Fehlerterme sind aus statistisch-mathematischen Gründen für jede Variable erforderlich, die in irgendeinem Sinne als abhängige Variable auftaucht, werden hier jedoch aus Gründen der Übersichtlichkeit weggelassen.

Besonders hohe Korrelationen zeigten sich zwischen esoterischen Positionen und *dualistischem Denken* (vgl. Tab. 84) und *Atheismus* ($r = -0{,}513$, $p < 0{,}001$), sodass ein Einfluss dieser beiden Variablen auf die Tendenz zu esoterischen Ansichten angenommen wurde. Zudem wurde auf Grundlage der vorangegangenen Regressionsanalyse ein Effekt esoterischer Positionen auf die Einstellung zur Evolution des Bewusstseins angenommen (Abb. 99).

Modell O zeigte ebenfalls einen sehr guten Modell-Fit mit einem CMIN/DF von 2,972 ($p = 0{,}018$) sowie CFI = 0,988 und RMSEA = 0,033 (PCLOSE = 0,890). Alle Pfade des Modells waren signifikant (Tab. 88).

Tabelle 88: Regressionsgewichte für Strukturgleichungsmodell O in der EKI-Studie. USRW bezeichnet die unstandardisierten Regressionsgewichte, SRW die standardisierten Regressionsgewichte, S.E. den Standardfehler von USRW, C.R. den Quotienten aus USRW und SE im Sinne einer Wald-Statistik, P den dazugehörigen *p*-Wert. ATEVO-GE: Einstellung zur Evolution des Bewusstseins.

			USRW	S.E.	C.R.	P	SRW
Szientismus	<---	Naturalismus	0,959	0,024	39,974	***	0,661
Atheismus	<---	Naturalismus	0,776	0,061	12,696	***	0,400
Atheismus	<---	Szientismus	0,225	0,037	6,078	***	0,168
Dualismus	<---	Naturalismus	-0,867	0,040	-21,670	***	-0,520
Dualismus	<---	Atheismus	-0,279	0,020	-13,773	***	-0,325
Esoterik	<---	Dualismus	0,398	0,021	19,099	***	0,553
Esoterik	<---	Atheismus	-0,115	0,018	-6,485	***	-0,186
ATEVO-GE	<---	Naturalismus	0,188	0,027	6,898	***	0,203
ATEVO-GE	<---	Atheismus	0,072	0,014	5,169	***	0,152
ATEVO-GE	<---	Dualismus	-0,183	0,018	-10,148	***	-0,329
ATEVO-GE	<---	Esoterik	-0,075	0,023	-3,309	***	-0,098

Zur Aufklärung der Varianz der Einstellung zur Evolution des Bewusstseins trug die Erweiterung des Modells zwar nicht bei. Das Modell O liefert jedoch einen Beitrag zur Aufklärung der Varianz in esoterischen Einstellungen bei nicht-religiösen Menschen. So können mit Hilfe dieses Modells 46 % der Varianz in esoterischen Ansichten erklärt werden. Die restlichen Pfadkoeffizienten blieben bei der Aufnahme dieser weiteren Variable nahezu identisch. Der größte direkte Effekt auf die esoterischen Positionen ging vom dualistischen Denken aus (0,55). Über mehrere intermediäre Variablen hatte zudem die Variable *Naturalismus* einen starken negativen Effekt auf die Variable *Esoterik* (-0,47). Ein negativer Effekt mittlerer Stärke ging zudem von atheistischen Ansichten aus (-0,37), der direkt wirkte sowie indirekt vermittelt wurde. Esoterische Ansichten hatten einen wenig bedeutenden, direkten negativen Effekt (-0,10) auf die Zielvariable.

In einem weiteren Schritt wurden die Variablen *Skeptizismus* und *Dogmatismus* betrachtet, die bei den Korrelationsanalysen nur schwache Zusammenhänge mit der Einstellung zu Evolution zeigten (vgl. Tab. 84). Zudem wurde bei einer Regressionsanalyse festgestellt, dass die Variable *Skeptizismus* einen Beitrag zur Aufklärung der Einstellung zur Evolution des Bewusstseins liefern konnte, während die Variable *Dogmatismus* sich nicht als geeigneter Prädiktor erwies. Aus diesem Grund wurde lediglich die Variable *Skeptizismus* mit in das Modell aufgenommen.

Die Korrelationsanalysen zeigten Zusammenhänge mittlerer Stärke zu den Variablen *Szientismus, dualistisches Denken* und *Naturalismus*. Daher sowie anhand theoretischer Überlegungen wurde angenommen, dass eine naturalistische Position aufgrund des damit zusammenhängenden Wissens um die Vorläufigkeit naturwissenschaftlicher Erkenntnis einen Einfluss auf eine skeptische Haltung hat. Für eine derartige Einstellung wurde wiederum angenommen, dass sie die Variable *Szientismus* beeinflusst, da szientistische Sichtweisen eine Skepsis gegenüber der Absolutheit wissenschaftlicher Erkenntnisse vermissen lassen (vgl. Kap. 2.3.1).

Zudem wurde anhand der Korrelationsanalysen (Tab. 84) ein Einfluss auf das *Dualistische Denken* angenommen[95] (Abb. 100).

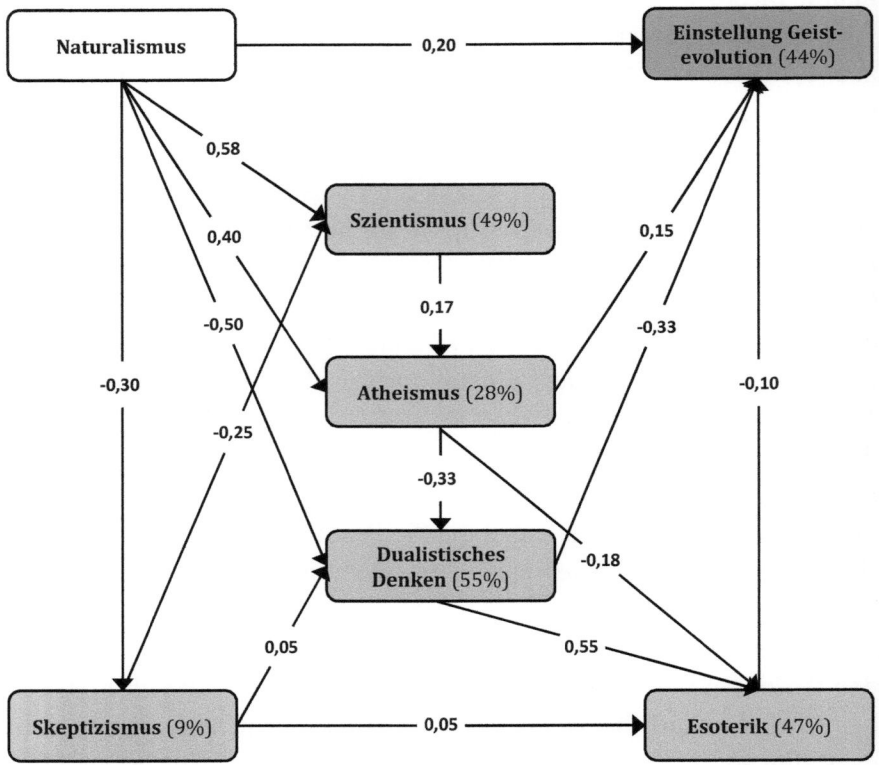

Abbildung 100: Strukturgleichungsmodell P in der EKI-Studie. N = 1833. Die Werte an den Pfeilen geben die standardisierten Regressionsgewichte des Pfades an. Die Werte an den abhängigen Variablen beschreiben den prozentualen Anteil der aufgeklärten Varianz durch die unabhängigen Variablen (R^2). Fehlerterme sind aus statistisch-mathematischen Gründen für jede Variable erforderlich, die in irgendeinem Sinne als abhängige Variable auftaucht, werden hier jedoch aus Gründen der Übersichtlichkeit weggelassen.

---

[95] Die Pfadrichtung dieser Beziehung wurde anhand des in Kapitel 4.4.3.3 beschriebenen Vorgehens bestimmt.

Einstellungen bei Konfessionsfreien (EKI-Studie)

Auch das resultierende Modell P zeigte einen sehr guten Modell-Fit mit einem CMIN/DF von 2,008 ($p = 0,061$) sowie CFI = 0,993 und RMSEA = 0,023 (PCLOSE = 0,991). Durch die Aufnahme dieser weiteren Variablen änderten sich die Regressionsgewichte der einzelnen Pfade nur an einigen Stellen leicht. Auch die Varianzaufklärung der einzelnen Variablen blieb weitestgehend stabil.

Tabelle 89: Regressionsgewichte für Strukturgleichungsmodell P in der EKI-Studie. USRW bezeichnet die unstandardisierten Regressionsgewichte, SRW die standardisierten Regressionsgewichte, S.E. den Standardfehler von USRW, C.R. den Quotienten aus USRW und SE im Sinne einer Wald-Statistik, P den dazugehörigen p-Wert. ATEVO-GE: Einstellung zur Evolution des Bewusstseins.

			USRW	S.E.	C.R.	P	SRW
Skeptizismus	<---	Naturalismus	-0,475	0,036	-13,058	***	-0,297
Szientismus	<---	Naturalismus	0,846	0,026	32,377	***	0,583
Szientismus	<---	Skeptizismus	-0,227	0,017	-13,188	***	-0,251
Atheismus	<---	Naturalismus	0,774	0,060	12,804	***	0,398
Atheismus	<---	Szientismus	0,230	0,036	6,305	***	0,171
Dualismus	<---	Naturalismus	-0,839	0,041	-20,454	***	-0,502
Dualismus	<---	Atheismus	-0,280	0,020	-13,952	***	-0,327
Dualismus	<---	Skeptizismus	0,053	0,018	2,977	0,003	0,051
Esoterik	<---	Dualismus	0,394	0,021	18,602	***	0,547
Esoterik	<---	Atheismus	-0,113	0,018	-6,403	***	-0,182
Esoterik	<---	Skeptizismus	0,035	0,013	2,597	0,009	0,046
ATEVO-GE	<---	Naturalismus	0,184	0,027	6,782	***	0,199
ATEVO-GE	<---	Atheismus	0,074	0,014	5,327	***	0,155
ATEVO-GE	<---	Dualismus	-0,183	0,018	-10,209	***	-0,330
ATEVO-GE	<---	Esoterik	-0,077	0,023	-3,371	***	-0,100

Durch die Hinzunahme der Variable *Skeptizismus* wurde der Anteil der aufgeklärten Varianz der Variable *Szientismus* auf 49 % erhöht. Eine skeptische Haltung hatte einen negativen Effekt mittlerer Stärke auf szientistische Ansichten. Die positiven Effekte auf das dualistische

Denken und esoterische Positionen waren nur minimal, jedoch auf einem Niveau von $p < 0{,}01$ statistisch signifikant (Tab. 89). Die Varianz in skeptischen Positionen konnte zudem zu 9 % durch die Variable *Naturalismus* erklärt werden, die einen direkten negativen Einfluss mittlerer Stärke hatte (-0,30).

6 Diskussion

6.1 Ergebniszusammenfassung und inhaltliche Diskussion

Im Folgenden sollen die Ergebnisse aus den vier durchgeführten Studien für jede der Fragestellungen inhaltlich diskutiert werden. Hierzu werden die Ergebnisse kurz zusammengefasst und bei studienübergreifenden Fragestellungen zwischen den Studien verglichen.

6.1.1 Studienübergreifende Fragestellungen

1) Wie ausgeprägt ist die religiöse Gläubigkeit in den einzelnen Stichproben sowie in unterschiedlichen Probandengruppen innerhalb der einzelnen Studien?

In der *EGl-Studie* befanden sich die meisten Befragten an den beiden Extrempunkten der Gläubigkeits-Skala (Abb. 7). Im Durchschnitt ergab sich daraus für den PERF-Score eine indifferente Haltung zum Glauben. In dieser Studie waren vor allem freikirchliche Probandinnen und Probanden stark überrepräsentiert, bei denen man von sehr hohen Werten für religiöse Gläubigkeit ausgehen konnte (vgl. Kap. 2.6.3.1). In der *RED-* und – wie zu erwarten – noch deutlicher in der *EKI-Studie* befanden sich die meisten Probandinnen und Probanden am unteren Ende des Gläubigkeits-Spektrums (Abb. 68; 85). Somit lag die Gläubigkeit bei der repräsentativen Befragung der deutschen Bevölkerung (*RED-Studie*) im Bereich geringer Gläubigkeit. Tabelle 90[96] verdeutlicht die großen Unterschiede in der Gläubigkeit zwischen den vier Stichproben.

---

[96] Natürlich ist diese Kategorisierung eine Vereinfachung mit reduzierter Information. Weitergehende Angaben sind aus den anderen Teilen dieser Arbeit zu entnehmen, in denen die Verteilungen der Daten in größerem Detail dargestellt werden. Die Kategorisierung wird vorgenommen, um syste-

Tabelle 90: Anteil an Personen je Kategorie der Gläubigkeit pro Studie. Prozentangaben auf Basis der jeweiligen Studie.

PERF- Score	EGl		EWi		RED		EKI		Interpretation
	N	%	N	%	N	%	N	%	
10 – 17	1787	35,8	313	31,6	408	46,2	1567	85,5	gar nicht gläubig
18 – 25	262	5,3	172	17,3	127	14,3	200	10,9	nicht gläubig
26 – 34	349	7,0	213	21,5	165	18,7	41	2,2	Indiff. Position
35 – 42	431	8,6	135	13,6	104	11,8	20	1,1	gläubig
43 - 50	2161	43,3	159	16,0	80	9,0	5	0,3	sehr gläubig

Gruppenunterschiede

Während sich männliche und weibliche Befragte hinsichtlich ihrer Gläubigkeit in der *EGl*-, *EWi*- und *EKI-Studie* signifikant unterschieden und Probandinnen jeweils eine höhere Gläubigkeit zeigten, gab es in der *RED-Studie* keinen Unterschied zwischen den Geschlechtern. Signifikante Mittelwertunterschiede in der Gläubigkeit zwischen männlichen und weiblichen Personen konnten bereits in anderen Studien, die die Akzeptanz der Evolution untersuchten, für Schülerinnen und Schüler (Lammert, 2012) und Studierende (Beniermann, 2013) beobachtet werden. Auch hier waren jeweils die weiblichen Befragten gläubiger als die männlichen. In diesen beiden Studien sowie in der vorliegenden Arbeit zeigten die signifikanten Unterschiede jedoch jeweils nur eine (sehr) geringe Effektstärke.

Der Befund, dass Frauen in quantitativen Erhebungen glaubens- und kulturübergreifend als religiöser erscheinen, wird innerhalb der Religionssoziologie als *Gender Gap* bezeichnet (Klein et al., 2017; Sammet, 2017). Dieser Unterschied zwischen den Geschlechtern ist für westliche Länder und christliche Religionen äußerst stabil (Pew Research Center, 2016; Sammet, 2017).

---

matischer zwischen den Ergebnissen der einzelnen Studien vergleichen zu können.

Ergebniszusammenfassung und inhaltliche Diskussion

In der *EGl-*, *EWi-* und *RED-Studie* unterschieden sich die Konfessionsfreien mit ihren durchschnittlich sehr geringen Gläubigkeitswerten deutlich von den verschiedenen Konfessionen (Tab. 91).

Tabelle 91: Mittelwert der Gläubigkeit je Konfession pro Studie. [a] N<10.

M PERF	EGl	EWi	RED	EKI
gesamt	31,39	26,95	22,73	12,56
evangelisch	35,03	27,24	27,28	-
katholisch	30,71	28,47	28,56	-
konfessionsfrei	14,95	15,46	15,97	-
muslimisch	44,15	40,93	39,00[a]	-
freikirchlich	47,88	44,92	45,78[a]	-
sonstige	37,63	31,30	26,59	-

Die höchsten Werte zeigten in der *EGl-*, *EWi-* und *RED-Studie* jeweils die freikirchlichen Befragten, gefolgt von der muslimischen Probandengruppe.

Die vorliegende Arbeit verdeutlicht auch, dass die Mitgliedschaft bei einer der Amtskirchen in Deutschland nicht automatisch an ein Bekenntnis zum Glauben gekoppelt ist. So befanden sich die katholischen Befragten in allen Studien durchschnittlich im Bereich einer indifferenten Position zu Gläubigkeit mit einer Tendenz zu nicht-gläubigen Positionen. Dieses auf den ersten Blick überraschende Ergebnis fand sich auch in anderen Untersuchungen. So wurde in einer Clusteranalyse katholischer Probandinnen und Probanden gezeigt, dass 26 % der Befragten als nicht-religiös zu klassifizieren waren (Mahne-Bieder, 2017). Weitere 35 % wurden anhand der Analyse als *Leidenschaftslose Mitläufer* und nur schwach religiös klassifiziert (Mahne-Bieder, 2017). Die PERF-Scores der evangelischen Befragten sind denen der katholischen ähnlich, in der *EWi-* und *RED-Studie* lagen sie leicht unter den Werten der katholischen Probandinnen und Probanden. Ein deutlicher Unterschied zwischen beiden Konfessionen ergab sich hingegen in der *EGl-Studie*, in der die evangelischen Befragten im

Durchschnitt eher gläubig waren als die katholischen. Der Unterschied bei den Ergebnissen der evangelischen Probandinnen und Probanden zwischen der *EGl-Studie* einerseits und der *EWi-* und *RED-Studie* andererseits lässt sich vermutlich über die Verbreitungswege des Online-Fragebogens der *EGl-Studie* erklären, der stark über Medien verbreitet wurde, die sich dem evangelikalen Milieu zuordnen lassen (vgl. Kap. 4.1.1). In Kapitel 2.6.3.1 wurde beschrieben, dass ein Teil der Evangelikalen in Deutschland offenbar offiziell Mitglied in den Landeskirchen ist (Elwert und Radermacher, 2017) und dementsprechend in der Auswertung kategorisiert wurde.

Muslimische Befragte zeigten wie bereits in anderen Untersuchungen (Beniermann, 2013; Halm und Sauer, 2017; Konnemann et al., 2016; Lammert, 2012) eine höhere Gläubigkeit als christliche und konfessionsfreie Probandinnen und Probanden. In der vorliegenden Arbeit, wie auch bei Konnemann et al. (2016), erwiesen sich jedoch die freikirchlichen Befragten als noch gläubiger.

In der *EWi-Studie* konnten zwischen den Probandengruppen unterschiedlichen Alters und Ausbildungsstandes signifikante Unterschiede festgestellt werden. Hier sank die Gläubigkeit mit zunehmendem Alter und biologischem Wissen. In der *RED-Studie* zeigte sich tendenziell eine steigende Gläubigkeit mit zunehmendem Alter; dies weist darauf hin, dass die geringe Gläubigkeit in der *EWi-Studie* eher mit der zunehmenden Schul- und Hochschulbildung als mit steigendem Alter zusammenhängen könnte. Aus Bevölkerungsbefragungen ist bekannt, dass der Glaube für ältere Menschen tendenziell eine größere Rolle spielt (Pollack, 2016; Pollack und Müller, 2013; Wolf, 2008), ein Befund, den die Ergebnisse der *RED-Studie* stützen. Insgesamt waren die Unterschiede zwischen den verschiedenen Altersgruppen hinsichtlich der Gläubigkeit jedoch sowohl in der *EWi-* als auch in der *RED-Studie* lediglich schwach und nur in der *EWi-Studie* signifikant.

2) Wie ausgeprägt sind dualistische Sichtweisen auf das Verhältnis von Gehirn und Geist in den einzelnen Stichproben sowie in unterschiedlichen Probandengruppen innerhalb der einzelnen Studien?

Der von Descartes begründete Substanzdualismus wird heutzutage unter Expertinnen und Experten kaum noch vertreten, während es bisher nur wenige Daten dazu gibt, inwiefern Laien eine dualistische Sichtweise favorisieren (Fernandez-Duque, 2017).

In der *EGl-Studie* befanden sich die meisten Befragten an den Extrempunkten der Monismus-Dualismus-Skala und dabei vor allem am Ende des Skalenbereiches, der einer stark monistischen Einstellung entspricht (Abb. 10). Auch in der *EWi-* und der *RED-Studie* gab es an diesem Ende der Skala einen Peak, jedoch deutete sich ansonsten im Gegensatz zur *EGl-Studie* eine Normalverteilung der Daten über den gesamten Skalenbereich an (Abb. 34; 70). Die Ergebnisse in der *EKI-Studie* wiesen eine deutliche Linksverschiebung auf, bei der über 35 % der Probandinnen und Probanden den niedrigsten Punktwert erreichten, entsprechend einer stark monistischen Einstellung (Abb. 87).

Im Vergleich der Skalen wiesen die Befragten in der *EGl-Studie* im Durchschnitt die höchste Neigung zu einer dualistischen Sicht auf Gehirn und Geist auf, während in der *EKI-Studie* die meisten Monistinnen und Monisten zu finden waren und der Mittelwert einer monistischen Position entspricht. Die Mittelwerte der SD-Skala liegen bei der *EGl-*, *EWi-* und *RED-Studie* im Bereich einer indifferenten Position.

Tabelle 92: Anteil an Personen je Kategorie des dualistischen Denkens pro Studie. Prozentangaben auf Basis der jeweiligen Studie.

SD-Score	EGl		EWi		RED		EKI		Interpretation
	N	%	*N*	%	*N*	%	*N*	%	
5 – 8	*1148*	24,8	*124*	12,3	*149*	16,6	*1025*	59,2	starker Monismus
9 – 12	*504*	10,9	*199*	19,7	*221*	24,5	*383*	20,9	Monismus
13 – 17	*768*	16,7	*444*	44,0	*386*	42,9	*233*	12,7	Indifferente Position
18 – 21	*972*	21,0	*180*	17,9	*105*	11,7	*83*	4,5	Dualismus
22 – 25	*1229*	26,6	*62*	6,1	*39*	4,3	*48*	2,7	starker Dualismus

Die Positionen der Befragten zu Geist und Gehirn unterschieden sich zwischen den vier Stichproben zum Teil deutlich. Die Verteilung ähnelt der der religiösen Gläubigkeit in *Forschungsfrage 1* (Tab. 92).

Gruppenunterschiede

Ähnlich wie in Bezug auf die religiöse Gläubigkeit wiesen in allen Studien die weiblichen Befragten eine statistisch signifikant höhere Tendenz zu dualistischem Denken auf. Aufgrund der inhaltlichen Ähnlichkeit zur Variable *Gläubigkeit* war dieses Ergebnis zu erwarten. Auch in anderen Untersuchungen zur Einstellung zum Verhältnis von Gehirn und Geist konnte eine stärkere Neigung zu dualistischen Ansichten bei weiblichen Befragten nachgewiesen werden (Demertzi et al., 2009; Willard und Norenzayan, 2013).

In der *EGI-*, *EWi-* sowie der *RED-Studie* unterschieden sich die Konfessionsfreien deutlich und statistisch signifikant hinsichtlich ihrer Tendenz zum dualistischen Denken von denjenigen, die einer Konfession angehören. Die Konfessionsfreien zeigten in allen Studien im Durchschnitt eine stark monistische Position zum Verhältnis von Gehirn und Geist (Tab. 93). Im Gegensatz dazu fand Stanovich (1989) in einer Studie mit Studierenden, dass die konfessionsfreien Probandinnen und Probanden bezüglich ihrer dualistischen Sichtweisen Ähnlichkeit mit den protestantischen und katholischen Befragten aufwiesen, während agnostische Personen deutlich seltener dualistische Einstellungen hatten. Inhaltlich ist ein Unterschied im dualistischen Denken zwischen konfessionsfreien und konfessionell gebundenen Personen durchaus plausibel, zumindest dann, wenn man die im vorherigen Abschnitt diskutierte unterschiedliche Gläubigkeit dieser Gruppen zugrunde legt. Dualistisches Denken und religiöse Gläubigkeit zeigten über alle Studien einen positiven mittleren bis hohen Zusammenhang (vgl. *Forschungsfrage 4*), auch legen die theoretischen

Vorüberlegungen nahe, dass gläubigere Menschen eher ein dualistisches Verhältnis von Gehirn und Geist annehmen (vgl. Kap. 2.4). Die höchsten Werte bei der SD-Skala zeigten in der *EGl-* und *EWi-Studie* die freikirchlichen Befragten mit einer (stark) dualistischen Position. Im Durchschnitt ebenfalls eine dualistische Sichtweise zeigten die muslimischen Befragten in der *EGl-* und *RED-Studie*. In der *EWi-Studie* war jedoch die durchschnittliche Position der muslimischen Probandinnen und Probanden indifferent bzgl. des Verhältnisses von Gehirn und Geist.

Tabelle 93: Mittelwert dualistisches Denken je Konfession pro Studie.[a] N<10.

M SD	EGl	EWi	RED	EKI
gesamt	15,50	14,35	13,29	8,91
evangelisch	17,01	14,33	13,85	
katholisch	15,71	14,78	14,09	
konfessionsfrei	9,38	11,82	12,28	
muslimisch	19,87	16,60	18,80[a]	
freikirchlich	21,59	19,68	16,78[a]	
sonstige	16,94	14,32	14,65	

Evangelische und katholische Befragte wiesen in allen Studien durchschnittlich eine indifferente Position zum Verhältnis von Gehirn und Geist auf. Dabei lagen die Mittelwerte sowohl zwischen diesen beiden Gruppen als auch zwischen den Studien nah zusammen, unterschieden sich allerdings innerhalb der *EGl-* und *EWi-Studie* statistisch signifikant zwischen beiden Konfessionen.
Es zeige sich, dass dualistische Sichtweisen in allen untersuchten Stichproben vorkommen. Bis auf die *EKI-Studie*, in der explizit Konfessionsfreie untersucht wurden, konnten überall im Durchschnitt mittlere Positionen zum Verhältnis von Gehirn und Geist aufgedeckt werden. Für Studierende wurden in anderen Untersuchungen dualistische Sichtweisen als verbreitete Position bereits empirisch

nachgewiesen (Demertzi et al., 2009; Fahrenberg und Cheetham, 2000; Stanovich, 1989). Auch wenn bei weitem nicht alle Befragten dualistische Sichtweisen zeigten, wird deutlich, wie weit Laien und Expertinnen und Experten in ihrer Sichtweise auseinanderliegen. Klar wird zudem, dass auch unter nicht-religiösen Menschen dualistische Sichtweisen vorkommen, auch wenn diese Subgruppe im Durchschnitt (stark) monistische Positionen vertritt.

Der Blick auf dualistische Einstellung zu Gehirn und Geist ist besonders dann von Bedeutung, wenn es um psychische Erkrankungen und psychologische Grundannahmen geht. Fahrenberg und Cheetham (2000) konnten zeigen, dass die von ihnen befragten Studierenden der Ansicht waren, dass die Art und Weise, wie Menschen das Verhältnis von Gehirn und Geist betrachten, wichtige praktische Implikationen hat. Fernandez-Duque (2017) hält es für unerlässlich, die Ansichten von Laien zu Gehirn und Geist zu erforschen. Er geht davon aus, dass die Art, wie Menschen das Verhältnis von Gehirn und Geist sehen, weitreichende Konsequenzen für den Umgang mit psychischen Störungen sowie für politische Entscheidungen im Bereich der Forschung und Praxis zur psychischen Gesundheit hat (Fernandez-Duque, 2017). Die Sicht auf das Verhältnis von Gehirn und Geist prägt den gesellschaftlichen Umgang mit psychischen Erkrankungen, die Priorisierung von Fördergeldern zur Erforschung derartiger Erkrankungen und nicht zuletzt die Entscheidungen, die psychologische und medizinische Fachkräfte bei der Behandlung von psychischen Störungen treffen (Fernandez-Duque, 2017).

Bei einer Befragung amerikanischer psychiatrischer und psychologischer Fachkräfte wurde deutlich, dass diese Expertinnen und Experten zu großen Teilen dualistische Sichtweisen vertreten und dementsprechend geneigt waren, in klinischen Beispielen den betroffenen Personen Schuld für ihre psychische Erkrankung zuzuweisen (Miresco und Kirmayer, 2006). Dies war insbesondere dann der Fall, wenn die Erkrankung vor allem am Verhalten der Person deutlich wurde (Miresco und Kirmayer, 2006). Diese Tendenz zur Stigmatisierung psychischer Erkrankungen führt dazu, dass die Betroffenen häufig keine professionelle Hilfe anstreben (Corrigan et al., 2014). Vor allem junge Menschen suchen bei psychischen Problemen nur sehr selten medizinische oder psychologische Hilfe (Rose et al., 2007). Der Einsatz von MRT-Bildern zur Verdeutlichung des physiologischen Grundes für einen psychischen Zustand führt zu einer Reduktion der Stigmatisierung und Zuweisung von Schuld für die eigene Situation (Kohls, 2015). Diese Ergebnisse legen nahe, dass eine dualistische Sicht auf Gehirn und Geist bei einem Großteil der Gesellschaft die Diskriminierung von Menschen mit psychischen Störungen verstärkt und die Hürden für die Suche nach professioneller Hilfe erhöht. Die Veranschaulichung der körperlichen Bedingtheit der psychischen Zustände, also eine monistische Sicht auf Gehirn und Geist, kann offenbar zu einer Reduzierung der Stigmatisierung beitragen (Kohls, 2015) – zumindest hinsichtlich der Akzeptanz, dass es sich bei der psychischen Erkrankung um eine im Körper zu verortende Krankheit handelt. Die gesellschaftliche Stigmatisierung wird durch eine derartige Aufklärung nicht notwendigerweise gemindert (Kohls, 2015; Kvaale et al., 2013a, 2013b).

3) Welche Einstellungen zu Evolution im Allgemeinen und zur Evolution des Bewusstseins im Speziellen treten in den einzelnen Stichproben sowie in unterschiedlichen Probandengruppen innerhalb der einzelnen Studien auf?

In allen vier Studien akzeptierten die Probandinnen und Probanden im Durchschnitt die Evolution. In der *EGI-* und *EKI-Studie* häuften sich jeweils die meisten Befragten am oberen Ende des Skalenbereiches der ATEVO-Skala (Abb. 12; 90). Etwa ein Viertel aller Probandinnen und Probanden in der *EGI-Studie* und die Hälfte der befragten Personen in der *EKI-Studie* beantworteten alle Items zur Einstellung zu Evolution mit voller Zustimmung. In der *EKI-Studie* fanden sich zudem fast ausschließlich Befragte mit positiver Einstellung zu Evolution. Auch in der *EWi-Studie* zeigte sich eine hohe Zustimmung, hier häuften sich die Antworten um einen ATEVO-Punktwert von 32 (Abb. 37). In der *RED-Studie* war der Mittelwert der Akzeptanz noch etwas höher als in der *EWi-Studie* und es gab sowohl einen Peak beim maximalen Skalenwert als auch bei Werten zwischen 32 und 34 (Abb. 72).

Tabelle 94: Anteil an Personen je Kategorie der Akzeptanz der Evolution pro Studie. Prozentangaben auf Basis der jeweiligen Studie.

ATEVO-Score	EGl		EWi		RED		EKI		Interpretation
	N	%	N	%	N	%	N	%	
8 – 13	679	14,3	20	1,9	4	0,4	5	0,3	Ablehnung
14 – 19	499	10,5	17	1,6	16	1,8	3	0,2	eher Ablehnung
20 – 28	659	13,9	244	23,3	182	19,7	45	2,4	Indifferente Position
29 – 34	682	14,4	457	43,6	341	37,1	189	10,3	eher Akzeptanz
35 - 40	2226	46,1	311	29,6	378	41,0	1591	86,8	Akzeptanz

Die Akzeptanz der Evolution der Befragten unterschied sich zwischen den vier Stichproben zum Teil sehr deutlich (Tab. 94). Die meisten Probandinnen und Probanden mit akzeptierender Haltung gegenüber der Evolution fanden sich mit 97,1 % in der *EKI-Studie*. Unter den befragten Konfessionsfreien gab es nur vereinzelt indifferente oder negative Einstellungen zu Evolution. In der *EGI-Studie* war die Zahl der Personen, die Evolution ablehnen, am größten. Insgesamt 24,8 % der Stichprobe zeigten eine ablehnende Haltung. In der repräsentativen *RED-Studie* vertraten hingegen nur 2,2 % eine ablehnende Position gegenüber der Evolution. Allerdings fanden sich hier neben den 78,1 % positiv gegenüber der Evolution eingestellten Befragten auch 19,7 %, die eine indifferente Haltung einnehmen.

Ergebniszusammenfassung und inhaltliche Diskussion 355

Tabelle 95: Anteil an Personen je Kategorie der Akzeptanz der Evolution im Allgemeinen pro Studie. Prozentangaben auf Basis der jeweiligen Studie.

ATEVO-AE-Score	EGl		EWi		RED		EKI		Interpretation
	N	%	N	%	N	%	N	%	
4 – 6	459	9,7	13	1,2	8	0,8	6	0,3	Ablehnung
7 – 9	445	9,4	14	1,3	9	0,9	2	0,1	eher Ablehnung
10 – 14	549	11,5	113	10,6	86	8,9	18	1,0	Indifferente Position
15 – 17	471	9,9	268	25,2	236	24,8	91	5,0	eher Akzeptanz
18 - 20	2821	59,5	658	61,7	634	65,2	1716	93,6	Akzeptanz

Beim Vergleich der Stichproben bezüglich der Akzeptanz der Evolution im Allgemeinen (Tab. 95) und der Akzeptanz der Evolution des Bewusstseins (Tab. 96) wird zum einen deutlich, dass die Evolution des Bewusstseins in allen Stichproben eher Ablehnung erfuhr als die Evolution im Allgemeinen. Des Weiteren gab es in allen Stichproben wesentlich mehr Personen mit indifferenter Haltung zur Evolution des Bewusstseins.

Tabelle 96: Anteil an Personen je Kategorie der Akzeptanz der Geistevolution pro Studie. Prozentangaben auf Basis der jeweiligen Studie.

ATEVO-GE-Score	EGl		EWi		RED		EKI		Interpretation
	N	%	N	%	N	%	N	%	
4 – 6	987	20,8	49	4,6	14	1,5	6	0,3	Ablehnung
7 – 9	511	10,8	70	6,6	42	4,6	20	1,1	eher Ablehnung
10 – 14	849	17,9	498	47,0	372	40,2	160	8,7	Indifferente Position
15 – 17	587	12,3	273	25,7	263	28,4	268	14,7	eher Akzeptanz
18 - 20	1811	38,2	171	16,1	234	25,3	1379	75,2	Akzeptanz

Während sich die Ergebnisse aus der *EGl-*, *EWi-* und *EKI-Studie* aufgrund der Erhebungsmethodik nur bedingt verallgemeinern lassen, ist dies für die *RED-Studie* zumindest nach gängiger Sichtweise möglich. Die Studie wurde mit einer zufällig ausgewählten, für Geschlecht, Alter und Region repräsentativen Stichprobe durchgeführt (vgl. Kap. 4.1.3). Dennoch ist Zurückhaltung geboten, da die Zusammensetzung der

Konfessionen nicht ganz die realen Verhältnisse abbildet (vgl. Kap. 5.3).

In der *RED-Studie* zeigten etwa 90 % eine Akzeptanz der Evolution im Allgemeinen, wovon 65,2 % in die Kategorie einer starken Akzeptanz fallen. Letzterer Wert entspricht in etwa den Zustimmungswerten, die in anderen Bevölkerungsbefragungen aufgedeckt werden konnten (European Commission, 2005; fowid, 2005). Viel niedriger als bei anderen Befragungen war hingegen der Anteil derjenigen, die die Evolution ablehnen. Mit 1,7 % lag die Ablehnungsquote deutlich unter denjenigen in anderen Studien (fowid, 2005; Ipsos Global @dvisory, 2011; Miller et al., 2006). Bei diesen Vergleichen ist allerdings zu beachten, dass sie sich auf unterschiedliche Formate von Testverfahren stützen. Diese Tatsache spiegelt sich auch in der Mittelkategorie wider, die es in dieser Form in vielen Befragungen nicht gibt (vgl. Kap. 2.8.1.1) und in der sich in der *RED-Studie* knapp 10 % der Probandinnen und Probanden fanden.

Methodisch passender erscheint der Vergleich mit den kürzlich publizierten Ergebnissen des Wissensbarometers (WiD, 2017), da hier zwar nur eine Frage gestellt wurde, diese jedoch die Form einer Rating-Skala hatte. In dieser Befragung lehnten 10 % die Aussage ab, dass Menschen und Tiere sich aus gemeinsamen Vorfahren entwickelt haben. Dieses aktuellere Umfrageergebnis liegt etwas näher an den Ergebnissen der vorliegenden Befragung.

Betrachtet man die Zustimmung zur Evolution des menschlichen Bewusstseins, lag die Akzeptanz mit 53,7 % bzw. 25,3 % (starke Akzeptanz) deutlich niedriger als für die Akzeptanz der Evolution im Allgemeinen. 6,1 % der Befragten lehnten eine evolutionäre Entwicklungsgeschichte des menschlichen Bewusstseins ab. Besonders auffällig ist, dass über 40 % der Befragten in der *RED-Studie* zur Evolution des Bewusstseins eine indifferente Position einnahmen. Offenbar ist die Frage nach der Evolution des eigenen Bewusstseins und damit der eigenen Persönlichkeit für nahezu die Hälfte der deutschen Bevölkerung nicht leicht zu akzeptieren. Auch Paz-y-Miño-C und Espinosa (2012) stellten fest, dass eine Akzeptanz der Evolution nicht bedeutet, dass die Entstehung des menschlichen Bewusstseins durch Evolution akzeptiert wird.

Eine durchgängig naturalistische Erklärung der Entwicklung der Lebewesen bis hin zu den kognitiven Qualitäten des Menschen scheint für viele Befragte auch heute noch eine unvorstellbare Idee zu sein. Die vorliegende Arbeit verdeutlicht jedoch nicht nur diesen Umstand, sondern zudem, dass die Zahl der Menschen mit kreationistischen Ansichten in Deutschland entweder gesunken ist, oder aber in der Vergangenheit aufgrund methodischer Begrenzungen als zu hoch angesehen wurde.

Die erhobenen Daten verdeutlichen, dass die Zustimmung zu Evolution im Allgemeinen in Deutschland relativ hoch im Vergleich zu anderen Staaten ist (European Commission, 2005) und tendenziell höher als vor 10-20 Jahren liegt (fowid, 2005; Institut für Demoskopie Allensbach, 2009). Die Entwicklung einer zunehmenden Akzeptanz zeigt sich auch in den neuesten Umfragen aus den USA (Gallup, 2017).

Gruppenunterschiede

Probandinnen zeigten in der *EGl-*, *EWi-* und *EKI-Studie* jeweils mehr Zweifel an der Evolution als männliche Befragte. Dies wurde vor allem bei der Einstellung zur Evolution des menschlichen Geistes deutlich. Bei der Evolution im Allgemeinen war ein Geschlechterunterschied nur in der *EKI-Studie* signifikant, während dieser Unterschied in der *RED-Studie* lediglich für die Geistevolution signifikant war. In Abweichung zu den anderen Studien hegten hier die weiblichen Befragten zwar mehr Zweifel an der Evolution des menschlichen Bewusstseins, jedoch weniger Zweifel an der Evolution im Allgemeinen. Insgesamt gibt es somit keinen Hinweis darauf, dass sich die Geschlechter hinsichtlich der mittleren Akzeptanz der Evolution wesentlich voneinander unterscheiden. Bezeichnenderweise fand sich die Tendenz, dass männliche Probanden eine positivere Einstellung zu Evolution aufwiesen, in jenen Studien, in denen die Probandinnen eine signifikant höhere Gläubigkeit zeigten als Probanden (vgl. *Forschungsfrage 1*).

Es ist daher naheliegend, dass ein Geschlechterunterschied in der Akzeptanz der Evolution in der unterschiedlich stark ausgeprägten religiösen Gläubigkeit der Geschlechter begründet liegt. Auch Lammert (2012) konnte in einer Stichprobe mit Schülerinnen und Schülern nachweisen, dass sich männliche und weibliche Befragte zwar hinsichtlich der Akzeptanz der Evolution unterschieden, innerhalb der Gruppen sehr gläubiger oder sehr ungläubiger Befragter jedoch kein Effekt des Geschlechts bestand (Lammert, 2012). Diesen Vermutungen stehen allerdings Ergebnisse von Großschedl et al. (2014) entgegen, die bei angehenden Lehrkräften einen Geschlechterunterschied in der Akzeptanz fanden, der nicht durch religiöse Gläubigkeit erklärt werden konnte.

In der *EGl*-, *EWi*- und *RED*-*Studie* waren die Unterschiede bzgl. der Einstellung zu Evolution zwischen den Konfessionen zum Teil sehr groß (Tab. 97). Die im Durchschnitt negativsten Haltungen zeigten die freikirchlichen und muslimischen Probandinnen und Probanden. Dieses Ergebnis steht im Einklang mit dem derzeitigen Forschungsstand zum Vergleich von Konfessionen bzgl. der Akzeptanz der Evolution (Graf et al., 2009; Konnemann et al., 2016) Deutlicher größer war die Ablehnung der Evolution im Vergleich dieser beiden Gruppen in allen drei Studien bei den freikirchlichen Personen.

Auch Konnemann et al. (2016) zeigten, dass kreationistische Positionen bei evangelisch-freikirchlichen Befragten wesentlich häufiger vorkommen als bei muslimischen Personen. Die Gruppe der muslimischen Befragten zeigte in der *EGl-*, *EWi-* und *RED-Studie* jeweils im Durchschnitt eine indifferente Haltung zu Evolution. Publikationen, in denen muslimische Befragte als Gruppe mit der geringsten Akzeptanz aufgeführt werden, führten freikirchliche Befragte nicht gesondert auf (Fenner, 2013; Illner, 2000; Lammert, 2012), sodass ein direkter Vergleich der Studien im Hinblick auf diese beiden Probandengruppen schwierig ist.

Tabelle 97: Mittelwert der Akzeptanz der Evolution je Konfession pro Studie.
[a] N<10. Die beiden Gruppen der Konfessionsfreien in der EGl-Studie wurden zusammengefasst.

M ATEVO	EGl	EWi	RED	EKI
gesamt	29,32	31,23	32,67	37,83
gesamt GE	13,40	13,72	14,79	18,28
gesamt AE	15,92	17,47	17,88	19,55
evangelisch	29,03	31,37	32,18	-
evangelisch GE	12,92	13,79	14,40	-
evangelisch AE	16,11	17,55	17,77	-
katholisch	33,01	32,41	32,94	-
katholisch GE	14,83	14,30	15,01	-
katholisch AE	18,18	18,10	17,95	-
konfessionsfrei	36,92	33,21	33,28	-
konfessionsfrei GE	17,95	14,91	15,19	-
konfessionsfrei AE	18,98	18,28	18,07	-
muslimisch	23,05	27,62	29,00[a]	-
muslimisch GE	9,73	12,00	13,00[a]	-
muslimisch AE	13,32	15,37	16,00[a]	-
freikirchlich	16,50	20,68	24,33[a]	-
freikirchlich GE	6,81	7,72	10,22[a]	-
freikirchlich AE	9,69	12,96	14,11[a]	-
sonstige	25,76	28,28	30,78	-
sonstige GE	11,24	12,44	13,75	-
sonstige AE	14,52	15,87	17,26	-

Konfessionsfreie Befragte wiesen in jedem Fall die höchste Zustimmung auf. Auch katholische und protestantische Befragte unterschieden sich in der *EGl-Studie*, in der es bereits einen großen Unterschied in der Gläubigkeit zwischen diesen beiden Gruppen gab, signifikant und deutlich voneinander. Im Gegensatz dazu unterschieden sich die evangelischen und katholischen Befragten in der *EWi-* sowie *RED-Studie* nicht signifikant bzgl. ihrer Einstellung zu Evolution. In diesen Studien war außerdem der Unterschied dieser beiden Konfessionen zu den Konfessionsfreien nicht so ausgeprägt wie in der *EGl-Studie*.

Die Akzeptanz der Evolution für einzelne Konfessionen wurde bislang in Deutschland nur unzureichend erforscht. Doch es gibt einige Studien, die wie die vorliegende Arbeit darauf hindeuten, dass sich evangelische und katholische Personen hinsichtlich ihrer Einstellung zu Evolution im Durchschnitt kaum voneinander unterscheiden (Beniermann, 2013; fowid, 2005; Konnemann et al., 2016; Lammert, 2012).

Auch für Großbritannien ergab sich eine vergleichbare Akzeptanz der Evolution bei katholischen und anglikanischen Probandinnen und Probanden (Unsworth und Voas, 2018). Unsworth und Voas (2018) zeigten zudem, dass auch in Großbritannien muslimische und freie evangelikale Befragte die am stärksten negativen Einstellungen zu Evolution aufwiesen, wobei auch in ihren Daten die Ablehnung bei den Musliminnen und Muslimen nicht so stark ausfiel wie bei den freien Evangelikalen.

Zur Akzeptanz von muslimischen und freikirchlichen Personen in Deutschland gibt es bisher kaum vergleichende Daten. Mit Hilfe der vorliegenden Arbeit und insbesondere der *EGl-Studie* konnten erstmals gezielt und standardisiert verschiedene Konfessionen miteinander vergleichen werden. Die Vermutung, dass freikirchliche und muslimische Probandinnen und Probanden im Vergleich eine eher ablehnende Haltung gegenüber Evolution haben, konnte auf diese Weise empirisch bestätigt werden. Dabei wurde auch ersichtlich, dass die Einstellung freikirchlicher Personen im Mittel deutlich negativer ist als die Einstellung muslimischer Befragter in Deutschland.

In der *EKI-Studie* zeigte sich zudem, dass sich auch Personen unterschiedlicher weltanschaulicher Selbstzuschreibungen bzgl. der Akzeptanz der Evolution signifikant unterscheiden. Gleiches galt für den Vergleich zwischen Konfessionsfreien, die einer säkularen Organisation angehören und solchen, die keiner solchen angehören. Diese Gruppen wurden bisher nicht hinsichtlich ihrer Akzeptanz der Evolution untersucht.

Vor allem in Bezug auf die Akzeptanz der Evolution des menschlichen Bewusstseins macht es offenbar einen Unterschied, ob eine Person einer säkularen Organisation angehört (vgl. Tab. 82) und welche Selbstzuschreibung sie wählt (vgl. Tab. 81), auch wenn im Durchschnitt in allen Subgruppen der *EKI-Studie* die Akzeptanz der Evolution hoch war. Dass zwischen organisierten und nicht organisierten Konfessionsfreien offenbar weltanschauliche Unterschiede bestehen, legitimiert einmal mehr die Entscheidung des REMID, die organisierten Konfessionsfreien als eigene weltanschauliche Kategorie aufzuführen (REMID, 2017b).

Bisher lagen ebenfalls keine Studien vor, in denen die Akzeptanz der Evolution systematisch für verschiedene Altersgruppen anhand des gleichen Instruments erhoben wurde. In der vorliegenden Arbeit lag daher ein besonderes Augenmerk auf dieser Frage. Dieser Vergleich wird unter *Forschungsfrage 10* behandelt.

4) Wie hängen Einstellungen zu Evolution, religiöse Gläubigkeit und dualistisches Denken in den Stichproben zusammen?

Einstellung zu Evolution und religiöse Gläubigkeit

Die Befragten in der *EGl-Studie* zeigten eine starke Korrelation zwischen ihrer religiösen Gläubigkeit und Einstellungen zu Evolution, während dieser Zusammenhang für die Stichproben aus den anderen drei Studien lediglich moderat ausfiel (Tab. 98). In allen Fällen war der Zusammenhang zwischen der Einstellung zu Evolution und der religiösen Gläubigkeit negativ, was mit nahezu allen empirischen Befunden zu dieser Thematik übereinstimmt (Athanasiou et al., 2012, 2016; Beniermann, 2013; Coyne, 2012; Downie und Barron, 2000; Graf, 2008; Graf und Soran, 2010; Lammert, 2012; Lombrozo et al., 2008; Sinclair et al., 2007; Southcott und Downie, 2012; Trani, 2004; Woods und Scharmann, 2001).

Tabelle 98: Korrelationen zwischen Einstellungen zu Evolution, dualistischem Denken und religiöser Gläubigkeit je Studie. ** Die Korrelation ist auf einem Niveau von $p < 0{,}01$ (2-seitig) statistisch signifikant.

Korrelation	EGl	EWi	RED	EKI
ATEVO* PERF	-0,793**	-0,412**	-0,303**	-0,417**
ATEVO*SD	-0,741**	-0,402**	-0,386**	-0,593**
ATEVO-GE*PERF	-0,821**	-0,375**	-0,296**	-0,423**
ATEVO-GE*SD	-0,779**	-0,421**	-0,376**	-0,625**
ATEVO-AE*PERF	-0,693**	-0,341**	-0,227**	-0,294**
ATEVO-AE*SD	-0,635**	-0,252**	-0,296**	-0,378**
PERF*SD	0,864**	0,553**	0,510**	0,459**

Wie bereits bei den *Fragestellungen 1* und *3* thematisiert, weicht die Stichprobe der *EGl-Studie* in ihrer Zusammensetzung stark von einer Normalverteilung ab. Die sehr starke Korrelation lässt sich durch die große Anzahl an evolutionsakzeptierenden nicht-religiösen Befragten einerseits und den verhältnismäßig stark vertretenen sehr religiösen Evolutions-kritikerinnen und -kritikern andererseits erklären. Im Vergleich dazu war die Korrelation in der *EKI-Studie* wesentlich kleiner, da hier durch die Befragung von Konfessionsfreien im Wesentlichen nur ein kleiner Bereich des gesamten Gläubigkeits- und Einstellungs-Spektrums von den Befragten ausgeschöpft wurde und die Varianz in der Stichprobe dementsprechend kleiner war.

Bisherige Studien zur Akzeptanz der Evolution und religiöser Gläubigkeit beschränkten sich in den meisten Fällen auf die Dokumentation der Ergebnisse statistischer Analysen, wie Korrelations- und Regressionskoeffizienten (z. B. Athanasiou et al., 2012; Graf und Soran, 2010; Lombrozo et al., 2008) sowie Strukturgleichungsmodelle (z. B. Lammert, 2012), ohne dabei eine möglicherweise inhomogene Verteilung der Daten und Zusammenhangsstruktur zu berücksichtigen.

Die Angabe der üblichen Korrelations- und Regressionskoeffizienten impliziert ein lineares „je- desto"-Verhältnis. Überprüft werden sollte in der vorliegenden Arbeit daher auch, wie sich der Zusammenhang zwischen religiöser Gläubigkeit und Einstellungen zu Evolution am passendsten beschreiben lässt. Dazu wurde in allen Studien die Datenverteilung in Streudiagrammen betrachtet (Abb. 18; 40; 75; 93). Im Vergleich der Ergebnisse der vier Studien wird deutlich, dass sich die befragten Stichproben hinsichtlich der Datenverteilung teils markant unterscheiden. Dies hat Implikationen für die Datenanalyse.

In der *EGI-Studie* war die Beziehung bei Befragten im oberen Fünftel des PERF-Scores besonders auffällig konträr, was aus der stark negativen Steigung des Loess-Fits ersichtlich wird (Abb. 18). Auch bezogen auf die beiden Subskalen zur Einstellung zu Evolution wird in dieser Studie ein Unterschied der Beziehungen sichtbar: In der unteren Hälfte der Gläubigkeit sinkt der Graph des ATEVO-AE-Scores kaum ab, während der ATEVO-GE-Score in diesem Bereich linear und stark abfällt (Abb. 18c; 18e). Ein ähnliches Bild zeigt sich in den Daten der *EWi-Studie*, wobei hier die negative Steigung im Bereich hoher Gläubigkeit nicht so ausgeprägt ist wie in der *EGl-Studie* (Abb. 40). In der *RED-Studie* war der Zusammenhang zwischen Einstellung zu Evolution und Gläubigkeit nicht so charakteristisch. Vor allem im Bereich geringer Gläubigkeit sank der Graph der Mittelwerte der Einstellung zu Evolution geringfügig ab, während er im Bereich mittlerer und hoher Gläubigkeit nahezu konstant blieb (Abb. 75). In der *EKI-Studie* wurde ein Unterschied zwischen der Einstellung zu Evolution im Allgemeinen und der Einstellung zur Geistevolution deutlich (Abb. 93). In dieser Studie gab es allerdings kaum Befragte mit hohen PERF-Werten, sodass die Daten und Diagramme mit einer gewissen Vorsicht interpretiert werden sollten. Unabhängig davon verdeutlicht die vorliegende Arbeit, dass die Beziehung zwischen religiöser Gläubigkeit und Einstellungen zu Evolution abhängig von der befragten Stichprobe sehr unterschiedlich ausfallen kann. Dies wurde vermutlich in bisherigen Analysen und dem Vergleich ihrer Ergebnisse nicht genügend berücksichtigt.

Weiterhin konnte in der *EWi-Studie* gezeigt werden, dass sich die Korrelationsstrukturen auch in Subgruppen verschiedenen Alters und Bildungsstandes mitunter stark unterschieden. Die jüngste Probandengruppe der Schülerinnen und Schüler aus der 7. Klasse zeigte nur einen schwachen Zusammenhang zwischen Gläubigkeit und Einstellung zu Evolution. Während die Korrelationsstärke für das Verhältnis von Gläubigkeit und Einstellung zur Geistevolution tendenziell mit zunehmendem Alter und Bildungsstand zunahm, verringerte sich jedoch die Effektstärke zwischen den Lernenden der 9. - 11. Klasse und den Referendarinnen und Referendaren in Hinsicht auf die Einstellung zu Evolution im Allgemeinen (Tab. 53). So war der Zusammenhang zwischen Einstellungen zu Evolution im Allgemeinen und Gläubigkeit für die angehenden Biologie-Lehrkräfte nicht mehr signifikant, während er für die jüngeren Probandengruppen jeweils ein statistisches signifikantes Ergebnis zeigte. Die vorliegende Arbeit ist die erste wissenschaftliche Untersuchung in Deutschland, in der Beziehungen dieser Art gezielt zwischen verschiedenen Probandengruppen verglichen wurden.

Während in allen Studien niedrige PERF-Scores mit einer mittleren bis hohen Akzeptanz der Evolution verbunden waren, waren die ATEVO-Scores der stark gläubigen Probandinnen und Probanden divers (Abb. 18; 40; 75; 93). Die Streuung der ATEVO-Scores bei hoher Gläubigkeit war in der Stichprobe der *EGl-Studie* am besten erkennbar. Dies lässt sich dadurch erklären, dass hier die verhältnismäßig größte Anzahl an gläubigen Probandinnen und Probanden untersucht wurde. Es verdeutlicht zugleich, dass gläubige Menschen sehr unterschiedliche Positionen zu Evolution einnehmen können.

Ein bemerkenswertes Ergebnis dieser Arbeit ist, dass in allen Studien der Zusammenhang zwischen Einstellungen zu Evolution und religiöser Gläubigkeit nicht linear war, in dem Sinne, dass eine hohe Gläubigkeit im Vergleich zu einer atheistischen Position in vielen Fällen gar keinen Unterschied für die Einstellung zu Evolution bedeutete. Insofern waren die gläubigen Probandinnen und Probanden weniger homogen als die atheistischen Befragten. McCain und Kampourakis (2016) beschrieben, dass in Befragungen zur Akzeptanz der Evolution der Fokus der Darstellung von Ergebnissen in der Regel auf dem Aufzeigen von Korrelationen bzw. Korrelationskoeffizienten liegt. Dabei wird übersehen, dass eine Ablehnung von Evolution wesentlich seltener vorkommt als ein Glaube an Gott und es viele gläubige Personen mit positiver Einstellung zu Evolution gibt (McCain und Kampourakis, 2016).

Allein diese Feststellung sollte schon eine differenzierte Analyse nahelegen. Während die Autoren anhand der Betrachtung typischer Single-

Choice-Items zur Thematik zu diesen Schlüssen kamen, lässt sich analog auch für die hier dargestellten Daten feststellen, dass eine Verknüpfung von Einstellungen zu Evolution und Gläubigkeit in einem einzigen Item wesentliche differenzierende Informationen verbergen würde. Zudem impliziert der Einsatz eines solchen Instrumentes einen Entscheidungskonflikt, den offenbar nicht alle Menschen sehen, wie die hier dargestellten Ergebnisse belegen.

Einstellungen zu Evolution und dualistisches Denken

Der Zusammenhang von Einstellungen zu Evolution und dualistischem Denken wurde bisher noch nicht systematisch empirisch untersucht. Die vorliegenden Ergebnisse verdeutlichen, dass der initial vermutete inverse Zusammenhang (vgl. Kap. 3.2.1) in allen Studien vorlag. Zugleich unterschied sich das Verhältnis von Einstellungen zu Evolution und dualistischem Denken zwischen den vier Studien. So zeigten sich in der *EGI-* und *EKI-Studie* starke negative Korrelationen, während diese in den anderen beiden Studien nur moderat ausfielen (Tab. 98). Dualistische Positionen sind eng mit religiösen Einstellungen verknüpft (vgl. Kap. 2.4.3), die bei den zahlreichen atheistischen Personen in den beiden genannten Studien vermutlich kaum vertreten waren. Zudem war in allen Studien der Zusammenhang mit dualistischem Denken für die Einstellung zur Geistevolution größer als für die Einstellung zu Evolution im Allgemeinen.

In der *EWi-Studie* wurde jedoch deutlich, dass dieses Verhältnis nicht über die Altersgruppen stabil war (Tab. 54). Bei den Lernenden der 7. Klasse gab es zwischen diesen beiden Variablen keinen signifikanten Zusammenhang, während sich die Korrelation in den anderen drei Probanden-Subgruppen in der gleichen Größenordnung bewegte. Auffällig ist hierbei, dass dies für die ATEVO-GE-Subskala galt, nicht jedoch für die Subskala zur allgemeinen Evolution. Hier zeigten die

Schülerinnen und Schüler der 9. – 11. Klasse und die Studierenden einen negativen Zusammenhang moderater Stärke, während bei den Referendarinnen und Referendaren kein signifikanter Zusammenhang bestand.

Einstellungen zu Evolution, religiöse Gläubigkeit und dualistisches Denken

Beim Vergleich von SD- und PERF-Score im Verhältnis zum ATEVO-Score wurde deutlich, dass der Zusammenhang zwischen ATEVO-AE-Score und PERF-Score in den beiden Stichproben, in denen im Vergleich mehr Gläubige befragt wurden (*EGl-* und *EWi-Studie*; vgl. Tab. 90), stärker war als der Zusammenhang zwischen ATEVO-AE-Score und SD-Score. Bei der *RED-* und *EKI-Studie* hingegen, in denen weniger religiöse Menschen in der Stichprobe beteiligt waren (vgl. Tab. 90), war die Beziehung zwischen Einstellungen zu Evolution im Allgemeinen und dem dualistischen Denken stärker als diejenige zur religiösen Gläubigkeit. Die Korrelation zwischen ATEVO-GE-Score und SD-Score war in allen Studien, mit Ausnahme der *EGl-Studie*, deutlich stärker als die zwischen ATEVO-GE-Score und PERF-Score.

Die positive Korrelation zwischen PERF- und SD-Score fiel in allen Studien moderat (*EKI-Studie*) bis stark aus. Damit konnte in dieser Studie anhand des neuen Instrumentariums ein theoretisch vermuteter Zusammenhang belegt werden, auf den bereits einige empirische Ergebnisse hinwiesen (Demertzi et al., 2009; Riekki et al., 2013; Thalbourne, 1996; Willard und Norenzayan, 2013; vgl. Kap. 2.4.3). Die Stärke des Zusammenhangs sank mit abnehmendem Mittelwert von PERF- und SD-Score. In Stichproben mit geringer Gläubigkeit ist auch insofern ein schwächerer Zusammenhang zu erwarten, weil es auch bei fehlender Gläubigkeit Unterschiede bezüglich des im dualistischen Denkens gibt (z. B. Stanovich, 1989).

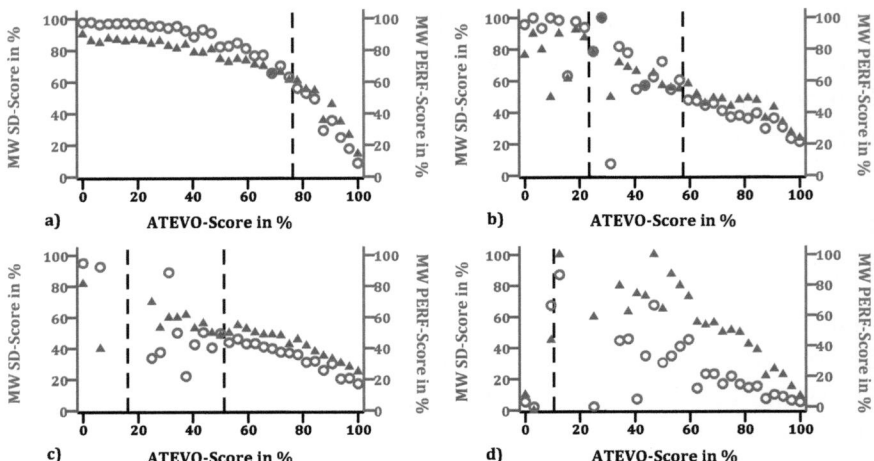

Abbildung 101: Verhältnis von dualistischem Denken und religiöser Gläubigkeit zur Einstellung zu Evolution in allen Studien. Zusammenstellung der Abbildungen 19, 41, 76 und 94. %-Angaben in Bezug auf die Skala wegen Vergleichbarkeit zwischen Skalen. a) EGl-Studie; b) EWi-Studie; c) RED-Studie; d) EKI-Studie. Dreieckige Symbole: Dualistisches Denken; Kreise: Gläubigkeit.

Der starke positive Zusammenhang zwischen dualistischem Denken und religiöser Gläubigkeit in der *EGl-Studie* spiegelt sich in einem gleichförmigen Kurvenverlauf der beiden Variablen über die Einstellung zu Evolution wider (siehe Abb. 101a). Die Kurven überschneiden sich bei einem ATEVO-Score von etwa 75 % Zustimmung zu den Items. Für die *EWi-Studie* ergibt sich kein so eindeutiges Bild (siehe Abb. 101b). Deutlich ist jedoch auch hier, dass im Bereich geringer Akzeptanz die Gläubigkeitswerte über den Dualismus-Werten liegen und im Bereich hoher Akzeptanz darunter.

In allen Studien überschneiden sich die beiden Graphen im Verlauf der Einstellungen zu Evolution. Der Schnittpunkt liegt in der *EGl-Studie* am weitesten im Bereich positiver Akzeptanz, während er in der *EWi-* und *RED-Studie* im Bereich einer negativen bis indifferenten Einstellung liegt. In der *EKI-Studie* liegt der Wert für den SD-Score fast über das gesamte Spektrum über dem PERF-Score (Abb. 101d). Der Schnittpunkt liegt hier im Bereich starker Ablehnung der Evolution. Im Bereich geringer Akzeptanz der Evolution gibt es jedoch lediglich in der *EGI-Studie* eine ausreichende Datenbasis, um ein deutliches Bild zu erhalten.

Die vorliegende Arbeit gibt somit erstmals klare Hinweise darauf, dass sich der Zusammenhang zwischen den untersuchten Variablen *Einstellung zu Evolution, dualistisches Denken* und *Gläubigkeit* bei Stichproben unterschiedlicher Genese unterscheidet. Die Stichproben liegen nicht einfach an unterschiedlichen Stellen einer insgesamt homogenen Korrelation zwischen den Faktoren, sondern die Korrelationen sind für die Gruppen verschieden. Das ist eine wesentlich neue Erkenntnis, die bei der Planung und Analyse künftiger Studien berücksichtigt werden sollte. Zugleich verdeutlichen die Ergebnisse jedoch, dass für Personen mit positiven Einstellungen zu Evolution in allen vier Studien dualistisches Denken ein besserer Prädiktor für die Einstellung zu Evolution als religiöse Gläubigkeit war.

Gerade in europäischen, weltanschaulich heterogenen Stichproben, in denen zugleich die durchschnittliche Akzeptanz der Evolution hoch ist, ist die Variable *dualistisches Denken* vermutlich ein der Sachlage eher angemessener Prädiktor als die Variable *religiöse Gläubigkeit*. Diese ist nur dann gut in der Lage, die individuellen Unterschiede in der Akzeptanz der Evolution vorherzusagen, wenn die Stichprobe eher gläubig und eher ablehnend gegenüber der Evolution ist.

5) Wie unterscheiden sich die Einstellungen zu Evolution im Allgemeinen und zur Evolution des menschlichen Bewusstseins in den Stichproben?

In allen vier Studien nahmen die Mittelwerte der Einstellung zu Evolution im Allgemeinen sowie der Einstellung zur Evolution des menschlichen Geistes mit zunehmender Gläubigkeit ab (Abb. 102). In der *EGl-Studie* war der Unterschied zwischen der Akzeptanz der Evolution und der Akzeptanz der Evolution des menschlichen Bewusstseins vor allem bei den Personen mittlerer bis hoher Gläubigkeit sichtbar (Abb. 102a). Bei den Befragten der *EWi-Studie* zeigte sich im Gegensatz zur *EGl-Studie* ein relativ flacher Kurvenverlauf und die Akzeptanz sank vor allem im letzten Fünftel der gläubigsten Probandinnen und Probanden stark ab (Abb. 102b). Auch in der *RED-Studie* war der Kurvenverlauf sehr flach, jedoch gab es hier auch bei hoher Gläubigkeit keinen deutlichen Abfall (Abb. 102c).

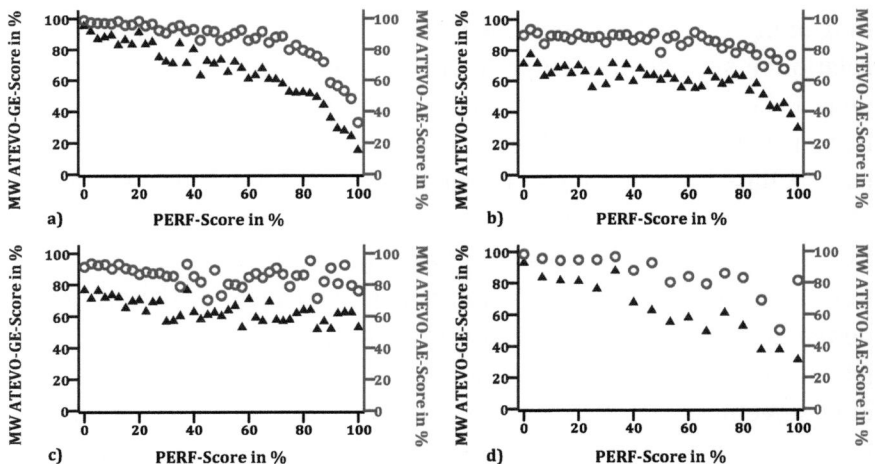

Abbildung 102: Verhältnis von Einstellungen zu Evolution und Geistevolution zu religiöser Gläubigkeit für alle Studien. Zusammenstellung der Abbildungen 20, 42, 77 und 95. %-Angaben in Bezug auf die Skala wegen Vergleichbarkeit zwischen Skalen. a) EGl-Studie; b) EWi-Studie; c) RED-Studie; d) EKI-Studie. Dreieckige Symbole: ATEVO-GE-Score; Kreise: ATEVO-AE-Score.

In der *EKI-Studie* wurde die Gläubigkeit anhand einer anderen Skala gemessen und es befanden sich nur sehr wenige Gläubige in der Stichprobe. Der Unterschied zwischen der Akzeptanz der Evolution im

Allgemeinen und der Evolution des Bewusstseins war hier bei den Befragten mit der höchsten Akzeptanz am geringsten (Abb. 102d). Im Unterschied zur *EGl*- und *EKI-Studie* blieb die Differenz zwischen den Werten für die Akzeptanz der Evolution im Allgemeinen und der Akzeptanz der Evolution des menschlichen Bewusstseins im Speziellen in der *EWi*- und *RED-Studie* über den gesamten Bereich der Gläubigkeit in etwa konstant.

In der *EGl*- und *EKI-Studie* zeigten Befragte ohne religiösen Glauben nahezu eine vollständige Akzeptanz der Evolution im Allgemeinen und eine fast genauso hohe Zustimmung zu den Aussagen zur Evolution des Bewusstseins. Die sehr gläubigen Probandinnen und Probanden waren in der *EGl-Studie* am stärksten ablehnend gegenüber Evolution eingestellt, während diese Gruppe in der *RED-Studie* im Durchschnitt eine indifferente und keine ablehnende Position zur Evolution des Bewusstseins und im Mittel eine akzeptierende Haltung zur Evolution im Allgemeinen zeigte.

Diese Ergebnisse sowie die Ausführungen zu *Forschungsfrage 4* bestätigen die Resultate von Paz-y-Miño-C und Espinosa (2012) dahingehend, dass ein quantitativer Unterschied in der Zustimmung zwischen Evolution im Allgemeinen und der Evolution des Bewusstseins besteht. Zudem konnte anhand der vorliegenden Arbeit die These untermauert werden, dass es Menschen auch ohne religiösen Glauben mitunter schwerfällt, die evolutionäre Herkunft des menschlichen Bewusstseins zu akzeptieren, da diese der *„weit verbreiteten philosophischen Intuition [widerspricht], dem menschlichen Geist einen irgendwie gearteten Sonderstatus zuzuweisen"* (Voland, 2010, S. 30; vgl. Kap. 2.6.1).

6.1.2 Zusätzliche Fragestellungen zur EGl-Studie

6) Welche Positionen zur Entstehung und Entwicklung des Universums, der Erde, der Lebewesen und des Menschen werden vertreten?

Die an der *EGl-Studie* beteiligten Personen beantworteten die Frage nach der Entstehung des Universums, der Erde, der Lebewesen und des Menschen für alle betrachteten Komponenten relativ konsistent. In der untersuchten Stichprobe kamen naturalistische Positionen am häufigsten vor, gefolgt von Theistischer Evolution und kreationistischen Ansichten (Tab. 38). Am seltensten zeigten die Probandinnen und Probanden deistische Sichtweisen. Dass deistische Positionen jedoch von etwa 10 % der Befragten vertreten werden, verdeutlicht einmal mehr, dass die in Kapitel 2.8.1.1 analysierten Befragungsinstrumente der Komplexität des Themas bei weitem nicht gerecht werden. Denn bei den dort diskutierten Items ist keine Antwortoption für deistische Ansichten vorgesehen.

Auffällig ist bei dieser Frage in der *EGl-Studie* ferner, dass die kreationistische Position am häufigsten bei der Betrachtung des Menschen auftrat. 18,6 % der Befragten gingen davon aus, dass der Mensch direkt von Gott geschaffen wurde.

Dieses Ergebnis bekräftigt erneut die Erkenntnisse aus *Forschungsfrage 5* sowie die Hinweise einiger Autoren, dass die Fokussierung auf die Humanevolution bei der Erfragung von Einstellungen zu Evolution problematisch oder gar kontraproduktiv ist, da die Evolution des Menschen vermutlich in den meisten Fällen wesentlich weniger Akzeptanz erfährt als die Evolution im Allgemeinen (Kampourakis und Strasser, 2015; McCain und Kampourakis, 2016; Rughiniş, 2011).

7) Wie hängen die untersuchten Variablen mit der Einstellung zu Evolution und miteinander zusammen?

Alle Testinstrumente in der *EGl-Studie*, die in irgendeiner Form den religiösen Glauben der Befragten in den Blick nahmen, zeigten eine starke negative Korrelation mit der Einstellung zu Evolution (Tab. 39). Dieses Ergebnis steht im Einklang mit den Ergebnissen aus *Forschungsfrage 4* und sowie den zahlreichen Studien, die einen negativen Zusammenhang zwischen der Akzeptanz der Evolution und religiöser Gläubigkeit zeigten (z. B. Beniermann, 2013; Lammert, 2012; Lombrozo et al., 2008; Trani, 2004). Viele dieser Studien verwendeten unterschiedliche Instrumente zur Erhebung des religiösen Glaubens und kamen ungeachtet dessen zu ähnlichen Ergebnissen.

Unter den Fragen zur religiösen Gläubigkeit bildete in der *EGl-Studie* jedoch die Bedeutung, die der Glaube in der Sozialisation der Kindheit hatte, in dieser Hinsicht eine Ausnahme. Das lässt sich über die starke Korrelation zwischen persönlicher Gläubigkeit und Akzeptanz von Evolution einerseits und dem Wandel der Gläubigkeit im Laufe des Lebens andererseits erklären.

So gaben in dieser Stichprobe der *EGl-Studie* 21,7 % der Befragten an, dass sie früher einmal an Gott geglaubt haben, mittlerweile jedoch nicht mehr (Tab. 33). Somit liefert die Frage nach der Bedeutung des religiösen Glaubens in der Kindheit zwar interessante Hinweise bzgl. des Verlaufs der Religiosität im Leben einer Person, jedoch eignet sich diese Variable im Vergleich zu anderen Indikatoren der religiösen Gläubigkeit weniger als Prädiktor für die Akzeptanz der Evolution.

8) Wie lässt sich der Zusammenhang zwischen Einstellungen zu Evolution und der Wahrnehmung eines Konflikts zwischen religiösem Glauben und Evolution darstellen und wie groß ist die Konfliktwahrnehmung in einzelnen Probandengruppen?

Der Konflikt zwischen religiösem Glauben und Evolution wurde am intensivsten bei Personen wahrgenommen, die eine sehr negative Einstellung zu Evolution und eine hohe Gläubigkeit zeigten. Gleichzeitig wiesen die Befragten mit der höchsten Akzeptanz der Evolution im Durchschnitt ebenfalls eine erhöhte Konfliktwahrnehmung auf, jedoch eine sehr geringe Gläubigkeit. Probandinnen und Probanden mit indifferenter Einstellung zu Evolution nahmen nur einen geringen Konflikt zwischen ihren religiösen Ansichten und der Evolution wahr und zeigten eine mittlere bis hohe Gläubigkeit (Abb. 24). Die Wahrnehmung eines Konflikts *per se* scheint daher eine wesentliche Rolle für die Koexistenz verschiedener Ansichten zu spielen.

Dieses Ergebnis untermauert die Resultate der Befragung von Schülerinnen und Schülern durch Konnemann et al. (2016). Sie stellten fest, dass Lernende, die positive Einstellungen gegenüber der Evolution sowie zu Schöpfungserzählungen aufwiesen, eine geringe Konfliktwahrnehmung zeigten, während Schülerinnen und Schüler mit sehr positiven Einstellungen zu Evolution, aber negativen Einstellungen zu Schöpfungserzählungen, öfter zur Wahrnehmung eines Konfliktes neigten. Zudem zeigten Lernende mit negativen Einstellungen zu Evolution und positiven Einstellungen zur Schöpfung eine hohe Konfliktwahrnehmung (Konnemann et al., 2016).

In der vorliegenden Studie konnte bestätigt werden, dass die Wahrnehmung eines Konfliktes vor allem dann auftritt, wenn die Einstellung zu Evolution sehr negativ ist oder dann, wenn eine positive Einstellung zu Evolution auf geringe Gläubigkeit trifft. Das ist bedeutsam, denn die Wahrnehmung eines Konflikts zwischen naturwissenschaftlichen Inhalten und religiösem Glauben kann negative Effekte auf das Erlernen dieser wissenschaftlichen Inhalte haben (Taber et al., 2011). Diese Sachlage stellt daher besondere Anforderungen an die Vermittlung im Unterricht (vgl. Kap. 6.3.3).

9) Wie unterscheiden sich Menschen mit unterschiedlichen Gottesbildern hinsichtlich ihrer Einstellung zu Evolution, ihrer Gläubigkeit und ihrer Tendenz zu dualistischem Denken?

Personengruppen mit unterschiedlichen Vorstellungen von Gott wurden hinsichtlich ihrer Einstellung zu Evolution, ihrer Gläubigkeit und ihrem dualistischen Denken miteinander verglichen. Ablehnende Einstellungen zu Evolution und zugleich die höchste Gläubigkeit zeigten Probandinnen und Probanden, die persönliche Gottesvorstellungen haben (Abb. 25, Tab. 42). Bei abstrakteren Gottesvorstellungen traten die höchsten Einstellungswerte und die geringsten Werte für die religiöse Gläubigkeit sowie die geringste Tendenz zu dualistischen Perspektiven auf Gehirn und Geist auf. Personale Gottesvorstellungen gingen neben dualistischen Vorstellungen zudem mit einer höheren Konfliktwahrnehmung und einer größeren Bedeutung des Glaubens für das persönliche Sozialleben einher. Diese Daten sind im Detail neu und bisher liegt keine vergleichbare Studie zum Zusammenhang von Gottesvorstellungen und Einstellungen zu Evolution vor.

In diesem Zusammenhang interessant ist, dass Pennycook et al. (2012) beschrieben, dass weniger traditionelle Gottesvorstellungen bei religiösen Personen mit einem stärker ausgeprägten analytischen Denkstil einhergehen (Kap. 2.5.2). In der vorliegenden Arbeit konnte passend zu diesem allgemeinen Ergebnis erstmals gezeigt werden, dass sich Personen mit verschiedenen Vorstellungen von Gott im Besonderen auch hinsichtlich ihrer Einstellung zu Evolution und zum Verhältnis von Gehirn und Geist voneinander unterscheiden.

6.1.3 Zusätzliche Fragestellungen zur EWi-Studie

10) Wie verändert sich die Einstellung zu Evolution mit dem Bildungsstand von Schülerinnen und Schülern der Sekundarstufe I bis zu Biologie-Referendarinnen und -Referendaren?

Die vier untersuchten Probandengruppen unterschiedlichen Ausbildungsstandes und Alters in der *EWi-Studie* unterschieden sich signifikant hinsichtlich ihrer Einstellung zu Evolution sowie ihrer Einstellung zur Evolution des Bewusstseins. Die Akzeptanz der Evolution war bei den Schülerinnen und Schülern signifikant geringer ausgeprägt als bei Studierenden und den Biologie-Referendarinnen und -Referendaren. Hier ist jedoch zu vermuten, dass dieser Effekt mit den unter *Forschungsfrage 1* diskutierten Unterschieden in der Gläubigkeit zu erklären ist.

In ihrer Akzeptanz vergleichbar waren die Studierenden und die angehenden Biologie-Lehrkräfte, die jeweils im Mittel in Bezug auf die gesamte ATEVO-Skala in die Kategorie *eher Akzeptanz* der Evolution fielen, jedoch keine starke Akzeptanz zeigten. Diese beiden Gruppen unterschieden sich nicht signifikant voneinander. Gleiches galt für die beiden Gruppen der Schülerinnen und Schüler, die mit sehr ähnlichen Mittelwerten knapp einer eher akzeptierenden Position der Evolution zuzuordnen sind. Fenner (2013) und Lammert (2012) stellten bei Schülerinnen und Schülern der 5. und 6. bzw. 9. und 10. Klasse durchschnittlich eine moderate bis hohe Akzeptanz fest. Auch Eder et al. (2011) vermutete, dass sich Lernende verschiedenen Alters nicht in ihrer Einstellung zu Evolution unterscheiden. Die Ergebnisse der *EWi-Studie* sind ein weiterer deutlicher Hinweis darauf, dass Schülerinnen und Schüler verschiedener Jahrgänge sich bzgl. der Akzeptanz der Evolution offenbar nicht unterscheiden.

In der *RED-Studie* fand sich mittels Varianzanalyse kein signifikanter Unterschied zwischen den dort untersuchten Altersgruppen (ohne spezielle Professionalisierung) hinsichtlich der Einstellung zu Evolution (vgl. *Fragestellung 3*). Diese Diskrepanz der Ergebnisse spricht dafür, dass die höhere Akzeptanz der Evolution bei den Referendarinnen und Referendaren sowie Studierenden in der *EWi-Studie* auf die längere Zeit der Schul- und Hochschulbildung zurückzuführen ist.

Zu bedenken bleibt jedoch, dass zum einen die in der *RED-Studie* untersuchten Probandinnen und Probanden zu großen Teilen andere (ältere) Altersgruppen abdeckten und schon daher nicht direkt vergleichbar mit der Stichprobe der *EWi-Studie* sind. Zum anderen handelt es sich natürlich um unterschiedliche Stichproben, bei denen noch viele weitere, nicht erhobene Faktoren eine Rolle für die Einstellungen spielen können.

Zudem ergibt sich gerade bei der Untersuchung der in der *EWi-Studie* befragten Probandengruppen das Problem, dass eine absolvierte Schullaufbahn und evtl. ein zusätzliches (einschlägiges) Studium vermutlich einen Einfluss auf die Akzeptanz der Evolution haben. Dies erschwert es, den Zusammenhang zwischen Akzeptanz von Evolution und Lebensalter (und damit größerer Lebenserfahrung und größerem zeitlichen Abstand zur familiären Sozialisation) zu messen. Wichtiger erscheint jedoch ohnehin die Frage, ob die Schulausbildung in Biologie einen akzeptanzfördernden Effekt hat. Die Ergebnisse der *EWi-Studie*, welche die erste Studie ist, die Einstellungen zu Evolution anhand des gleichen Instruments zwischen Gruppen unterschiedlicher biologischer Bildung systematisch miteinander vergleicht, weisen in diese Richtung, können diese Frage jedoch nicht abschließend beantworten. Andererseits ist die Akzeptanz der Evolution bei den befragten angehenden Biologie-Lehrkräften im Durchschnitt nicht stark ausgeprägt und unterscheidet sich zudem nicht signifikant von einer Gruppe Studierender verschiedener Fachbereiche.

Diese Beobachtung wirft die Frage auf, aus welchen Gründen die Akzeptanz nach der Schullaufbahn sowie einem einschlägigen Studium nicht stärker ausfällt und welche Konsequenzen daraus folgen könnten. Für die Beantwortung dieser Fragen wäre eine echte, gut kontrollierte Längsschnitt-Studie notwendig, die bei einer Kohorte während des Durchlaufens der biologischen Schulbildung mehrere Befragungen in definierten zeitlichen Abständen beinhaltet.

11) *Welches Wissen haben Personen verschiedener Probandengruppen zu evolutionären Konzepten und Prozessen?*

Erstmals wurden in der vorliegenden Arbeit Vorstellungen zu Evolution bei Subgruppen verschiedenen Ausbildungsstandes anhand des gleichen Instrumentes erhoben. Auf diese Weise konnten die Gruppen direkt miteinander verglichen werden. Das Wissen zur Evolution stieg in der Stichprobe der *EWi-Studie* mit zunehmendem Ausbildungsstand und Alter erwartungsgemäß an und war somit bei den angehenden Biologie-Lehrkräften am höchsten und bei den Lernenden der 7. Klasse am geringsten. Der Effekt war stark und zwischen allen Gruppen signifikant.

Anhand des Vergleichs der Subgruppen kann daher zunächst gefolgert werden, dass das Wissen zu Evolution mit zunehmender Schul- und Tertiärbildung zunimmt. Während Schülerinnen und Schüler der 7. Klasse im Durchschnitt etwa zwei von neun Fragen zu evolutionären Prozessen und Konzepten (KAEVO-A) richtig beantworteten, waren es bei den Lernenden der 9.-11. Klasse drei Fragen. Im Vergleich dazu beantworteten die Biologie-Referendarinnen und -Referendare im Durchschnitt knapp sieben von neun Fragen aus dieser Kategorie wissenschaftlich korrekt.

Während 70 % der angehenden Biologie-Lehrkräfte alle Fragen zur evolutionären Anpassung richtig beantworteten, fanden sich jedoch auch etwa 15 %, die nur eine, zwei oder sogar keine dieser Fragen korrekt beantworteten. Zum Prinzip der biologischen Fitness und der

Artbildung (Abb. 54; 55) zeigten sogar jeweils über die Hälfte der Biologie-Referendarinnen und -Referendare nicht wissenschaftlich fundierte Vorstellungen. Das ist insofern plausibel, als für (Lehramts-) Studierende ein mangelhaftes Verständnis des Terminus *Biologische Fitness* bereits wiederholt nachgewiesen wurde (z. B. Beniermann, 2013; Graf und Soran, 2010; Sinclair et al., 2007).

Die befragte Gruppe der Expertinnen und Experten vertrat in Bezug auf die evolutionäre Anpassung vor allem finalistische und anthropomorphe Vorstellungen. Finalistische Vorstellungen, bei denen die Natur die Anpassung lenkt, traten vermehrt bei jüngeren Lernern auf, während bei den angehenden Lehrkräften eher die vom Organismus gesteuerte Anpassung als finalistische Fehlvorstellung auftrat. Lamarckistische Fehlvorstellungen und die Vorstellung einer automatischen Anpassung kamen bei Referendarinnen und Referendaren nur in Einzelfällen und bei Studierenden selten vor. Diese Vorstellungen fanden sich eher bei den Lernenden der 7. Sowie der 9. – 11. Klasse. Es ist bekannt, dass Schülerinnen und Schüler in Deutschland am Ende der Sekundarstufe I nur ein unzureichendes Wissen zur evolutionären Anpassung aufweisen (Johannsen und Krüger, 2005; Lammert, 2012; Roth, 2017). Ein genauerer Blick auf die dominierenden Fehlvorstellungen im Vergleich mit anderen publizierten Studien findet sich in Kapitel 6.3.1.

Die Gruppe der Studierenden stammte zwar aus verschiedenen Fachbereichen mit unterschiedlichen Studienzielen, jedoch verfügen alle dieser Befragten über eine Hochschulzugangsberechtigung. Wenn man die grundlegenden Prozesse der Evolution als Allgemeinwissen ansieht, dann erscheint es sehr bedenklich, dass diese Gruppe im Durchschnitt nur gut die Hälfte der Fragen des KAEVO-A richtig beantwortete. Dieses Ergebnis stellt in Frage, ob der derzeitige Biologieunterricht in der Lage ist, wissenschaftliche Vorstellungen von Evolution zu vermitteln oder zumindest, ob Wissen zu Evolution aufgebaut wird, das langfristig abgerufen werden kann. Zwar zeigten die Biologie-Referendarinnen und -Referendare wesentlich größeres Wissen zu Evolution als alle anderen Probandengruppen, in Anbetracht der Tatsache, dass diese Gruppe die wissenschaftliche Perspektive auf Evolution schulisch vermitteln muss, sind die Fehlvorstellungs-Quoten trotzdem sehr hoch.

12) Wie hängen Einstellungen und Wissen zu Evolution miteinander zusammen und wie unterscheidet sich dieser Zusammenhang zwischen den verschiedenen Probandengruppen?

Die Korrelation zwischen Einstellungen zu Evolution und Wissen zu evolutionären Konzepten und Prozessen (KAEVO-A) war positiv und mit $r = 0{,}327$ von mittlerer Stärke. Dieser Zusammenhang zwischen Einstellungen und Wissen zu Evolution wurde innerhalb der *EWi-Studie* mit zunehmendem Alter und Ausbildungsstand stärker.

Bei den Schülerinnen und Schülern der 7. Klasse gab es keinen Zusammenhang von Wissen zu Evolution und Akzeptanz, während ein schwacher Zusammenhang zwischen diesen Variablen bei den Lernenden der 9. – 11. Klasse bestand. Etwas stärker war die Beziehung bei den befragten Studierenden und mit einer Korrelation von $r = 0{,}449$ war der Zusammenhang zwischen Wissen und Akzeptanz bei den angehenden Biologie-Lehrkräften am stärksten.

Vor dem Hintergrund der in Kapitel 2.8.3.2 dargestellten heterogenen Ergebnisse und der unklaren Studienlage kann die vorliegende Untersuchung einen Beitrag zur Aufklärung des Verhältnisses von Einstellungen und Wissen zu Evolution liefern. Anhand des systematischen Vergleichs unterschiedlicher Subgruppen wurde deutlich, dass das Verhältnis von Wissen und Akzeptanz mit zunehmendem Wissensstand zu Evolution und zunehmendem Bildungsgrad größer wurde. Dieses Ergebnis untermauert die These von Sinatra et al. (2003), dass das Wissen zu Evolution ein gewisses Level übersteigen muss, um einen Effekt auf die Akzeptanz haben zu können.

13) Wie unterscheidet sich der kognitive Stil zwischen Personen verschiedener Probandengruppen?

Mit zunehmendem Alter und Ausbildungsstand nahm eine reflektierte Denkweise der Befragten - gemessen mit dem *Cognitive Reflection Test* - zu. Der Unterschied zwischen den verschiedenen Gruppen unterschiedlichen Ausbildungsstandes war statistisch signifikant.

Entsprechend beantworteten die Biologie-Referendarinnen und -Referendare im Durchschnitt die meisten Testfragen korrekt, während die jüngsten Schülerinnen und Schüler am schlechtesten abschnitten. Zwischen Personen verschiedener Konfessionen fand sich hingegen kein signifikanter Unterschied. Männliche Befragte schnitten signifikant besser ab als weibliche, was im Einklang mit anderen Studien zum kognitiven Stil steht (Lindeman und Lipsanen, 2016).

14) Wie hängen Einstellungen zu Evolution und kognitiver Stil zusammen?

Die Bedeutung von Denkdispositionen und dem Verständnis von Naturwissenschaften wurde bereits in mehreren Studien zu Einstellungen zu Evolution untersucht (z. B. Akyol et al., 2012; Deniz et al., 2008; Deniz und Sahin, 2016; Dunk et al., 2017; vgl. Kap. 2.8.3). Gerade bzgl. des kognitiven Stils ist die Studienlage zum Zusammenhang mit der Einstellung zu Evolution nicht eindeutig (Kap. 2.8.3.4). In der Stichprobe der *EWi-Studie* ergab sich ein statistisch signifikanter, jedoch sehr schwacher positiver Zusammenhang zwischen dem

Punktwert beim CRT und der Einstellung zu Evolution. Die Korrelationen in den einzelnen Subgruppen waren jedoch allesamt trotz großer Stichprobenumfänge nicht signifikant und zum Teil sogar negativ. Kahan und Stanovich (2016) kritisieren den Versuch, eine Ablehnung der Evolution mit eingeschränkter Rationalität zu erklären (*Bounded Rationality Theory*; vgl. Kap. 2.8.3.4) Die Theorie der beschränkten Rationalität bezeichnen die Autoren als *toxic meme*, das gerne verbreitet werde und zu einer Stigmatisierung von evolutionskritischen Individuen und Gruppen beitrage (Kahan und Stanovich, 2016). Insofern als in der *EWi-Studie* in den vier Subgruppen keine Zusammenhänge zwischen der Einstellung zu Evolution und dem CRT-Testscore festgestellt wurden, scheint die von Kahan und Stanovich (2016) als Gegenhypothese zur *Bounded Rationality Theory* dargestellte *Expressive Rationality Theory* die tatsächlichen Zusammenhänge passender abzubilden. Diese Hypothese geht davon aus, dass die Ablehnung der Evolution eine identitätsstiftende Funktion hat und daher unabhängig von einem bestimmten Denkstil ist (Kahan, 2015a; Kahan und Stanovich, 2016; Roos, 2014). Der Zusammenhang zwischen CRT-Testscore und den anderen untersuchten Variablen wird unter *Fragestellung 17* genauer betrachtet und diskutiert.

6.1.4 Zusätzliche Fragestellung zur RED-Studie

15) Wie passend lassen sich Ergebnisse zur Einstellung zu Evolution anhand einer einzigen häufig verwendeten Frage zu Schöpfung und Evolution darstellen?

Im Rahmen der *RED-Studie* kam zusätzlich zur ATEVO-Skala ein Single-Choice-Item zum Einsatz, welches häufig zur Erhebung der Akzeptanz von Evolution bei Bevölkerungsbefragungen eingesetzt wird (vgl. Kap. 2.8.1.1). In der Stichprobe ließen sich 4,3 % der Befragten als kreationistisch klassifizieren, was nur etwa einem Drittel des

Anteils aus der fowid-Studie entspricht (fowid, 2005). Die Zahl derjenigen Probandinnen und Probanden, die sich für eine gottgelenkte Evolution entschieden, lag mit 19,8 % in der *RED-Studie* nur knapp unter dem Anteil dieser Gruppe in der fowid-Studie. Der Anteil derjenigen, die einer naturalistischen Evolution zustimmen, war mit 62,8 % etwa genauso groß wie in der fowid-Studie (fowid, 2005; vgl. Kap. 2.8.2).

Auch Konnemann et al. (2016) setzten das genannte Item in ihrer Erhebung bei Schülerinnen und Schülern ein. Hier stimmten 66,1 % der naturalistisch verstandenen Evolution zu, 28,3 % wählten die Antwortalternative, die einer gottgelenkten Evolution entspricht und 5,6 % entschieden sich für die kreationistische Option. Bis auf die höhere Zustimmung zur Theistischen Evolution ähneln die Werte den in der *RED-Studie* erhobenen Daten. Im Unterschied zur Befragung von Konnemann et al. (2016) und auch der ursprünglichen Studie (fowid, 2005) wurde in der *RED-Studie* auf Grundlage der Überlegungen von Kampourakis und Strasser (2015) allerdings neben den drei dargestellten Antwortoptionen zudem die Möglichkeit angegeben, auszudrücken, dass man sich zwischen den drei Varianten nicht entscheiden kann. Von dieser Option machten 13,1 % Gebrauch. Dies entspricht zwar einem kleineren Anteil als möglicherweise zu erwarten war, unterstreicht jedoch zugleich die Bedeutung einer solchen Option, denn diese Personen wären sonst in andere Antwortkategorien gezwungen worden. Kampourakis und Strasser (2015) folgerten aus den Daten der Ipsos-Befragung (2011), dass etwa jede dritte Person unsicher bzgl. ihrer Position zu Evolution und Schöpfung ist.

Die mit Hilfe der einzelnen Frage zu Schöpfung und Evolution als Kreationistinnen und Kreationisten klassifizierten Befragten zeigten zum Teil eine indifferente oder sogar positive Einstellung zu Evolution und nicht alle fanden sich im Bereich hoher Gläubigkeit wieder (vgl. Abb. 79). Gemessen an den Ergebnissen der PERF- und ATEVO-Skala waren die Befragten, die der *Theistischen Evolution* zugeordnet wurden, wie zu erwarten war, überwiegend gläubig, aber gleichwohl hauptsächlich indifferent oder positiv gegenüber Evolution eingestellt. Personen, die mit Hilfe des verwendeten Items als Vertreterinnen und Vertreter einer naturalistischen Position zu Evolution klassifiziert wurden, bei der Gott ausgeschlossen wird, waren gemessen an ihren ATEVO- und PERF-Scores teilweise ebenfalls indifferent gegenüber der Evolution eingestellt und zum Teil sogar sehr gläubig. Anhand von Gruppenvergleichen zwischen den Vertreterinnen und Vertretern verschiedener Perspektiven auf Schöpfung und Evolution wird deutlich, dass die Unterschiede zwischen den drei Kategorien vor allem in der Gläubigkeit und weniger in der Akzeptanz der Evolution bestehen (Abb. 80 – 82). Dies unterstreicht erneut die grundlegende Notwendigkeit einer differenzierenden Erhebung und Analyse. Schon in der *EWi-Studie* wurde deutlich, dass ein großer Anteil derjenigen, die religiös gläubig sind, gleichzeitig eine positive Einstellung gegenüber Evolution aufwiesen. Auch Clément (2015) merkte explizit an, dass viele der von ihm befragten Lehrkräfte auf der ganzen Welt, die Religion praktizieren, gleichzeitig Evolution akzeptieren.

Die Tatsache, dass einige der Personen, die als kreationistisch klassifiziert wurden, Evolution akzeptieren, erscheint paradox. Hier wird abermals deutlich, wie wichtig die Trennung zwischen verschiedenen zu messenden Parametern bei der Datenerhebung ist. Zudem illustrieren diese Ergebnisse, dass die Trennlinien keineswegs so klar sind, wie es drei Antwortoptionen implizieren. Entsprechend stellten Yasri und Mancy (2014) in Interviewstudien mit thailändischen Schülerinnen und Schülern an einer christlichen High-School fest, dass auch jene Befragte, die angaben, kreationistische Positionen zu vertreten, zumindest einige Aspekte von Evolution akzeptierten. Auch Schilders et al. (2009) fanden, dass die meisten gläubigen christlichen Schülerinnen und Schüler angaben, die Evolution zu akzeptieren, sich jedoch gleichzeitig die Entstehung der Erde und des Lebens nicht ohne den Einfluss einer höheren Macht erklären zu können (Schilders et al., 2009). Derartige deistische Positionen, wie sie auch in der *EGI-Studie* nachgewiesen werden konnten (vgl. Tab. 38), fallen aus der oben beschriebenen Kategorisierung und können auf diese Weise nicht abgebildet werden.

Umso wichtiger ist es, das Spektrum unterschiedlicher Aspekte im Erhebungsinstrument anzusprechen und mehrere Items zur Erhebung zu verwenden, damit eine differenzierte Darstellung von Einstellungen zu Evolution ermöglicht wird.

6.1.5 Zusätzliche Fragestellung zur EKI-Studie

16) Wie hängt die Einstellung zu Evolution mit übersinnlichen Weltsichten sowie mit szientistischen, dogmatischen atheistischen, naturalistischen und skeptischen Positionen zusammen?

Bei der Befragung der Konfessionsfreien in der *EKI-Studie* fand sich eine hohe Zustimmungsrate zu atheistischen und naturalistischen Aussagen. Die Korrelation dieser beiden Parameter mit der Einstellung zu Evolution war jeweils positiv und von mittlerer bis hoher Stärke. Diese Zusammenhänge untermauern die theoretischen Annahmen bzgl. der engen Verknüpfung naturalistischer Positionen und evolutionärer Sichtweisen auf die Welt (vgl. Kap. 2.3.1 und 2.3.5).

Szientistische und skeptische Ansichten lagen jeweils etwa beim Mittelwert des Skalenbereiches. Wesentlich seltener wurden hingegen dogmatische Positionen vertreten. Der Zusammenhang zwischen der Einstellung zu Evolution und szientistischen Positionen war positiv

und von mittlerer Stärke. Das bedeutet, dass Personen mit einer positiven Einstellung zu Evolution eher zu szientistischen Ansichten neigen. Konnemann et al. (2016) fanden, dass unter deutschen Schülerinnen und Schülern szientistische Positionen verbreiteter sind als kreationistische Einstellungen. In ihren Ergebnissen wird ebenfalls deutlich, dass szientistische Positionen vor allem bei Personen zu finden sind, die eine hohe Akzeptanz der Evolution und gleichzeitig eine negative Einstellung zu Schöpfungsgeschichten aufweisen. Auch Großschedl et al. (2014) zeigten für eine Stichprobe mit angehenden Lehrkräften einen negativen Zusammenhang zwischen szientistischen Positionen und religiöser Gläubigkeit sowie eine positive Korrelation zwischen Szientismus und der Akzeptanz von Evolution. Beide Korrelationen waren allerdings nur schwach (Großschedl et al., 2014).
Fraglich ist jedoch, inwiefern man bei einem durchschnittlich etwa mittleren Skalenwert zu Szientismus, wie er in der vorliegenden Arbeit sowie bei Konnemann et al. (2016) vorkommt, tatsächlich von im eigentlichen Sinne szientistischen Positionen sprechen kann. Schöttler (2012) merkte angesichts der negativen Konnotation, die der Terminus *Szientismus* hervorruft, kritisch an, dass unklar ist, inwieweit Szientismus tatsächlich von irgendjemandem ernsthaft verteidigt oder vertreten wird – ob es also überhaupt „bekennende" Szientistinnen oder Szientisten gibt. Dies gilt erst recht angesichts der Tatsache, dass ein Wert im mittleren Bereich der Skala, in Anlehnung an die in Kapitel 4.2.1.3 getroffene Kategorisierung von Einstellungen zu Evolution, nicht einer szientistischen Einstellung, sondern vielmehr einer indifferenten Haltung zu szientistischen Positionen entsprechen würde.
Vor allem die Zustimmung zu esoterischer Ideologie sowie die persönliche Erfahrung außersinnlicher Erlebnisse war in der Stichprobe der *EKI-Studie* äußerst gering. Diese beiden Variablen

zeigten jeweils negative Korrelationen mittlerer Stärke mit der Einstellung zu Evolution. Eder et al. (2011) konnten bei Schülerinnen und Schülern keinen, Beniermann (2013) bei Studierenden nur einen schwachen Zusammen-hang zwischen Einstellungen zu Evolution und paranormalen Überzeugungen zeigen. Offensichtlich ist der Zusammenhang für diese homogene Stichprobe vorwiegend nicht-religiös und naturalistisch denkender Personen stärker als in heterogeneren Stichproben.

Gleichzeitig war der Zusammenhang zwischen wahrgenommenen außersinnlichen Erfahrungen sowie esoterischen Positionen und dualistischen Sichtweisen auf Gehirn und Geist stark und positiv. Das bedeutet, dass Personen, die ein dualistisches Bild von Gehirn und Geist hatten, eher esoterischen Ideen zustimmten und eher von außersinnlichen Erfahrungen berichteten. Dies ergibt insofern Sinn, als eine dualistische Sichtweise Gehirn und Geist als separate Entitäten ansieht und diese Auffassung in vielen Fällen eine Voraussetzung für den Glauben an Außersinnliches darstellen dürfte (Bloom, 2007; Willard und Norenzayan, 2013).

6.1.6 Fragestellungen zur Variablenstruktur

17) Wie hängen die untersuchten Variablen in den einzelnen Studien zusammen und wie viel Varianz der Einstellung zu Evolution und zur Evolution des menschlichen Bewusstseins kann mit Hilfe dieser Beziehungsstrukturen erklärt werden?

Die aufgrund theoretisch und empirisch basierter Überlegungen hergeleiteten Grundstrukturen (Abb. 2 und 3) der Variablen wurden anhand der Datensätze aus den vier Studien überprüft. Im Folgenden sollen die Zusammenhänge zwischen den Variablen *Einstellung zu Evolution*, *dualistisches Denken* und *Gläubigkeit* in den einzelnen Studien verglichen werden.

Der angenommene Zusammenhang zwischen religiöser Gläubigkeit und der Einstellung zu Evolution lag in allen vier Studien vor. Der Effekt der Gläubigkeit auf die Akzeptanz der Evolution war jeweils negativ – ein Ergebnis, das bereits hinlänglich bekannt ist (Kap. 2.8.3.1). Für die Modelle aus der *EGI-Studie*, denen eine eindimensionale Struktur der ATEVO-Skala zugrunde liegt, war die Gläubigkeit deutlich der stärkste Prädiktor für die Einstellung zu Evolution. Für die Probandengruppe mit negativer bis indifferenter Einstellung zu Evolution war der Einfluss der Gläubigkeit auf die Akzeptanz der Evolution besonders hoch. In dieser Probandengruppe konnte die Akzeptanz von Evolution über die Gläubigkeit und das dualistische Denken mit 27 % der Varianz erklärt werden (Modell A; Abb. 27). In der anderen Hälfte des Datensatzes mit der Stichprobe von Personen mit positiver Einstellung zu Evolution konnten sogar 35 % der Varianz in der Akzeptanz der Evolution durch diese beiden Variablen aufgeklärt werden (Modell D; Abb. 30). Wurde die Einstellung zu Evolution für diese Probandengruppe auf zwei Variablen aufgeteilt, blieb die Gläubigkeit für beide Variablen der stärkste Prädiktor. Jedoch konnten jetzt nur noch 5 % der Einstellung zu Evolution im Allgemeinen erklärt werden, während die Varianz in der Einstellung zur Evolution des Bewusstseins mithilfe dieses Modells und für diese Stichprobe zu 36 % aufgeklärt werden konnte (Modell C; Abb. 29).

In der *EWi-* und *RED-Studie* erwies sich die Einstellung zu Evolution im Allgemeinen als jeweils stärkster Prädiktor für die Einstellung zur Evolution des Bewusstseins.

Durch die jeweils guten Model-Fits und Gegentests der Pfadrichtungen konnte außerdem gezeigt werden, dass die Annahme für die primäre Pfadrichtung passend ist. Eine Ablehnung der Evolution im Allgemeinen zieht auf Basis der untersuchten Stichproben eine Ablehnung der Evolution des menschlichen Geistes nach sich, während die Ablehnung

Ergebniszusammenfassung und inhaltliche Diskussion 389

der Evolution des Bewusstseins in vielen Fällen nicht zu einer Ablehnung der gesamten Evolution führen wird.
Für diese Annahme einer Asymmetrie gibt es zwar theoretische Argumente - wie bspw. die offizielle Position der römisch-katholischen Kirche (Kap. 2.6.3.4) -, jedoch konnte dieser Zusammenhang sowie die Richtung dieser Beziehung in der vorliegenden Arbeit erstmals empirisch belegt werden. Da Silva Porto et al. (2015) fanden in ihrer Untersuchung keinen Zusammenhang zwischen Einstellungen zu Evolution und der Akzeptanz des evolutionären Ursprungs des menschlichen Sozialverhaltens. Paz-y-Miño-C und Espinosa (2012) konnten zwar bereits zeigen, dass eine Diskrepanz zwischen der Akzeptanz der Evolution im Allgemeinen und der Akzeptanz der Evolution des Bewusstseins besteht, jedoch wurde von ihnen nicht die Richtung der Beziehung zwischen den beiden Variablen eruiert. Insofern erweitert die vorliegende Arbeit die Forschung zur Akzeptanz der Evolution des menschlichen Bewusstseins durch konkrete Belege.
Während in der *EWi-Studie* die Effekte von PERF- und SD-Score auf die Einstellung zur Evolution des Bewusstseins etwa gleich stark waren, war der Effekt des dualistischen Denkens in der *RED-Studie* größer. Die Akzeptanz der Evolution konnte in diesen beiden Studien zu 33 % (*EWi-Studie*) und 36 % (*RED-Studie*) aufgeklärt werden. Die Varianzaufklärung war jedoch in der *EKI-Studie* mit 56 % noch wesentlich höher. Hier war das dualistische Denken die Variable, die am stärksten zur Aufklärung der Varianz beitrug.
Die Varianzaufklärung der Einstellung zu Evolution im Allgemeinen war in allen Studien deutlich geringer als für die Einstellung zur Evolution des Bewusstseins. Die aufgeklärte Varianz lag in allen Studien zwischen 5 % (*EGI-Studie*) und 16 % (*EKI-Studie*). In allen Studien war die Gläubigkeit bzw. eine atheistische Einstellung innerhalb der Grundstruktur der stärkste Prädiktor für die Einstellung zu Evolution

im Allgemeinen. Lediglich in der *RED-Studie* waren die vom dualistischen Denken und von der religiösen Gläubigkeit ausgehenden Effekte gleich groß.

Die Varianz im dualistischen Denken zwischen den Befragten wurde in der Grundstruktur jeweils über die Gläubigkeit erklärt. Hierbei wurden Varianzaufklärungen zwischen 27 % (*RED-Studie*) und 57 % (*EGl-Studie*; ATEVO 32-40) erreicht. Ein wesentlicher Teil der Varianz, die zwischen Individuen bzgl. ihrer Sichtweise auf Gehirn und Geist besteht, wird demnach über die religiöse Gläubigkeit bestimmt. In Kapitel 2.4.3 wurde beschrieben, dass es zum Zusammenhang zwischen diesen beiden Variablen bereits einige empirische Erkenntnisse gibt (Demertzi et al., 2009; Riekki et al., 2013; Thalbourne, 1996; Willard und Norenzayan, 2013). Mit Hilfe der vorliegenden Arbeit konnte nun darüber hinaus gezeigt werden, dass der primäre Effekt von der Gläubigkeit ausgeht, die ihrerseits auf das dualistische Denken wirkt.

In der *EKI-Studie* wurde als eine weitere Variable *Naturalismus* in das Modell eingefügt. Diese Variable zeigte einen starken negativen Effekt auf das dualistische Denken, der größer ausfiel als der Effekt der Variable *Atheismus*. Daher konnten im erweiterten Modell anstatt 34 % (Modell L; Abb. 96) anschließend 54 – 55 % (Modelle M bis P; Abb. 97 bis 100) erklärt werden. Eine dualistische Sichtweise wird also maßgeblich davon bestimmt, ob eine Person naturalistische Ansichten vertritt. In Kapitel 2.3.1 wurde dieser Zusammenhang bereits theoretisch plausibel gemacht. Diese Überlegung konnte nun erstmals empirisch gezeigt werden.

Insgesamt zeigen die obigen Ausführungen, dass die angenommenen Grundstrukturen im Wesentlichen in der Lage waren, die Verhältnisse in den einzelnen Studien widerzuspiegeln. Es wird deutlich, dass es sich bei den Beziehungen zwischen religiöser Gläubigkeit, dualistischem Denken und der Einstellung zu Evolution im Allgemeinen sowie

Ergebniszusammenfassung und inhaltliche Diskussion 391

zur Evolution des Bewusstseins um solide Zusammenhänge handelt, bei denen auch die Richtung des Verhältnisses sowie das Vorzeichen des Effektes stabil zu sein scheinen. In diesem robusten Rahmen gibt es jedoch Schwankungen in der Stärke der Beziehung. So unterschieden sich die befragten Gruppen hinsichtlich der Frage, welche Variable der stärkste Prädiktor für die Akzeptanz der Evolution ist und wie viel Varianz der einzelnen Variablen durch die Modelle aufgeklärt werden kann.

In der *EGI-Studie* wurde die Konfliktwahrnehmung, anders als in den anderen Studien, als Zielvariable der Strukturgleichungsmodellierung angesetzt. Diese konnte für die untersuchte Stichprobe zu 66 % bzw. 58 % erklärt werden. Besonders bemerkenswert ist, dass die Trennung der Stichprobe in zwei Subgruppen anhand der Zustimmungswerte zu Evolution in zwei ganz unterschiedlichen Variablenstrukturen resultierte. Während bei den Probandinnen und Probanden mit negativer bis indifferenter Einstellung zu Evolution die Konfliktwahrnehmung direkt und sehr stark über die Einstellung zu Evolution erklärt werden konnte, hatte die Gläubigkeit der Befragten hier lediglich einen indirekten Effekt mittlerer Stärke, der über das dualistische Denken und die Einstellung zu Evolution vermittelt wurde. Dieses Modell war für die zweite Hälfte der Stichprobe nicht passend und hatte einen schlechten Modell-Fit.

Für die Probandengruppe mit positiver Einstellung zu Evolution war neben der Konfliktwahrnehmung die Einstellung zur Evolution des Bewusstseins (Modell C; Abb. 29) bzw. die Einstellung zu Evolution (Modell D; Abb. 30) die Zielvariable. Im Gegensatz zur anderen Subgruppe hatte die Einstellung zu Evolution keinen Einfluss auf die Konfliktwahrnehmung. Für diese Probandengruppe zeigte sich jedoch ein starker negativer Effekt der Gläubigkeit auf die Konfliktwahrnehmung, was bedeutet, dass eine geringe Gläubigkeit zu einer erhöhten Konfliktwahrnehmung führt. Gläubige Menschen, die eine positive

Einstellung zu Evolution haben, nehmen also seltener einen Konflikt zwischen Gläubigkeit und Evolution wahr als die nicht-gläubigen Befragten. Anhand dieses Beispiels wird deutlich, wie abhängig die Zusammenhangsstrukturen von der befragten Stichprobe sind. Eine Beziehung, die in einer Stichprobe gefunden wird und sogar plausibel erklärbar ist, kann in einer anderen Stichprobe irrelevant sein und durch andere erklärende Variablen ersetzt werden.

Um zu einem genaueren Verständnis zu gelangen, wurde in der *EWi-Studie* die Grundstruktur des Strukturgleichungsmodells um die Variablen *Wissen zu Evolution* und *Reflektiertes Denken* (Modelle G, H und I; Abb. 65, 66 und 67) erweitert. Durch die Variable *Reflektiertes Denken* konnten 20 % der Varianz des Wissens zu Evolution erklärt werden (Modelle H und I; Abb. 66 und 67), sodass das reflektierte Denken indirekt auch einen schwachen Effekt auf die Einstellung zu Evolution im Allgemeinen sowie auf die Einstellung zur Evolution des menschlichen Bewusstseins hatte. Diese indirekten Effekte werden über die Gläubigkeit und das Wissen zu Evolution vermittelt. Der Zusammenhang des reflektierten Denkstils mit dem Wissen zu Evolution ist positiv, während der Effekt auf die Gläubigkeit negativ ist.

Das im Mittel inverse Verhältnis zwischen analytischem Denken und religiöser Gläubigkeit wurde schon mehrfach empirisch belegt (Lindeman und Lipsanen, 2016; Pennycook, 2014; Pennycook et al., 2012; Stanovich und West, 2007). Dieser Zusammenhang ist jedoch – wie der Zusammenhang zwischen Gläubigkeit und Akzeptanz der Evolution – lediglich im Mittel zu finden und bei der Betrachtung einzelner Probandengruppen bei weitem nicht so deutlich. So gibt es auch unter religiösen Individuen analytisch denkende Personen. Gleichzeitig finden sich auch unter Atheistinnen und Atheisten Gruppen, die geringe analytische Fähigkeiten zeigen. Es wird vermutet, dass diese Gruppen „*indifferente Ungläubige*"[97] (Norenzayan und Gervais, 2013; zitiert von Lindeman und Lipsanen, 2016) oder „*umweltbedingte Atheisten*"[98] (Kalkman, 2014; zitiert von Lindeman und Lipsanen, 2016) sind, die keine spezifischen Charakteristika von Atheismus tragen, sondern schlichtweg aus einer Kultur stammen, in der Religion keine Rolle spielte.

In Fragen, die eng mit der eigenen Persönlichkeit verknüpft sind, tendieren Personen zudem dazu, ihre analytischen Fähigkeiten für die Bildung von identitätsstiftenden und nicht wahrheitsabbildenden Ansichten zu nutzen (Kahan und Stanovich, 2016). Unter der Prämisse der *Expressive Rationality Theory* (vgl. Kap. 2.8.3.4) handelt es sich bei der Ablehnung der Evolution um eine solche identitätsstiftende Einstellung.

Lawson und Worsnop (1992) fanden, dass eine reflektierte Art zu denken die Ablehnung von Fehlvorstellungen erleichtert. Der in den Modellen H (Abb. 66) und I (Abb. 67) enthaltene Pfad, der einen positiven Effekt des reflektierten Denkens auf das Wissen zu Evolution abbildet, untermauert diese Ergebnisse. Offenbar hat ein reflektierter kognitiver Stil zwar keinen direkten Einfluss auf die Einstellung zu Evolution (vgl. auch *Forschungsfrage 14*), die Ergebnisse aus der *EWi-Studie* legen jedoch nahe, dass diese Art zu denken das Erlernen von Evolution erleichtert. Auf diese Weise beeinflusst ein analytischer kognitiver Stil die Einstellung zu Evolution indirekt. Der Effekt wird über das Wissen zu Evolution vermittelt. Je analytischer der Denkstil einer Person, desto eher löst sie die Wissensaufgaben zur Evolution richtig.

---

[97] Englisches Originalzitat: „*indifferent nonbelievers*"
[98] Englisches Originalzitat: „*environmental atheists*"

6.2 Methodisch-konzeptionelle Diskussion

6.2.1 Operationalisierung

In der vorliegenden Arbeit wurden die für die Forschungsfragen zentralen Erhebungsinstrumente eigens entwickelt. Im Folgenden werden das Vorgehen und das Resultat kritisch diskutiert.

6.2.1.1 Reliabilität und Dimensionalität: ATVEO-, SD- und PERF-Skala

Bei der Interpretation von Fragebogen-Erhebungen ist grundsätzlich Vorsicht geboten, denn die Resultate derartiger Befragungen hängen stets von den verwendeten Messinstrumenten ab. Gleiches gilt auch für die vorliegende Arbeit. Items zur Erhebung von Persönlichkeitsmerkmalen können immer auch anders formuliert und zusammengestellt werden und würden dann möglicherweise zu anderen Resultaten führen. Die aus den Items bestehenden Skalen werden mit einem Label des impliziten Merkmals versehen, das von ihnen gemessen werden soll. Die Aussagekraft von Prädiktoren hängt deshalb in hohem Maße davon ab, wie gut die Items in der Lage sind, das zu untersuchende Merkmal abzufragen.

Aus den dargestellten Gründen sowie den in Kapitel 2.8.1 beschriebenen messtheoretischen Problemen mit vorhandenen Fragebogenskalen wurden in der vorliegenden Arbeit eigene Skalen zur Erhebung von Einstellung zu Evolution (im Allgemeinen sowie zur Evolution des Bewusstseins im Speziellen) entwickelt, in Expertenbefragungen und Vortests mit Schülerinnen und Schülern geprüft und über die Verwendung in insgesamt vier Studien validiert. Das Vorgehen sowie die Voraussetzungen für die Planung der Skalen wurden in den Kapiteln 3.1 und 4.2 dargestellt.

Methodisch-konzeptionelle Diskussion   395

Insgesamt zeigten die entwickelten Skalen jeweils eine hohe Reliabilität, die auch über unterschiedliche Stichproben und verschiedene Subgruppen konstant blieb. Ausnahmen bildeten die SD- und die ATEVO-GE-Skala, die in der *EWi-Studie* bei den Schülerinnen und Schülern aus der 7. Klasse im Gegensatz zu den anderen Subgruppen keine guten Reliabilitätswerte erreichten. Da das Verhältnis von Gehirn und Geist und die Evolution des menschlichen Bewusstseins sehr komplexe und theoretische Themen sind, ist denkbar, dass sich gerade jüngere Lernende noch keine hinreichende Meinung zu dieser Thematik gebildet haben und auch nicht *ad hoc* eine konsistente Vorstellung dazu generieren, wie es vermutlich bei Vorstellungen zu evolutionären Prozessen der Fall ist. Aus diesem Grunde sollte in künftigen Befragungen mit der ATEVO- und SD-Skala anhand verschiedener Probandengruppen gezielt untersucht werden, wo die Altersuntergrenze für den Einsatz dieser Skalen liegt.

Während sich die PERF-Skala nicht nur in allen Studien und Subgruppen als intern konsistent darstellte, zeigte sie außerdem für alle Gruppen eine eindimensionale Struktur. Die Dimensionalität der ATEVO-Skala schwankte hingegen zwischen den Stichproben. In der *EGI-Studie* fand sich eine eindimensionale Struktur der Skala, in der *EWi-*, *RED-* und *EKI-Studie* hingegen eine zweidimensionale Struktur, welche die beiden Subskalen ATEVO-AE und ATEVO-GE abbildete. Auch innerhalb der in der *EWi-Studie* befragten Subgruppen war diese zweidimensionale Struktur zu finden, außer wiederum bei den jüngsten der befragten Schülerinnen und Schülern. Hier ergaben sich zwar zwei Faktoren, jedoch bildeten diese nicht die beiden ATEVO-Subskalen ab, sondern trennten positiv und negativ formulierte Items und verwiesen damit eher auf Verständnisprobleme.

Hypothesengeleitet wurde davon ausgegangen, dass die beiden Subskalen zwei inhaltliche Konstrukte abbilden, sodass eine Aufspaltung in die Variablen *Einstellung zu Evolution im Allgemeinen* und *Einstellungen zur Geistevolution* inhaltlich begründet werden kann (vgl. Kap. 3.1). Gleichzeitig ist eine derartige Aufspaltung in der Realität nur dann zu erwarten, wenn tatsächlich die Mehrzahl der Befragten einen Unterschied zwischen der Evolution im Allgemeinen und der Evolution des menschlichen Bewusstseins macht. In der *EGl-Studie* war dieser Unterschied zwar über das Spektrum der Gläubigkeit deutlich erkennbar (Abb. 20), jedoch war hier die Anzahl der nicht-gläubigen Probandinnen und Probanden verhältnismäßig sehr groß. Bei dieser Subgruppe war kaum ein Unterschied zwischen der Einstellung zu Evolution im Allgemeinen und zur Evolution des Bewusstseins erkennbar. Somit entsprach die Dimensionalität der Skalen auch den inhaltlichen Erwartungen.

Bei der SD-Skala fanden sich ebenfalls zum Teil zweidimensionale Strukturen, die zwar nicht erwartet wurden, jedoch einer inhaltlichen Interpretation nicht entgegenstehen. Dabei handelte es sich um die Trennung derjenigen Items, die monistische Aussagen enthalten, von jenen, die dualistische Positionen abbilden.

Auch wenn mit Hilfe der in der vorliegenden Arbeit entwickelten Skalen viele der Kritikpunkte, die bzgl. anderer Testinstrumente bestehen, vermieden werden konnten, bleibt wie bei jeder Operationalisierung die Frage zum Teil offen, inwiefern z. B. mit Hilfe der ATEVO-Skala wirklich (nur) Einstellungen zu Evolution gemessen werden. Die Operationalisierung derartig komplexer Persönlichkeitsmerkmale wird nie vollständig fehlerfrei möglich sein. Dies beginnt mit einer adäquaten Definition des zu messenden Konstruktes und endet bei der Wortwahl für die einzelnen Itemformulierungen und der konsequenten Abgrenzung von anderen Konstrukten.

6.2.1.2 Messmethodische Überlegungen zur ATEVO-Skala

All die in Kapitel 2.8.1.2 vorgestellten Messinstrumente haben jeweils bestimmte Vorteile und bei der Frage, welches Messinstrument am besten geeignet ist, kommt es auf das Ziel der durchzuführenden Studie an.

Im Gegensatz zu publizierten Skalen zur Messung von Einstellungen zu Evolution (MATE, EALS und GAENE; vgl. Kap. 2.8.1.2), ermöglicht die ATEVO-Skala eine Trennung zwischen Einstellungen zu Evolution im Allgemeinen und Einstellungen zur Evolution des Bewusstseins – letztere wurden in Studien zur Erhebung von Einstellungen zu Evolution bisher weitestgehend vernachlässigt (Kap. 2.8.3.5). Die I-SEA-Skala (Nadelson und Southerland, 2012) adressiert diese Trennung zwar auch, jedoch wird hier die körperliche Evolution des Menschen betrachtet, während das menschliche Bewusstsein nicht thematisiert wird.

Um die problematische Mischung von Wissen und Einstellungen zu Evolution zu vermeiden, die in einigen der genannten Skalen für Schwierigkeiten bei der Interpretation der Ergebnisse sorgt, werden die Items der ATEVO-Skala jeweils mit einem Halbsatz eingeleitet, der verdeutlichen soll, dass es sich um eine Meinungsbekundung und nicht die Wiedergabe von Wissen handelt (vgl. Kap. 4.2.1.1). Auch wurde auf jegliche Aussagen mit religiöser Konnotation verzichtet, die in anderen Skalen einerseits zu einer künstlichen Erhöhung der Korrelation mit religiösen Ansichten führen können und andererseits einen Konflikt zwischen Evolution und Religion in Items manifestieren, den die Befragten unter Umständen gar nicht sehen (vgl. Kap. 2.8.1).

Romine et al. (2017) fragten, ob die methodische Vermischung der Akzeptanz der Evolution und der religiösen Gläubigkeit in Anbetracht der in der Regel hohen Korrelation zwischen diesen beiden Variablen überhaupt ein Problem darstelle. Auf Basis der in der vorliegenden Arbeit vorgestellten Ergebnisse muss diese Frage eindeutig mit *Ja* beantwortet werden: Sehr gläubige Probandinnen und Probanden zeigten eine große Diversität in ihrer Einstellung zu Evolution (z. B. Abb. 40). Gleichzeitig wurde deutlich, dass es nicht-gläubige Befragte gibt, die die Evolution ablehnen oder eine indifferente Haltung zeigen (z. B. Abb. 75). Die Menschen unterscheiden sich bezüglich ihrer Position zum Verhältnis von Glaube und Evolution, sodass die vorherige Festlegung bzw. Postulierung eines Zusammenhangs unangemessen ist.

Die in der vorliegenden Arbeit vorgenommene Operationalisierung trägt den in Kapitel 2.6 dargestellten verschiedenen Möglichkeiten der Verhältnisbestimmung zwischen Evolution und Glaube Rechnung. Einen Konflikt bereits in der Item-Formulierung bei der Erhebung von Einstellungen zu Evolution vorauszusetzen, bildet zum einen vermutlich die Einstellungen weniger passend ab und kann zum anderen die tatsächliche Sicht auf das Verhältnis zwischen Evolution und Glauben der Befragten verschleiern.

Des Weiteren wurde die ATEVO-Skala als ein grundlegender Fragebogen konzipiert, da mithilfe der ATEVO-Skala Probandengruppen verschiedener Alters- und Bildungsstände befragt werden sollen. Die MATE-Skala (Rutledge und Warden, 1999) beinhaltet bspw. Fragen zur Reliabilität der Evolutionstheorie, wofür die Befragten Grundwissen zu Epistemologie benötigen. Die ATEVO-Skala hingegen konzentriert sich lediglich auf die Meinung der Befragten, ob Pflanzen, Tiere und das menschliche Bewusstsein sich über die Zeit entwickelt haben und alle Lebewesen gemeinsame Vorfahren haben (vgl. Kap. 2.2.2). Die Skala vermeidet daher Fragen zur Validität der Theorie, die Evolution erklärt und zur Evidenz für diese Theorie. Insgesamt zeigte sich sowohl in den Vortests mit Schülerinnen und Schülern als auch in den Expertenbefragungen und späteren Rückmeldungen zu

Methodisch-konzeptionelle Diskussion

den einzelnen Befragungen, dass die Items in der Regel als nicht missverständlich wahrgenommen werden und auch von Probandinnen und Probanden ohne detailliertes Wissen zu Evolution beantwortet werden können.

Obwohl die in der vorliegenden Arbeit vorgenommene Operationalisierung den inhaltlichen und statistischen Qualitätskriterien genügt und für verschiedene Probandengruppen praktikabel ist, sowie mit der Trennung von Einstellungen zu Evolution und Einstellungen zur Evolution des Bewusstseins einen bisher vernachlässigten Aspekt thematisiert, wäre es für eine weitere Aufklärung der Einstellungen zu Evolution zuträglich, einzelne Aspekte aus anderen Skalen ergänzend zu nutzen. Die Unterscheidung in die Akzeptanz mikro- und makroevolutiver Prozesse sowie der physischen Evolution des Menschen, wie sie in der I-SEA-Skala (Nadelson und Southerland, 2012) vorgenommen wird, kann vor allem in evolutionsskeptischeren Populationen vermutlich wertvolle zusätzliche Erkenntnisse liefern. So wurde auch bei der inhaltlichen Validierung der ATEVO-Skala durch kreationistisch eingestellte Personen in einem Fall ein Item nicht komplett abgelehnt, da es auch als mikroevolutiver Prozess gedeutet werden kann (vgl. Kap. 4.2.1.3).

Darüber hinaus wäre es interessant, die in der GAENE-Skala (Smith et al. 2016) aufgenommenen Items zur Bedeutung der Evolution und zur Bereitschaft der Verteidigung evolutionärer Inhalte in eine Befragung aufzunehmen, da sie die Thematik um eine gesellschaftliche Komponente bereichern würden.

6.2.2 Strukturgleichungsmodellierung

Die Verwendung von Strukturgleichungsmodellierungen in der vorliegenden Arbeit erwies sich als fruchtbares Vorgehen. Auf diese Weise konnten die Beziehungen zwischen den Variablen hypothesengeleitet und auf Grundlage empirischer sowie theoretischer Überlegungen in ihrer Richtung geprüft werden. Im Kontext der Forschung zu Einstellung zu Evolution wurden bisher selten Pfad- oder Strukturgleichungsmodelle angewendet (siehe aber Akyol et al., 2012; Ha et al., 2012; Lammert, 2012), obwohl sich dieses methodische Vorgehen für die Darstellung komplexer Variablenzusammenhänge sehr gut eignet. Die Strukturgleichungsmodellierungen machten vor allem deutlich, dass sich die Beziehungen zwischen den Variablen unterscheiden, je nachdem, welche Gruppen von Menschen befragt werden. Das zeigt sich zum einen in der unterschiedlichen Varianzaufklärung, aber auch in den unterschiedlichen Effektstärken im Rahmen der Grundstruktur. Zudem wurde in der *EGI-Studie* der Datensatz aufgrund nicht-linearer, U-förmiger Zusammenhänge auf Basis der ATEVO-Scores vor der Strukturgleichungsmodellierung getrennt. Es zeigte sich anhand vergleichender Modell-Tests, dass die beiden getrennten Gruppen durch deutlich unterschiedliche Modelle beschrieben werden können.

Ferner illustriert die ein- oder zweidimensionale Struktur der ATEVO-Skala, dass die Einstellung zu Evolution und die Einstellung zur Evolution des Bewusstseins in einigen Stichproben nahezu die gleiche Zustimmung oder Ablehnung erhalten und in anderen Gruppen unterschiedlich bewertet werden. Somit unterstreichen die Ergebnisse der in der dieser Arbeit durchgeführten Befragungen unmissverständlich, dass in wissenschaftlichen Studien zur Einstellung zu Evolution, vor allem wenn sie quantifizierender Natur sind, eine differenzierte Sichtweise nicht nur lohnenswert, sondern unumgänglich ist und neue Perspektiven für Forschungsfragen eröffnet.

6.3 Didaktische und gesellschaftliche Implikationen

Der *Verband zur Förderung des MINT-Unterrichts* (MNU) benennt im *Gemeinsamen Referenzrahmen für Naturwissenschaften* (GeRRN; MNU,

2017) verschiedene Aspekte aus dem Bereich Evolution, die nach eigenen Angaben zu einer naturwissenschaftlichen Allgemeinbildung am Ende der Sekundarstufe I gehören. Darunter fallen die Kompetenzen, Artbildung als Ergebnis von Evolution zu erläutern sowie Angepasstheit und Verwandtschaft über Abstammung erklären zu können (MNU, 2017). Betrachtet man die in der vorliegenden Arbeit erhobenen Daten zu Vorstellungen zu Evolution sowie die zahlreichen weiteren Arbeiten, die sich explizit mit der Erforschung von Vorstellungen bei Schülerinnen und Schülern beschäftigten (z. B. Brennecke, 2015; Fenner, 2013; Johannsen und Krüger, 2005; Lammert, 2012), wird deutlich, dass diese Aspekte der Allgemeinbildung vielen Lernenden (und auch Lehrenden) offenbar Probleme bereiten.

In einer Stellungnahme der Nationalen Akademie der Wissenschaften *Leopoldina* (2017) wird ausgeführt, dass dem Thema Evolution in Schule und Hochschule derzeit keine angemessene Stellung zukommt. In der Stellungnahme heißt es, dass bedingt durch den missbräuchlichen Bezug auf vermeintlich evolutionsbiologische Konzepte im Nationalsozialismus in Deutschland die evolutionsbiologische Bildung an Schulen und Hochschulen noch immer nicht der Bedeutung moderner evolutionsbiologischer Erkenntnisse gerecht werde (Leopoldina, 2017). Neben strukturellen Hürden wie den Lehrplänen sehen auch Lehrkräfte Hindernisse für das Unterrichten von Evolution wie bspw. ihr eigenes mangelndes Wissen zu Evolution (Asghar et al., 2007; BouJaoude et al., 2011; Griffith und Brem, 2004; Nadelson und Nadelson, 2010; Sanders und Ngxola, 2009) sowie die Wahrnehmung eines Konflikt zwischen Evolution und religiösem Glauben (Asghar et al., 2007; BouJaoude et al., 2011; Sanders und Ngxola, 2009).

Sowohl in der Ausbildung der Biologie-Lehrkräfte als auch im Bereich schulischer Bildung zum Themenbereich Evolution gibt es offenbar Nachholbedarf und gleichzeitig größere Probleme als bei vielen anderen Unterrichtsinhalten. Festzuhalten ist zumindest, dass der Biologieunterricht offenbar momentan nicht dazu führt, dass Fachwissen zum Thema Evolution bei Personen mit abgeschlossener Schulbildung größtenteils allgemein abrufbar ist.

In den folgenden Unterkapiteln sollen einige Aspekte der gesellschaftlichen Auseinandersetzung mit dem Themenkomplex Evolution und Kreationismus und deren Problematik für eine konstruktive Beschäftigung mit evolutionsbiologischer Bildung sowie der unterrichtlichen Chancen und Probleme im Kontext der Ergebnisse der vorliegenden Arbeit diskutiert werden.

6.3.1 Fehlvorstellungen

In den Ergebnissen der *EWi-Studie* wurde deutlich, dass in allen untersuchten Probandengruppen aus wissenschaftlicher Sicht falsche Vorstellungen (Fehlvorstellungen) zu evolutionären Konzepten und Prozessen vorkommen. Dabei ließen sich große Unterschiede zwischen den Subgruppen feststellen, indem wissenschaftliche Vorstellungen mit zunehmendem Alter und Ausbildungsstand zunahmen (vgl. Abb. 45).

Vor allem in Bezug auf das für ein Verständnis von Evolution essentielle Konzept der evolutionären Anpassung herrschten bei den Gruppen aus Schülerinnen und Schülern zu einem Großteil Fehlvorstellungen vor. Wie auch in vielen anderen Studien (vgl. Kap. 2.7) wurden finalistische Vorstellungen als häufigste Fehlvorstellungen der Schülerinnen und Schüler ermittelt. Diese sind fachdidaktisch problematisch, da sie äußerst stabil gegenüber unterrichtlichen Interventionen sind (Johannsen und Krüger, 2005; Lammert, 2012) und die Zufälligkeit natürlicher Selektionsprozesse in Frage stellen. Schülerinnen und Schüler ziehen in der Regel teleologische Erklärungen kausalen vor (Kelemen und DiYanni, 2005; Trommler et al., 2018).

Didaktische und gesellschaftliche Implikationen

Untersuchungen legen nahe, dass Kinder eine natürliche Disposition für teleologische Erklärungen haben, die auch in Bezug auf Unbelebtes Anwendung finden (Kampourakis et al., 2012a, 2012b; Kelemen, 1999). Erwachsene zeigen normalerweise weniger teleologische Vorstellungen als Kinder (Kelemen und Rosset, 2009) – dennoch kommen finalistische Erklärungen auch bei einem Großteil der Erwachsenen vor (Kelemen und Rosset, 2009) und sogar wissenschaftlichem Fachpersonal (Kelemen et al., 2013), wie auch in der vorliegenden Arbeit gezeigt werden konnte.

Neben der Disposition für teleologische Erklärungen scheint auch die teleologische Sprache innerhalb der Naturwissenschaften einen Beitrag zu den finalistischen Fehlvorstellungen zu liefern (Galli und Meinardi, 2011). Das Problem der teleologischen Sprache innerhalb der Naturwissenschaften und im Speziellen innerhalb der Biologie wurde auf philosophischer Ebene häufig diskutiert (z. B. Mayr, 1991; Monod, 1992; Ruse, 2016). Mayr (1991) nimmt an, dass es sich bei Teleologie innerhalb der Biologie um ein rein sprachliches Problem handelt und betrachtet die Kontroverse als Scheindebatte (*Teleonomie*). In der Regel wird im Kontext moderner Biologie betont, dass teleologische Beschreibungen und Fragestellungen lediglich die Kurzfassungen kausaler Formulierungen seien, die den Selektionswert der betreffenden Struktur betonen (Vollmer, 2005).

Diese Debatten werfen jedoch die Frage auf, inwiefern innerhalb des schulischen und universitären Evolutionsunterrichts finalistische Vorstellungen effektiv zurückgedrängt werden können, wenn auch innerhalb wissenschaftlicher Auseinandersetzungen zur Evolutionsbiologie nicht konsequent auf teleologische Formulierungen verzichtet wird. Die konsequente Trennung der zweckmäßigen, auf evolutionären Prozessen beruhenden Angepasstheit der Organe und Organismen von einer gezielten Entwicklung hin zu diesem Zustand erscheint anhand der Ergebnisse der vorliegenden Arbeit sowie der

Studien, in denen Vorstellungen zur evolutionären Anpassung untersucht wurden (z. B. Baalmann et al., 2004; Fenner, 2013; Johannsen und Krüger, 2005; Lammert, 2012; Weitzel und Gropengießer, 2009), als zwingend notwendig. Vor dem Hintergrund dieser hartnäckigen finalistischen Fehlvorstellungen bei Schülerinnen und Schülern erscheint es umso problematischer, dass auch bei den befragten Biologie-Referendarinnen und -Referendaren zu etwa 5 – 20 % finalistische Vorstellungen auftraten. Neben der von Lammert (2012) vorgeschlagenen gezielten unterrichtlichen Thematisierung prominenter Fehlvorstellungen und deren Begrenztheit erscheint es somit notwendig, auch in der Ausbildung der Lehrkräfte das Problem der finalistischen Vorstellungen zu thematisieren.

Im Zuge der fachdidaktischen Vermittlung von Fehlvorstellungen sowie deren Ursachen und möglichen Auflösungen sollte die Möglichkeit genutzt werden, mit den Lehramtsstudierenden auch über das Spannungsfeld von teleologischer Sprache und ateleologischen Evolutionsprozessen zu sprechen, um auf diese Weise Sensibilität für finalistische Formulierungen und Vorstellungen zu schaffen. Hierbei sollte der Unterschied zwischen teleologischen und kausalen Erklärungen und Fragestellungen deutlich herausgearbeitet werden (Trommler et al., 2018; Yip, 2009). Es ist bekannt, dass eine angemessene Verwendung von Fachsprache und Fachbegriffen Lernenden dabei hilft, ihre Gedanken zu strukturieren und Inhalte besser zu lernen (To et al., 2017). Gerade im Kontext des Themas Evolution im Biologieunterricht sollte vor diesem Hintergrund auf intentionale und teleologische Satzkonstruktionen verzichtet werden, um bei den Lernenden nicht die Bildung von Fehlvorstellungen zu forcieren. Auch die Nutzung fesselnder und mitreißender Sprache wurde von mehreren Autorinnen und Autoren kritisiert, da diese Fehlvorstellungen wie teleologisches und

anthropozentrisches Denken hervorrufen kann (Galli und Meinardi, 2011; Legare et al., 2013).
Des Weiteren sollte in der Ausbildung von Biologie-Lehrkräften die Bedeutung der Fachsprache thematisiert werden. Wird diese nicht konsistent verwendet, kann dies die wissenschaftliche Kommunikation im Unterricht behindern (Graf, 2015; Nehm et al., 2010; Pobiner, 2016; Rector et al., 2013). Besonders problematisch können diese Missverständnisse dann sein, wenn Termini verwendet werden, die in der Alltagssprache eine völlig andere Bedeutung haben als im evolutionären Kontext, wie bspw. *Fitness* oder *Anpassung* (Pobiner, 2016). Auch bezüglich grundlegender wissenschaftlicher Termini wie *Theorie* wurden derartige Probleme von Fach- und Alltagssprache festgestellt (Gregory, 2008; Williams, 2013).
Im Rahmen einer solchen sprachlichen und wissenschaftstheoretischen Betrachtung evolutionärer Prozesse zusammen mit den angehenden Lehrkräften könnte auch über Artbildungsprozesse sowie den biologischen Artbegriff gesprochen werden. Die Frage zur Artbildung in der *EWi-Studie* beantworteten über 50 % der angehenden Biologie-Lehrkräfte wissenschaftlich nicht korrekt. Die häufigste Fehlvorstellung, die sich durch alle Probandengruppen zog, war, dass eine unterschiedliche Entwicklung einer räumlich getrennten Population nur dann möglich sei, wenn die beiden Lebensräume sehr unterschiedlich sind. Diese Einschätzung deutet auf ein nicht hinreichendes Wissen über Variation innerhalb von Populationen sowie zufälliger Mutationen und Rekombinationen hin.
Auch bietet das Konzept der biologischen Art Ansätze für eine wissenschaftstheoretische Betrachtung, die für das Verständnis von Fehlvorstellungen hilfreich sein kann. Hey (2001) beschrieb zwei prinzipiell unterschiedliche Motivationen innerhalb der Biowissenschaften, die das Problem des Artkonzeptes sehr gut verdeutlichen. Zum einen wollen die Wissenschaftlerinnen und Wissenschaftler eine

Kategorisierung und Identifizierung von Organismen erreichen, zum anderen möchten sie den evolutionären Prozess, über den die Arten entstanden sind, verstehen. Eine statische Einteilung mit klaren Grenzen zwischen den Arten ist inkompatibel mit dem fließenden Prozess der Evolution, der die Wandelbarkeit der Arten widerspiegelt. Das logische Problem besteht also in der Betrachtung der biologischen Art als konstante und veränderliche Einheit zugleich (Hey, 2001). Gerade in einem evolutionsdidaktischen Kontext erscheint es wichtig, dieses Problem mit angehenden Lehrkräften zu thematisieren. Denkbar ist, dass aus der Vorstellung fester Artgrenzen Lernhindernisse für die Vermittlung der Naturgeschichte sowie evolutionärer Prozesse entstehen. Auch könnten derartige Vorstellungen zu einer Festigung typologischen Denkens führen, der unbedingt entgegengewirkt werden sollte.

6.3.2 Zum Verhältnis von Wissen, Gläubigkeit und Einstellungen zu Evolution

In Kapitel 2.8.3.2 wurde beschrieben, dass das Verhältnis von Einstellungen und Wissen zu Evolution je nach betrachteter Studie und Probandengruppe unterschiedlich ausgeprägt ist. In der vorliegenden Arbeit konnte anhand der *EWi-Studie* die These von Sinatra et al. (2003) bestätigt werden, dass das Wissen zu Evolution ein gewisses Level übersteigen muss, um einen Effekt auf die Akzeptanz von Evolution zu haben (vgl. *Forschungsfrage 12*).
So konnte hier gezeigt werden, dass der Zusammenhang zwischen Wissen und Akzeptanz mit zunehmender biologischer Bildung stärker wird. Gleichzeitig verdeutlicht dieses Verhältnis, dass es sich bei Einstellungen und Wissen zu Evolution um zwei unabhängige Konstrukte handelt. Auf der Basis dieses nicht trivialen Zusammenhangs ist es besonders bedeutsam, die didaktischen Implikationen dieser Erkenntnis

Didaktische und gesellschaftliche Implikationen

zu thematisieren sowie die häufig auftretende Vermischung von Wissen und Einstellungen in der Debatte um Evolution und Kreationismus kritisch zu betrachten.

Die Ergebnisse der vorliegenden Arbeit stützen die *Expressive Rationality Theory*, die besagt, dass die Ablehnung von Evolution nicht von einer bestimmten Art zu denken abhängt, sondern ihr Grund eher darin liegt, dass sie identitätsstiftende Komponenten bedient (vgl. Kap. 2.8.3.4). Auch Kahan (2017) zeigte, dass Fragen zu Evolution und Klimawandel eher die Zugehörigkeit zu einer soziokulturellen Gruppe messen als naturwissenschaftliches Wissen (Kahan, 2017).

Hill (2014) beschreibt, dass religiöse Positionen wesentlich für Änderungen in der Einstellung zur Evolution sind und einen bei weitem besseren Prädiktor für diese Änderung darstellen als der Bildungsstand. In diesem Prozess spielen vor allem soziale Netzwerke eine wichtige moderierende Rolle (Hill, 2014). So ist ein starker persönlicher religiöser Glaube nur bei Personen, die in ein soziales Netzwerk aus weiteren sehr religiösen Personen eingebunden sind, mit kreationistischen Positionen assoziiert. Denn enge soziale Beziehungen spielen nicht nur eine wichtige Rolle für das persönliche Selbstverständnis (Hogg und Abrams, 1988) sowie soziale und psychologische Unterstützung (Wellman und Wortley, 1990), sondern auch für die Legitimierung von Meinungen und Konzepten (Hill, 2014). Diese intersubjektive Verständigung über die Realität wird als *Shared Reality Theory* bezeichnet (Hardin und Higgins, 1996).

Das Zurückgreifen auf eine gemeinsame Realität erhöht zum einen die Bindung an die soziale Gruppe und verringert zum anderen die Unsicherheit über die Umwelt. Aus diesem Grund ist ein Ausbrechen aus diesem Gruppenkonsens besonders schwierig und kann als Gefahr für die eigene soziale Identität angesehen werden (Hill, 2014). Vor diesem Hintergrund wird die Änderung von Einstellungen im Kontext der Akzeptanz der Evolution zu einer besonderen Herausforderung. Denn es ist bekannt, dass die Einstellung zur Evolution eng mit der sozialen, politischen und religiösen Identität von Personen verknüpft ist (siehe Kap. 2.8.1.2). Während ein kreationistisches Umfeld mit hoher Wahrscheinlichkeit einen großen Einfluss darauf hat, dass eine Person trotz Wissen über Evolution ihre Position bzgl. der Akzeptanz der Evolution nicht ändern wird, sorgt ein soziales Umfeld, in dem Evolution akzeptiert wird, jedoch vermutlich nicht notwendigerweise dafür, dass die Person Evolution akzeptiert (Hill, 2014). Grund hierfür ist, dass Evolution für die meisten dieser sozialen Gruppen im Gegensatz zu kreationistischen Kreisen keine identitäts- und realitätsstiftende Funktion hat (Eagleton, 2010; Hill, 2014; Kahan und Stanovich, 2016).

Hill (2014) analysierte anhand der *National Study of Youth and Religion* (NSYR)-Datenbank die Einstellungen zu Evolution und Religion von Jugendlichen über drei Jahre. Er stellte fest, dass deren Einstellungen in den meisten Fällen sehr stabil waren und nur 16 % der beobachteten Personen über die Zeit ihre Position änderten. Dieses Ergebnis bestätigte den fachlichen Konsens, dass Einstellungen relativ stabile Persönlichkeitsmerkmale sind (Ajzen, 2001). Ob die Jugendlichen ihre Position bzgl. Evolution änderten, konnte vor allem durch religiöse Positionen vorhergesagt werden (Hill, 2014). Auch in der vorliegenden Arbeit konnten Zusammenhänge zwischen der Ablehnung der Evolution und sozialer Eingebundenheit in religiöse Gruppen aufgezeigt werden. In der *RED-Studie* sank die Akzeptanz der Evolution mit der zunehmenden Anzahl an Besuchen religiöser Institutionen (Abb. 74) und in der *EGI-Studie* zeigte sich ein starker Zusammenhang zwischen einem religiösen sozialen Umfeld und der Einstellung zu Evolution (Tab. 39).

Aus den dargestellten Gründen ist es bei der Thematisierung von Evolution und Kreationismus unangemessen, von einer beschränkten

Intelligenz oder mangelhafter Bildung der Kreationistinnen und Kreationisten auszugehen. Zumindest in Deutschland sprechen die empirischen Daten zudem auch gegen einen Zusammenhang zwischen analytischem Denkstil und Einstellungen zu Evolution (vgl. *Forschungsfrage 14* und *17*).

Nichtsdestotrotz wird das Narrativ der ungebildeten Kreationistinnen und Kreationisten weiterhin verbreitet (Hill, 2014; Kahan und Stanovich, 2016) und damit der Konflikt über das Thema Evolution weiter verschärft (Hill, 2014; vgl. Kap. 2.8.3.2).

Schmidt-Salomon (2016) ist bspw. der Ansicht, *„dass jemand, der aus religiöser Voreingenommenheit wissenschaftliche Kriterien so sehr ignoriert, dass er nicht einmal die hunderttausendfach belegte Tatsache der Evolution anerkennen kann, keinen universitären Abschluss verdient hat (und zwar nicht einmal im Fach Theologie, solange es an staatlichen Universitäten gelehrt wird)"* (Schmidt-Salomon, 2016, S. 168). Der Autor schlägt daher vor, *„die Evolutionstheorie als Lackmustest für den Grad der Rationalität"* (Schmidt-Salomon, 2016, S. 169) für angehende Lehrkräfte aller Fächer einzuführen. Mit dieser Gleichstellung von Akzeptanz der Evolution mit Rationalität und der Eignung für den Lehrberuf wird jenes *toxic meme* transportiert, vor dessen Verbreitung Kahan und Stanovich (2016) warnen (vgl. Kap. 6.1.3; *Forschungsfrage 14*). Laut Hill (2014) beruhen derartige Forderungen und Ausführungen auf der impliziten Gleichsetzung von Wissen zu Evolution und Akzeptanz der Evolution, die der empirischen Datenlage widerspricht.

Im Gegensatz zu Schmidt-Salomons Ausführungen kann es kein Ziel universitärer Ausbildung von Biologie-Lehrkräften sein, den Absolventinnen und Absolventen ein Bekenntnis zur Evolutionstheorie abzuverlangen. An den Universitäten vermitteln Biologiedidaktikerinnen und Biologiedidaktiker den angehenden Lehrkräften, wie biologische und wissenschaftstheoretische Inhalte in der Schule vermittelt werden können. Wünschenswert ist es, wenn die Einstellung zu Wissenschaft positiv, die Akzeptanz wissenschaftlicher Erkenntnisse hoch und die Motivation für den Lehrberuf groß ist: dementsprechend sollten in der Ausbildung von Lehrkräften auch derartige affektive Lernziele verfolgt werden. All das sind jedoch persönliche Faktoren, die zum einen von den Studierenden nicht offengelegt werden und zum anderen als Bestandteile einer freien Entfaltung akzeptiert werden müssen. So wie Politiklehrkräfte mit eigener politischer Einstellung die Fachinhalte möglichst objektiv vermitteln müssen, müssen das auch Biologielehrkräfte mit abweichender Meinung zur Evolution tun. Lehrkräften kann nicht verboten werden, einzelne wissenschaftliche Erkenntnisse abzulehnen, so lange sie sich beim Unterrichten an das Curriculum und das Primat der Wissenschaftsorientierung halten. Sofern die persönlichen Einstellungen nicht mit wissenschaftlichen Erkenntnissen im Unterricht gleichgesetzt werden, sollte eine offene Gesellschaft in der Lage sein, diese persönlichen Einstellungen zu tolerieren. Der Aufbau von Wissen über Inhalte, Prozesse und die Natur der Naturwissenschaften sollte das primäre fachliche Ziel der Naturwissenschaftsbildung sein. Darüber hinaus sollen Schülerinnen und Schüler im Sinne der Bewertungskompetenz in die Lage versetzt werden, ihr eigenes Urteil reflektiert und evidenzbasiert zu bilden.

Empirische Daten legen sogar nahe, dass ein dogmatisches Pochen auf Evolution als Wahrheit unentschlossene Lernende nicht etwa zum Lernen evolutionärer Inhalte anregt, sondern sie eher davon abhalten wird (Meadows et al., 2000). Stattdessen sollte besser über die Belege für Evolution gesprochen werden sowie über Evolution als ultimate, plausible wissenschaftliche Erklärung biologischer Phänomene. Meadows et al. (2000) sind der Meinung, dass unsichere Lernende wesentlich offener auf sensible Naturwissenschafts-Lehrkräfte reagieren als auf *evolutionäre Fundamentalisten* (Meadows et al., 2000). Im Einklang mit diesen Ausführungen schlagen Yasri und Mancy (2014) vor, dass Lehrkräfte Lernenden, die ihre religiösen Ansichten nicht sinnvoll in Einklang mit Naturwissenschaften bringen können, Hilfestellung bei dieser Verhältnisbestimmung leisten sollten, anstatt sie damit allein zu lassen (Yasri und Mancy, 2014).

Die in diesem Kapitel dargestellten Ausführungen zum Verhältnis von Einstellungen und Wissen sollen verdeutlichen, dass innerhalb populärwissenschaftlicher Ausführungen zum Teil unrealistische Anforderungen an den Evolutionsunterricht, Lehrkräfte und auch Lernende gestellt werden. Gruppenidentitäten und soziale Eingebundenheit spielen eine sehr große Rolle für die Akzeptanz der Evolution, gegen die auch ein sehr guter Evolutionsunterricht nur bedingt Erfolgsaussichten hat. Indem kreationistischen Personen mangelnde Rationalität vorgeworfen wird, wird zudem missachtet, dass alle Menschen dazu neigen, ihre eigene kulturelle Identität zu schützen (Kahan, 2015a, 2015b; Kahan und Stanovich, 2016).

Eine Auflösung von Vorurteilen sowie unzulässigen Gleichsetzungen und infolgedessen ein evidenzbasierter Umgang mit evolutionskritischen Positionen sind nur dann in Sicht, wenn es gelingt, die empirisch gesicherten Gründe für eine Ablehnung der Evolution zu erkennen und auf persönliche Abwertungen zu verzichten.

Nichtsdestotrotz sollten Lehrkräfte an Schulen und Hochschulen immer auch daran arbeiten, Akzeptanz von Evolution und Interessiertheit an evolutionären Themen zu fördern. Schließlich kann die Einstellung zu Evolution Einfluss auf den Lernerfolg bei evolutionsbiologischen Inhalten und darüber hinaus haben (Taber et al., 2011).

In Bezug auf Evolution ist ein angemessenes Ziel für den naturwissenschaftlichen Unterricht somit, dass die Lernenden die Prinzipien der Evolution verstehen, den wissenschaftlichen Status der Evolutionstheorie anerkennen, nicht aber, dass sie in einem quasi-religiösen

Sinne an die Evolutionstheorie *glauben* (Smith und Siegel, 2004). Smith und Siegel (2004) betonen, dass die letztendliche Entscheidung, was für wahr gehalten wird, bei den Lernenden selbst liegt. Sie machen deutlich, dass das primäre Ziel naturwissenschaftlicher Bildung der Aufbau von Wissen und Verständnis bei den Lernenden ist (Smith und Siegel, 2004).

6.3.3 Umgang mit der Wahrnehmung eines Konflikts zwischen Religion und Evolution

Lehrkräfte sehen sich nicht nur einer Vielzahl unterschiedlicher Wissensstände und Vorstellungen der Schülerinnen und Schüler konfrontiert, sondern sind auch ganz unterschiedlichen Einstellungen zu Evolution und Religion ausgesetzt (Konnemann et al., 2016). Taber et al. (2011) gehen davon aus, dass es für Schülerinnen und Schüler, die einen Konflikt zwischen Evolution und Religion wahrnehmen, hilfreich sein könnte, zu erkennen, dass Wissenschaftlerinnen und Wissenschaftler eine heterogene Gruppe sind, die auch unterschiedliche Konfessionen und religiöse bzw. weltanschauliche Ansichten haben. Zudem verdeutlichen sie, dass Lehrkräfte vermitteln sollten, dass lediglich einige religiöse Auslegungen mit aktuellen wissenschaftlichen Theorien in Konflikt stehen, während die großen etablierten Religionen in der Regel wissenschaftliche Erkenntnisse mit ihren religiösen Lehren mehr oder weniger in Einklang zu bringen vermögen (Taber et al., 2011; vgl. Kap. 2.6.3.4). Denn es ist für religiöse Lernende vermutlich leichter, die Evolution zu akzeptieren, wenn auch religiöse Autoritäten, wie z. B. der Papst, die Evolution akzeptieren. Derartige relativ kleine Hinweise seitens der Lehrkräfte können einen sehr großen Einfluss auf die Akzeptanz der Lernenden haben (Mead et al., 2017).

Für die Akzeptanz von Evolution haben die Positionen von Autoritäten also eine besondere Bedeutung. So akzeptieren Schülerinnen und Schüler das Faktum der Evolution eher, wenn Eltern, Lehrkräfte oder TV Programme davon berichten (Mead et al., 2017). Yasri und Mancy (2016) zeigten außerdem, dass Lernende ihre Einstellungen gegenüber Evolution und Schöpfung zu Gunsten einer höheren Akzeptanz der Evolution änderten, wenn ihr Wissen über Belege für die Evolution sowie über Möglichkeiten, Evolution und die eigenen religiösen Ansichten in Einklang zu bringen, steigt. Sie empfehlen daher, beim Unterrichten von Evolution Belege für Evolution sowie das Verhältnis von Wissenschaft und Religion zu thematisieren (Yasri und Mancy, 2016). Dies ist vor allem in Schulklassen mit einem hohen Anteil an sehr religiösen Kindern bzw. Jugendlichen von großer Bedeutung. Dies dürfte auf Basis der Ergebnisse der vorliegenden Arbeit vor allem dann der Fall sein, wenn viele freikirchliche oder muslimische Schülerinnen und Schüler eine Klasse besuchen.

Die Tatsache, dass die Mehrheit der Bevölkerung in muslimischen Ländern Evolution mit Atheismus gleichsetzt und Evolution als antireligiös ablehnt, stellt auch die biologiedidaktischen Bemühungen auf eine harte Probe (Hameed, 2008). Gleichzeitig genießen jedoch Wissenschaftler in der islamischen Welt zumindest teilweise einen hohen Respekt, was für eine islamisch ausgerichtete Wissenschaftskommunikation im Bereich der Evolution genutzt werden könnte (Hameed, 2008). Auch Graf und Soran (2010) zeigten, dass das Vertrauen in Wissenschaft bei türkischen Studierenden höher ist als bei deutschen Studentinnen und Studenten. Inwieweit dieses Potential genutzt werden kann, muss die Zukunft zeigen.

Insgesamt sollte den Lernenden vermittelt werden, dass das Verhältnis zwischen Religion und Naturwissenschaft nicht notwendigerweise konfliktbeladen sein muss (Taber et al., 2011; Waschke und Lammers, 2011). Denn die wahrgenommenen negativen Konsequenzen, die sich aus der Akzeptanz evolutionärer Prinzipien in der Vorstellung vieler Menschen ergeben, sind aus einer naturwissenschaftsdidaktischen Perspektive sehr bedenklich (Brem et al., 2003). Alles in allem sollten die persönlichen Einstellungen und Glaubenspositionen von Schülerinnen und Schülern beim Lehren von Evolution nicht vergessen oder unterschätzt werden (Hokayem und BouJaoude, 2008). Sie sind ebenso wie Fehlvorstellungen zu evolutionären Prozessen Grundlage des Lernprozesses.

6.3.4 Früheres Unterrichten von Evolution

Etwa 50 % der Kindergärten in Deutschland befinden sich in kirchlicher Trägerschaft (Waschke und Lammers, 2011). Die Autoren gehen davon aus, dass in diesen Einrichtungen und vermutlich auch in staatlichen Kindergärten häufig biblische Geschichten erzählt werden (Waschke und Lammers, 2011). Gleichzeitig empfehlen mehrere Autorinnen und Autoren der letzten Jahre, dass Evolution bereits früh in der Schullaufbahn unterrichtet werden sollte (Berti et al., 2017; Hermann, 2011; Kelemen et al., 2014; Nadelson et al., 2009; Wagler, 2012), da evolutionsbiologische Grundzüge bereits im Grundschulalter vermittelt werden können (Ainsworth und Saffer, 2013; Herrmann et al., 2013; Kelemen et al., 2014; Nadelson et al., 2009). Ein großer Vorteil der möglichst frühen Thematisierung evolutionärer Konzepte ist das Potential des Themas Evolution, strukturierendes Element der Lebenswissenschaften zu sein (Graf, 2009b; Hermann, 2011; Nadelson et al., 2009).

Darüber hinaus ist eine Kenntnis der evolutionären Herkunft der eigenen Person ein essentieller Baustein für das individuelle Selbst- und Weltverständnis (Berck und Graf, 2010), das auch Kindern nicht vorenthalten bleiben sollte.

Auch wenn das Thema Evolution in Deutschland bisher hauptsächlich im Curriculum der gymnasialen Oberstufe angesiedelt ist (Graf, 2009b), werden die Forderungen nach einer früheren Thematisierung evolutionärer Prozesse und der Geschichte der Lebewesen laut (Fenner, 2013; Giffhorn und Langlet, 2006; Graf, 2009b; Graf und Wieder, 2017). Auch in der bereits erwähnten Stellungnahme der Nationalen Akademie der Wissenschaften spricht sich diese für eine frühere Vermittlung von Evolution aus, um ein Verständnis evolutions-biologischer Inhalte bereits in der Grundschule anzubahnen (Leopoldina, 2017).

Auf Basis der Ergebnisse der vorliegenden Arbeit kann dieser Forderung nur zugestimmt werden. Das Wissen zu evolutionsbiologischen Prozessen stellte sich bei den Lernenden der 7. sowie der 9. bis 11. Klasse als sehr lückenhaft dar. Dieses fehlende Verständnis könnte sicherlich zum einen daran liegen, dass erst wenige Aspekte des Themas Evolution im Unterricht behandelt wurden. Zum anderen ist denkbar, dass der Transfer von im Unterricht thematisierten Beispielen auf die Aufgaben des Fragebogens nicht gelungen ist, weil das Konzept *Evolution* nicht verstanden wurde. Fenner (2013) hält die frühe Thematisierung des Themas Evolution für *„einen Grundstein zur Entwicklung kontinuierlicher Lernwege"* (Fenner, 2013, S. 297). In den letzten Jahren sind bereits Unterrichtsmaterialien zur Vermittlung von Evolution an Grundschulkinder entwickelt worden (Beniermann et al., 2017b; Brennecke et al., 2017; Graf und Schmidt-Salomon, 2017; Graf und Wieder, 2017; Greiten und Brennecke, 2017; Schmidt et al., 2017; Wieder und Graf, 2017), die es Sachunterrichts-Lehrkräften erleichtern sollen, erstmals mit dem Evolutionsunterricht zu beginnen.

6.3.5 Chancen bei der Vermittlung von Evolution

Viele Fachleute sind sich mittlerweile einig, dass dem Prinzip der Evolution im Biologieunterricht ein deutlich höherer Stellenwert zukommen sollte, als dies derzeit der Fall ist (Leopoldina, 2017). Die enorme Erklärungskraft der Evolutionstheorie für alle Bereiche der Biowissenschaften sollte aktiv genutzt werden und sowohl früher den Eingang in den Biologieunterricht finden, als auch themenübergreifend und naturgeschichtlich vermittelt werden (Graf, 2008; Kattmann, 1995; Lammert, 2012; Leopoldina, 2017).

Die Evolutionstheorie ist nicht eines unter vielen Themen im Biologieunterricht und sollte das verbindende Glied innerhalb eines Spiralcurriculums bilden. Wird Evolution im Kontext unterschiedlicher Themenbereiche der Biologie immer wieder als erklärendes Prinzip angeführt, lässt sich zum einen annehmen, dass sich das Verständnis evolutionärer Prozesse bei den Lernenden ungleich besser ausprägt und festigt. Zum anderen erleichtert eine Vernetzung von Wissensinhalten das Lernen im Gegensatz zur Vermittlung vieler Einzelfakten (*Kumulatives Lernen*; Kattmann, 2001).

Einige Autorinnen und Autoren befürworten zudem, eine Diskussion zum Verhältnis von Naturwissenschaften und Religion im Rahmen des naturwissenschaftlichen Unterrichts durchzuführen (Reiss, 2009; Taber, 2013). Um solche Diskussionen auch für nicht-gläubige Kinder und Jugendliche fruchtbarer zu gestalten, könnte hier auch allgemeiner über das Verhältnis von Natur- und Geisteswissenschaften und die unterschiedlichen Erkenntniswege und Forschungsfragen gesprochen werden.

Es sollten Möglichkeiten ergriffen werden, die Unterschiede zwischen naturwissenschaftlichen und anderen Fragestellungen zu thematisieren sowie den Schülerinnen und Schülern zu ermöglichen, wissenschaftliche Evidenzen selbst zu prüfen (Smith und Siegel,

2004). Gerade Evolution eignet sich hierfür besonders, da es eines der wichtigsten interdisziplinären Themen in den Naturwissenschaften ist (van Dijk und Kattmann, 2009). Gerade die aus der vorliegenden Arbeit hervorgehenden Ergebnisse zur Einstellung zur Evolution des Bewusstseins legen nahe, dass es hier bei Lernenden aller weltanschaulichen Richtungen großes Potential für interdisziplinäre Diskussionen gibt. Derartige Möglichkeiten der Behandlung des Themas Evolution können bspw. durch fächerübergreifenden Unterricht realisiert werden. Dieser hat in Bezug auf die Vermittlung von Evolution gerade in Hinblick auf die Evolution des menschlichen Bewusstseins noch weitere Vorteile.

In der vorliegenden Arbeit wurde deutlich, dass die Evolution des menschlichen Geistes weniger akzeptiert wird als die Evolution im Allgemeinen (vgl. *Forschungsfrage 5*). Vor allem die Sichtweise auf Gehirn und Geist hatte einen deutlichen Einfluss auf die Einstellung zur Evolution des Bewusstseins (vgl. *Forschungsfrage 17*). Die Ergebnisse der vorliegenden Arbeit verdeutlichen, dass eine (eher) monistische Sicht auf das Verhältnis von Gehirn und Geist einen positiven Effekt auf die Einstellung zur Evolution des Bewusstseins hat. Darüber hinaus wird vermutet, dass die Akzeptanz der Evolution des Bewusstseins gefördert werden könnte, wenn im Unterricht Untersuchungen zu mentalen Fähigkeiten bei anderen sozialen Tieren thematisiert werden würden, in denen bspw. altruistisches Handeln gezeigt werden konnte (da Silva Porto et al., 2015). Hierzu würde sich ein fächerübergreifender Ansatz zwischen Ethik- und Biologieunterricht anbieten, in dem auch tierethische Fragen eine Rolle spielen könnten.

Wie beim Unterrichten evolutionärer Prozesse ist auch bei der Vermittlung der Evolution des menschlichen Bewusstseins wichtig, dass Lehrkräfte die gängigen Missverständnisse und Fehlvorstellungen zu diesem Thema kennen. Eine Zusammenfassung häufiger Fehlvorstellungen aus evolutionspsychologischer Literatur findet sich bei Varella et al. (2013). Auch an die diversen Fehlvorstellungen zur evolutionären Herkunft des menschlichen Bewusstseins sind ethische Fragen direkt anknüpfbar: Haben wir einen freien Willen? Was unterscheidet uns Menschen von den anderen Tieren?

Studien, die einen starken Zusammenhang zwischen dem Verständnis von Naturwissenschaften und der Akzeptanz der Evolution gefunden haben (Akyol et al., 2012; Beniermann, 2013; Cofré et al., 2017; Dunk et al., 2017; Graf und Soran, 2010), legen nahe, dass die Erhöhung des Verständnisses von Naturwissenschaften einen positiven Einfluss auf die Akzeptanz der Evolution haben könnte und die NOS daher im Kontext von Evolutionsunterricht thematisiert werden sollte. Diese Maßnahme könnte zudem dabei helfen, eine generelle Ablehnung von Wissenschaft (*Science Denial*) zu reduzieren (Dunk et al., 2017).

Die Ablehnung der Sinnhaftigkeit wissenschaftlicher Arbeitsweisen und die Leugnung wissenschaftlicher Erkenntnisse z. B. durch Politiker und Politikerinnen birgt die Gefahr der gesellschaftlichen Anerkennung derartiger Positionen. Aus diesem Grund ist es im Interesse einer aufgeklärten Gesellschaft von großer Bedeutung, dass an den Schulen alle Möglichkeiten genutzt werden, mündige Menschen zu bilden, die Evidenzen mehr Vertrauen schenken als Autoritäten. Auch in diesem Kontext kann ein fächerübergreifender Unterrichtsansatz bspw. mit Ethik, Politik oder Geschichte sehr fruchtbare Vermittlungsmöglichkeiten liefern

7 Zusammenfassung der Kernergebnisse

Im Folgenden werden die Kernergebnisse der vorliegenden Arbeit in Bezug auf die 17 Fragestellungen zusammengefasst.

1) *Im Gegensatz zum Alter ist der Effekt der Konfession auf die Gläubigkeit groß. Die Ergebnisse verdeutlichen, dass sich die Gläubigkeit zwischen den Konfessionen stark unterscheidet und diese Unterschiede über die verschiedenen Studien relativ stabil sind. Zudem wird deutlich, dass die Zugehörigkeit zu einer Konfession nicht mit religiöser Gläubigkeit gleichzusetzen ist und vor allem unter den Mitgliedern der christlichen Amtskirchen viele nicht-gläubige Personen sind. Im Durchschnitt zeigen sich evangelische wie katholische Personen indifferent bezüglich religiöser Gläubigkeit.*

2) *Auch wenn bei weitem nicht alle Befragten dualistische Sichtweisen zeigten, wird deutlich, wie weit Laien und Expertinnen und Experten in ihrer Sichtweise auseinander-liegen. Klar wurde zudem, dass auch unter nicht-religiösen Menschen dualistische Sichtweisen vorkommen, auch wenn diese Subgruppe im Durchschnitt monistische Positionen vertritt. Vergleichbar mit der religiösen Gläubigkeit unterscheiden sich Menschen unterschiedlicher Konfession im Durchschnitt hinsichtlich ihrer Sichtweise auf Gehirn und Geist.*

3) *Beim Vergleich der Akzeptanz der Evolution zwischen den Studien wurde sehr deutlich, dass die Ergebnisse, die man bei der Erhebung von Einstellungen zu Evolution erhält, stark von der befragten Stichprobe abhängen. So lagen die Anteile der ablehnenden Einstellungen zu Evolution bei 0,4 – 19,1 %. In der bevölkerungsrepräsentativen RED-Studie lag der Anteil bei 1,7 % Ablehnung. Darüber hinaus zeigten 8,9 % eine indifferente Haltung zu Evolution. Die Ablehnung der Evolution war damit wesentlich geringer ausgeprägt als in anderen Studien, die mit anderen Erhebungsinstrumenten vorgingen. Die*

© Springer Fachmedien Wiesbaden GmbH, ein Teil von Springer Nature 2019
A. Beniermann, *Evolution – von Akzeptanz und Zweifeln*,
https://doi.org/10.1007/978-3-658-24105-6_7

Evolution des Bewusstseins erfuhr in allen Stichproben mehr Ablehnung als die Evolution im Allgemeinen. Zudem gab es zur Evolution des Bewusstseins wesentlich mehr indifferente Haltungen und weniger extrem positive Zustimmungswerte. In der RED-Studie zeigten fast die Hälfte der Befragten eine indifferente oder ablehnende Haltung gegenüber der Evolution des Bewusstseins. Offenbar ist die Evolution des eigenen Bewusstseins und damit der eigenen Persönlichkeit für nahezu die Hälfte der deutschen Bevölkerung nicht leicht zu akzeptieren. Trotzdem wurde die Evolution im Durchschnitt akzeptiert und die Zustimmungswerte lagen verglichen mit älteren Studien deutlich höher.

Die verschiedenen Konfessionen unterschieden sich in ihren Mittelwerten der Einstellung zum Teil sehr stark. Konfessionsfreie zeigten die höchste Akzeptanz, während evangelisch-freikirchliche Befragte die größte Ablehnung zeigten. Muslimische Probandinnen und Probanden zeigen im Durchschnitt eine indifferente Haltung zu Evolution. Katholische und evangelische Befragte unterschieden sich nur in einer Studie signifikant voneinander.

4) *Im Durchschnitt akzeptierten nicht-gläubige Personen Evolution mehr als gläubige Befragte. Ähnlich verhielt es sich auch mit der Annahme eines Dualismus zwischen Gehirn und Geist. Probandinnen und Probanden mit niedrigen SD-Scores, also einer eher monistischen Sicht auf Gehirn und Geist, akzeptierten Evolution eher als jene mit hohen SD-Scores. Das bedeutet, dass Menschen, die glauben, dass das Gehirn und der Geist zwei voneinander getrennte Entitäten sind, mehr negative Einstellungen gegenüber Evolution zeigten als Personen mit einer monistischen Sicht auf Gehirn und Geist. Der Zusammenhang zwischen dualistischem Denken und Einstellungen zu Evolution auf der einen Seite und religiösem Glauben und Einstellungen zu Evolution auf der anderen Seite verlief in allen vier Studien ähnlich. Im Ergebnis können die Unterschiede in der Einstellung bei*

Befragten mit positiven Einstellungen zu Evolution besser durch Unterschiede im dualistischen Denken erklärt werden als durch den Grad der Gläubigkeit. Die Ergebnisse verdeutlichen darüber hinaus, dass gläubige Personen sehr unterschiedliche Einstellungen zu Evolution haben können.

5) In allen Studien zeigte sich über das gesamte Gläubigkeitsspektrum, dass der Evolution des menschlichen Bewusstseins weniger Akzeptanz zukommt als der Evolution im Allgemeinen. Das heißt, religiöse wie nicht-religiöse Probandinnen und Probanden unterschieden sich bezüglich ihrer Einstellungen zur Evolution des menschlichen Bewusstseins im Vergleich zu Evolution im Allgemeinen. Die evolutionäre Herkunft der eigenen Persönlichkeit wurde im Durchschnitt also in allen Probandengruppen und Stichproben weniger akzeptiert als Evolution im Allgemeinen.

6) In der untersuchten Stichprobe kamen naturalistische Positionen am häufigsten vor, gefolgt von Theistischer Evolution und kreationistischen Ansichten. Am seltensten zeigten die Probandinnen und Probanden deistische Sichtweisen. Die kreationistische Position trat im Vergleich zur Entstehung des Universums, der Erde und der anderen Lebewesen am häufigsten bei Betrachtung des Menschen auf.

7) Alle Variablen der religiösen Gläubigkeit zeigten einen negativen und starken Zusammenhang mit der Einstellung zu Evolution. Eine Ausnahme bildete die Bedeutung der Gläubigkeit in der Kindheit. Hier war der negative Zusammenhang mit der Akzeptanz der Evolution deutlich schwächer.

8) In der vorliegenden Studie konnte demnach bestätigt werden, dass die Wahrnehmung eines Konfliktes vor allem dann auftritt, wenn die Einstellung zu Evolution sehr negativ ist oder dann, wenn eine positive Einstellung zu Evolution auf geringe Gläubigkeit trifft.

9) Weniger traditionelle Gottesbilder hingen mit einer höheren Akzeptanz der Evolution, einer geringeren Konfliktwahrnehmung und einer geringeren Stärke des religiösen Glaubens und dualistischen Denkens zusammen. Gleichzeitig zeigten Personen mit traditionellen Gottesbildern und persönlichen Gottesvorstellungen in dieser Stichprobe stärker ablehnende Haltungen zu Evolution, stärkere religiöse Gläubigkeit, stärker dualistische Positionen sowie eine erhöhte Wahrnehmung eines Konflikts zwischen Evolution und Religion.

10) Erstmals wurden in der vorliegenden Arbeit Einstellungen zu Evolution bei Subgruppen verschiedenen Ausbildungsstandes anhand des gleichen Instrumentes erhoben. Auf diese Weise konnten die Gruppen direkt miteinander verglichen werden. Die Einstellung zu Evolution war bei Schülerinnen und Schülern deutlich weniger positiv als bei Biologie-Referendarinnen und -Referendaren und Studierenden. Nichtsdestotrotz zeigte sich auch bei den angehenden Biologie-Lehrkräften keine starke Akzeptanz der Evolution.

11) Das Wissen zur Evolution stieg in der Stichprobe der EWi-Studie mit zunehmendem Ausbildungsstand und Alter erwartungsgemäß an und war somit bei den angehenden Biologie-Lehrkräften am höchsten und bei den Lernenden der 7. Klasse am geringsten. Insgesamt zeigten sich bei den Fragen zur evolutionären Anpassung finalistische Vorstellungen als häufigste Fehlvorstellung in allen Gruppen. Am wenigsten wissenschaftliche Vorstellungen ergaben sich zu den Themen Artbildung und biologische Fitness. Zwar zeigten die Biologie-Referendarinnen und -Referendare wesentlich größeres Wissen zu Evolution als alle anderen Probandengruppen, jedoch sind die erhobenen Fehlvorstellungs-Quoten in Anbetracht der Tatsache, dass diese Gruppe die wissenschaftliche Perspektive auf Evolution schulisch vermitteln muss, trotzdem sehr hoch. Die Ergebnisse zur EWi-Studie lassen es angesichts der mäßigen Resultate der Studierenden

Zusammenfassung der Kernergebnisse 423

zweifelhaft erscheinen, ob der derzeitige Biologieunterricht in der Lage ist, wissenschaftliche Vorstellungen von Evolution zu vermitteln oder zumindest, ob Wissen zu Evolution aufgebaut wird, das langfristig abgerufen werden kann.

12) *Anhand des systematischen Vergleichs unterschiedlicher Subgruppen wurde deutlich, dass das Verhältnis von Wissen und Akzeptanz mit zunehmendem Wissensstand zu Evolution und zunehmendem Bildungsgrad stärker wurde. Dieses Er-gebnis untermauert die These, dass das Wissen zu Evolution ein gewisses Level übersteigen muss, um einen Effekt auf die Akzeptanz haben zu können.*

13) *Mit zunehmendem Ausbildungs- und Professionalisierungsgrad nahm die Tendenz zu einer reflektierten Denkweise im Gegensatz zu intuitiven Entscheidungen zu.*

14) *Insgesamt konnte in der vorliegenden Arbeit gezeigt werden, dass für die untersuchte Stichprobe kein Zusammenhang zwischen dem kognitiven Stil und der Einstellung zu Evolution besteht. Dies steht im Widerspruch zur sogenannten Bounded Rationality Theory und legt die Vermutung nahe, dass eine Ablehnung der Evolution nicht mit einer beschränkten Rationalität, sondern viel mehr mit der Eingebundenheit in ein entsprechendes soziales und kulturelles Umfeld zu tun hat.*

15) *In der RED-Studie wurde deutlich, dass die gängige methodische Vorgehensweise, die Akzeptanz der Evolution anhand nur eines Items zu messen, zu verzerrten Ergebnissen führt. Der Vielschichtigkeit und Komplexität von Einstellungen zu Evolution im Zusammenhang mit religiöser Gläubigkeit wird durch die Kategorisierung in drei Gruppen nicht ausreichend Rechnung getragen. Anhand von Gruppenvergleichen zwischen den Vertreterinnen und Vertretern*

verschiedener Perspektiven auf Schöpfung und Evolution wird deutlich, dass die Unterschiede zwischen den Kategorien vor allem in der Gläubigkeit und weniger in der Akzeptanz der Evolution bestehen.

16) *Insgesamt zeigten sich in der EKI-Studie stark positive Zusammenhänge zwischen Einstellungen zu Evolution und naturalistischen Sichtweisen sowie moderate positive Zusammenhänge mit atheistischen und szientistischen Positionen. Esoterische Weltsichten hingen negativ mit der Einstellung zu Evolution und positiv mit dualistischem Denken zusammen.*

17) *Allgemein ließ sich in allen Modellen ein negativer Effekt der Gläubigkeit auf die Einstellung zu Evolution im Allgemeinen und die Einstellung zu Evolution des menschlichen Bewusstseins feststellen. Die Gläubigkeit hatte stets einen positiven Effekt auf die Tendenz zu einer dualistischen Denkweise. Wurde die ATEVO-Skala für die Modellierung in zwei Subskalen geteilt, ergab sich ein Effekt der Einstellung zur Evolution im Allgemeinen auf die Akzeptanz der Evolution des menschlichen Bewusstseins. In den meisten Modellen zeigte sich zudem ein negativer Effekt der Tendenz zu einer dualistischen Sichtweise auf die Einstellung zu Evolution. Dieser Effekt war bei einer Aufspaltung auf zwei Zielvariablen in der Regel für die Einstellung zur Evolution des Bewusstseins stärker oder für die Einstellung zu Evolution im Allgemeinen und die Einstellung zur Evolution des Bewusstseins etwa gleich stark. Gleichzeitig fiel bei einer Aufspaltung der Einstellung zu Evolution der Effekt der Gläubig-keit in der Regel stärker auf die Einstellung zu Evolution im Allgemeinen aus. Vor allem durch die Aufteilung des Datensatzes in der EGI-Studie konnte verdeutlicht werden, dass die Modellstruktur stark von der untersuchten Stichprobe abhängen kann. Die Zusammenhänge verschiedener Variablen mit der Einstellung zu Evolution können je nach untersuchter Stichprobe unterschiedlich ausgeprägt sein.*

8 Fazit und Ausblick

Die vorliegende Arbeit untersuchte erstmals Einstellungen zu Evolution im Zusammenhang mit dualistischem Denken und der Einstellung zur Evolution des Bewusstseins. Die hierzu entwickelten Skalen zur Messung von Einstellungen zu Evolution (ATEVO), dualistischem Denken (SD) und Gläubigkeit (PERF) erwiesen sich als statistisch reliabel und überwiegend geeignet für die untersuchten Probandengruppen. Zudem zeigen die Ergebnisse und der Vergleich mit anderen Erhebungsmethoden, dass die ATEVO-Skala eine differenzierte Sicht auf Einstellung zu Evolution ermöglicht und mit der Messung von Einstellungen zur Evolution des Bewusstseins einen neuen Aspekt beinhaltet, der wesentliche zusätzliche Informationen über die Akzeptanz der Evolution liefert.

Anhand der vier durchgeführten Studien konnte gezeigt werden, dass dualistische Vorstellungen zu Gehirn und Geist stark verbreitet sind, obwohl sie innerhalb von Philosophie und Wissenschaft kaum mehr vertreten werden. Gleichzeitig zeigte sich, dass die Evolution des menschlichen Bewusstseins deutlich seltener akzeptiert wird als die Evolution im Allgemeinen. Während für Personen mit negativer Einstellung zu Evolution die religiöse Gläubigkeit einen guten Prädiktor darstellt, ermöglicht die Variable *dualistisches Denken* gerade in Populationen mit insgesamt hoher Akzeptanz der Evolution eine Differenzierung zwischen den Individuen.

Die Ergebnisse der *EWi-Studie* liefern zudem erstmals einen systematischen Vergleich verschiedener Altersgruppen mit unterschiedlichem biologischen Bildungshintergrund. Hierbei konnte zum einen gezeigt werden, dass das Wissen zu Evolution zwischen Schülerinnen und Schülern über Studierende hin zu Biologie-Referendarinnen und Referendaren zwar ansteigt, sich jedoch auch bei den angehenden Lehrkräften noch zahlreiche Fehlvorstellungen finden. Zum anderen wurde deutlich, dass der Zusammenhang von Einstellungen zu Evolution und Wissen über Evolution mit zunehmender biologischer Bildung stärker wird. Offenbar hat das Wissen zu Evolution häufig gar keinen Einfluss auf die Einstellung zu Evolution, wenn diese stark negativ religiös begründet ist. Wenn jedoch die Möglichkeit einer Einstellungsänderung besteht, dann könnte ein erhöhtes Wissen zu Evolution bei der Akzeptanzförderung helfen.

Mit Hilfe der *RED-Studie* wurden erstmals mit einem umfassenden Fragekatalog Daten zur Einstellung zu Evolution in einer repräsentativen Bevölkerungsstichprobe erhoben. Hier wurde bei einem Vergleich mit einem herkömmlichen Messinstrument deutlich, dass eine differenzierte Betrachtung der Einstellungen in einer geringeren Häufigkeit kreationistischer Ansichten resultierte. Einstellungen zu Evolution in Deutschland scheinen im Durchschnitt nicht so negativ zu sein wie vermutet. Eine durchgängig naturalistisch verstandene Evolution, bei der auch das menschliche Bewusstsein als Produkt evolutionärer Prozesse akzeptiert wird, erfährt jedoch stärkere Ablehnung.

Insgesamt lässt sich für die hier dargestellten Daten festhalten, dass die Bedeutung des Glaubens als Prädiktor für die Akzeptanz der Evolution umso weniger bedeutsam ist, je weniger religiös und je akzeptierender gegenüber Evolution die Stichprobe im Durchschnitt ist. In solchen Probandengruppen ist das dualistische Denken in der Regel der bessere Prädiktor. Allerdings können in nicht-religiösen Stichproben auch atheistische und naturalistische Einstellungen als Prädiktor für die Einstellung zu Evolution fungieren. Ob Personen die Evolution des menschlichen Bewusstseins akzeptieren, hing in den untersuchten Stichproben hingegen vor allem von deren allgemeiner Position zu Evolution sowie vom dualistischen Denken ab.

Anhand der Ergebnisse der vorliegenden Arbeit wird zudem deutlich, dass Einstellungen zu Evolution und deren Verhältnis zu religiöser

Gläubigkeit sehr vielschichtig und komplex sind, sodass eine Kategorisierung von Personen bezogen auf ihre Einstellung zu Evolution in lediglich zwei oder drei Gruppen ungeeignet ist, die tatsächlichen Einstellungen abzubilden. Nicht nur das: In der *RED-Studie* wurde gezeigt, dass eine derartige Klassifizierung geradezu irreführend sein kann. Die häufig vorgenommene Kategorisierung in die Ansichten *Kreationismus*, *Theistische Evolution* und *Naturalismus* bildet die tatsächlichen Verhältnisse nur ungenügend ab.

Für eine weitere Aufklärung der Einstellungen zu Evolution wäre es sicherlich zuträglich, neben der Akzeptanz der Evolution im Allgemeinen und der Einstellung zur Evolution des Bewusstseins weitere Aspekte zu untersuchten. Hierbei könnte z. B. in evolutionsskeptischen Populationen zwischen mikro- und makroevolutiven Prozessen sowie der Evolution des Menschen, wie in der I-SEA-Skala (Nadelson und Southerland, 2012), unterschieden werden oder Items aus der GAENE-Skala (Smith et al. 2016) zur Bedeutung der Evolution und zur Bereitschaft der Verteidigung evolutionärer Inhalte genutzt werden.

Die in der vorliegenden Studie entwickelten Skalen zur Messung von Einstellungen zu Evolution, Gläubigkeit und dualistischem Denken sollen in im Rahmen des EvoKE-Projekts international in verschiedenen europäischen Ländern erprobt werden und einen Vergleich auf Basis differenzierter Instrumente zwischen der Akzeptanz der Evolution unterschiedlicher Länder ermöglichen.

Neben diesem bereits geplanten Projekt würde die Forschung zu Einstellungen zur Evolution und zur Evolution des Bewusstseins sicherlich sehr davon profitieren, wenn eine echte Längsschnitt-Studie durchgeführt werden würde, bei der Kohorten während der Schullaufbahn mehrmals untersucht werden, um den Einfluss des Biologieunterrichts auf Wissen und Akzeptanz zu Evolution genauer zu erforschen.

Literaturverzeichnis

Abel, J., Möller, R., Treumann, K.P., 1998. *Einführung in die empirische Pädagogik.* Kohlhammer.

Abrie, A.L., 2010. *Student teachers' attitudes towards and willingness to teach evolution in a changing South African environment.* Journal of Biological Education 44(3), S. 102–107.

Ainsworth, S., Saffer, J., 2013. *Can Children Read Evolutionary Trees?* Merrill-Palmer Quarterly 59(2), S. 221–247.

Ajzen, I., 2001. *Nature and Operation of Attitudes.* Annual Review of Psychology 52(1), S. 27–58.

Akyol, G., Tekkaya, C., Sungur, S., 2010. *The contribution of understandings of evolutionary theory and nature of science to preservice science teachers' acceptance of evolutionary theory.* Procedia - Social and Behavioral Sciences, World Conference on Learning, Teaching and Administration Papers 9, S. 1889–1893.

Akyol, G., Tekkaya, C., Sungur, S., Traynor, A., 2012. *Modeling the Interrelationships Among Pre-service Science Teachers' Understanding and Acceptance of Evolution, Their Views on Nature of Science and Self-Efficacy Beliefs Regarding Teaching Evolution.* Journal of Science Teacher Education 23(8), S. 937–957.

Alexander, R., 1987. *The Biology of Moral Systems.* Aldine Transaction, New Brunswick/London.

Allmon, W.D., 2011. *Why Don't People Think Evolution Is True? Implications for Teaching, In and Out of the Classroom.* Evolution: Education and Outreach 4(4), S. 648–665.

© Springer Fachmedien Wiesbaden GmbH, ein Teil von Springer Nature 2019
A. Beniermann, *Evolution – von Akzeptanz und Zweifeln*,
https://doi.org/10.1007/978-3-658-24105-6

Altemeyer, B., 2002. *Dogmatic behavior among students: Testing a new measure of dogmatism.* Journal of Social Psychology 142, S. 713–721.

Altemeyer, B., Hunsberger, B., 1992. *Authoritarianism, Religious Fundamentalism, Quest, and Prejudice.* The International Journal for the Psychology of Religion 2(2), S. 113–133.

Anderson, D.L., Fisher, K.M., Norman, G.J., 2002. *Development and evaluation of the conceptual inventory of natural selection.* Journal of Research in Science Teaching 39(10), S. 952–978.

Anglin, S.M., 2014. *I think, therefore I am? Examining conceptions of the self, soul, and mind.* Consciousness and Cognition 29, S. 105–116.

Arbuckle, J.L., 2016. AMOS [Computer Program]. IBM SPSS, Chicago.

Aronson, E., Akert, R.M., Wilson, T.D., 2010. *Sozialpsychologie.* Pearson Deutschland GmbH, Hallbergmoos.

Arthur, S., 2013. *Evolution acceptance among pre-service primary teachers.* Evolution: Education and Outreach 6(1), S. 20.

Asghar, A., Wiles, J., Alters, B., 2007. *Canadian pre-service elementary teachers' conceptions of biological evolution and evolution education.* McGill Journal of Education 42(2), S. 189-209

Astley, J., Francis, L.J., 2010. *Promoting positive attitudes towards science and religion among sixth-form pupils: dealing with scientism and creationism.* British Journal of Religious Education 32(3), S. 189–200.

Athanasiou, K., Katakos, E., Papadopoulou, P., 2012. *Conceptual ecology of evolution acceptance among Greek education students: the contribution of knowledge increase.* Journal of Biological Education 46(4), S. 234–241.

Athanasiou, K., Katakos, E., Papadopoulou, P., 2016. *Acceptance of evolution as one of the factors structuring the conceptual ecology of the evolution theory of Greek secondary school teachers.* Evolution: Education and Outreach 9(7).

Baalmann, W., Frerichs, V., Weitzel, H., Gropengießer, H., Kattmann, U., 2004. *Schülervorstellungen zu Prozessen der Anpassung - Ergebnisse einer Interviewstudie im Rahmen der Didaktischen Rekonstruktion.* Zeitschrift für Didaktik der Naturwissenschaften 10, S. 7–28.

BAMF (Hrsg.), 2016. *Wie viele Muslime leben in Deutschland? Eine Hochrechnung über die Anzahl der Muslime in Deutschland zum Stand.* 31. Dezember 2015.

Barbour, I.G., 1990. *Religion in an age of science.* SCM Press, London.

Beckermann, A., 2011. *Das Leib-Seele-Problem: Eine Einführung in die Philosophie des Geistes.* 2. Auflage. UTB GmbH, Paderborn.

Beniermann, A., 2013. *Zur Akzeptanz der Evolutionstheorie unter Berücksichtigung des Verständnisses von Evolution und empirischer Wissenschaft, von Gläubigkeit sowie paranormalen Überzeugungen - Eine Fragebogenstudie unter Erstsemester-Studierenden der Universität Oldenburg.* Masterarbeit, Carl-von-Ossietzky-Universität, Oldenburg.

Beniermann, A., Brennecke, J.S., Greiten, K., Hamdorf, E., Roth, J., Spitzner, A., Graf, D., 2017a. *GiTax – Gießener Taxonomie. Begriffe für die biologiedidaktische Forschung.* Institut für Biologiedidaktik, Justus-Liebig-Universität Gießen. Online verfügbar unter: https://www.uni-giessen.de/fbz/fb08/Inst/biologiedidaktik/dateien/gitax/ [Letzter Zugriff: 25.12.2017]

Beniermann, A., Roth, J., Schmidt, E., Greiten, K., Graf, D., 2017b. *Arten verändern sich - Das Überleben der "Nussgetiere."* Sachunterricht Weltwissen 2017(1), „Evolution", S. 36–41.

Berck, K.-H., Graf, D., 2010. *Biologiedidaktik: Grundlagen und Methoden*, 4. Auflage. Quelle & Meyer, Wiebelsheim.

Berggren, N., Bjørnskov, C., 2011. *Is the importance of religion in daily life related to social trust? Cross-country and cross-state comparisons.* Journal of Economic Behavior & Organization 80(3), S. 459–480.

Bering, J.M., Bjorklund, D.F., 2004. *The natural emergence of reasoning about the afterlife as a developmental regularity.* Developmental Psychology 40(2), S. 217–233.

Berti, A.E., Barbetta, V., Toneatti, L., 2017. *Third-graders' conceptions about the origin of species before and after instruction: an exploratory study.* International Journal of Science and Mathematics Education 15(2), S. 215–232.

Bishop, B.A., Anderson, C.W., 1986. *Evolution by Natural Selection: A Teaching Module.* Occational Paper No. 91. Michigan State University, East Lansing.

Bishop, B.A., Anderson, C.W., 1990. *Student conceptions of natural selection and its role in evolution.* Journal of Research in Science Teaching 27(5), S. 415–427.

Bloom, P., 2007. *Religion is natural.* Developmental Science 10(1), S. 147–151.

Boehm, C., 2012. *Moral Origins: The Evolution of Virtue, Altruism, and Shame.* Basic Books, New York.

BouJaoude, S., Asghar, A., Wiles, J.R., Jaber, L., Sarieddine, D., Alters, B., 2011. *Biology professors' and teachers' positions regarding biological evolution and evolution education in a middle eastern society.* International Journal of Science Education 33(7), S. 979–1000.

Boyd, R., Richerson, P.J., 2006. *Not by Genes Alone: How Culture Transformed Human Evolution.* The University Of Chicago Press, Chicago/London.

Boyer, P., 2009. *Und Mensch schuf Gott.* 2. Auflage. Klett-Cotta, Stuttgart.

Brasseur, A., 2010. *Einstellung und Wissen zur Evolution und Wissenschaft in Europa.* In: Graf, D. (Hrsg.): Evolutionstheorie - Akzeptanz und Vermittlung im europäischen Vergleich. Springer, Berlin/Heidelberg. S. 1–8.

Brem, S.K., Ranney, M., Schindel, J., 2003. *Perceived consequences of evolution: College students perceive negative personal and social impact in evolutionary theory.* Science Education 87(2), S. 181–206.

Brendel, E., 2013. *Wissen (Grundthemen Philosophie).* De Gruyter, Berlin.

Brennecke, J.S., 2015. *Schülervorstellungen zur evolutionären Anpassung – qualitative Studien als Grundlage für ein fachdidaktisches Entwicklungskonzept in einem botanischen Garten.* Dissertation, Justus-Liebig-Universität Gießen.

Brennecke, J.S., Klös, T., Spitzner, A., Greiten, K., 2017. *Die Dinosaurier waren nicht die ersten Lebewesen - Pflanzen und Tiere der einzelnen Erdzeitalter.* Sachunterricht Weltwissen 2017(1), „Evolution". S. 16–21.

Browne, K.A., Cudeck, J.S., 1993. *Alternative ways of assessing equation model fit*. In: Bollen, K.A., Long, J.S. (Hrsg.): Testing Structural Equation Models. Sage, Newbury Park. S. 136–162.

Brumby, M.N., 1984. *Misconceptions about the concept of natural selection by medical biology students*. Science Education 68(4), S. 493–503.

Bühner, M., 2006. *Einführung in die Test- und Fragebogenkonstruktion*, 2. Auflage. Addison-Wesley, Boston.

Byrne, B.M., 1989. *A primer of LISREL: Basic applications and programming for confirmatory factor analytic model*. Springer, New York.

Camus, A., 2000. *Der Mythos des Sisyphos*. Rowohlt Verlag, Reinbek.

Carlson, M., Mulaik, S.A., 1993. *Trait ratings from descriptions of behavior as mediated by components of meaning*. Multivariate Behavioral Research 28(1), S. 111–159.

Catley, K.M., Novick, L.R., 2009. *Digging deep: Exploring college students' knowledge of macroevolutionary time*. Journal of Research in Science Teaching 46(3), S. 311–332.

Cavallo, A.M.L., McCall, D., 2008. Seeing may not mean believing: Examining students'understandings and beliefs in evolution. American Biology Teacher 70(9), S. 522–530.

Chalmers, D.J., 1997. *The Conscious Mind: In Search of a Fundamental Theory*. Oxford University Press, New York.

Chaves, M., Gorski, P.S., 2001. *Religious Pluralism and Religious Participation*. Annual Review of Sociology 27(1), S. 261–281.

Churchland, P.S., 1989. *Neurophilosophy: Toward a Unified Science of the Mind-brain*. MIT Press, Cambridge.

Clément, P., 2015. *Creationism, Science and Religion: A Survey of Teachers' Conceptions in 30 Countries.* Procedia - Social and Behavioral Sciences, The XVI International Organisation for Science and Technology Education Symposium (IOSTE Borneo 2014) 167, S. 279–287.

Clément, P., Quessada, M.P., Laurent, C., Carvalho, G., 2008. *Science and religion: Evolutionism and creationism in education. A survey of teachers conceptions in 14 countries.* Working paper.

Cofré, H.L., Santibáñez, D.P., Jiménez, J.P., Spotorno, A., Carmona, F., Navarrete, K., Vergara, C.A., 2017. *The effect of teaching the nature of science on students' acceptance and understanding of evolution: myth or reality?* Journal of Biological Education, S. 1–14.

Cohen, J., 1988. *Statistical Power Analysis for the Behavioral Sciences.* 2. Auflage. Routledge, London.

Cooper, H.M., Hedges, L.V., 1994. *The Handbook of research synthesis.* Russell Sage Foundation, New York.

Corrigan, P.W., Druss, B.G., Perlick, D.A., 2014. *The Impact of Mental Illness Stigma on Seeking and Participating in Mental Health Care.* Psychological Science in the Public Interest 15(2), S. 37–70.

Cortina, J.M., 1993. *What Is Coefficient Alpha? An Examination of Theory and Applications.* Journal of Applied Psychology 78(1), S. 98–104.

Coyne, J.A., 2012. *Science, Religion, and Society: The Problem of Evolution in America.* Evolution 66(8), S. 2654–2663.

Cronbach, L.J., 1951. *Coefficient alpha and the internal structure of tests.* Psychometrika 16(3), S. 297–334.

da Silva Porto, F.C., Paiva, P.C., Waizbort, R.F., Luz, M.R.M.P. da, 2015. *Brazilian Undergraduate Students' Conceptions on the Origins of Human Social Behavior: Implications for Teaching Evolution.* Evolution: Education and Outreach 8(16).

Darwin, C.R., 2009. *Die Abstammung des Menschen.* Fischer Taschenbuch Verlag, Frankfurt a. M.

Dawkins, R., 2008. *Der Gotteswahn.* Ullstein Verlag, Berlin.

DBK (Hrsg.), 2016. *Katholische Kirche in Deutschland - Statistische Daten.*

De Waal, F., 2008. *Primaten und Philosophen: Wie die Evolution die Moral hervorbrachte.* Carl Hanser Verlag, München.

DEA (Hrsg.), 2016. *Die Evangelische Allianz will die Einheit aller Christen.*

Demastes, S.S., Good, R.G., Peebles, P., 1996. *Patterns of conceptual change in evolution.* Journal of Research in Science Teaching 33(4), S. 407–431.

Demertzi, A., Liew, C., Ledoux, D., Bruno, M.-A., Sharpe, M., Laureys, S., Zeman, A., 2009. *Dualism persists in the science of mind.* Annals of the New York Academy of Sciences 1157(1), S. 1–9.

Deniz, H., Donnelly, L.A., Yilmaz, I., 2008. *Exploring the factors related to acceptance of evolutionary theory among Turkish preservice biology teachers: Toward a more informative conceptual ecology for biological evolution.* Journal of Research in Science Teaching 45(4), S. 420–443.

Deniz, H., Sahin, E.A., 2016. *Exploring the factors related to acceptance of evolutionary theory among Turkish preservice biology teachers and the relationship between acceptance and teaching preference*. Electronic Journal of Science Education 20(4), 21–43.

Dennett, D.C., 1993a. *Consciousness Explained*. Penguin, London.

Dennett, D.C., 1993b. *Quining Qualia*. In: Marcel, A.J., Bisach, E. (Hrsg): Consciousness in Contemporary Science. Clarendon Press, Oxford. S. 42–77.

Descartes, R., 2009. *Meditationen über die erste Philosophie*. Felix Meiner Verlag, Hamburg.

DESTATIS (Hrsg.), 2013. *Statistisches Jahrbuch 2013*.

DESTATIS (Hrsg.), 2016. *Mikrozensus*.

Dijk, E.M. van, Kattmann, U., 2009. *Teaching evolution with historical narratives*. Evolution: Education and Outreach 2(3), S. 479–489.

Donnelly, L.A., Kazempour, M., Amirshokoohi, A., 2009. *High school students' perceptions of evolutuion instruction: Acceptance and evolution learning experiences*. Research in Science Education 39(5), S. 643–660.

Döring, N., Bortz, J., 2016. *Forschungsmethoden und Evaluation in den Sozial- und Humanwissenschaften*. 5. Auflage. Springer, Berlin/Heidelberg.

Downie, J.R., Barron, N.J., 2000. *Evolution and religion: attitudes of Scottish first year biology and medical students to the teaching of evolutionary biology*. Journal of Biological Education 34(3), 139–146.

Duit, R., 1995. *Zur Rolle der konstruktivistischen Sichtweise in der naturwissenschaftsdidaktischen Lehr- und Lernforschung*. Zeitschrift für Pädagogik 41(6), S. 905–923.

Dunk, R.D.P., Petto, A.J., Wiles, J.R., Campbell, B.C., 2017. *A multifactorial analysis of acceptance of evolution*. Evolution: Education and Outreach 10(4).

Eagleton, T., 2010. *Reason, Faith, and Revolution: Reflections on the God Debate*. Yale University Press, New Haven.

Eagly, A.H., Chaiken, S., 1993. *The psychology of attitudes*. Harcourt Brace Jovanovich College Publishers, Orlando.

Eder, E., Turic, K., Milasowszky, N., Adzin, K.V., Hergovich, A., 2011. The relationships between paranormal belief, creationism, intelligent design and evolution at secondary schools in Vienna (Austria). Science & Education 20(5-6), S. 517–534.

Edis, T., 2007. *An illusion of harmony: Science and religion in Islam*. Prometheus Books, Amherst.

Eid, M., Gollwitzer, M., Schmitt, M., 2013. *Statistik und Forschungsmethoden: Lehrbuch. Mit Online-Materialien*. Beltz, Weinheim.

Eidemüller, D., 2016. *Quanten - Evolution - Geist: Eine Abhandlung über Natur, Wissenschaft und Wirklichkeit*. Springer Spektrum, Berlin/Heidelberg.

EKD (Hrsg.), 2008. *Weltentstehung, Evolutionstheorie und Schöpfungsglaube in der Schule - Eine Orientierungshilfe des Rates der Evangelischen Kirche in Deutschland*. EKD Texte 94.

EKD (Hrsg.), 2017. *Zahlen und Fakten zum kirchlichen Leben*.

Elsdon-Baker, F., 2015. *Creating creationists: The influence of 'issues framing' on our understanding of public perceptions of clash narratives between evolutionary science and belief*. Public Understanding of Science 24(4), S. 422–439.

Elwert, F., Radermacher, M., 2017. *Evangelikalismus in Europa.* In: Schlamelcher, J. (Hrsg.): Handbuch Evangelikalismus. transcript Verlag, Bielefeld. S. 173–188.

Emmons, R.A., Paloutzian, R.F., 2003. *The psychology of religion.* Annual Review of Psychology 54(1), S. 377–402.

Epstein, S., 1994. Integration of the cognitive and the psychodynamic unconscious. American Psychologist 49(8), S. 709–724.

European Commission (Hrsg.), 2005. *Special Eurobarometer 224 / Wave 63.1* - Europeans, Science and Technology.

Evans, E.M., 2008. *Conceptual change and evolutionary biology: A developmental analysis,* In: Vosniadou, S. (Hrsg): International Handbook of Research on Conceptual Change. Routledge, New York. S. 263–294.

Evans, J.S.B.T., Stanovich, K.E., 2013. *Dual-process theories of higher cognition: Advancing the debate.* Perspectives on Psychological Science 8(3), S. 223–241.

Fahrenberg, J., Cheetham, M., 2000. *The mind-body problem as seen by students of different disciplines.* Journal of Consciousness Studies 7(5), S. 47–59.

Fenner, A., 2013. *Schülervorstellungen zur Evolutionstheorie, Konzeption und Evaluation von Unterricht zur Anpassung durch Selektion.* Dissertation, Justus-Liebig-Universität Gießen.

Fernandez-Duque, D., 2017. *Lay theories of the mind/brain relationship and the allure of neuroscience.* In: Zedelius, C.M., Müller, B.C.N., Schooler, J.W. (Hrsg.): The science of lay theories. Springer, Cham. S. 207–227.

Fiedler, D., Tröbst, S., Harms, U., 2017. *University students' conceptual knowledge of randomness and probability in the contexts of evolution and mathematics*. CBE Life Sciences Education 16(2), ar38.

Field, A., 2013. *Discovering statistics using SPSS*. 4. Auflage. Sage Publications Ltd, Thousand Oaks.

Fouad, K.E., 2016. *American muslim undergraduates' views on evolution*. ProQuest LLC, Ann Arbor.

fowid (Hrsg.), 2005. *Evolution und Kreationismus*.

fowid (Hrsg.), 2016. *Religionszugehörigkeiten in Deutschland 2015*.

Frederick, S., 2005. *Cognitive reflection and decision making*. Journal of Economic Perspectives 19(4), S. 25–42.

Freud, S., 1947. *Eine Schwierigkeit der Psychoanalyse*. In: Freud, A., Bibring, E., Hoffer, W. Kris, E. & Isakower, O. (Hrsg.): Sigmund Freud. Gesammelte Werke. Band XII. Werke aus den Jahren 1917 – 1920. S. Fischer Verlag, Frankfurt am Main. S. 7–11.

Frey, U.J., 2010. *Modern illusions of humankind*. In: Frey, U.J., Störmer, C., Willführ, K.P. (Hrsg.): Homo novus – A human without illusions, the frontiers collection. Springer, Berlin/Heidelberg. S. 263–288.

Galli, L.M.G., Meinardi, E.N., 2011. *The role of teleological thinking in learning the darwinian model of evolution*. Evolution: Education and Outreach 4(1), S. 145–152.

Gallup (Hrsg.), 2014. *In U.S., 42% Believe Creationist View of Human Origins*.

Gallup (Hrsg.), 2017. *In U.S., Belief in Creationist View of Humans at New Low*.

Gervais, W.M., 2015. *Override the controversy: Analytic thinking predicts endorsement of evolution*. Cognition 142, S. 312–321.

Gervais, W.M., Norenzayan, A., 2012. *Analytic thinking promotes religious disbelief.* Science 336(6080), S. 493–496.

Giffhorn, B., Langlet, J., 2006. *Einführung in die Selektionstheorie - So früh wie möglich!* Praxis der Naturwissenschaften - Biologie 55(6), S. 6–15.

Goplen, J., Plant, E.A., 2015. *A religious worldview: protecting one's meaning system through religious prejudice.* Personality and Social Psychology Bulletin 41(11), S. 1474-1487.

Gorsuch, R.L., 1988. *Psychology of religion.* Annual Review of Psychology 39(1), S. 201–221.

Graf, D., 2008. *Kreationismus vor den Toren des Biologieunterrichts? Einstellungen und Vorstellungen zur "Evolution".* In: Antweiler C., Lammers C., Thies N. (Hrsg): Die unerschöpfte Theorie. Alibri, Aschaffenburg. S. 17–38.

Graf, D., 2009a. *Kreationismus in Europa.* Skeptiker 2009(1), S. 4–10.

Graf, D., 2009b. *Evolution – das Rückgrat der Biologie.* MNU, Sonderausgabe Evolution.

Graf, D., 2015. *Über den Umgang mit Fachsprache im Biologieunterricht.* MNU 68(3), S. 165–171.

Graf, D., Hamdorf, E., 2011. *Evolution: Verbreitete Fehlvorstellungen zu einem zentralen Thema.* In: Dreesmann, D., Graf, D., Witte, K. (Hrsg): Evolutionsbiologie: Moderne Themen für den Unterricht. Springer, Berlin/Heidelberg. S. 25–41.

Graf, D., Lammers, C., 2010. *Evolution und Kreationismus in Europa.* In: Graf, D. (Hrsg): Evolutionstheorie - Akzeptanz und Vermittlung im europäischen Vergleich. Springer, Berlin/Heidelberg. S. 9–28.

Graf, D., Richter, T., Witte, K., 2009. *Einstellungen und Vorstellungen von Lehramtsstudierenden zur Evolution.* In: Harms, U. et al. (Hrsg.): Heterogenität erfassen –individuell fördern im Biologieunterricht. Kiel.

Graf, D., Schmidt-Salomon, M., 2017. *Evokids - Evolution in der Grundschule - Materialien für den Unterricht.* 2. Auflage. Oberwesel/Gießen.

Graf, D., Soran, H., 2010. *Einstellung und Wissen von Lehramtsstudierenden zur Evolution – ein Vergleich zwischen Deutschland und der Türkei.* In: Graf, D. (Hrsg), Evolutionstheorie - Akzeptanz und Vermittlung im europäischen Vergleich. Springer, Berlin/Heidelberg. S. 141–161.

Graf, D., Wieder, B., 2017. *Zwei Welten begegnen sich? Das Thema Evolution und der Grundschulunterricht.* Sachunterricht Weltwissen, „Evolution" 2017(1), S. 6–7.

Graf, F.W., 2014. *Götter global: Wie die Welt zum Supermarkt der Religionen wird.* C.H. Beck, München.

Greene, E.D., 1990. *The logic of university students' misunderstanding of natural selection.* Journal of Research in Science Teaching 27(9), S. 875–885.

Gregory, T.R., 2008. *Evolution as fact, theory, and path.* Evolution: Education and Outreach 1(1), S. 46–52.

Gregory, T.R., 2009. *Understanding natural selection: essential concepts and common misconceptions.* Evolution: Education and Outreach 2(2), S. 156-175.

Greiten, K., Brennecke, J.S., 2017. *Fossilien als Zeugen der Erdgeschichte - Kinder werden zu Fossilien-Detektiven.* Sachunterricht Weltwissen, „Evolution" 2017(1), S. 22–29.

Griffith, J.A., Brem, S.K., 2004. *Teaching evolutionary biology: Pressures, stress, and coping.* Journal of Research in Science Teaching 41(8), S. 791–809.

Gropengießer, H., 2006. *Wie man Vorstellungen der Lerner verstehen kann: Lebenswelten - Denkwelten - Sprechwelten*, 2. Auflage. BIS-Verlag, Oldenburg.

Gropengießer, H., 2008. *Qualitative Inhaltsanalyse in der fachdidaktischen Lehr- Lernforschung*, In: Mayring, P., Gläser-Zikuda, M. (Hrsg.): Die Praxis der qualitativen Inhaltsanalyse. Beltz Verlagsgruppe, Weinheim. S. 172–189.

Grossman, W.E., Fleet, C.M., 2016. *Changes in acceptance of evolution in a college-level general education course.* Journal of Biological Education 51(4), S. 328-335.

Großschedl, J., Konnemann, C., Basel, N., 2014. *Pre-service biology teachers' acceptance of evolutionary theory and their preference for its teaching.* Evolution: Education and Outreach 7(1), 18.

Ha, M., Haury, D.L., Nehm, R.H., 2012. *Feeling of certainty: Uncovering a missing link between knowledge and acceptance of evolution.* Journal of Research in Science Teaching 49(1), S. 95–121.

Halldén, O., 1988. *The evolution of the species: pupil perspectives and school perspectives.* International Journal of Science Education 10(5), S. 541–552.

Halm, D., Sauer, M., 2017. *Religionsmonitor - Muslime in Europa. Integriert, aber nicht akzeptiert?* Bertelsmann Stiftung, Gütersloh.

Hameed, S., 2008. Bracing for Islamic creationism. Science 322(5908), S. 1637–1638.

Hardin, C.D., Higgins, E.T., 1996. *Shared reality: How social verification makes the subjective objective.* In: Sorrentino, R. M., Higgins, E. T. (Hrsg.): Handbook of motivation and cognition. Guilford Press, New York. S. 28–84.

Haught, J.F., 1995. *Science and religion: From conflict to conversation.* Paulist Press, Mahwah.

Hawley, P.H., Short, S.D., McCune, L.A., Osman, M.R., Little, T.D., 2011. *What's the matter with Kansas? The development and confirmation of the evolutionary attitudes and literacy survey (EALS).* Evolution: Education and Outreach 4(1), S. 117–132.

Heilig, C., Kany, J., 2011. *Die Ursprungsfrage: Beiträge zum Status teleologischer Antwortversuche in der Naturwissenschaft.* Lit Verlag, Münster.

Hemminger, H., 2007. *Mit der Bibel gegen Evolution. Kreationismus und "intelligentes Design" kritisch betrachtet.* EZW-Texte, Stuttgart.

Hemminger, H., 2009a. *Und Gott schuf Darwins Welt: Schöpfung und Evolution, Kreationismus und Intelligentes Design.* Brunnen Verlag, Gießen.

Hemminger, H., 2009b. *Die Geschichte des neuzeitlichen Kreationismus - Von "creation science" zur Intelligent-Design-Bewegung.* In: Neukamm, M. (Hrsg.): Evolution im Fadenkreuz des Kreationismus - Darwins religiöse Gegner und ihre Argumentation. Vandenhoeck & Ruprecht, Göttingen. S. 15-36.

Hemminger, H., 2016. *Evangelikal: Von Gotteskindern und Rechthabern.* Brunnen Verlag, Gießen.

Hermann, R.S., 2011. *Breaking the cycle of continued evolution education controversy: on the need to strengthen elementary level teaching of evolution.* Evolution: Education and Outreach 4(2), S. 267–274.

Herrmann, P.A., French, J.A., DeHart, G.B., Rosengren, K.S., 2013. *Essentialist reasoning and knowledge effects on biological reasoning in young children.* Merrill-Palmer Quarterly 59(2), S. 198–220.

Hey, J., 2001. *The mind of the species problem.* Trends in Ecology & Evolution 16(7), S. 326–329.

Hill, J.P., 2014. *Rejecting evolution: the role of religion, education, and social networks.* Journal for the Scientific Study of Religion 53(3), S. 575–594.

Hilty, D.M., Morgan, R., 1985. *Construct validation for the religious involvement inventory: replication.* Journal for the Scientific Study of Religion 24(1), S. 75–86.

Hogg, M., Abrams, D., 1988. *Social identifications.* Routledge, New York.

Hokayem, H., BouJaoude, S., 2008. *College students' perceptions of the theory of evolution.* Journal of Research in Science Teaching 45(4), S. 395–419.

Homburg, C., Baumgartner, H., 1995. *Beurteilung von Kausalmodellen.* Marketing: Zeitschrift für Forschung und Praxis 17(3), S. 162–176.

Homburg, C., Giering, A., 1996. *Konzeptualisierung und Operationalisierung komplexer Konstrukte - Ein Leitfaden für die*

Marketingforschung. Marketing: Zeitschrift für Forschung und Praxis 18(1), S. 5–24.

Honnefelder, L., 2007. *Naturalismus als Paradigma: Wie weit reicht die naturwissenschaftliche Erklärung des Menschen?* Berlin University Press, Berlin.

Hu, L.-T., Bentler, P.M., 1999. *Cutoff criteria for fit indexes in covariance structure analysis: Conventional criteria versus new alternatives.* Structural Equation Modeling 6(1). S. 1–55.

IBM Corp. (Hrsg.), 2016. *IBM SPSS Statistics for Windows* [Computer Program]. IBM Corp., Armonk, NY.

Illner, R., 2000. *Einfluß religiöser Schülervorstellungen auf die Akzeptanz der Evolutionstheorie.* Dissertation, Carl von Ossietzky Universität Oldenburg.

Infanti, L.M., Wiles, J.R., 2014. *"Evo in the News:" understanding evolution and students' attitudes toward the relevance of evolutionary biology.* Bioscene: Journal of College Biology Teaching 40(2), S. 9–14.

Ingram, E.L., Nelson, C.E., 2006. *Relationship between achievement and students' acceptance of evolution or creation in an upper-level evolution course.* Journal of Research in Science Teaching 43(1), S. 7–24.

Institut für Demoskopie Allensbach (Hrsg.), 2009. *Weitläufig verwandt - Die Meisten glauben inzwischen an einen gemeinsamen Vorfahren von Mensch und Affe.* Allensbacher Berichte (5).

Ipsos Global @dvisory, 2011 (Hrsg.). *Supreme being(s), the afterlife and evolution.*

Irrgang, B., 2001. *Lehrbuch der Evolutionären Erkenntnistheorie: Evolution, Selbstorganisation, Kognition.* 2. Auflage. UTB Verlag, Stuttgart/München.

Jeßberger, R., 1990. *Kreationismus. Kritik des modernen Antievolutionismus.* Verlag Paul Parey, Berlin/Hamburg.

Jiménez-Aleixandre, M.P., 1992. *Thinking about theories or thinking with theories? A classroom study with natural selection.* International Journal of Science Education 14(1), S. 51–61.

Johannes Paul II., 1997. *The pope's message on evolution and four commentaries: Message to the Pontifical Academy of Sciences.* The Quarterly Review of Biology 72 (4), S. 381–383.

Johannsen, M., Krüger, D., 2005. *Schülervorstellungen zur Evolution – eine quantitative Studie.* IDB Münster 14, S. 23–48.

Johnson, R.L., 1985. *The acceptance of evolutionary theory by biology majors in colleges of the West North Central States.* Dissertation, University of Northern Colorado.

Johnson, R.L., Peeples, E.E., 1987. *The role of scientific understanding in college: student acceptance of evolution.* The American Biology Teacher 49(2), S. 93–98.

Johnstone, P., Schirrmacher, T., 2003. *Gebet für die Welt: Das einzigartige Handbuch. Umfassende Informationen zu über 200 Ländern.* Hänssler-Verlag, Holzgerlingen.

Jörns, K.-P., 1999. *Die neuen Gesichter Gottes. Was die Menschen heute wirklich glauben.* C.H. Beck Verlag, München.

Junker, R., Scherer, S., 2013. *Evolution - ein kritisches Lehrbuch.* 7. Auflage. Weyel, Gießen.

Junker, T., 2007. *Schöpfung gegen Evolution - und kein Ende? - Kardinal Schönborns Intelligent-Design-Kampagne und die Katholische Kirche.* In: Kutschera, U. (Hrsg.): Kreationismus in Deutschland. Fakten und Analysen. Lit Verlag, Münster. S. 71–97.

Junker, T., 2009. *Kreationisten erklären die Evolution. Das "kritische Lehrbuch" von R. Junker und S. Scherer.* In: Neukamm, M. (Hrsg.): Evolution im Fadenkreuz des Kreationismus - Darwins religiöse Gegner und ihre Argumentation. Vandenhoeck & Ruprecht, Göttingen. S. 321–338.

Kahan, D.M., 2015a. *Climate-science communication and the measurement problem.* Political Psychology 36(S1), S. 1–43.

Kahan, D.M., 2015b. *What is the "science of science communication"?* Journal of Science Communication, 14(3), S. 1-10.

Kahan, D.M., 2017. *'Ordinary science intelligence': a science-comprehension measure for study of risk and science communication, with notes on evolution and climate change.* Journal of Risk Research 20(8), S. 995–1016.

Kahan, D.M., Peters, E., Braham, D., Slovic, P., Wittlin, M., Larrimore Ouellette, L., Mandel, G., 2011. *The tragedy of the risk-perception commons: culture conflict, rationality conflict, and climate change.* Working Paper.

Kahan, D.M., Stanovich, K.E., 2016. *Rationality and belief in human evolution.* Annenberg Public Policy Center, Working Paper (5).

Kahneman, D., 2003. *A perspective on judgment and choice: Mapping bounded rationality.* American Psychologist 58(9), S. 697–720.

Kahneman, D., 2012. *Thinking, fast and slow*. Penguin, London.

Kalinowski, S.T., Leonard, M.J., Taper, M.L., 2016. *Development and validation of the conceptual assessment of natural selection (CANS)*. CBE Life Science Education 15(4), ar64.

Kalkman, D.P., 2014. *Three cognitive routes to atheism: a dual-process account*. Religion 44(1), S. 72–83.

Kampourakis, K., 2014. *Understanding evolution*. Cambridge University Press, Cambridge/New York.

Kampourakis, K., McCain, K., 2016. *Believe in or about evolution?* BioScience 66(3), S. 187–188.

Kampourakis, K., Palaiokrassa, E., Papadopoulou, M., Pavlidi, V., Argyropoulou, M., 2012a. *Children's intuitive teleology: shifting the focus of evolution education research.* Evolution: Education and Outreach 5(2), S. 279–291.

Kampourakis, K., Pavlidi, V., Papadopoulou, M., Palaiokrassa, E., 2012b. *Children's teleological intuitions: what kind of explanations do 7–8 year olds give for the features of organisms, artifacts and natural objects?* Research in Science Education 42(4), S. 651–671.

Kampourakis, K., Strasser, B.J., 2015. *The evolutionist, the creationist, and the 'unsure': picking-up the wrong fight?* International Journal of Science Education, Part B, 5(3), S. 271–275.

Kampourakis, K., Zogza, V., 2008. *Students' intuitive explanations of the causes of homologies and adaptations.* Science & Education 17(1), S. 27–47.

Kattmann, U., 1995. *Konzeption eines naturgeschichtlichen Biologieunterrichts: Wie Evolution Sinn macht.* Zeitschrift für Didaktik der Naturwissenschaften 1, S. 29–42.

Kattmann, U., 2001. *Vom Blatt zum Planeten – Scientific Literacy und kumulatives Lernen.* In: Moschner, B., Kiper, H. & Kattmann, U. (Hrsg.): PISA 2000 als Herausforderung. Perspektiven für Lehren und Lernen. Schneider Verlag Hohengehren, Baltmannsweiler. S. 115–137.

Kelemen, D., 1999. *The scope of teleological thinking in preschool children.* Cognition 70(3), S. 241–272.

Kelemen, D., DiYanni, C., 2005. *Intuitions about origins: purpose and Intelligent Design in children's reasoning about nature.* Journal of Cognition and Development 6(1), S. 3–31.

Kelemen, D., Emmons, N.A., Seston Schillaci, R., Ganea, P.A., 2014. *Young children can be taught basic natural selection using a picture-storybook intervention.* Psychological Science 25(4), S. 893–902.

Kelemen, D., Rosset, E., 2009. *The human function compunction: teleological explanation in adults.* Cognition 111(1), S. 138–143.

Kelemen, D., Rottman, J., Seston, R., 2013. *Professional physical scientists display tenacious teleological tendencies: purpose-based reasoning as a cognitive default.* Journal of Experimental Psychology: General 142(4), S. 1074–1083.

Kim, S.Y., Nehm, R.H., 2011. *A cross-cultural comparison of Korean and American science teachers' views of evolution and the nature of science.* International Journal of Science Education 33(2), S. 197–227.

Klein, C., Keller, B., Traunmüller, R., 2017. *Sind Frauen tatsächlich grundsätzlich religiöser als Männer? Internationale und interreligiöse Befunde auf Basis des Religionsmonitors 2008.* In: Sammet, K., Benthaus-Apel, F. & Gärtner, C. (Hrsg.): Religion und Geschlechterordnungen (Veröffentlichungen der Sektion Religionssoziologie der Deutschen Gesellschaft für Soziologie). Springer VS, Wiesbaden. S. 99–131.

Kohls, S., 2015. *The effects of viewing patient-related physiological data on students' mental health stigma.* Honors Paper, Otterbein University.

Kokis, J.V., Macpherson, R., Toplak, M.E., West, R.F., Stanovich, K.E., 2002. *Heuristic and analytic processing: Age trends and associations with cognitive ability and cognitive styles.* Journal of Experimental Child Psychology 83(1), S. 26–52.

Konnemann, C., Asshoff, R., Hammann, M., 2012. *Einstellungen zur Evolutionstheorie: Theoretische und messtheoretische Klärungen.* Zeitschrift für Didaktik der Naturwissenschaften 18, S. 55–79.

Konnemann, C., Asshoff, R., Hammann, M., 2016. *Insights into the diversity of attitudes concerning evolution and creation: a multidimensional approach.* Science Education 100(4), S. 673–705.

Kotthaus, J., 2003. *Propheten des Aberglaubens - Der deutsche Kreationismus zwischen Mystizismus und Pseudowissenschaft.* Lit Verlag, Münster.

Krüger, D., 2007. *Die Conceptual Change-Theorie.* In: Krüger, D., Vogt, H. (Hrsg.): Theorien in der biologiedidaktischen Forschung. Springer, Heidelberg. S. 81–92.

Krzywinski, M.I., Schein, J.E., Birol, I., Connors, J., Gascoyne, R., Horsman, D., Jones, S.J., Marra, M.A., 2009. *Circos: an information aesthetic for comparative genomics.* Genome Research 19(9), S. 1639-1645.

Kutschera, F. von, 2009. *Philosophie des Geistes.* mentis, Paderborn.

Kutschera, U., 2008. *Creationism in Germany and its possible cause.* Evolution: Education and Outreach 1(1), S. 84–86.

Kvaale, E.P., Gottdiener, W.H., Haslam, N., 2013a. *Biogenetic explanations and stigma: A meta-analytic review of associations among laypeople.* Social Science & Medicine 96, S. 95–103.

Kvaale, E.P., Haslam, N., Gottdiener, W.H., 2013b. *The 'side effects' of medicalization: A meta-analytic review of how biogenetic explanations affect stigma.* Clinical Psychology Review 33(6), S. 782–794.

Lammert, N., 2012. *Akzeptanz, Vorstellungen und Wissen von Schülerinnen und Schülern der Sekundarstufe I zu Evolution und Wissenschaft.* Dissertation, Technische Universität Dortmund.

Lawson, A.E., Worsnop, W.A., 1992. *Learning about evolution and rejecting a belief in special creation: Effects of reflective reasoning skill, prior knowledge, prior belief and religious commitment.* Journal of Research in Science Teaching 29(2), S. 143–166.

Legare, C.H., Lane, J.D., Evans, E.M., 2013. *Anthropomorphizing science: how does it affect the development of evolutionary concepts?* Merrill-Palmer Quarterly 59(2), S. 168–197.

Lei, P.-W., Wu, Q., 2012. *Estimation in structural equation modelling.* In: Hoyle, R.H. (Hrsg.): Handbook of Structural Equation Modeling. The Guilford Press, New York. S. 164–180.

Leopoldina (Hrsg.), 2017. *Evolutionsbiologische Bildung in Schule und Hochschule,* Halle.

Libarkin, J.C., Kurdziel, J.P., Anderson, S.W., 2007. *College student conceptions of geological time and the disconnect between ordering and scale.* Journal of Geoscience Education 55(5), S. 413-422.

Likert, R., 1932. *A technique for the measurement of attitudes.* Archives of Psychology, 140, S. 1-55.

Lindeman, M., Aarnio, K., 2010. *Der Ursprung von Aberglauben, magischem Denken und paranormalen Überzeugungen - Ein integratives Modell.* Skeptiker 2010/2, S. 62-70.

Lindeman, M., Lipsanen, J., 2016. *Diverse cognitive profiles of religious believers and nonbelievers.* The International Journal for the Psychology of Religion 26(3), S. 185-192.

Lombrozo, T., Thanukos, A., Weisberg, M., 2008. *The importance of understanding the nature of science for accepting evolution.* Evolution: Education and Outreach 1(3), 290-298.

Lorenz, K., Wuketits, F.M., 1989. *Die Evolution des Denkens. Zwölf Beiträge.* Piper Verlag GmbH, München.

Mahne-Bieder, J., 2017. *Katholische Glaubensstile in postsäkularen Gesellschaften: Das religiöse Verhalten katholischer Christen in Deutschland.* Dissertation, Universität Augsburg.

Mahner, M., 2005. *Kreationismus - Schöpfung statt Evolution?* In: Freudig, D. (Hrsg.): Faszination Biologie. Von Aristoteles bis zum Zebrafisch. Elsevier/Spektrum Akademischer Verlag. S. 340-343.

Mahner, M., 2007. *Intelligent Design und der teleologische Gottesbeweis.* In: Kutschera, U. (Hrsg.): Kreationismus in Deutschland. Fakten und Analysen. Lit Verlag, Münster. S. 340-351.

Maltby, J., Lewis, C.A., 1996. *Measuring intrinsic and extrinsic orientation toward religion: Amendments for its use among religious and non-religious samples.* Personality and Individual Differences 21(6), 937–946.

Mander, W., 2012. *Pantheism.* In: Zalta, E.N. (Hrsg.): The Stanford Encyclopedia of Philosophy.

Mayr, E., 1991. *Eine neue Philosophie der Biologie.* Piper Verlag, München.

McCain, K., 2016. *The nature of scientific knowledge: An explanatory approach.* Springer, New York.

McCain, K., Kampourakis, K., 2016. *Which question do polls about evolution and belief really ask, and why does it matter?* Public Understanding of Science 27(1), S. 2-10.

McKeachie, W.J., Lin, Y.-G., Strayer, J., 2002. *Creationist vs. evolutionary beliefs: Effects on learning biology.* The American biology teacher 64(3), S. 189–192.

Mead, R., Hejmadi, M., Hurst, L.D., 2017. *Teaching genetics prior to teaching evolution improves evolution understanding but not acceptance.* PLoS biology 15(5), e2002255.

Meadows, L., Doster, E., Jackson, D.F., 2000. *Managing the conflict between evolution & religion.* The American Biology Teacher 62(2), S. 102–107.

Miller, J.D., Scott, E.C., Okamoto, S., 2006. *Public acceptance of evolution.* Science 313(5788), S. 765–766.

Miresco, M.J., Kirmayer, L.J., 2006. *The persistence of mind-brain dualism in psychiatric reasoning about clinical scenarios.* American Journal of Physiology 163(5), S. 913–918.

MNU (Hrsg.), 2017. *Gemeinsamer Referenzrahmen für Naturwissenschaften (GeRRN) - Wie Bildung bezogen auf Naturwissenschaften aussehen sollte. Ein Vorschlag.*

Monod, J., 1992. *Zufall und Notwendigkeit. Philosophische Fragen der modernen Biologie*, 6. Auflage, Piper Verlag, München.

Monroe, A.E., Malle, B.F., 2010. *From uncaused will to conscious choice: the need to study, not speculate about people's folk concept of free will.* Review of Philosophy and Psychology 2(1), S. 211–224.

Morris, D., 1968. *Der nackte Affe.* Droemer/Knaur, München/Zürich.

Nadelson, L.S., Culp, R., Bunn, S., Burkhart, R., Shetlar, R., Nixon, K., Waldron, J., 2009. *Teaching evolution concepts to early elementary school students.* Evolution: Education and Outreach 2(3), S. 458–473.

Nadelson, L.S., Hardy, K.K., 2015. *Trust in science and scientists and the acceptance of evolution.* Evolution: Education and Outreach 8(1), 9.

Nadelson, L.S., Nadelson, S., 2010. *K-8 educators perceptions and preparedness for teaching evolution topics.* Journal of Science Teacher Education 21(7), S. 843–858.

Nadelson, L.S., Sinatra, G., 2009. *Educational professionals' knowledge and acceptance of evolution.* Evolutionary Psychology 7(4), S. 490–516.

Nadelson, L.S., Southerland, S.A., 2010. *Examining the interaction of acceptance and understanding: how does the relationship change with a focus on macroevolution?* Evolution: Education and Outreach 3(1), S. 82–88.

Nadelson, L.S., Southerland, S., 2012. *A more fine-grained measure of students' acceptance of evolution: development of the inventory of student evolution acceptance—I-SEA.* International Journal of Science Education 34(1), S. 1637–1666.

Nagel, T., 1974. *What is it like to be a bat?* The Philosophical Review 83(4), S. 435–450.

Nahmias, E., Morris, S., Nadelhoffer, Turner, J., 2005. *Surveying Freedom: folk intuitions about free will and moral responsibility.* Philosophical Psychology 18(5), S. 561–584.

National Academy of Science of the USA (Hrsg.), 1998. *Teaching about evolution and the nature of science.* National Academies Press, Washington, DC.

Nehm, R.H., Beggrow, E.P., Opfer, J.E., Ha, M., 2012. *Reasoning about natural selection: diagnosing contextual competency using the ACORNS instrument.* The American Biology Teacher 74(2), S. 92–98.

Nehm, R.H., Rector, M.A., Ha, M., 2010. *"Force-Talk" in evolutionary explanation: metaphors and misconceptions.* Evolution: Education and Outreach 3(4), S. 605–613.

Nehm, R.H., Schonfeld, I.S., 2007. *Does increasing biology teacher knowledge of evolution and the nature of science lead to greater preference for the teaching of evolution in schools?* Journal of Science Teacher Education 18(5), S. 699–723.

Neukamm, M., 2009a. *Das Begriffspaar "Mikro-/Makroevolution". Über die Problematik einer widerspruchsfreien Definition.* In: Neukamm, M. (Hrsg.): Evolution im Fadenkreuz des Kreationismus: Darwins religiöse Gegner und ihre Argumentation. Vandenhoeck & Ruprecht, Göttingen. S. 351–358.

Neukamm, M., 2009b. *Evolution im Fadenkreuz des Kreationismus: Darwins religiöse Gegner und ihre Argumentation.* Vandenhoeck & Ruprecht, Göttingen.

Newport, F., 2007. *Majority of republicans doubt theory of evolution.*

Norenzayan, A., Gervais, W.M., 2013. *The origins of religious disbelief.* Trends in Cognitive Sciences 17(1), S. 20–25.

Ohly, K.P., 2011. *Evolutionstheorie und Schöpfungslehre im Biologieunterricht.* In: Dreesmann, D., Graf, D., Witte, K. (Hrsg.): Evolutionsbiologie: Moderne Themen für den Unterricht. Springer, Berlin/Heidelberg. S. 485–503.

Pauen, M., Roth, G., 2000. *Geist und Gehirn - Lexikon der Neurowissenschaft.* Online verfügbar unter: http://www.spektrum.de/lexikon/neurowissenschaft/geist-und-gehirn/4140 [letzter Zugriff: 23.10.2017].

Paz-y-Miño C., G., Espinosa, A., 2011. *On the theory of evolution versus the concept of evolution: three observations.* Evolution: Education and Outreach 4(2), S. 308–312.

Paz-y-Miño-C, G., Espinosa, A., 2012. *Educators of prospective teachers hesitate to embrace evolution due to deficient understanding of science/evolution and high religiosity.* Evolution: Education and Outreach 5(1), S. 139–162.

Pennock, R.T., 2003. *Creationism and Intelligent Design.* Annual Review of Genomics and Human Genetics 4(1), S. 143–163.

Pennycook, G., 2014. *Evidence that analytic cognitive style influences religious belief: comment on Razmyar and Reeve (2013).* Intelligence 43, S. 21–26.

Pennycook, G., Cheyne, J.A., Seli, P., Koehler, D.J., Fugelsang, J.A., 2012. *Analytic cognitive style predicts religious and paranormal belief.* Cognition 123(3), S. 335–346.

Pew Research Center (Hrsg.), 2015. *Strong role of religion in views about evolution and perceptions of scientific consensus.*

Pew Research Center (Hrsg.), 2016. *The Gender Gap in religion around the world.*

Pfirrmann, T., 2016. *Qualitative und quantitative Analyse von Definitionen zum Begriff „Evolution" im Rahmen einer Studierendenbefragung.* Examensarbeit, Justus-Liebig-Universität Gießen.

Phillips, B.C., Novick, L.R., Catley, K.M., Funk, D.J., 2012. *Teaching tree thinking to college students: it's not as easy as you think.* Evolution: Education and Outreach 5(4), S. 595–602.

Pobiner, B., 2016. *Accepting, understanding, teaching, and learning (human) evolution: Obstacles and opportunities.* American Journal of Physical Anthropology 159, S. 232–274.

Pollack, D., 2016. *Wiederkehr der Religion oder Rückgang ihrer Bedeutung: Religiöser Wandel in Westdeutschland.* Soziale Passagen 8(1), S. 5–28.

Pollack, D., Müller, O., 2013. *Religionsmonitor - Religiosität und Zusammenhalt in Deutschland.* Bertelsmann Stiftung, Gütersloh.

Pollack, D., Tucci, I., Ziebertz, H.-G. (Hrsg.), 2012. *Religiöser Pluralismus im Fokus quantitativer Religionsforschung.* Springer VS, Wiesbaden.

Rangel, U., 2009. *Was macht Menschen zu dem, was sie sind? Der Glaube an sozialen Determinismus als essentialistische Laientheorie in der sozialen Informationsverarbeitung.* Dissertation, Universität Mannheim.

Rector, M.A., Nehm, R.H., Pearl, D., 2013. *Learning the language of evolution: lexical ambiguity and word meaning in student explanations.* Research in Science Education 43(3), S. 1107–1133.

Reiss, M.J., 2009. *Imagining the world: the significance of religious worldviews for science education.* Science & Education 18(6-7), S. 783–796.

REMID (Hrsg.), 2017a. *Mitgliederzahlen: Protestantismus.*

REMID (Hrsg.), 2017b. *Rundbrief.*

Rice, T.W., 2003. *Believe it or not: religious and other paranormal beliefs in the United States.* Journal for the Scientific Study of Religion 42(1), S. 95–106.

Rice, J.W., Olson, J.K., Colbert, J.T., 2011. *University evolution education: the effect of evolution instruction on biology majors' content knowledge, attitude toward evolution, and theistic position.* Evolution: Education and Outreach 4(1), S. 137–144.

Riekki, T., Lindeman, M., Lipsanen, J., 2013. *Conceptions about the mind-body problem and their relations to afterlife beliefs, paranormal beliefs, religiosity, and ontological confusions.* Advances in Cognitive Psychology 9(3), S. 112–120.

Romine, W.L., Todd, A.N., 2017. *Valuing evidence over authority: the impact of a short course for middle-level students exploring the evidence for evolution.* The American Biology Teacher 79(2), S. 112–119.

Romine, W.L., Walter, E.M., Bosse, E., Todd, A.N., 2017. *Understanding patterns of evolution acceptance—A new implementation of the Measure of Acceptance of the Theory of Evolution (MATE) with Midwestern university students.* Journal of Research in Science Teaching 54(5), S. 642–671.

Roos, J.M., 2014. *Measuring science or religion? A measurement analysis of the National Science Foundation sponsored science literacy scale 2006–2010.* Public Understanding of Science 23(7), S. 797–813.

Rose, D., Thornicroft, G., Pinfold, V., Kassam, A., 2007. *250 labels used to stigmatise people with mental illness.* BMC Health Services Research 7(1), 97.

Roth, J., 2017. *Erhebung von Lernprozessen zum Thema Evolution in computerbasierten Lernarrangements bei Schülerinnen und Schülern der Sekundarstufe I : qualitative Studie nach dem Modell der fachdidaktischen Entwicklungsforschung.* Dissertation, Justus-Liebig-Universität Gießen.

Rughiniş, C., 2011. *A lucky answer to a fair question - conceptual, methodological, and moral implications of including items on human evolution in scientific literacy surveys.* Science Communication 33(4), S. 501–532.

Rusch, H., 2014. *Naturalistische Zumutungen.* Aufklärung und Kritik 2014(1), S. 103–122.

Ruse, M., 2016. *Evolutionary biology and the question of teleology.* Studies in History and Philosophy of Science. Part C: Studies in History and Philosophy of Biological and Biomedical Sciences, Special Issue: Replaying the Tape of Life: Evolution and Historical Explanation 58, S. 100–106.

Rutledge, M.L., Sadler, K.C., 2007. *Reliability of the Measure of Acceptance of the Theory of Evolution (MATE) Instrument with University Students.* The American Biology Teacher 69(6), S. 332–335.

Rutledge, M.L., Warden, M.A., 1999. *The development and validation of the Measure of Acceptance of the Theory of Evolution Instrument.* School Science and Mathematics 99(1), S. 13–18.

Rutledge, M.L., Warden, M.A., 2000. *Evolutionary theory, the nature of science & high school biology teachers: critical relationships.* The American Biology Teacher 62(1), S. 23–31.

Sammet, K., 2017. *Religion, Geschlechterordnungen und Generativität.* In: Sammet, K., Benthaus-Apel, F., Gärtner, C. (Hrsg.): Religion und Geschlechterordnungen. Veröffentlichungen der Sektion Religionssoziologie der Deutschen Gesellschaft für Soziologie. Springer VS, Wiesbaden. S. 49–78.

Sanders, M., Ngxola, N., 2009. *Addressing teachers' concerns about teaching evolution.* Journal of Biological Education 43(3), S. 121–128.

Schilders, M., Sloep, P., Peled, E., Boersma, K., 2009. *Worldviews and evolution in the biology classroom.* Journal of Biological Education 43(3), S. 115–120.

Schmidt, E., Roth, J., Beniermann, A., Greiten, K., Graf, D., 2017. *Fang den Frosch - ein Spiel zur evolutionären Anpassung.* Sachunterricht Weltwissen, „Evolution" 2017(1), S. 30–35.

Schmidt-Salomon, M., 2016. *Die Grenzen der Toleranz: Warum wir die offene Gesellschaft verteidigen müssen.* Piper Verlag, München.

Schmitt, N., 1996. *Uses and abuses of coefficient alpha.* Psychological Assessment 8, S. 350–353.

Schnell, T., 2012. *Spirituality with and without Religion - Differential relationships with personality.* Archive for the Psychology of Religion 34(1), S. 33-61.

Schnell, T., 2015. *Dimensions of Secularity (DoS): An open inventory to measure facets of secular identities.* International Journal for the Psychology of Religion 25(4), S. 272-292.

Schnell, T., Geidies, A., 2016. *Trendbegriff Spiritualität: Notwendige Differenzierung und differentielle Zusammenhänge mit Gesundheit.*

Schönborn, C., 2005. *Finding Design in Nature.* New York Times.

Schöttler, P., 2012. *Szientismus.* N.T.M. 20(4), S. 245-269.

Scott, E.C., 2009. *Evolution vs. Creationism.* 2. Auflage. University Press Group, Berkeley.

Shipman, H.L., Brickhouse, N.W., Dagher, Z., Letts, W.J., 2002. *Changes in student views of religion and science in a college astronomy course.* Science Education 86(4), S. 526-547.

Short, S.D., Hawley, P.H., 2012. *Evolutionary Attitudes and Literacy Survey (EALS): Development and validation of a short form.* Evolution: Education and Outreach 5(3), S. 419-428.

Short, S.D., Hawley, P.H., 2015. *The effects of evolution education: examining attitudes toward and knowledge of evolution in college courses.* Evolutionary Psychology 13(1), 147470491501300100.

Shtulman, A., 2006. *Qualitative differences between naïve and scientific theories of evolution.* Cognitive Psychology 52(2), S. 170-194.

Sinatra, G.M., Southerland, S.A., McConaughy, F., Demastes, J.W., 2003. *Intentions and beliefs in students' understanding and acceptance of biological evolution.* Journal of Research in Science Teaching 40(5), S. 510–528.

Sinclair, A., Pendarvis, M.P., Baldwin, B., 2007. *The relationship between college zoology students' beliefs about evolutionary theory and religion.* Journal of research and development in education 30(2), S. 118–125.

Sloman, S.A., 1996. *The empirical case for two systems of reasoning.* Psychological Bulletin 119(1), S. 3–22.

Smith, M.U., 2010. *Current status of research in teaching and learning evolution: II. Pedagogical issues.* Science & Education 19(6-8), S. 539–571.

Smith, M.U., Siegel, H., 2004. *Knowing, Believing, and Understanding: What Goals for Science Education?* Science & Education 13(6), S. 553–582.

Smith, M.U., Siegel, H., 2016. *On the relationship between belief and acceptance of evolution as goals of evolution education.* Science & Education 25(5-6), S. 473–496.

Smith, M.U., Snyder, S.W., Devereaux, R.S., 2016. *The GAENE—Generalized Acceptance of EvolutioN Evaluation: Development of a new measure of evolution acceptance.* Journal of Research in Science Teaching 53(9), S. 1289–1315.

Smith, T.W., 2012. *Beliefs about God across Time and Countries.* University of Chicago.

Sober, E., Wilson, D.S., 1999. *Unto others: the evolution and psychology of unselfish behavior.* Harvard University Press, Cambridge.

Southcott, R., Downie, J.R., 2012. *Evolution and religion: attitudes of scottish bioscience students to the teaching of evolutionary biology.* Evolution: Education and Outreach 5(2), S. 301–311.

Southerland, S.A., Sinatra, G.M., 2003. *Learning about biological evolution: a special case of intentional conceptual change.* In: Sinatra, G.M., Pintrich, P.R. (Hrsg.): Intentional Conceptual Change. L. Erlbaum, New Jersey. S. 317–345.

Stanovich, K.E., 1989. *Implicit philosophies of mind: the dualism scale and its relation to religiosity and belief in extrasensory perception.* The Journal of Psychology 123(1), S. 5–23.

Stanovich, K.E., West, R.F., 1997. *Reasoning independently of prior belief and individual differences in actively open-minded thinking.* Journal of Educational Psychology 89(2), S. 342–357.

Stanovich, K.E., West, R.F., 2007. *Natural myside bias is independent of cognitive ability.* Thinking & Reasoning 13(3), S. 225–247.

Stolz, J., Könemann, J., Purdie, M.S., Englberger, T., Krüggeler, M., 2014. *Religion und Spiritualität in der Ich-Gesellschaft: Vier Gestalten des (Un-)Glaubens.* Theologischer Verlag Zürich, Zürich.

Suddendorf, T., 2013. *The gap: The science of what separates us from other animals.* Basic Books, New York.

Sukopp, T., 2006. *Naturalismus, Kritik und Verteidigung erkenntnistheoretischer Positionen.* De Gruyter, Berlin/Boston.

Taber, K.S., 2013. *Conceptual frameworks, metaphysical commitments and worldviews: the challenge of reflecting the relationships between science and religion in science education.* In: Mansour, N., Wegerif, R. (Hrsg.): Science Education for Diversity, Cultural Studies of Science Education. Springer. S. 151–177.

Taber, K.S., Billingsley, B., Riga, F., Newdick, H., 2011. *Secondary students' responses to perceptions of the relationship between science and religion: Stances identified from an interview study.* Science Education 95(6), S. 1000-1025.

Templer, D.I., Connelly, H.J., Bassman, L., Hart, J., 2006. Construction and validation of an animal-human continuity scale. Social Behavior and Personality: an international journal 34(7), 769-776.

Thalbourne, M.A., 1996. *Belief in life after death: psychological origins and influences.* Personality and Individual Differences 21(6), S. 1043-1045.

To, C., Tenenbaum, H.R., Hogh, H., 2017. *Secondary school students' reasoning about evolution.* Journal of Research in Science Teaching 54(2), S. 247-273.

Tomasello, M., 2014. *Eine Naturgeschichte des menschlichen Denkens.* Suhrkamp Verlag, Berlin.

Tomasello, M., 2016. *Eine Naturgeschichte der menschlichen Moral.* Suhrkamp Verlag, Berlin.

Tooby, J., Cosmides, L., 1989. *Evolutionary psychology and the generation of culture, part I: Theoretical considerations.* Ethology and Sociobiology 10(1), S. 29-49.

Toplak, M.E., West, R.F., Stanovich, K.E., 2011. *The Cognitive Reflection Test as a predictor of performance on heuristics-and-biases tasks.* Memory & Cognition 39(7), 1275.

Toplak, M.E., West, R.F., Stanovich, K.E., 2014. *Assessing miserly information processing: An expansion of the Cognitive Reflection Test.* Thinking & Reasoning 20(2), S. 147-168.

Trani, R., 2004. *I won't teach evolution; it's against my religion. And now for the rest of the story...* The American Biology Teacher 66(6), S. 419–427.

Trommler, F., Gresch, H., Hammann, M., 2018. *Students' reasons for preferring teleological explanations.* International Journal of Science Education 40(2), S. 159–187.

Unsworth, A., Voas, D., 2018. *Attitudes to evolution among Christians, Muslims and the Non-Religious in Britain: Differential effects of religious and educational factors.* Public Understanding of Science 27(1), S. 76–93.

Varella, M.A.C., dos Santos, I.B.C., Ferreira, J.H.B.P., Bussab, V.S.R., 2013. *Misunderstandings in applying evolution to human mind and behavior and its causes: a systematic review.* EvoS Journal: The Journal of the Evolutionary Studies Consortium 5(1), S. 81–107.

Voland, E., 2010. *Die Evolution der Religiosität. Hat Gott Naturgeschichte?* Biologie in unserer Zeit 40(1), 29–35.

Voland, E., 2013. *Soziobiologie: die Evolution von Kooperation und Konkurrenz.* Springer Spektrum, Berlin.

Voland, E., Voland, R., 2014. *Evolution des Gewissens: Strategien zwischen Egoismus und Gehorsam.* Hirzel Verlag, Stuttgart.

Vollmer, G., 1994a. *Die vierte bis siebte Kränkung des Menschen - Gehirn, Evolution und Menschenbild.* Aufklärung und Kritik 1994(1), S. 81ff.

Vollmer, G., 1994b. *Evolutionäre Erkenntnistheorie: angeborene Erkenntnisstrukturen im Kontext von Biologie, Psychologie, Linguistik, Philosophie und Wissenschaftstheorie.* Hirzel Verlag, Stuttgart.

Vollmer, G., 1995. *Auf der Suche nach der Ordnung Beiträge zu einem naturalistischen Welt- und Menschenbild.* Hirzel Verlag, Stuttgart.

Vollmer, G., 2003. *Geht es überall in der Welt mit rechten Dingen zu? Thesen und Bekenntnisse zum Naturalismus.* In: Isak, R. (Hrsg.): Kosmische Bescheidenheit. Was Naturalisten und Theologen voneinander lernen könnten. Katholische Akademie der Erzdiözese Freiburg, Freiburg im Breisgau. S. 11–39.

Vollmer, G., 2005. *Teleologie – Teleonomie.* In: Freudig, D. (Hrsg.): Faszination Biologie. Von Aristoteles bis zum Zebrafisch. Elsevier/Spektrum Akademischer Verlag. S. 330–333.

Vollmer, G., 2017. *Im Lichte der Evolution: Darwin in Wissenschaft und Philosophie.* Hirzel Verlag, Stuttgart.

Wagler, A., Wagler, R., 2013. *Addressing the lack of measurement invariance for the Measure of Acceptance of the Theory of Evolution.* International Journal of Science Education 35(13), S. 2278–2298.

Wandersee, J.H., Good, R.G., Demastes, S.S., 1995. *Forschung zum Unterricht über Evolution: Eine Bestandsaufnahme.* Zeitschrift für Didaktik der Naturwissenschaften 1(1), S. 43–54.

Waschke, T., 2002. *Die Kreationisten: pseudo-wissenschaftliche Evolutionsgegner mit biblischem Hintergrund.* Materialien und Informationen zur Zeit 3, S. 39–48.

Waschke, T., 2008. *Moderne Evolutionsgegner - Kreationismus und Intelligentes Design.* In: Antweiler C., Lammers C., Thies N. (Hrsg.): Die unerschöpfte Theorie. Alibri, Aschaffenburg. S. 75–97.

Waschke, T., Lammers, C., 2011. *Evolutionstheorie im Biologieunterricht - (k)ein Thema wie jedes andere?* In: Dreesmann, D., Graf. D., Witte, K. (Hrsg.): Evolutionsbiologie: Moderne Themen für den Unterricht. Spektrum Akademischer Verlag. S. 505–534.

Weiber, R., Mühlhaus, D., 2014. *Strukturgleichungsmodellierung - Eine anwendungsorientierte Einführung in die Kausalanalyse mit Hilfe von AMOS, SmartPLS und SPSS*. Springer Gabler, Wiesbaden.

Weitzel, H., 2006. *Biologie verstehen: Vorstellungen zu Anpassung.* BIS-Verlag, Oldenburg.

Weitzel, H., Gropengießer, H., 2009. *Vorstellungsentwicklung zur stammesgeschichtlichen Anpassung: Wie man Lernhindernisse verstehen und förderliche Lernangebote machen kann.* Zeitschrift für Didaktik der Naturwissenschaften 15, S. 287–305.

Wellman, B., Wortley, S., 1990. *Different strokes from different folks: community ties and social support.* American Journal of Sociology 96(3), S. 558–588.

WiD (Hrsg.), 2017. *Wissenschaftsbarometer 2017.*

Wieder, B., Graf, D., 2017. *Erdgeschichte zum Anfassen - Mit Zeitleisten die Vorstellungen von langen Zeiträumen fördern.* Sachunterricht Weltwissen, „Evolution" 2017(1), S. 8–14.

Willard, A.K., Norenzayan, A., 2013. *Cognitive biases explain religious belief, paranormal belief, and belief in life's purpose.* Cognition 129(2), S. 379–391.

Williams, J.D., 2013. *"It's just a theory": trainee science teachers' misunderstandings of key scientific terminology.* Evolution: Education and Outreach 6(1), 12.

Wilson, E.O., 2016. *Die soziale Eroberung der Erde: Eine biologische Geschichte des Menschen.* C.H.Beck, München.

Wolf, C., 2008. *How secularized is Germany? Cohort and comparative perspectives.* Social Compass 55(2), S. 111–126.

Woods, C.S., Scharmann, L.C., 2001. *High school students' perceptions of evolutionary theory.* Electronic Journal of Science Education 6(2), 1–21.

Yasri, P., 2014. *A Review of Research Instruments Assessing Levels of Student Acceptance of Evolution.* Asia-Pacific Forum on Science Learning and Teaching 2014(15).

Yasri, P., Mancy, R., 2014. *Understanding student approaches to learning evolution in the context of their perceptions of the Rrelationship between science and religion.* International Journal of Science Education 36(1), S. 24–45.

Yasri, P., Mancy, R., 2016. *Student positions on the relationship between evolution and creation: What kinds of changes occur and for what reasons?* Journal of Research in Science Teaching 53(3), S. 384–399.

Yip, C.-W., 2009. *Causal and teleological explanations in biology.* Journal of Biological Education 43(4), 149–151.

Zuckerman, P., 2007. *Atheism: Contemporary numbers and patterns.* In: Martin, M. (Hrsg.): The Cambridge Companion to Atheism, Cambridge Companions to Philosophy. Cambridge University Press, Cambridge. S. 47–65

MIX
Papier aus verantwortungsvollen Quellen
Paper from responsible sources
FSC® C105338

If you have any concerns about our products,
you can contact us on
ProductSafety@springernature.com

In case Publisher is established outside the EU,
the EU authorized representative is:
**Springer Nature Customer Service Center GmbH
Europaplatz 3, 69115 Heidelberg, Germany**

Printed by Libri Plureos GmbH
in Hamburg, Germany